全国高等院校土木与建筑专业创新规划教材

建筑概论

王天鹏　编　著

清华大学出版社
北　京

内 容 简 介

建筑概论作为公共选修课，是对建筑学基础知识的普及，可拓展各专业学生的知识面、提高建筑修养、增长建筑知识。本书内容包括：建筑的基本概念与知识、中国建筑发展过程与成就(包括古代与近现代)、外国建筑发展过程与成就(包括古代与近现代)、近现代工业化社会背景下的高层与大跨建筑发展成就、当代可持续发展与信息化社会背景下绿色生态建筑的理念与设计措施、现代功能主义建筑设计理念下民用建筑设计的基本原则与方法(包括平剖面功能设计与立面体形设计)。

本书可作为全日制高等学校的土木建筑类专业及非建筑学、城乡规划本科专业的建筑概论课程教材，也可供从事建筑设计、施工、管理的技术人员和土木建筑相关专业师生参考。

图书在版编目(CIP)数据

建筑概论/王天鹏编著. —北京：清华大学出版社，2017 (2025.2重印)
(全国高等院校土木与建筑专业创新规划教材)
ISBN 978-7-302-47714-3

Ⅰ. ①建… Ⅱ. ①王… Ⅲ. ①建筑学—高等学校—教材 Ⅳ. ①TU

中国版本图书馆 CIP 数据核字(2017)第 160780 号

责任编辑：李春明
装帧设计：刘孝琼
责任校对：张彦彬
责任印制：沈　露
出版发行：清华大学出版社
　　网　　址：https://www.tup.com.cn，https://www.wqxuetang.com
　　地　　址：北京清华大学学研大厦 A 座　　**邮　　编：**100084
　　社 总 机：010-83470000　　**邮　　购：**010-62786544
　　投稿与读者服务：010-62776969, c-service@tup.tsinghua.edu.cn
　　质量反馈：010-62772015, zhiliang@tup.tsinghua.edu.cn
　　课件下载：https://www.tup.com.cn, 010-62791865
印 装 者：三河市铭诚印务有限公司
经　　销：全国新华书店
开　　本：185mm×260mm　　**印　张：**17　　**字　数：**413 千字
版　　次：2017 年 9 月第 1 版　　**印　次：**2025 年 2 月第 8 次印刷
定　　价：45.00 元

产品编号：074321-02

前　言

住作为人的基本需求，使得建筑业成为国民经济的支柱产业之一。越来越多的高等院校在开办建筑学、城乡规划专业，并向土木、环境、市政、艺术等相关专业甚至非相关专业普及建筑学基本知识和拓展建筑文化教育，以增强与扩大建筑学基本知识的辐射力和影响范围，提高本科生对建筑的认知和修养。作者任教的兰州交通大学即从2012年开始面向全校本科生范围开设“建筑概论”课程，作为公共选修课，普及建筑学基本知识，提高全校所有专业本科生对建筑人文、历史、美学、技术等的基础认识与修养。

目前建筑学专业类书籍分类很细很专，还缺乏将建筑基础概念、建筑发展历史、建筑技术、建筑美学等相关基本内容整合在一起，浅显易懂地作为各专业公选课的建筑概论教材。作者经过多年的教学实践和认真的思考总结，认为在有限的课时(32～34学时)条件下，应该将建筑学专业核心的研究对象的基本概念、发展历史与过程、基本设计概念与方法介绍给读者。

本书内容共分7章：第1章建筑基本知识，第2章中国建筑发展简介，第3章外国建筑发展简介，第4章现代高层与大跨建筑，第5章绿色生态建筑简介，第6章建筑平剖面功能设计，第7章建筑立面与体形设计。在编写中力求章节内在逻辑的紧密连贯、条理清晰，基本知识和论述结合建筑实例分析，图文并茂，每章之前都有本章内容提要和学习目的，章后有思考问题，便于读者联系、认知理解各部分内容。

本书由兰州交通大学王天鹏编著，王鑫亚、李佳乐、马杰、张文辉、尹恩茂、陈应飞等同学绘制了大量插图并参与编写，在此深表感谢。

因编者的时间和水平有限，书中难免存在不妥之处，敬请广大读者和同行批评指正。

编　者

目　录

第 1 章　建筑基本知识

【内容提要】

本章介绍并阐述了建筑的基本概念范畴、建筑的基本构成要素、建筑空间的特征，以及建筑构造组成部分。

【学习目的】

- 认知建筑的基本概念范畴。
- 认知建筑的基本构成要素。
- 认知建筑空间的基本特征。
- 认知建筑的基本构造组成。

1.1 建筑的基本概念

1.1.1 建筑的范围

人类日常生活中的基本问题包括衣、食、住、行四大方面。住离不开房屋建筑，建造房屋就自然成为人类最早的生产活动之一。早在原始社会时期，人们用树枝、石块等天然材料构筑巢穴以躲避外部自然界的各种侵袭，这就是最原始的建筑活动。根据地域环境的不同，原始人的基本居住形态分为两种：平原地域环境下的穴居(图 1-1)和密林地域环境下的巢居。

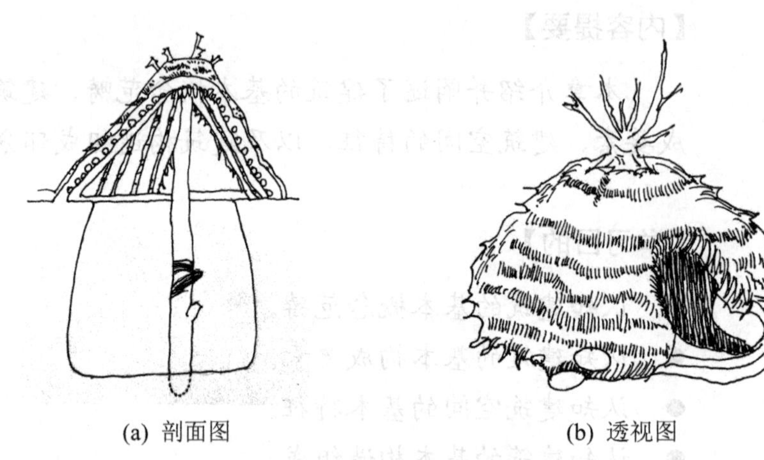

(a) 剖面图　　(b) 透视图

图 1-1　原始穴居遗址复原图

随着人类社会制度的不断发展和社会形态的不断演进，阶级逐渐产生，随之出现了供统治阶级居住的宫殿、府邸、庄园、别墅等建筑类型，以及供统治者死后灵魂“居住”的陵墓，以及宗教信仰中神“居住”的庙宇，如图 1-2 所示。

人类社会生产力的不断发展与进步，又使得从手工业时代的作坊、工场以至到机器大工业时代的工厂、车间等生产性建筑类型出现了，如图 1-3 所示。

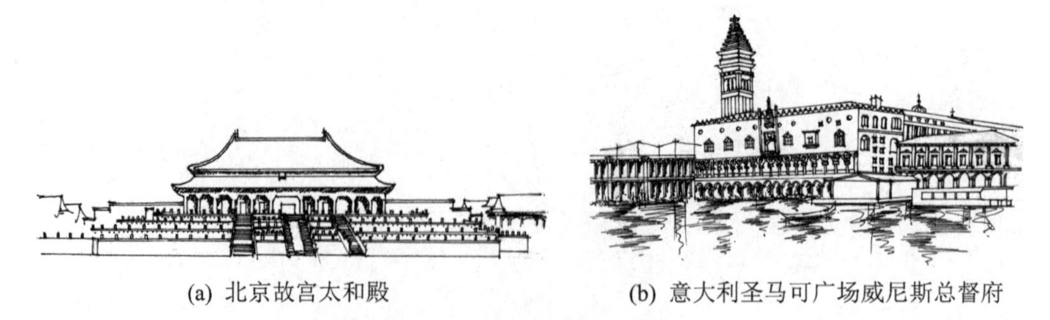

(a) 北京故宫太和殿　　(b) 意大利圣马可广场威尼斯总督府

图 1-2　古代统治阶级使用的建筑

(c) 埃及金字塔

(d)　希腊雅典卫城帕提农神庙

图 1-2　古代统治阶级使用的建筑(续)

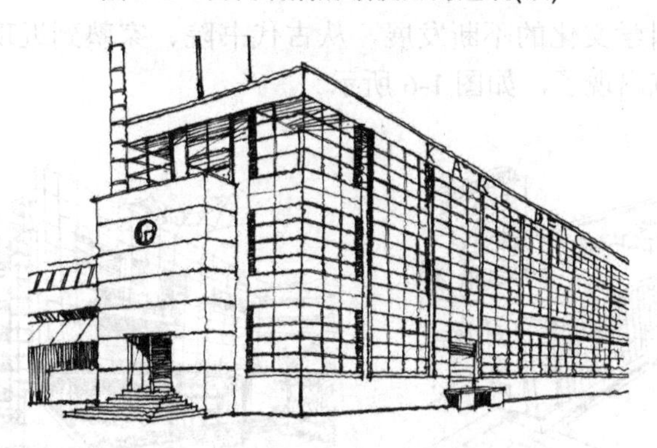
图 1-3　德国法古斯工厂(1911 年)

人类社会的发展促使商品交换产生，相应地就出现了店铺、钱庄乃至现代化的商场、百货公司、银行、股票证券交易所、金融贸易中心等商业金融建筑类型，如图 1-4 所示。

(a) 原纽约贸易中心双塔

(b) 香港中国银行大厦

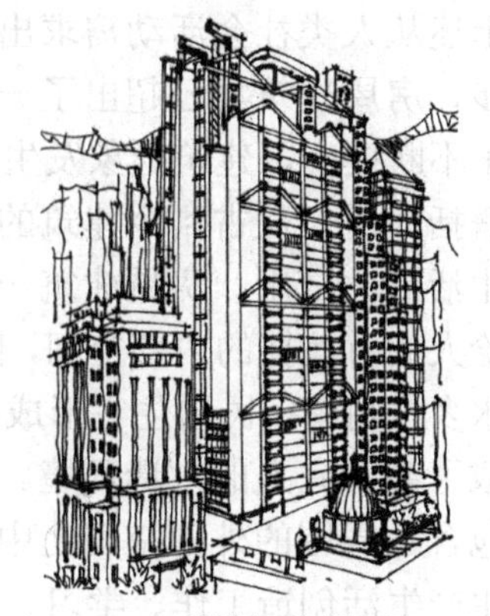
(c) 香港汇丰银行

图 1-4　现代超高层金融建筑

人口与资源的聚集推动了城市的形成，交通运输业随之不断发展，逐渐形成了从古代的驿站、码头到现代化的港口、汽车站、火车站、地下铁道、机场等交通类型的建筑，如图 1-5 所示。

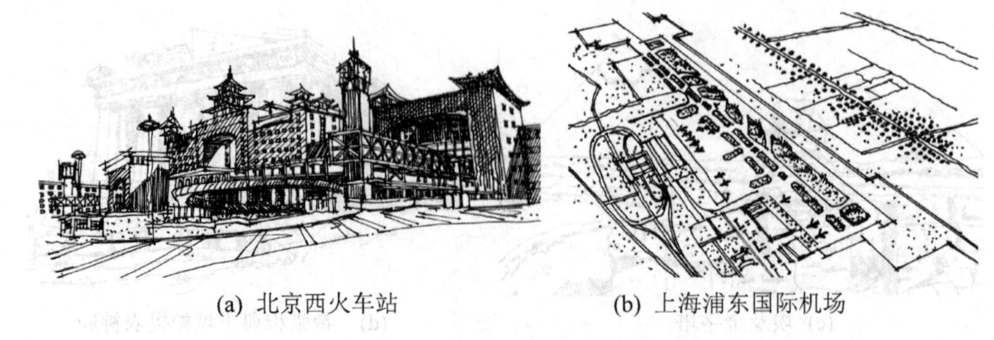

(a) 北京西火车站　　(b) 上海浦东国际机场

图 1-5　现代大型交通建筑

还有，随着人类科学文化的不断发展，从古代书院、家塾到近现代的学校、文化教育和科学研究类型的建筑出现了，如图 1-6 所示。

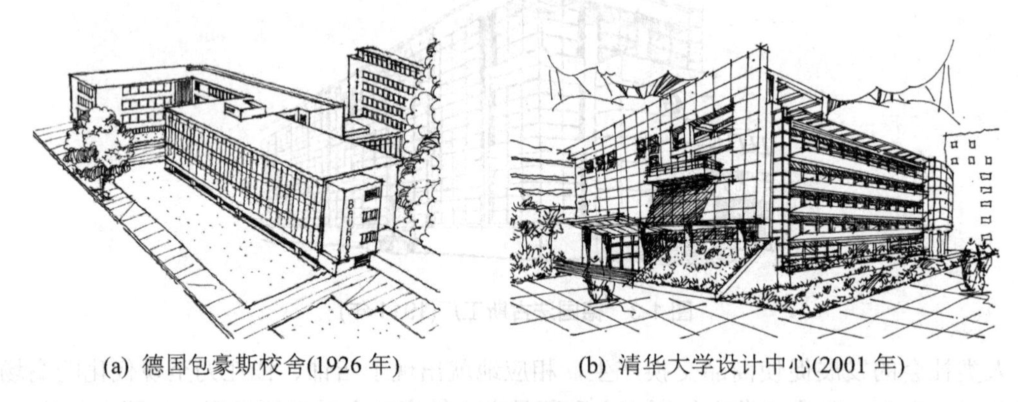

(a) 德国包豪斯校舍(1926 年)　　(b) 清华大学设计中心(2001 年)

图 1-6　近现代教育建筑

上述从人类社会活动需求出发进行的建筑功能类型的推演分析说明，人类社会不断发展进步，房屋建筑早已超出了一般居住的需求和范围，建筑的功能类型日益丰富，建筑技术水平不断提高，建筑形象发生着巨大的变化，人类的建筑活动日新月异。

概括地说，从古到今建筑的目的就是取得一种人造或人工的环境，以供人们从事各种生产生活活动之用。房屋建筑一经建成，这种人造或人工的环境也就随之产生了。它不但提供给人们有遮掩的内部空间，同时也形成了不同于原来的外部空间，如图 1-7 所示的中国南方水乡古村落，民居住宅形成的内部空间和街道河道等构成的外部空间有机作用在一起，才形成了亲切宜人的人造环境。一栋建筑物可以包含各种不同形式的内部空间，但它同时又被包含于周围的外部空间之中，建筑正是以它所形成的各种内部空间和外部空间，为人们的生产生活创造工作、学习、休息娱乐等丰富多样的环境。

一般意义上讲，建筑都具有一定功能的供人使用、活动的内部空间，但是对于某些没有内部使用空间的工程构筑物，比如，纪念碑、凯旋门，以及某些桥梁、水坝等的艺术造型部分，也属于建筑的范围，如图 1-8 所示。

图 1-7　中国南方水乡古村落形成的建筑内部空间与外部空间

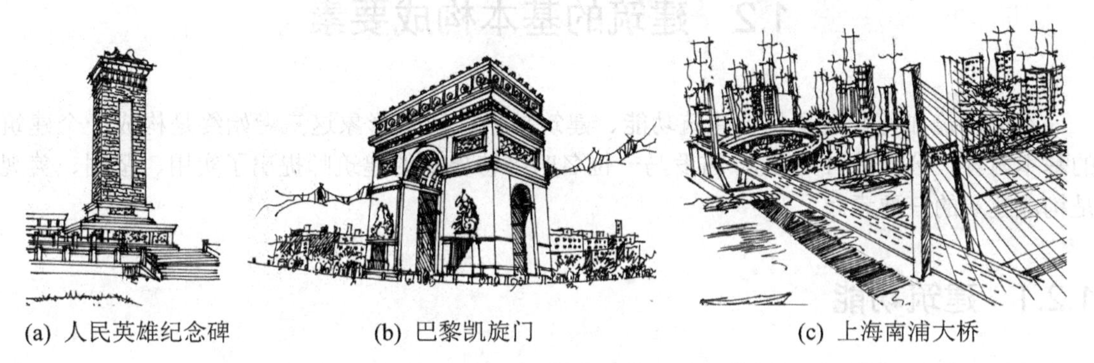

(a) 人民英雄纪念碑　　(b) 巴黎凯旋门　　(c) 上海南浦大桥

图 1-8　具有艺术造型的构筑物

此外，单体建筑的集中形成了街道、村镇和城市。村镇、城市的建设和个体建筑物的设计在许多方面是相通的，只不过相对于单体建筑而言，它是在更大的范围和尺度上为人们创造各种必需的环境，这种工作叫作城乡规划，也属于建筑的范围，如图 1-9 所示。

(a) 北京中心城区卫星照片

(b) 巴黎城市空间机理

图 1-9　城市环境

1.1.2　建筑的词性与含义

名词词性的“建筑”除了前面所表述的意思外，还可以指研究建筑设计、建筑技术、建筑艺术等的学科；此外，建筑还具有动词词性，指建造、营建人造环境的活动。通过中英文对照的相关词语概念分析，可以帮助我们更好地理解建筑的含义。英文中的 Building 一词，是指建筑物，含义是对具有使用功能的围合封闭空间的统称，突出实用功能，并以人为参照。House 一词是指房子，与居住有关，有家的感觉，引申意思为民居，相关的英文词汇还有 Shelter，Home，Dwelling 等。Architecture 一词可指建筑、营建、建筑学，既指人造的环境，又指从事建造此环境的活动，也指研究建筑设计等的学科。因此，能够表明“建筑”的所有含义的英文词汇是 Architecture。中文“建筑”的含义包含建筑物微观构造、中观单体、宏观群体及城市村镇这些不同尺度范围的人造环境，建造这些人造环境的活动和过程，以及研究建筑各方面理论的学科。

1.2 建筑的基本构成要素

不论建筑如何发展变化，建筑功能、建筑技术、建筑形象这三者始终是构成一个建筑的基本内容。公元前 1 世纪，古罗马一位名叫维特鲁威的建筑师提出了实用、坚固、美观是构成建筑的三要素。

1.2.1 建筑功能

建筑可以按照不同的使用要求，分为居住、办公、文教、交通、医疗、展览、观演等诸多类型，但各种类型的建筑都应该满足以下基本的功能要求。

1. 人体活动尺寸的要求

人在建筑所形成的空间里活动，人体的各种活动尺寸与建筑空间具有十分密切的关系。为了满足使用活动的需要，首先应该熟悉在建筑空间中人体活动的一些基本尺寸，如图 1-10 所示，这属于人体工程学的基本知识。又如图 1-11 所示的小学教室空间中体现的少年儿童从事上课活动所需的基本尺寸问题，如座位排距、黑板高度、衣帽钩高度、门洞宽度等，这些尺寸的合理确定是顺利进行小学课堂教学活动所必需的。

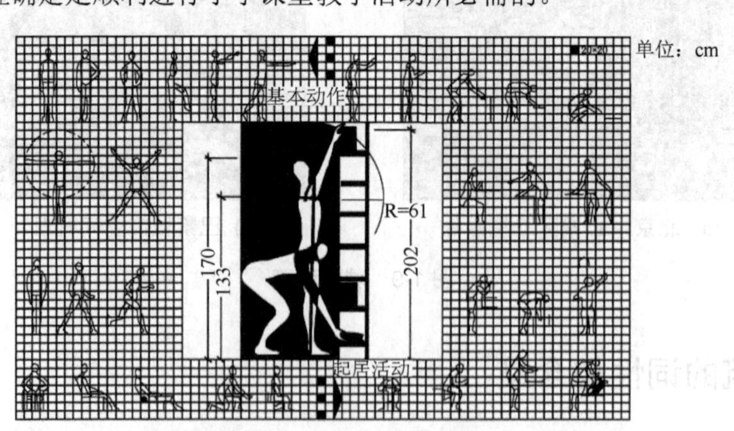

图 1-10 人体活动的基本尺寸

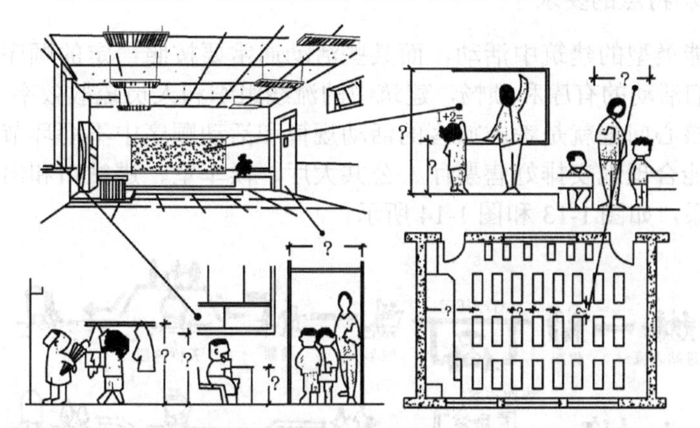

图 1-11　小学教室建筑空间设计中体现的儿童活动的基本尺寸问题

2. 人的生理要求

人的生理要求主要包括对建筑物的朝向、保温、隔热、防潮、隔声、通风、采光、照明等方面的要求，这些要求是满足人们在建筑空间中视、听、热舒适感所必需的条件，如图 1-12 所示的是住宅建筑空间中各种反映人的生理要求的内容。随着社会物质技术水平的提高，满足以上人的生理要求的可实现程度已经日益提高，比如，改进建筑材料的各种物理性能以满足冬季保温、夏季隔热、隔声降噪等要求；使用机械通风，甚至智能控制辅助或代替自然通风，以提高建筑室内热湿环境的舒适性等。

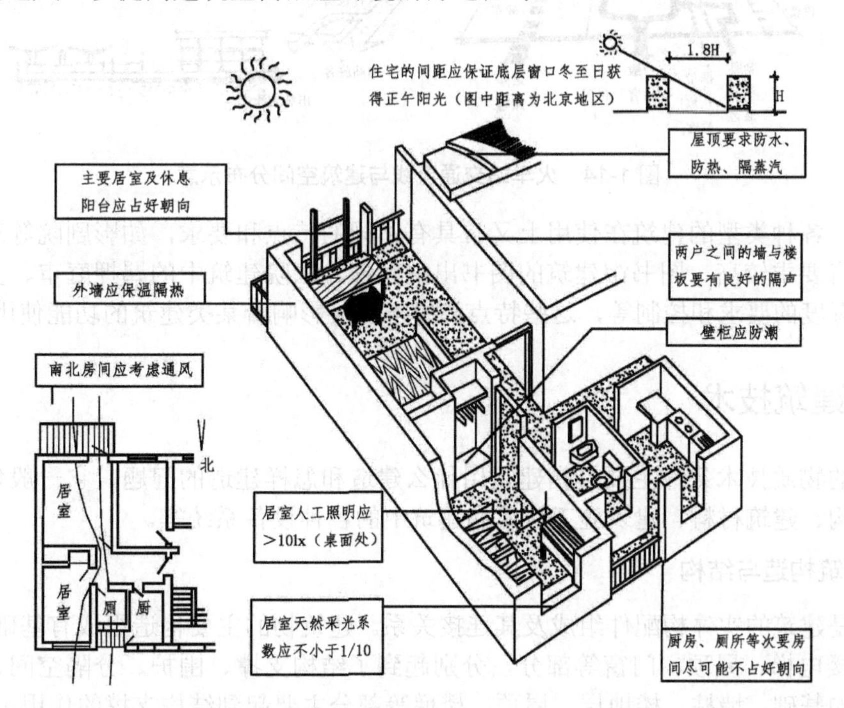

图 1-12　住宅建筑空间设计中体现的人的生理要求

3. 使用过程和特点的要求

人在各种功能类型的建筑中活动，而某些活动通常要按照一定的顺序或流程进行或展开。为了保证人们活动的有序和顺畅，建筑中的流线组织和人员疏散效率十分重要。例如，交通建筑设计的核心问题就是考虑旅客的活动规律和活动顺序中不同环节的功能特点和不同要求，这样才能合理地安排好售票厅、公共大厅、候车室、进站口和出站口等各部分功能空间之间的关系，如图 1-13 和图 1-14 所示。

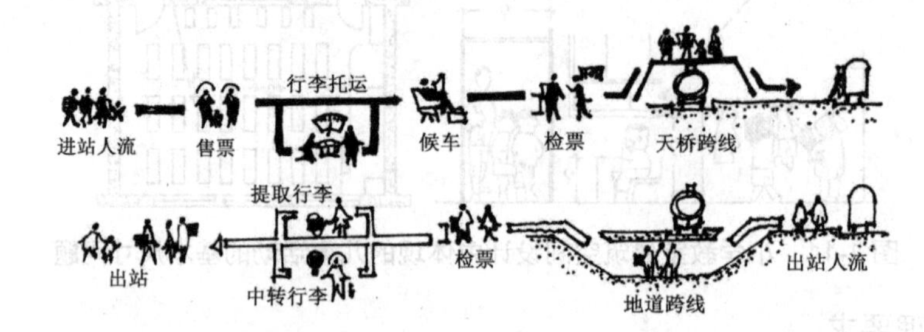

图 1-13　交通建筑中一般情况下旅客进站、出站活动顺序示意

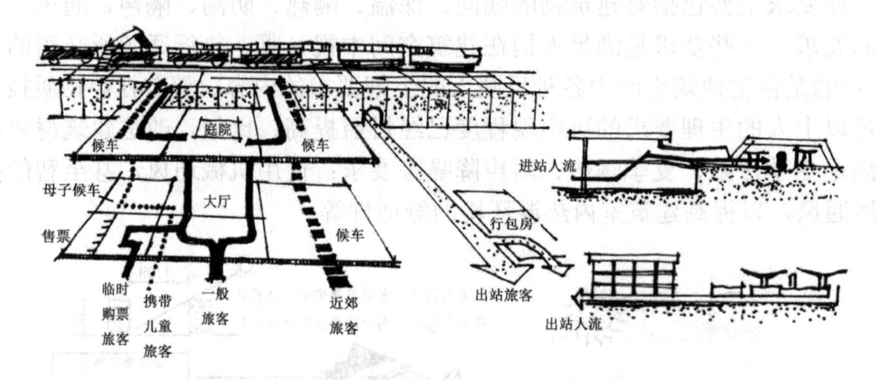

图 1-14　火车站交通流线与建筑空间分布示意

此外，各种类型的建筑在使用上又常具有不同的特点和要求，如影剧院等观演建筑的视看和听音要求较高、图书馆建筑的图书出纳管理、法院建筑中的羁押庭审、实验室建筑对室内温湿度的要求和控制等，这些特点和要求直接影响着某类建筑的功能使用。

1.2.2　建筑技术

建筑的物质技术条件主要是指建筑用什么建造和怎样建造的问题，它一般包括建筑的构造与结构、建筑材料、建筑施工技术和建筑中的各种设备系统等。

1. 建筑构造与结构

构造是建筑的实体构配件组成及其连接关系。建筑物的主要构造组成有基础、墙或柱、楼地层、楼电梯、屋顶、门窗等部分，分别起到了结构支撑、围护、分隔空间、交通联系等作用。如基础、墙柱、楼地层、屋顶、楼梯等部分主要起到结构支撑的作用，同时墙柱、楼地层、屋顶和门窗又具有分隔空间的作用，而外墙、屋顶、外窗具有围护作用(隔离室内外环境)，楼电梯具有垂直交通联系的作用，门窗具有通行、采光、通风的作用。

结构是建筑的骨架构造，如上面所说的基础、墙柱、楼地层、屋顶、楼梯等部分，它们为建筑提供合乎使用的空间并承受建筑物的全部荷载，抵抗由于外界环境作用(如风雪、地震、土壤沉陷、温度变化等)可能对建筑物引起的损坏。结构的力学性能和坚固程度直接影响着建筑物的安全和寿命，如图 1-15 所示。

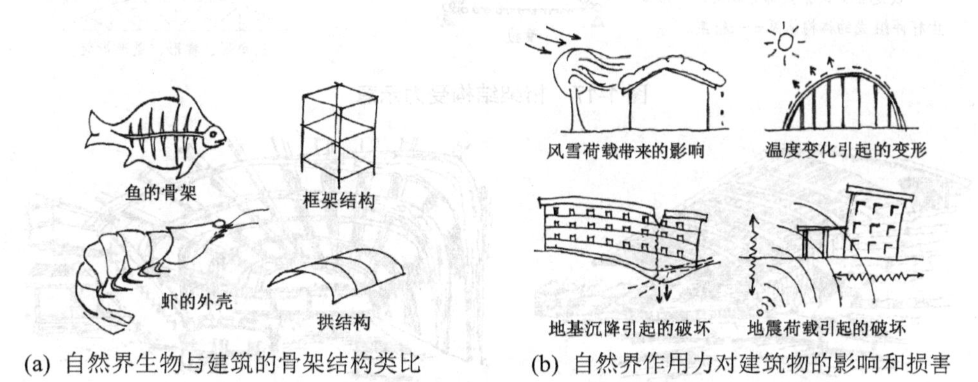

(a) 自然界生物与建筑的骨架结构类比　(b) 自然界作用力对建筑物的影响和损害

图 1-15　建筑结构与外界环境对建筑结构的影响

纵观人类建筑发展历史，柱梁板结构和拱结构是人类最早采用的两种建筑结构形式，由于砖石等材料力学性能的局限，砖石属于脆性材料，抗压性能好，抗拉抗弯性能差，当时不可能取得跨度很大的内部空间，这需要水平结构具有良好的抗弯性能。现代钢材和钢筋混凝土材料的出现，大大提高了建筑结构的抗拉抗弯性能，故而使梁板和拱的跨度大大增加，极大地扩展了建筑内部空间的尺寸，提高了空间处理和使用的灵活性与多样性。柱梁板结构和拱结构仍然是目前应用最广泛的建筑结构形式，如图 1-16 所示。

(a) 埃及古代神庙的石质柱梁板结构　(b) 北京人民大会堂的钢筋混凝土柱梁板结构

(c) 中国古代长城的砖石拱结构　(d) 近现代游泳馆的钢筋混凝土拱结构

图 1-16　柱梁板结构和拱结构实例

随着现代科学技术的进步，人们能够对结构的受力情况进行分析和计算，相继出现了桁架、网架、悬挑和刚架结构(图 1-17、图 1-18)，以及薄壳、折板、悬索、充气薄膜等新型结构，为建筑取得灵活多样的空间提供了坚实的物质技术条件(这些大跨度建筑结构类型详见 4.2 节)。

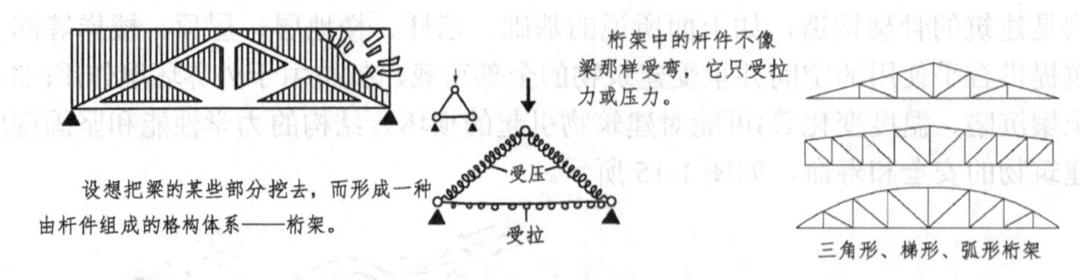

图 1-17　桁架结构受力示意

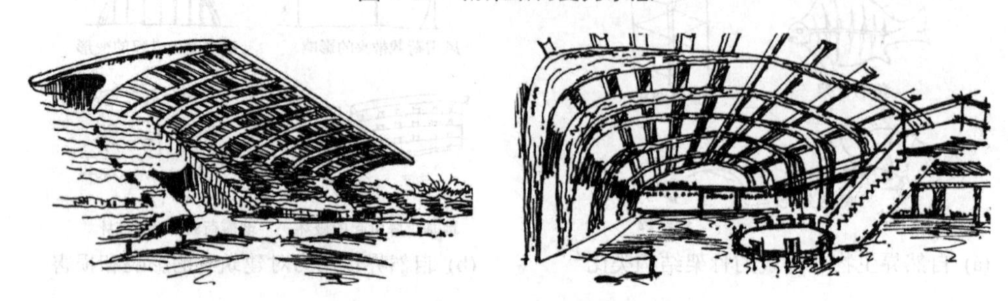

图 1-18　悬挑结构(左)和刚架结构(右)建筑示例

2. 建筑材料

建筑材料的发展更新对建筑结构的发展起着重要的推动作用。例如，砖的出现使拱结构得以发展[图 1-19(a)]，钢材和水泥的发明创造促进了高层框架结构与大跨度空间结构的发展[图 1-19(b)]，而高分子聚合物薄膜材料则带来了面目全新的薄膜结构建筑，如图 1-19(c)所示。

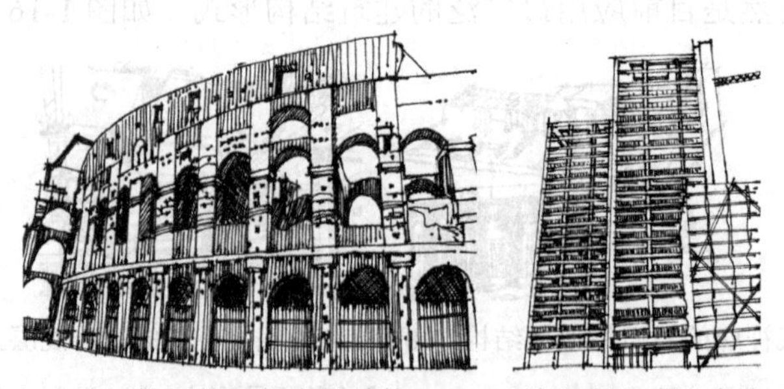

(a) 古罗马大斗兽场的天然混凝土拱结构　(b) 现浇钢筋混凝土框架结构建筑

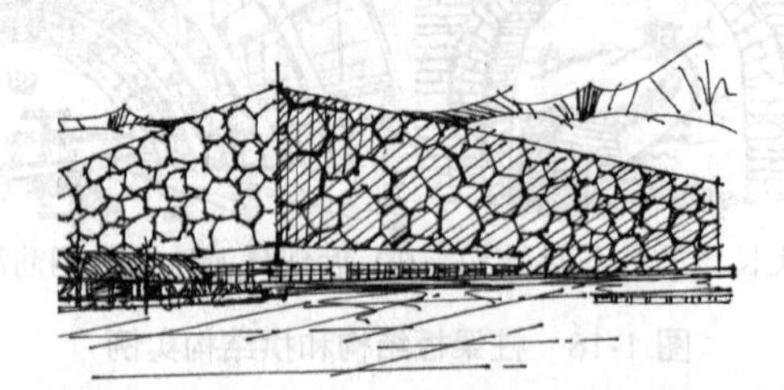

(c) 北京国家游泳中心“水立方”的 ETFE(乙烯-四氟乙烯)薄膜结构

图 1-19　建筑结构材料带来建筑形态的发展变化

材料对建筑的装修和构造也十分重要，如玻璃的出现给建筑的采光带来了方便[图 1-20(a)]，油毡的出现解决了平屋顶的防水问题，麦秸秆、碎木屑等被利用制成门窗扇、饰面板等取得了良好的生态环保效益，如图 1-20(b)所示。

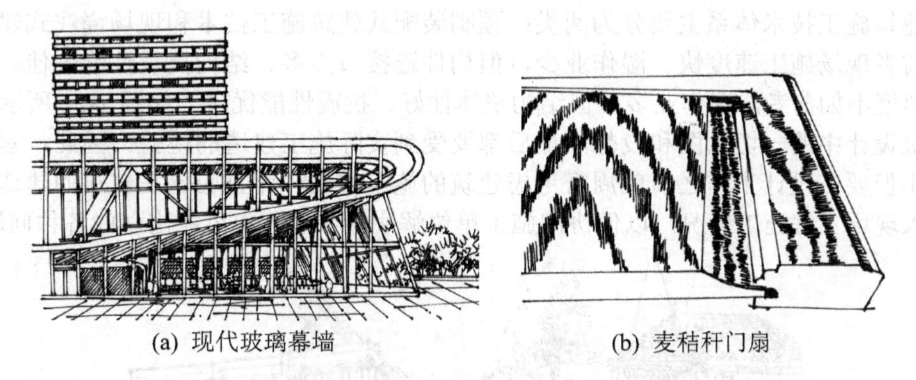

(a) 现代玻璃幕墙　　(b) 麦秸秆门扇

图 1-20　建筑功能材料

建筑材料基本可分为天然和人工两大类，它们各自又包括许多不同的品种。为了“材尽其用”，首先应该了解建筑对材料有哪些要求以及各种不同材料的特性，如表 1-1 所示。

表 1-1　常用建筑材料特性比较

材料＼特性	便于移动性	强度	耐久性	耐火性	胀缩性	加工便易性	维修便利性	装饰性	防潮性	保温隔热性
木材	优	中	中	差	优	优	中	优	差	中
胶合木	优	优	中	差	优	优	差	优	差	良
砖砌体	中	优	良	优	良	中	优	中	良	良
钢筋混凝土	差	优	优	优	优	差	优	中	优	中
钢材	差	优	优	中	中	中	优	差	优	差
铝材	优	优	优	优	良	良	良	优	优	差

表 1-1 所示的结果可以简单归纳为：强度大、自重小、功能特性好和易于加工的材料是理想的建筑材料。对天然材料或传统材料的人工革新改进，可以提高或完善它们的性能。比如表 1-1 中木材与胶合木的比较，后者的强度大为提高。其他例如从实心砖到空心砖的发展，既提高了保温隔热性能，又节约了材料；从混凝土到加气混凝土，既减轻了自重又提高了保温隔热性能；从普通玻璃到钢化玻璃、镀膜玻璃，提高了强度、安全性能和隔热性能。另外，在选用任何材料时，都应该注意就地取材，不能忽视材料的经济性问题。

3. 建筑施工

建筑物通过施工建造过程，把设计变为现实。建筑施工一般包含两个方面：①施工技术，包括使用的施工工具和机械、施工方法与流程以及人的操作熟练程度等；②施工组织，包括建筑材料的运输、施工进度的安排、资源和人力的调配等。

由于建筑的体量庞大，类型繁多，同时又具有艺术创作的特点，人类建筑发展历史进程中，建筑的建造施工长期处于手工业和半手工业状态，直到工业革命后带来社会生产力的大发展，才促使建筑的建造施工逐渐开始向机械化、工厂化和装配化的工业化生产方式转变。

工业化生产可以大大加快建筑施工的速度，但它们必须以设计的定型化为前提。现代工业化建筑施工技术体系主要分为两类：预制装配式建筑施工技术和现场浇注式建筑施工技术。前者现场施工速度快、湿作业少，但构件连接节点多、结构抗震性能欠佳；后者现场施工速度不如前者，湿作业多，但结构整体性好、抗震性能优越，如图 1-21 所示。

建筑设计中的一切意图和设想，最后都要受到实际施工建造的检验。因此，建筑设计工作者不但要在设计工作之前就周密考虑建筑的施工方案，而且应该在建筑的建造过程中经常深入现场了解施工情况，以便协同施工单位解决施工过程中可能出现的各种问题。

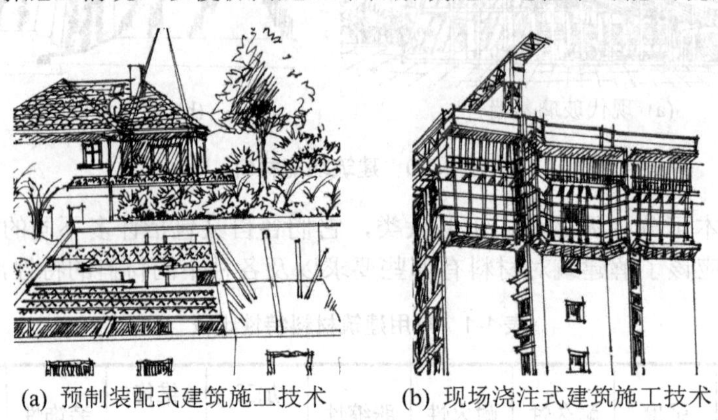

(a) 预制装配式建筑施工技术　　(b) 现场浇注式建筑施工技术

图 1-21　现代建筑施工技术

4. 建筑设备

在建筑物中，尤其是现代建筑中，还有一些设备系统，例如，给排水、消防、采暖空调、机械通风、电气照明、网络通信等，起着辅助完善建筑空间的使用功能、提高舒适性等作用。这些设备系统需要建筑提供安置空间，还会有许多管道需要穿越建筑主体结构或是其他构造部分，它们会占据一定的空间，形成相应的附加荷载，需要提供支承。

1.2.3　建筑形象

建筑形象就是建筑的观感或美观问题，古今中外，凡是给人视觉印象深刻的建筑大都具有优美的形象，如图 1-22 所示。

(a) 北京天安门城楼　　(b) 悉尼歌剧院

图 1-22　中外著名建筑形象示例

建筑在构成我们日常生活的物质环境的同时，又以其艺术形象影响着人们精神上的感受。绘画通过颜色和线条表现形象，音乐通过音阶和旋律表现形象。那么，建筑通过哪些手段表现形象呢？归纳起来，主要有以下几个方面。

(1) 建筑有可供使用的空间，这是建筑区别于其他造型艺术的最大特点。

(2) 和建筑空间相对存在的是它的实体所表现出来的形和线。

(3) 建筑通过各种材料在光的作用下实际表现出它们不同的色彩和质感，绘画只能通过纸、笔和颜料再现表现对象的色彩和质感。

(4) 光线(天然光或人工光)和阴影能够加强建筑的立体感，从而增强它们的艺术表现力，如图 1-23 所示。

(a) 晴天光影效果强烈

(b) 阴天光影效果平淡

图 1-23　南开大学主教学楼

此外，建筑形象问题还涉及地域自然环境、文化传统、民族风格、社会思想意识等方面的因素(图 1-24)，并不单是纯形式美观的问题。但是一个良好的建筑形象，却首先应该是视觉形式美观的，在运用表现手法进行建筑立面与形体设计时应该注意一些基本的形式美法则：主从关系、对比与微差、均衡与稳定、韵律与节奏、比例与尺度等(详见 7.2 节)。

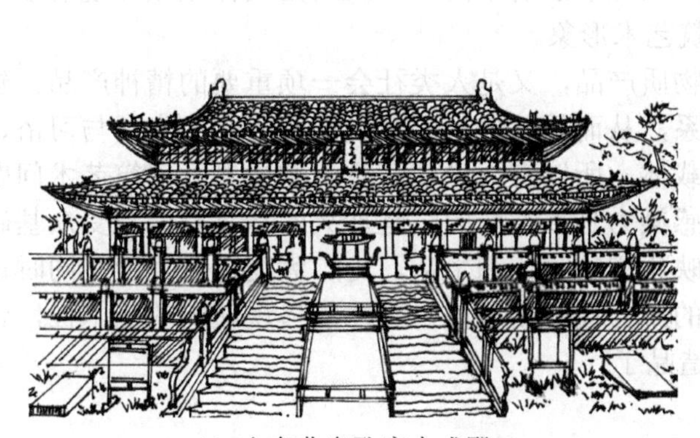

(a) 山东曲阜孔庙大成殿

(b) 法国巴黎圣母院

图 1-24　不同地域、文化、社会的建筑形象

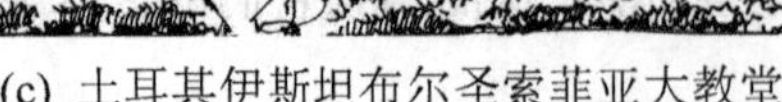

(c) 土耳其伊斯坦布尔圣索菲亚大教堂　　(d) 意大利比萨大教堂

图 1-24　不同地域、文化、社会的建筑形象(续)

1.2.4　建筑三要素之间的关系

总的来说，建筑功能、建筑技术、建筑形象三者之间是辩证统一的关系。

功能要求是建筑的主要目的，材料、构造、结构、施工、设备等建筑物质技术条件是达到功能目的的手段，而建筑形象则是建筑功能、技术和艺术内容的综合表现。也就是说三者的关系是目的、手段和表现形式的关系。其中功能居于主导地位，它对建筑的技术和形象起着决定的作用。物质技术条件是实现建筑的手段，因而建筑的功能和形象都会受到技术条件的制约。例如，对于体育馆建筑来说，由于有比赛和观赛的功能要求而需要带顶棚的巨大空间，正是这种功能要求决定了体育馆建筑需要采用大跨度的结构体系作为它的骨架，从而也决定了一座体育馆建筑的形体不可能是一个细高形体或板状形体。但是，如果没有一定的结构技术和施工技术，体育馆的功能要求就难以实现，也无从表现它的艺术形象。当然，建筑的艺术形象并非完全处于被动地位。同样的功能要求、同样的材料或技术条件，由于设计的立意构思和艺术处理手法的不同，以及所处具体地域环境的差异，完全可能产生出风格和品味各异的建筑艺术形象。

建筑既是一项具有实际用途的物质产品，又是人类社会一项重要的精神产品。建筑与人们的社会生活有着千丝万缕的联系，从而使其成为综合反映人类社会生活与习俗、文化与艺术、心理与行为等精神文明的载体，所以有人说建筑是活的史书。建筑艺术问题并不仅仅是美观问题，它所具有的精神感染力是多方面的，是持久的和具有广泛受众基础的。作为这样一种精神产品，它应当反映我们的时代和生活，为广大受众所喜爱；同时也要求它具有个性，即具有单个产品之间的差异性和创造性，这才能体现建筑的艺术性，否则建筑就会沦为可以简单复制的工业制造品了。

1.3　建 筑 空 间

1.3.1　空间和人对空间的感受

在大自然中，空间可以是无限的，但在周围的生活中，我们常常可以看到人们用各种手段取得适合于自己需要的空间，如图 1-25 所示。

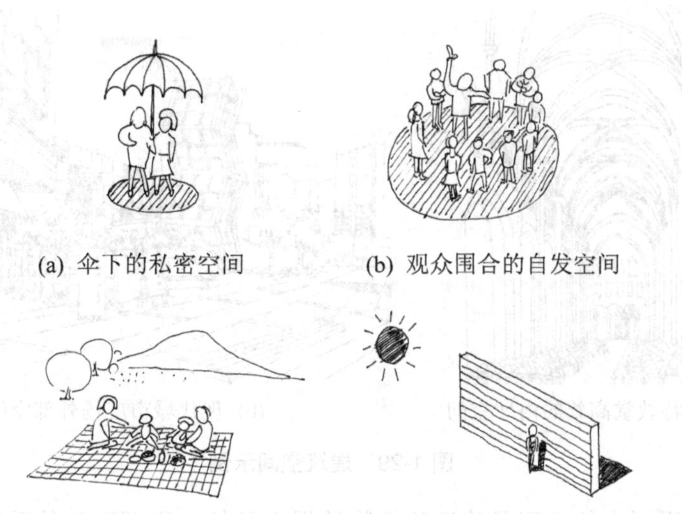

(a) 伞下的私密空间　(b) 观众围合的自发空间

(c) 野炊时地上铺的布或毯形成了一家人的领属空间 (d) 一堵墙界定了向阳和背阴两个不同感受的空间

图 1-25　空间的营造和人对空间的感受

空间就是容积，但空间并非“空”间，而是指人能活动于其间的由具体的实体构件围隔而成的内外环境。它是和实体相对存在的，犹如太极中的阴阳相对概念，如图 1-26 所示。人们对空间的感受是借助实体而得到的。人们常用围合或分隔的方法取得自己所需要的空间。空间的封闭和开敞程度是相对的。图 1-27 所示为巴塞罗那世界博览会德国馆(1929 年，密斯・凡・德・罗设计)局部半封闭半开敞空间。各种不同形式的空间，可以使人产生不同的感受。图 1-28 所示为中国国家大剧院的入口门厅展示的曲线曲面形态围合的空间，给人以动态、柔美之感，不同于常见的直线平面形态围合的空间给人的规整、严谨的感受。

图 1-26　太极图

图 1-27　巴塞罗那世博会德国馆局部

图 1-28　中国国家大剧院入口门厅

1.3.2　建筑空间

建筑空间是一种人造或人工的空间。墙面、楼地面、屋顶、门窗等实体构件元素围合成建筑的内部空间；建筑物与建筑物之间，建筑物与周围环境中的树木、山峦、水面、街道、广场等元素构成建筑的外部空间(图 1-29)。建筑以它所提供的各种空间满足着人们生产或生活的需要。

(a) 哥特教堂高耸的内厅空间

(b) 现代城市广场外部空间

图 1-29　建筑空间示例

取得合乎使用要求的空间是建造建筑物的根本目的。强调空间的重要性和对空间的系统研究是近现代建筑发展中的一个重要特点。近现代建筑日趋复杂的功能要求、建造技术和材料科学的重大突破，为建筑师们对建筑空间的探讨与研究提供了更多的可能，从而使得近现代建筑在空间功能和空间艺术两方面取得了新的进展和突破。

首先，建筑类型与功能的多样化，促使空间组织形式的多样化。各种不同类型的建筑，根据其功能关系的不同，要对内部各空间的形状、大小、数量、彼此关系等进行一系列全面合理的组织与安排，而墙体、楼地面、顶棚等实体界面则是获得这些空间的载体和手段。因此可以说，建筑的空间组织是建筑功能的集中体现。

其次，在建筑艺术表现方面，古典建筑尤其是西方古典建筑更倾向于把建筑视为一种造型艺术，重在建筑的实体处理上，例如，建筑的立面风格、形体组合、构图比例、墙面划分以至装饰细部等方面[图 1-30(a)]；而近现代建筑则更加强调建筑的空间意义，认为建筑是空间的艺术，是由长、宽、高三个空间维度与人活动于其中的时间维度所构成的四维时空艺术[图 1-30(b)]。空间是建筑艺术最重要的内涵，是建筑区别于其他造型艺术门类的根本特征。

(a) 1552 年意大利圆厅别墅

(b) 1936 年美国流水别墅

图 1-30　不同时代的建筑艺术表现示例

1.3.3　建筑空间与建筑功能的关系

建筑空间是建筑功能的集中体现。建筑的功能要求以及人在建筑中的活动方式，决定着建筑空间的大小、形状、数量及其组织形式(详见第 6 章)。

1. 建筑空间的大小与形状

建筑中最基本的使用单元是墙体、楼地面、顶棚所围合的单一内部空间，其大小与形状是满足使用要求的最基本条件。假设把建筑比作一种容器，那么这种容器所容纳的便是空间和人对空间的使用，根据功能使用合理地决定空间的大小与形状是建筑设计中的一个基本任务。

(1) 平面的大小与形状。

由于平面是人活动所依托的界面，平面大小与形状决定着空间的长、宽两个维度，所以在建筑设计中对空间形式的确定，大多由平面开始。在平面设计中，首先考虑该空间中人的活动尺寸和家具设备的布置。

矩形(长方形)平面是采用最为普遍的一种，其长宽尺寸的乘积决定平面面积的大小，并直接影响空间的容积。长与宽的比例关系则与空间的使用内容有重要的关系，通常情况下长宽比例宜接近 1.5。矩形平面的优点是结构相对简单，易于布置家具或设备，面积利用率高，便于房间组合，如图 1-31 和图 1-32 所示。

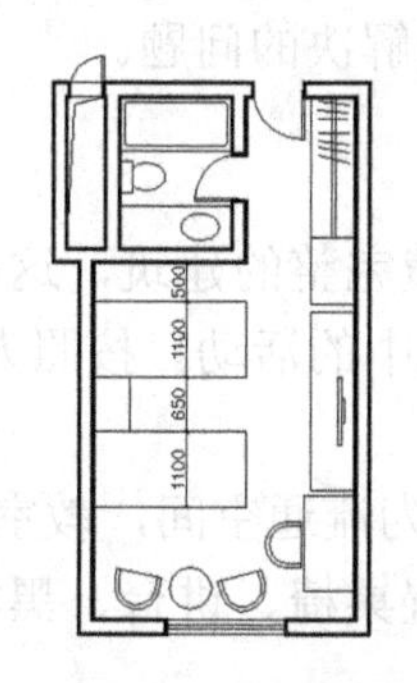

图 1-31　旅馆双人标准间客房平面

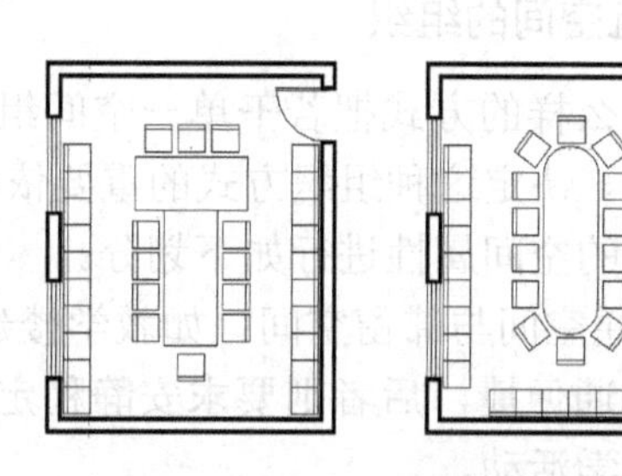

图 1-32　小型会议室平面

圆形、半圆形、椭圆形、三角形、六角形、梯形等规则形状，以及某些不规则形状的平面，多用于特定情况的建筑平面中(图 1-33)。如圆、椭圆形可用于过厅、餐厅等，大的圆形、钟形、马蹄形平面常用于体育或观演空间，三角形、梯形、六角形等平面的采用则常与建筑的整体布局和结构柱网有关。

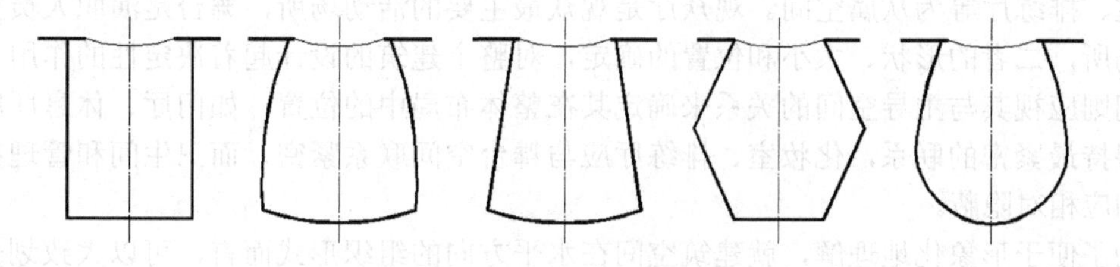

图 1-33　剧场观众厅平面形状

(2) 剖面的大小与形状。

剖面形状决定着空间的高、宽(或长)两个维度。同样，人的活动尺寸和家具设备的布置是剖面设计的首要依据。

在一般建筑中，空间的剖面大多数情况下也是以矩形为主的，剖面的高度直接影响建筑中楼层的高度。多层与高层建筑设计中，层高是一项重要的技术经济指标。在公共建筑中某些重要空间的设计，如观演大厅、比赛大厅、购物大厅、中庭等，其剖面形状的确定是一项至关重要的设计内容，它或与特殊的功能要求有关，或出于设计者对空间艺术构思的考虑，如图 1-34 所示。

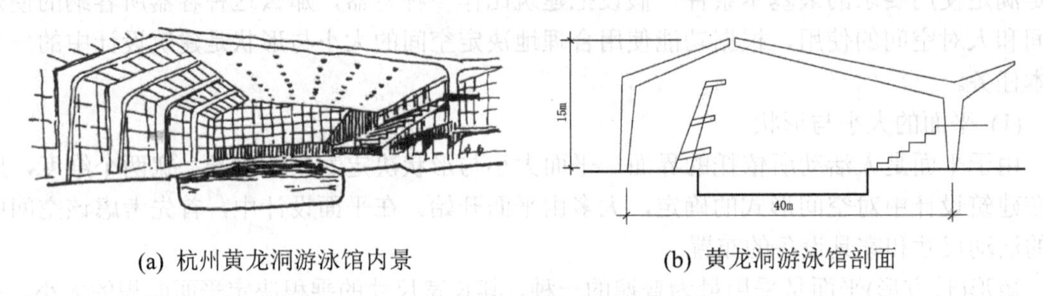

(a) 杭州黄龙洞游泳馆内景　　(b) 黄龙洞游泳馆剖面

图 1-34　建筑剖面形态示例

应当注意，不能孤立地确定单一空间大小和形状，因为它们还要受到整个建筑的朝向、采光、通风、结构形式以及建筑的整体布局等因素的影响和制约。当众多单一空间处于同一建筑中时，如何对它们进行合理的组织，就是接下来必须解决的问题。

2. 建筑空间的组织

依照什么样的方式把若干单一空间组织起来，形成一幢完整的建筑，这是建筑设计中的核心问题。决定这种组织方式的重要依据，就是人在建筑中的活动。按照人的活动要求，可以对不同的空间属性进行如下划分。

(1) 流通空间与滞留空间：如教学楼建筑设计中，走廊为流通空间，教室为滞留空间，前者要求畅通便捷，后者则要求安静稳定，能够合理地布置桌椅、讲台、黑板等，以便进行正常的教学活动。

(2) 公共空间和私密空间：如旅馆建筑设计中，餐厅、服务大厅等为公共空间，客房为私密空间，而商店、餐饮、娱乐、健身、会议以及客房部分的走廊等又可被分为不同程度的半公共或半私密空间。这些不同性质的空间应适当划分，私密半私密空间应避免大量的人流穿行，公共空间内则应具有良好的流线组织和适当的活动分区。

(3) 主导空间与从属空间：如剧场建筑中的观众厅与舞台为主导空间，休息厅、门厅、化妆室、排练厅等为从属空间。观众厅是观众最主要的活动场所，舞台是演职人员主要的活动场所，二者的形状、大小和位置的确定，对整个建筑的设计起着决定性的作用。各从属空间则应视其与主导空间的关系来确定其在整体布局中的位置，如门厅、休息厅应与观众厅保持最紧密的联系，化妆室、排练厅应与舞台空间联系紧密，而卫生间和管理办公等用房则应相对隐蔽。

为了便于形象化地理解，就建筑空间在水平方向的组织形式而言，可以大致划分为以下 4 种基本关系。

(1) 并列关系：各主要单一空间的功能相同或近似，彼此没有直接的依存关系时，常采用并列关系的空间组织形式。如宿舍楼、教学楼、办公楼等多以走廊为交通联系，各宿舍、教室或办公室分布在走廊的两侧或一侧。

(2) 序列关系：各单一空间在使用过程中，具有明确的先后顺序时，多采用序列关系的空间组织形式，以便合理地组织人流，进行有序的活动。例如，候车楼、候机楼等交通建筑以及博物馆、展览馆等类型的建筑中主要功能空间的组织就应采用序列关系。

(3) 主从关系：各空间在功能上既相互依存又有明显的隶属关系，多采用主从关系的空间组织形式。其各种从属空间多布置于主要空间周围，如图书馆建筑中的公共大厅与各个不同性质的阅览室和书库，以及住宅建筑中的起居室与各卧室和餐厅、厨房的关系等，都应为主从关系。

(4) 综合关系：在功能较为复杂的综合性建筑中，常常以上述某一种基本关系的空间组织形式为主，同时具有其他基本关系的组织形式。例如，大型旅馆建筑中，客房部分为并列关系，入口大厅及其周围的商店、餐饮、休息等空间为主从关系，厨房部分则可能表现为序列关系。又如单元式住宅，就各分户单元而言为并列关系，而各分户单元内部则表现为以起居室为中心的主从关系。

上述 4 种基本关系的空间组织形式示意如图 1-35 所示。

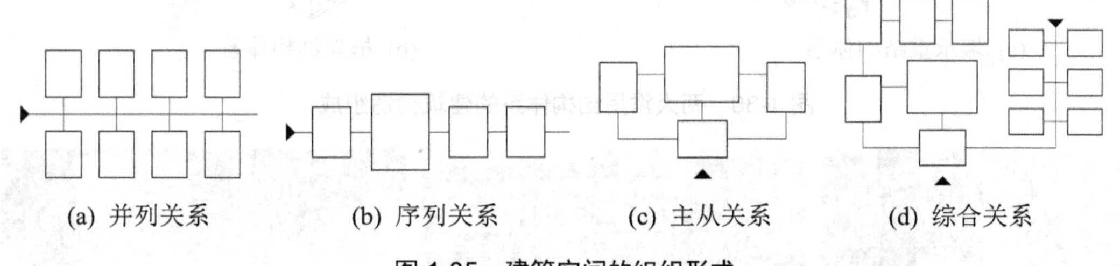

图 1-35　建筑空间的组织形式

1.4　建筑构造组成

围合形成建筑空间的实体构配件就是建筑构造所要研究的对象。建筑物的基本构造组成有基础、墙或柱、楼地层、楼梯、屋顶、门窗六大部分，每一个构造组成部分又包括若干构造层次(包括结构层和功能层)和连接节点，其中墙、柱、梁、楼板、屋架等承重结构层称为建筑构件，结构力学计算分析保证受力安全是其核心任务(建筑结构是独立学科)；而屋面、地面、墙面、顶棚、门窗、栏杆等功能层称为建筑配件，建筑构造设计研究的重点主要是建筑配件。综合起来讲，建筑物的六大基本构造组成部分起着承重、围护和分隔空间的作用，其中围护作用主要包括保温、隔热、隔声、防水、防潮、防火等，如图 1-36 所示。

建筑物除以上六大基本构造组成外，还有其他附属构造组成部分，如阳台、雨篷、台阶、散水、电梯、自动扶梯等，如图 1-37 所示。阳台是多层与高层建筑中特殊的组成部分，是室内外环境的过渡空间，同时对建筑外部造型也具有重要的作用。雨篷是设置在建筑出入口上部的挡雨设施。台阶是建筑出入口处室内外高差之间的交通联系部件。散水是建筑

物外墙接近室外地面处的排水设施。阳台、雨篷与楼板层的构造相似，台阶、散水与室外地面的构造相似。电梯、自动扶梯则属于垂直交通设施，它们的安装有各自对土建技术的要求。在露空部分如阳台、回廊、楼梯梯段临空处、上人屋顶周围等处，要对女儿墙、栏杆扶手高度提出具体的设计要求，以保证人员的活动安全。

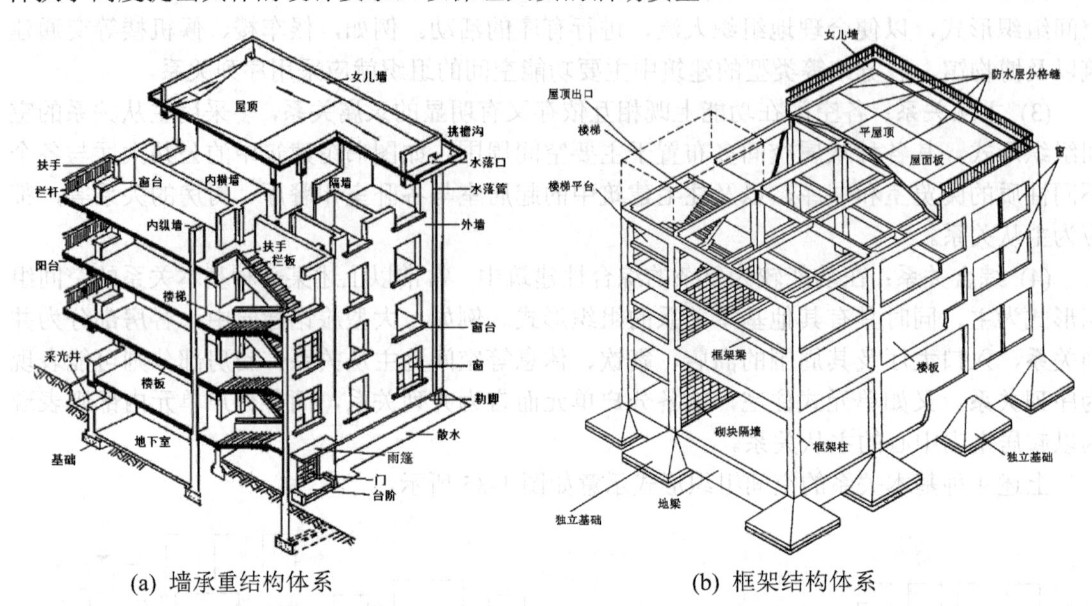

(a) 墙承重结构体系　　(b) 框架结构体系

图 1-36　两大常用结构体系的建筑构造组成

(a) 阳台　　(b) 雨篷和台阶　　(c) 散水和落水管

(d) 电梯　　(e) 自动扶梯　　(f)上人屋顶上的女儿墙、栏杆扶手

图 1-37　建筑物附属构造部分

1.4.1　基础

地基和基础是两个相互关联的不同概念。地基是承受由基础传递的荷载的土层，不属于建筑物的构造组成部分。地基承受建筑物荷载而产生的应力和应变是随着土层深度的增加而减小的，在达到一定的深度以后就可以忽略不计。地基分为天然地基与人工地基。天然土层具有足够的承载能力，不需经过人工加固，可以直接在其上部建造建筑物，这种土层就是天然地基。当土层的承载力较差或虽然土层质地较好，但建筑物上部荷载过大时，为了使地基具有足够的承载能力，应对土层进行加固，这种经过人工处理的土层称为人工地基。人工加固地基的常用方法有压实法、换土法和桩基法。

1. 压实法

利用重锤夯打、压路机碾压和振动法将土层压实。这种方法简单易行，对提高地基承载力收效较大。

2. 换土法

当地基土为淤泥、冲填土、杂填土及其他高压缩性土时，应采用换土法。换土所用材料应选用中砂、粗砂、碎石或级配石等空隙大、压缩性低、无侵蚀性的材料。换土范围应由计算确定。

3. 桩基法

在建筑物荷载大、地基土又较松软时，一般应采用桩基。桩基由承台和桩柱两部分组成。桩端落位于较深的有足够承载力的地基土层上。

基础是建筑物埋在地面以下的与地基直接接触的垂直承重构件，它承受建筑物上部结构传下来的全部荷载，并把这些荷载连同本身的自重传递给地基。因此基础必须坚固稳定，安全可靠。

建筑物基础类型按其形式不同可分为独立基础、条形基础(图 1-38)和联合基础。独立基础常用于地基承载力较好的框架结构柱的下部支撑，条形基础常用于地基承载力较好的墙承重结构体系中承重墙的下部支撑；联合基础包括柱下条形基础、柱下十字交叉基础、板式筏形基础、梁板式筏形基础、箱形基础等类型(图 1-39)。当建筑物的荷载较大或地基承载能力较差时，一般采用各种形式的联合基础，高层及超高层建筑多采用箱形基础。

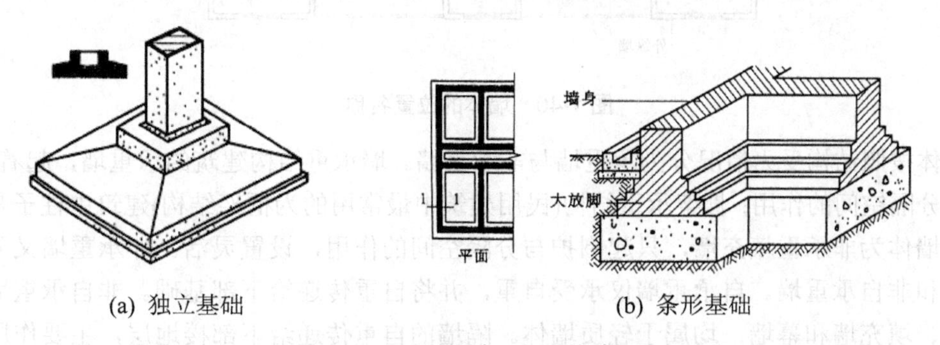

(a) 独立基础　　(b) 条形基础

图 1-38　独立基础和条形基础形式

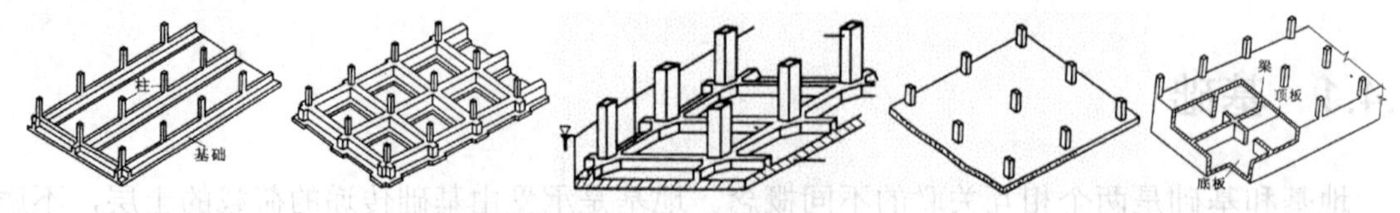

(a) 柱下条形基础 (b) 柱下十字交叉基础 (c) 板式筏形基础 (d) 梁板式筏形基础 (e) 箱形基础

图 1-39　联合基础形式

1.4.2　墙体

在不同结构体系的建筑中，屋顶、楼地层等水平构件部分所承受的活荷载以及它们的自重，分别通过支承它们的竖向构件即墙(墙承重结构体系)或柱(框架结构体系)传递到基础上，再传给地基。墙体或柱子要有足够的强度和稳定性，具有保温、隔热、隔声、防火、防水的能力。

墙体依其在建筑物中所处位置的不同，有外墙和内墙之分。凡位于建筑物周边的墙称为外墙，凡位于建筑内部的墙称为内墙。从对于建筑空间围合的作用来说，外墙属于房屋的外围护结构，起着界定室内外空间，以及遮风、挡雨、保温、隔热、保护室内空间环境的作用；内墙则用来水平向分隔建筑物的内部空间，又有横墙和纵墙之分。其中，凡沿建筑物短轴方向布置的墙称横墙，不论建筑物是否采用坡屋顶，横向外墙又常称为山墙；凡沿建筑物长轴方向布置的墙称纵墙，纵墙有内纵墙与外纵墙之分，如图 1-40 所示。在一片墙上，窗与窗或门与窗之间的墙称为窗间墙；窗洞下部的墙称为窗下墙或窗肚墙，凸出于屋顶之上的墙称为女儿墙。

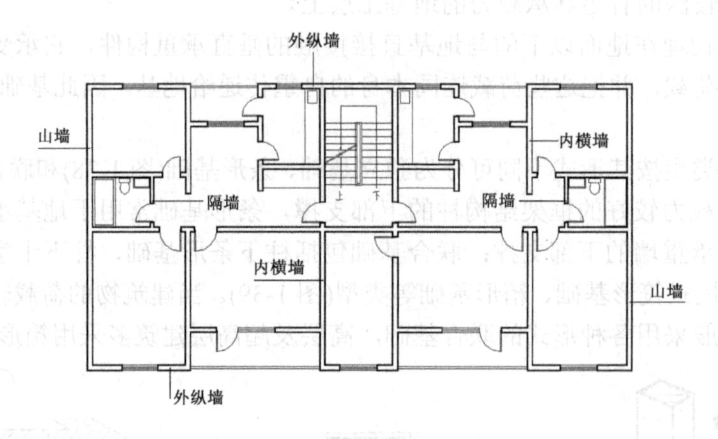

图 1-40　墙体的位置名称

墙体按照结构受力情况分为承重墙与非承重墙。墙承重结构建筑的承重墙，起着承重、围护与分隔空间的作用；骨架承重结构(民用建筑中最常用的为框架结构)建筑中柱子是承重构件，墙体为非承重填充墙，只起围护与分隔空间的作用，设置灵活。非承重墙又分为自承重墙和非自承重墙。自承重墙仅承受自重，并将自重传递给下部基础。非自承重墙又分为隔墙、填充墙和幕墙，均属于轻质墙体。隔墙的自重传递给下部楼地层，主要作用是分隔建筑的内部空间。填充在骨架承重体系结构柱和梁之间的墙称为填充墙，填充墙的自重传递给下部框架梁。幕墙一般是指悬挂于建筑物外部骨架外或楼板间的轻质外墙，按材料分为玻璃幕墙、金属幕墙和石材幕墙，幕墙的自重传递给上部骨架或楼板层结构。处于建筑物外墙位置上的填充墙和幕墙还要承受风荷载和地震荷载。

根据建造材料的不同，墙体还可分为砖墙、石墙、土墙、砌块墙、混凝土墙以及其他用轻质材料制作的墙体。其中黏土砖虽然是我国传统的墙体材料，但它越来越受到材源的限制，我国有很多地方已经限制在建筑中使用实心黏土砖。石材和生土往往只是作为地方材料在产地使用，价格虽低但加工不便。砌块墙是砖墙的良好替代品，由多种轻质材料和水泥等制成，例如，加气混凝土砌块、陶粒混凝土砌块等。混凝土墙则一般采取现场浇筑的方式施工，在高层建筑中应用广泛。

按照构造形式不同，墙体可分为实体墙、空体墙和组合墙 3 种，如图 1-41 所示。实体墙由单一材料组成，如实心黏土砖墙、实心砌块墙等。空体墙也是由单一实心材料组成的，可以由单一材料砌成内有空腔的形式，如空斗黏土砖墙，也可用具有孔洞的预制材料建造墙体，如空斗砌块墙。组合墙是由两种以上材料组合而成，如实心砖墙承重，聚氨酯泡沫板或岩棉保温复合墙体。

(a) 实体墙

(b) 空体墙

(c) 组合墙

图 1-41　墙体的构造形式

1.4.3　楼地层

楼地层是建筑的主要水平构造部分，其主要作用是为使用者提供在建筑物中活动所需要的各种平面，以及将由此而产生的各种荷载(如家具、设备、人体自重等荷载)传递到支承它们的垂直构件上去，同时又对墙体或柱子起着水平支撑作用，以减弱风荷载等侧向水平力的作用。此外，楼地层还起着沿建筑物的高度方向分隔空间的作用。楼地层包括楼板层和地坪层，楼板层分隔上下楼层空间，一般由顶棚、结构层和面层组成；地坪层分隔大地和底层空间，一般由素土夯实、垫层和面层组成，附加层根据特殊功能需要设置，如保温、吸声等，如图 1-42 所示。

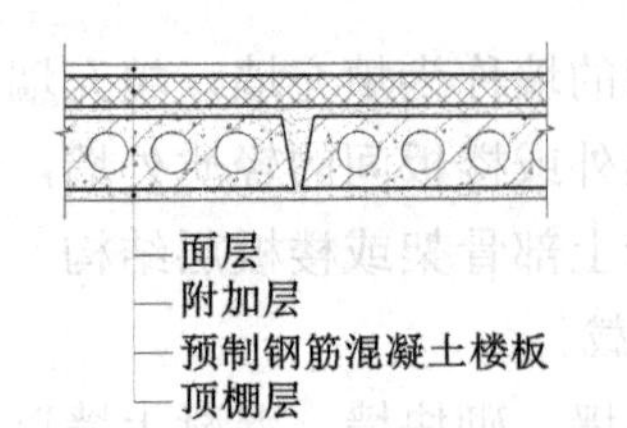

(a) 预制楼板结构层的楼板层

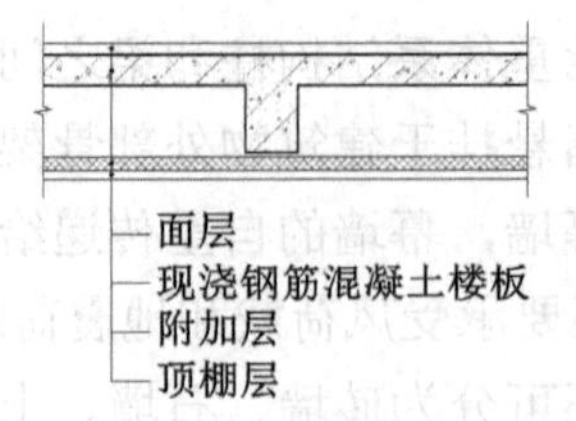

(b) 现浇楼板结构层的楼板层

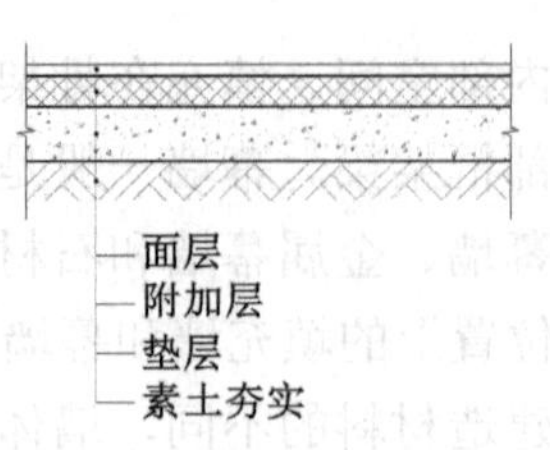

(c) 地坪层

图 1-42 楼地层的构造组成

对于楼地层的构造，首先应满足坚固方面的要求。任何建筑的楼地层均应有足够的强度，能够承受自重的同时，又能承受不同要求的使用荷载而不致损坏。同时还应有足够的刚度，如在规范荷载的作用下，不超过规定的挠度变形，在规范允许的力的作用下不发生显著的振动，整体结构保证建筑的稳定性。其次，楼地层要考虑隔声方面的问题，即楼地层上下空间对听觉的私密性要求。声音的传播包括空气传播和固体传播，建筑中隔绝空气传声的方法，最重要的是避免出现楼地层的缝隙、孔洞，还可增加楼板层的容重，或采用层叠结构。至于固体传声，主要是要防止楼板面层获得过多的冲击能量，可利用富有弹性的面层材料吸收一些冲击能量，同时在结构或构造上采取刚性间断的方式来隔绝固体传声。最后，楼地层在热工和防火方面也有一定的要求。在不采暖的建筑中，楼地层的面层要注意避免采用吸热指数过大的材料，以免冬季容易传导人足部的热量，使人体感到不舒适。在采暖建筑中，地板、地下室楼板、阁楼屋面等处应设置保温隔热材料，尽量减少热量散失。楼地层还应尽量采用耐火与半耐火材料，并注意防腐、防蛀、防潮处理，最终达到坚固耐用的目的。

地坪层是底层房间与地基土层直接接触的部分，上部是室内空间，下部是地基土。它承受底层房间的荷载，要求具有一定的强度和刚度，并具有防潮、防水、保暖、耐磨的性能，常用混凝土材料作为垫层。一般地坪层和建筑物室外场地有密切的关系，要处理好地坪与台阶及建筑物周边场地的关系，使建筑物与场地交接明确，整体和谐。

楼板层上下两侧均为室内空间。不同材料的建筑，楼板层的做法也不相同(图 1-43)。木结构建筑多采用木楼板，板跨 1 m 左右，其下用木梁支承；砖混结构建筑常采用预制或现浇钢筋混凝土楼板，板跨约为 3～4 m，用墙或梁支承；钢筋混凝土框架结构体系建筑多为交叉梁板式楼板；钢框架结构的建筑则适合采用压型钢衬板组合楼板，其跨度可达 4 m。作为楼板，要具有足够的强度和刚度，同时还要求具有隔声、防潮、防水的能力。

(a) 木楼板

(b) 预制钢筋混凝土楼板

(c) 现浇钢筋混凝土楼板

图 1-43 楼板层类型

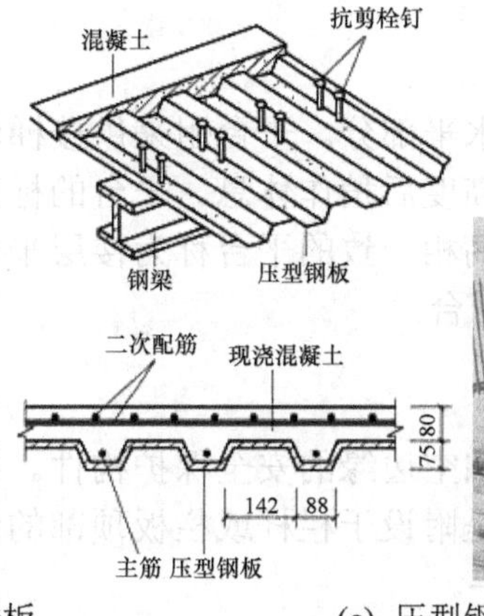

(d) 现浇交叉梁板式钢筋混凝土楼板　　(e) 压型钢衬板组合楼板

图 1-43　楼板层类型(续)

1.4.4　楼梯

楼梯是建筑物内各个不同楼层之间上下联系的主要垂直交通设施。楼梯应做到上下通行方便，有足够的通行宽度和疏散能力，包括人行及搬运家具设备；并应满足坚固、耐用、安全、防火和美观要求。

楼梯无论形式如何，都是由梯段、平台及栏杆扶手三部分组成的，如图 1-44 所示。

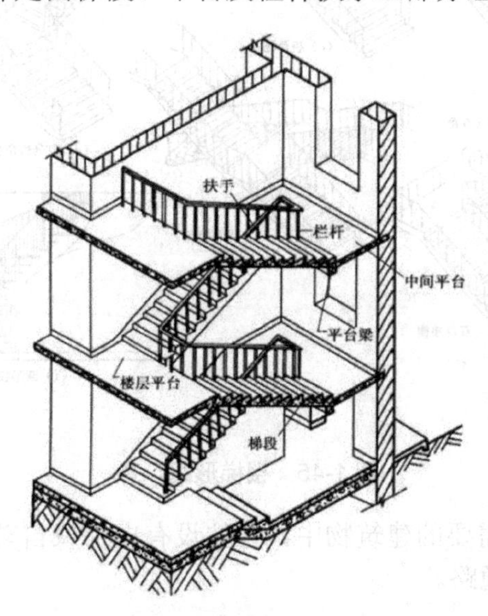

图 1-44　楼梯的构造组成

1. 梯段

梯段是联系两个不同标高平台的倾斜构件，一个梯段又称为一跑。梯段由若干踏步组成，踏步又分为踏面(供行走时踏脚的水平部分)和踢面(形成踏步高差的垂直部分)。楼梯的坡度大小就是由踏步尺寸决定的，即踏面的宽度和踢面的高度。

2. 平台

平台指连接两个梯段之间的水平部分。平台用来供楼梯转折改变行进方向、连通某个楼层或供使用者在攀登了一定的高度后稍作休息。平台的标高有时与某个楼层相一致，有时介于两个楼层之间。与楼层标高相一致的平台称为楼层平台或正平台，介于两个楼层标高之间的平台称为中间平台或半平台。

3. 栏杆扶手

栏杆扶手是设在梯段及平台临空边缘的安全保护构件。栏杆分为空心栏杆和实心栏杆两种，实心栏杆又称栏板；扶手是附设于栏杆或栏板顶部的连续构件，供人依扶之用。扶手也可附设于墙上，称为靠墙扶手。

楼梯的形式多种多样。最简单的是直跑楼梯，直跑楼梯又可分为单跑和多跑，层高小的建筑可设单跑，层高大的建筑需多跑。楼梯形式中最常见的是双跑并列成对折关系的楼梯，又称平行双跑楼梯，因为这种形式最节省面积并能缩短人流行进距离。如果相邻梯段之间成角度布置(常见为 90°)，就形成折角式楼梯，折角式楼梯又分单方向的折角和双分折角。另外，剪刀式楼梯可提供双向通行选择，圆弧形楼梯以及内径较小的螺旋形楼梯的曲线造型景观作用突出，这些都是楼梯的常用形式，如图 1-45 所示。

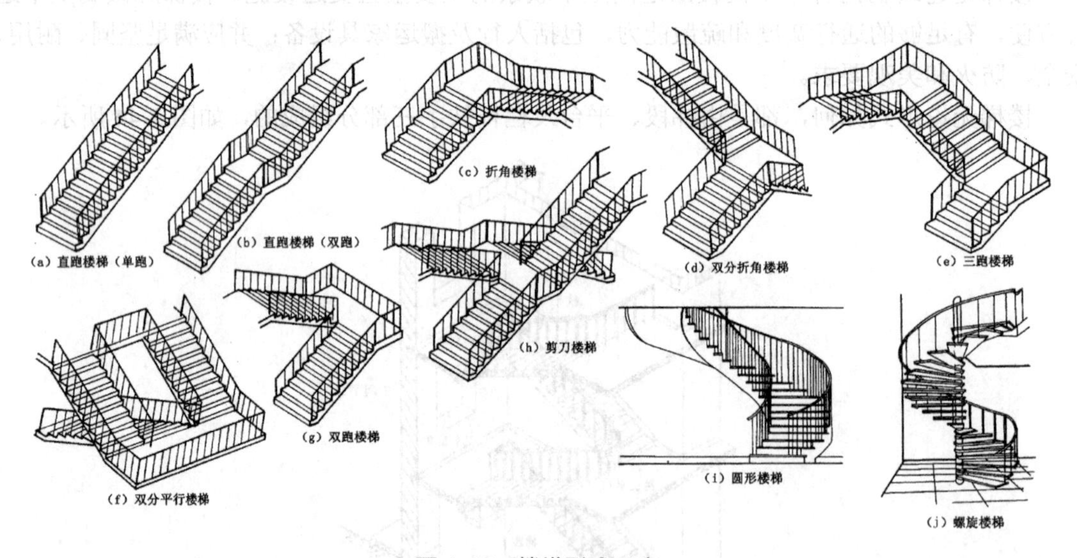

图 1-45 楼梯形式示意

在层数较多或有特殊需要的建筑物中，往往设有电梯或自动楼梯，但同时也必须设置楼梯用作交通和防火疏散通路。

1.4.5 屋顶

屋顶是建筑最上部的围护覆盖部分。它主要有两个作用：一是承受作用于屋顶上的风荷载、雪荷载和屋顶自重等，起承重作用；二是抵御自然界的风、雨、雪、太阳辐射热和冬季低温等的影响，起围护作用。因此屋顶具有不同的类型和设计要求。同时，屋顶的形式对建筑物的造型形态也起着非常重要的作用。

屋顶根据其外形一般可分为平屋顶、坡屋顶和其他形式的屋顶。

1. 平屋顶

平屋顶通常是指屋顶坡度小于 5 %，最常用的是坡度为 2%~3 %的屋顶，这是目前应用最广泛的一种屋顶形式，大量民用建筑多采用与楼板层基本类似的结构布置形式的平屋顶。根据屋顶与外墙的交接关系与造型，一般可分为图 1-46 所示的四种形式。

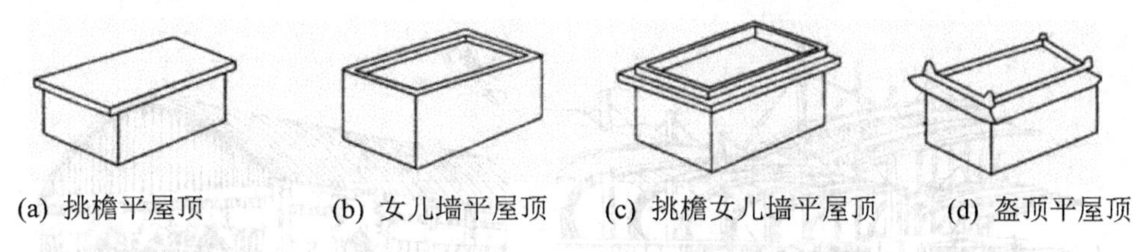

(a) 挑檐平屋顶　(b) 女儿墙平屋顶　(c) 挑檐女儿墙平屋顶　(d) 盝顶平屋顶

图 1-46　平屋顶形式

2. 坡屋顶

坡屋顶通常是指屋顶坡度在 10%以上的屋顶，坡屋顶是我国传统的木结构建筑采用的屋顶形式，有着悠久的历史。根据构造不同，常见的形式有：单坡、双坡、四坡屋顶，硬山及悬山屋顶，卷棚、歇山及庑殿屋顶，圆形或多边形攒尖屋顶等，如图 1-47 所示。即使是一些现代建筑，在考虑到景观环境或建筑风格的要求时，也常采用现代材料构建坡屋顶。

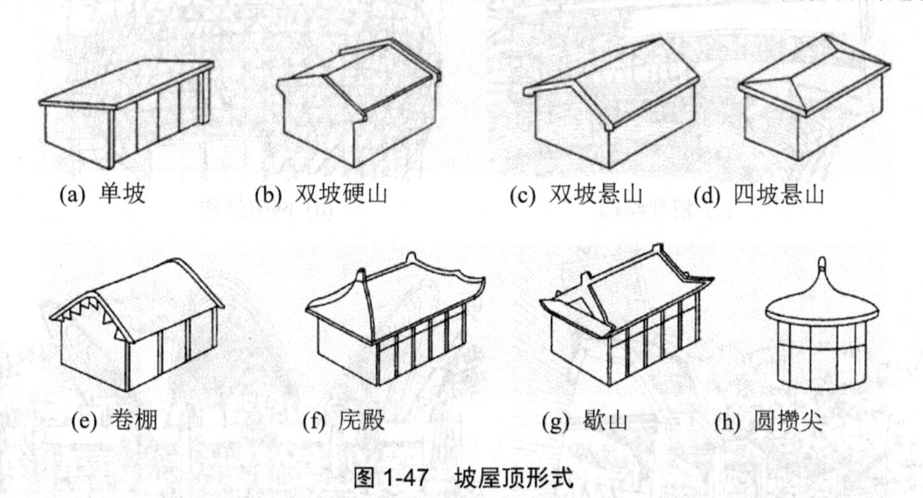

(a) 单坡　(b) 双坡硬山　(c) 双坡悬山　(d) 四坡悬山

(e) 卷棚　(f) 庑殿　(g) 歇山　(h) 圆攒尖

图 1-47　坡屋顶形式

坡屋顶中常用的承重结构有横墙承重、屋架承重和梁架承重三种类型，如图 1-48 所示。

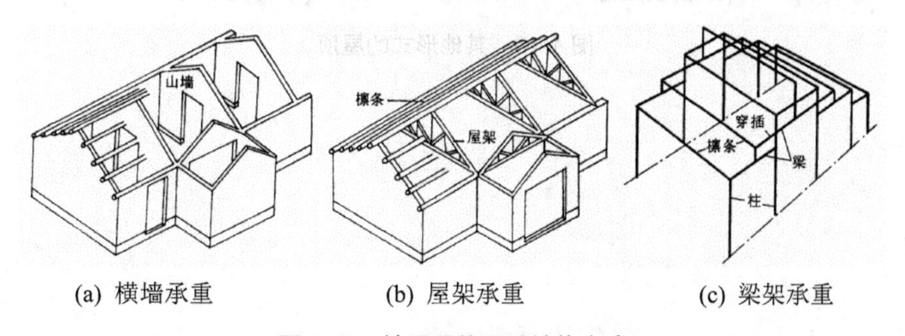

(a) 横墙承重　(b) 屋架承重　(c) 梁架承重

图 1-48　坡屋顶的承重结构方式

3. 其他形式的屋顶

随着建筑科学技术的发展，出现了许多其他形式的屋顶，如图 1-49 所示，有悬挑屋顶、拱屋顶、桁架屋顶、网架屋顶、折板屋顶、薄壳屋顶、悬索屋顶、膜结构屋顶等。这些屋顶形式与大跨度屋顶结构体系密不可分，关于大跨度建筑屋顶结构体系的知识将在 4.2 节详细论述。

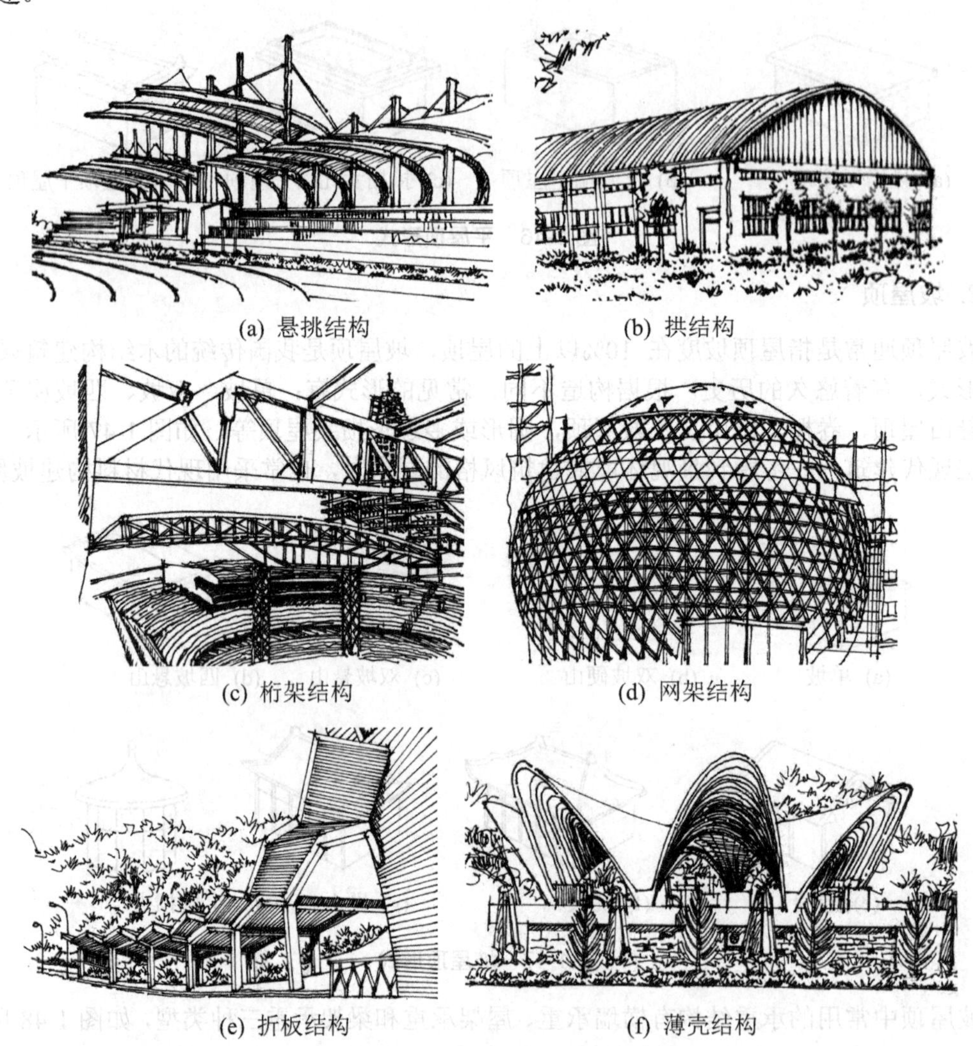

图 1-49　其他形式的屋顶

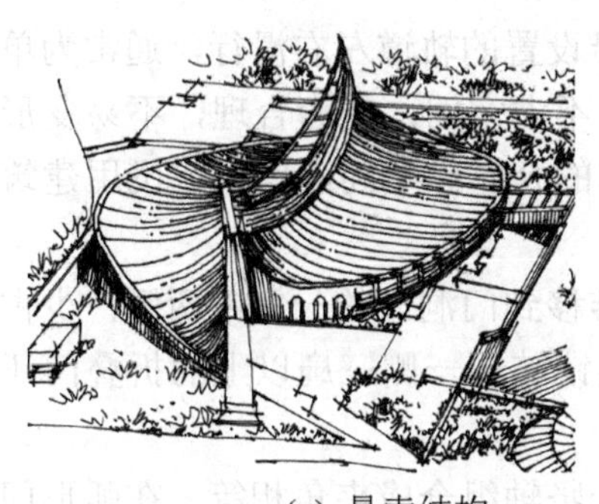

(g) 悬索结构

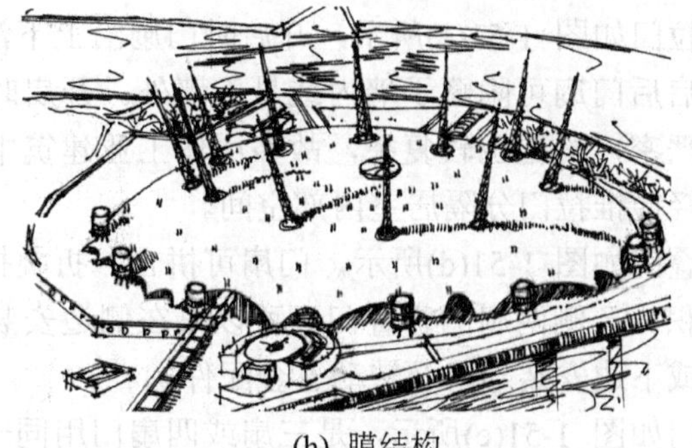

(h) 膜结构

图 1-49　其他形式的屋顶(续)

1.4.6　门窗

门和窗均是建筑物的重要构造组成部分。门在建筑中的作用主要是交通联系，并兼有采光、通风的作用；窗在建筑物中主要是采光并有通风的作用。它们还兼有分隔和围护的作用。同时门窗的形状、尺寸、排列组合以及材料，对建筑的整体造型和立面效果影响很大。在构造上，门窗还应具有一定的保温、隔声、防雨、防火、防风沙等能力，并且要开启灵活、关闭紧密、坚固耐用。

关于常用门窗的材料，框材一般为木、钢、铝合金、工程塑料等，芯材一般为玻璃，如图 1-50 所示。

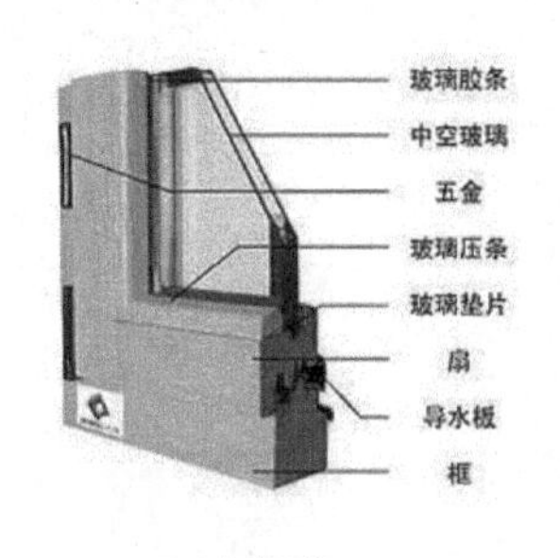

(a) 木门窗

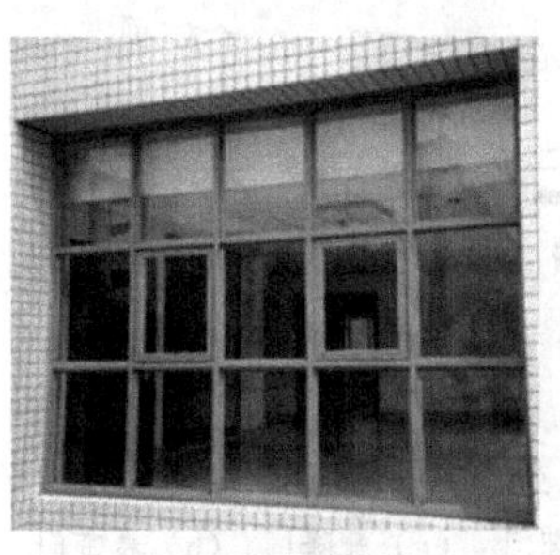

(b) 空腹钢窗

(c) 铝合金门窗

(d) 塑钢门窗

图 1-50　不同材料的门窗

1. 门

根据门开启方式的不同可分为：平开门、弹簧门、推拉门、折叠门、转门、上翻门、升降门、卷帘门等。

平开门如图 1-51(a)所示，具有构造简单，开启灵活，制作、安装和维修方便等特点。有单扇、双扇和多扇，内开和外开等形式，是建筑中使用最广泛的门。

弹簧门如图 1-51(b)所示，其形式与普通平开门基本相同，不同的是用弹簧铰链或地弹簧代替普通铰链，开启后能自动关闭。单向弹簧门常用于有自动关闭要求的房间，如卫生间的门。双向弹簧门多用于人流出入频繁或有自动关闭要求的公共场所，如公共建筑门厅的门等。双向弹簧门扇上通常应安装玻璃，供出入的人相互观察，以免碰撞。

推拉门如图 1-51(c)所示，开启时门扇沿上下沿设置的轨道左右滑行，通常为单扇和双扇，开启后门扇可隐藏于墙内或悬于墙外。开启时不占空间，受力合理，不易变形，但难以关闭严密，构造也较复杂，故多用作工业建筑中的仓库和车间大门。在民用建筑中，一般采用轻便推拉门分隔居室内部空间。

折叠门如图 1-51(d)所示，门扇可拼合，折叠推移到门洞口的一侧或两侧，少占房间的使用面积。一侧两扇的折叠门，可以只在侧边安装铰链，一侧三扇以上的折叠门还要在门的上边或下边安装导轨及转动五金配件。

转门如图 1-51(e)所示，是三扇或四扇门用同一竖轴组合成夹角相等、在弧形门套内水平旋转的门，对防止室内外空气对流有一定的作用。它可以作为人员进出频繁，且有采暖或空调设备的公共建筑的外门，但不能作为疏散门。在转门的两旁还应设平开门或弹簧门，以作为不需要空气调节的季节或大量人流疏散之用。转门构造复杂，造价较高，一般情况下不宜采用。

上翻门如图 1-51(f)所示，特点是充分利用上部空间，开启时门扇不占用室内使用面积，五金及安装要求高。它适用于不经常开关的门。

升降门如图 1-51(g)所示，特点是开启时门扇沿轨道上升，它不占室内使用面积，常用于空间较高的民用建筑与工业建筑。

卷帘门如图 1-51(h)所示，是由很多金属页片连接而成的门，开启时，门洞上部的转轴将金属页片向上卷起。它的特点是开启时不占室内使用面积，但加工复杂，造价高，常用于不经常开关的商业建筑的大门。

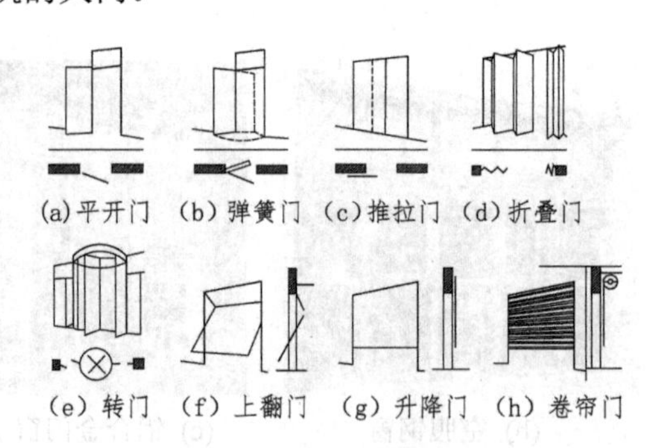

图 1-51　门的类型

门的尺寸通常是指门洞的高、宽尺寸。门作为交通疏散通道，其洞口尺寸根据通行、搬运及与建筑物的比例关系确定，并要符合建筑模数的规定。

一般民用建筑门洞的高度不宜小于 2100 mm。如门设有亮子(门扇上方的窗)时，亮子高度一般为 300～600 mm，门洞高度则为门扇高加亮子高，再加门框及门框与墙间的构造缝隙尺寸，即门洞高度一般为 2400～3000 mm。公共建筑大门高度可根据美观需求适当提高。门的宽度：单扇门为 700～1000 mm，双扇门为 1200～1800mm。宽度在 2100 mm 以上时，可设成三扇、四扇门或双扇带固定扇的门，因为门扇过宽易产生翘曲变形，同时也不利于开启。次要空间(如浴厕、储藏室等)门的宽度可窄些，一般为 700～800 mm。

以木门为例，一般由门框和门扇两部分组成。门框又称门樘，由上槛、中槛(中横档)

和边框等部分组成，多扇门还有中竖框。门扇由上冒头、中冒头、下冒头和边梃等组成。为了通风采光，可在门的上部设亮子，亮子有固定、平开及上、中、下悬等开启方式。门框与墙体之间的缝隙常用木条盖缝，称筒子板和贴脸板。门上还有五金零件，常见的有铰链、门锁、插销、拉手、门吸等，如图 1-52 所示。

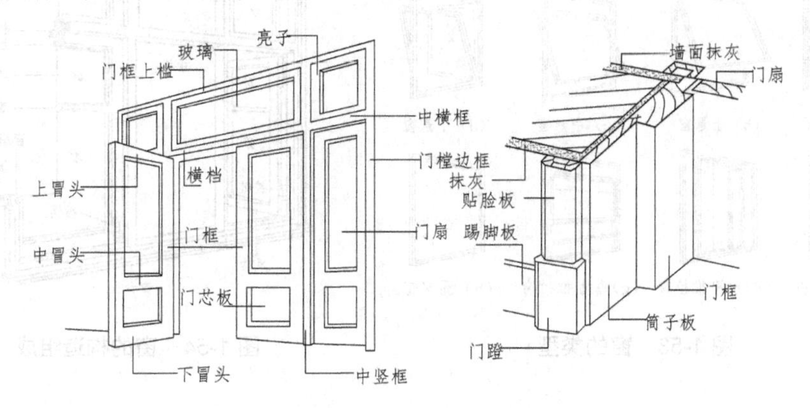

图 1-52　门的构造组成

2. 窗

窗根据开启方式不同可分为平开窗、悬窗、立转窗、推拉窗、固定窗等，如图 1-53 所示。

平开窗有内开和外开之分。它构造简单，制作、安装、维修、开启等都比较方便，在建筑中应用较广泛，如图 1-53 (a)所示。

悬窗根据旋转轴的位置不同，分为上悬窗、中悬窗和下悬窗。上悬窗和中悬窗向外开，防雨效果好，且有利于通风，尤其用于高窗，开启较为方便；下悬窗应用较少，如图 1-53 (b)～(d)所示。

立转窗的窗扇可沿竖轴转动。竖轴可设在窗扇中心，也可以略偏于窗扇一侧。立转窗的通风效果好，如图 1-53 (e)所示。

推拉窗分为水平推拉窗和垂直推拉窗。水平推拉窗需要在窗扇上下设轨槽，垂直推拉窗要在窗扇左右两侧有滑轨及平衡措施。推拉窗开启时不占室内外空间，窗扇和玻璃的尺寸可以较大，但它不能全部开启，通风效果受到影响。铝合金窗和塑钢窗常选用推拉方式，如图 1-53 (f)～(g)所示。

固定窗为不能开启的窗，主要用来采光，玻璃尺寸可以较大，如图 1-53 (h)所示。

窗主要由窗框和窗扇两部分组成。窗框又称窗樘，一般由上框、下框、中横框(中槛)、中竖框及边框等组成。窗扇由上冒头、中冒头(窗芯)、下冒头及边梃组成。根据镶嵌材料的不同，有玻璃窗扇、纱窗扇和百叶窗扇等。平开窗的窗扇宽度一般为 400～600 mm，高度为 800～1500mm，窗扇与窗框用五金零件连接，常用的五金零件有铰链、风钩、插销、拉手及导轨、滑轮等。窗框与墙的连接处，为满足不同的要求，有时加贴脸、窗台板、窗帘盒等，窗的构造组成如图 1-54 所示。

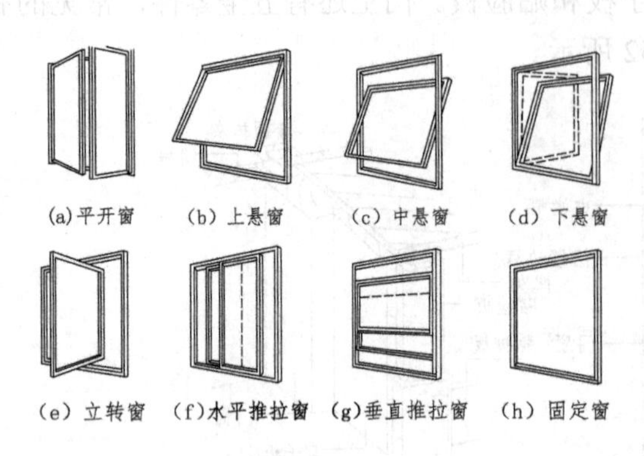

图 1-53　窗的类型

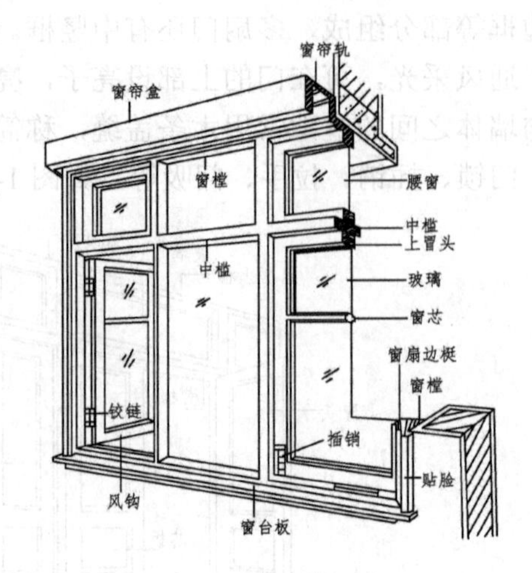

图 1-54　窗的构造组成

思　考　题

1. 建筑的概念内涵包含哪几方面？建筑物与构筑物的区别是什么？
2. 建筑的基本构成要素都有哪些？它们之间有着怎样的关系？
3. 建筑基本的功能要求体现在哪几方面？
4. 建筑技术都包含哪些方面？
5. 建筑形象的表现手段都有哪些？
6. 何为建筑的内部空间？何为建筑的外部空间？
7. 根据空间属性的不同，建筑空间可分为哪几种类型？
8. 建筑空间的组织形式有哪些？各自的特征是怎样的？
9. 建筑的基本构造组成部分有哪些？各自所起的作用是什么？
10. 什么是墙承重结构体系？什么是框架结构体系？二者的区别是什么？
11. 什么是地基？什么是基础？人工加固地基的常用方法有哪些？常见的基础形式有哪些？
12. 墙体按照结构受力情况分为哪些类型？它们的区别在哪里？
13. 楼地层的基本构造组成是怎样的？压型钢板组合楼板的基本构造组成有哪几部分？
14. 楼梯由哪几部分基本构造组成？各部分的作用是什么？
15. 屋顶根据其外形分为哪几类？其中坡屋顶的常见形式有哪些？坡屋顶承重结构的类型有哪几种？
16. 门和窗的基本构造组成有哪些？门和窗的开启方式有哪些类型？

第2章　中国建筑发展简介

【内容提要】

本章概略地介绍了中国建筑从古代到近现代、再到当代发展演进的历史发展过程，总结了各时期中国建筑的主要成就、贡献和特点，以及设计思想和理念等，并以各时期的典型建筑作品实例介绍分析加以印证。

【学习目的】

- 认知中国古代建筑、中国近现代建筑和中国当代建筑的发展变化过程。
- 认知中国古代建筑的基本特征和相关方面的成就贡献。

2.1 中国古代建筑

中国古代建筑是中华民族上下五千年文明成果的重要载体之一，也是中国建筑发展历程当中最为辉煌的部分，是世界建筑发展的重要组成部分。学习中国古代建筑知识，对认识中国古代灿烂悠久的建筑文化、提高建筑修养都大有益处。

2.1.1 中国古代建筑的发展演变

中国古代建筑历经原始社会、奴隶社会和封建社会三种社会形态阶段，其中封建社会是中国古典建筑成熟定型的主要阶段。

在原始社会阶段，建筑的发展非常缓慢，在漫长的岁月里，人类的祖先从建造穴居和巢居开始，逐步掌握了建造房屋的技术，创造了原始的木构架建筑，满足了最基本的居住和公共活动要求。在奴隶社会阶段，大量奴隶的劳动和青铜工具的使用，极大地促进了建筑的发展，宏伟的都城、宫殿、宗庙、陵墓等建筑类型相继产生。这个阶段以夯土墙和木构架为主体的建筑建造体系已经初步形成，但早期在技术和艺术上仍未脱离原始状态，后期逐渐出现了瓦屋彩绘的豪华宫殿。最后经过长期的封建社会阶段，中国古代建筑才逐步形成了一种独特而成熟的体系，在世界建筑中独树一帜。中国古代建筑在城市规划、建筑组群、园林、民居等各个层面和类型的建筑空间处理方法、形式艺术与材料结构施工技术，都对世界建筑发展做出了卓越的贡献并产生了深远影响，其中诸多方面仍然可以为当前的建筑设计创作提供有益的借鉴。

1. 原始社会营建意识启蒙阶段

原始社会阶段，按历史年代划分，大致相当于新石器时代后期，即六七千年前至公元前 21 世纪。

六七千年前，中国广大地区都已进入原始氏族社会，已经发现的遗址数以千计，其中房屋建筑遗址也非常多。由于各地区气候、地理、建筑材料等条件的差异，房屋的营建方式也多种多样，其中具有代表性的房屋遗址有两种类型：一种是地处长江流域多水地区由巢居发展而来的干阑式建筑；另一种是地处黄河流域由穴居发展而来的木骨泥墙建筑。干阑式建筑著名的实例是浙江余姚河姆渡遗址，距今六七千年，采用木结构榫卯技术建造(图 2-1)。木骨泥墙建筑最有代表性的实例是西安半坡和临潼姜寨两处遗址，其中姜寨村落遗址中的“大房子”是仰韶文化时期母系氏族社会议事的地方，有五座“大房子”共同面向一个开阔的广场，每座“大房子”周围再环绕布置若干座圆形或方形的小房子，反映了母系氏族社会聚落的特色(图 2-2)。后期父系氏族社会龙山文化时期的居住遗址，以西安客省庄一座“吕”字形平面的房屋为代表，房屋面积变小，室内有窖穴，说明了父系氏族社会私有财产的出现(图 2-3)；此外，室内地面和墙面上已出现石灰抹面的饰面装修层，起到防潮、美观的效果，这是龙山文化时期普遍存在的建筑特点，在仰韶文化中晚期某些遗址中的室内地面和墙壁上也已出现，如图 2-4 所示。

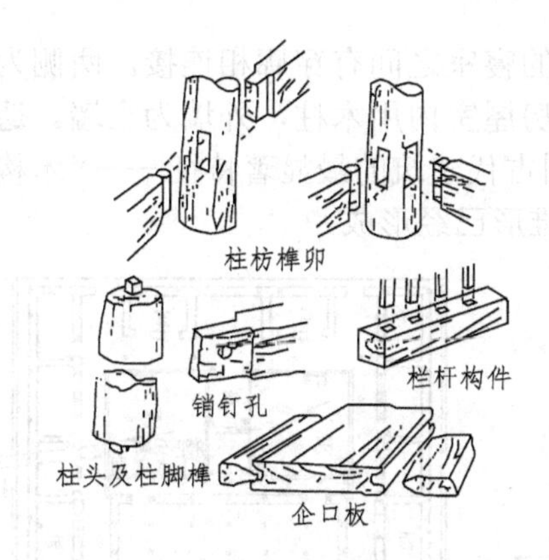

图 2-1　浙江余姚河姆渡遗址房屋榫卯构件

图 2-2　陕西临潼姜寨仰韶文化遗址平面

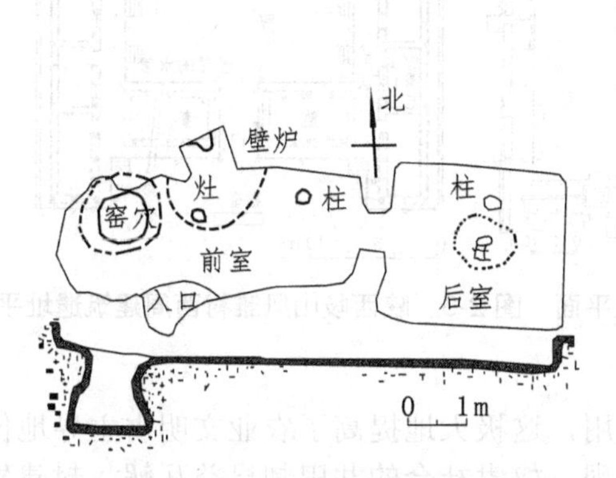

图 2-3　西安客省庄龙山文化房屋遗址平面

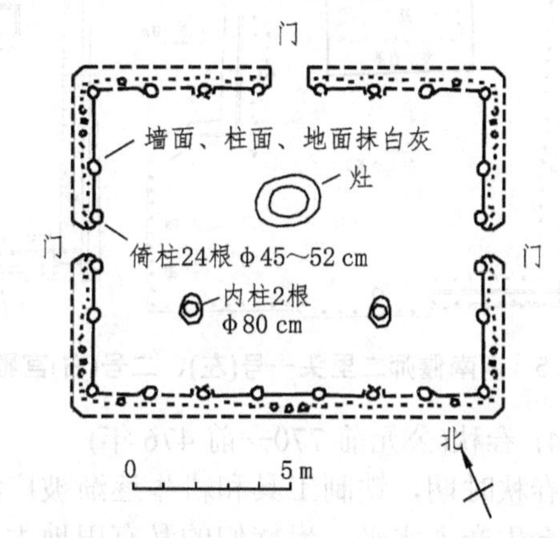

图 2-4　甘肃秦安大地湾 F405 仰韶文化中晚期房屋遗址平面

2. 奴隶社会初具雏形阶段

中国历史中的奴隶社会阶段包括夏、商、西周和春秋，时间为公元前 2070—公元前 476 年。

1) 夏代(公元前 2070—前 1600 年)

中国古代文献记载了夏朝的史实，但考古学上对夏文化尚在探索之中，在已发现的文化遗址中，究竟何者属于夏文化，迄今意见仍有分歧。

2) 商代(公元前 1600—前 1046 年)

商朝建立于公元前 16 世纪，是中国奴隶制社会阶段的大发展时期，商朝在统治疆域上以河南中部黄河两岸为中心，东至大海，西至陕西，南到安徽、湖北，北达河北、山西、辽宁。

早期的建筑遗址有河南偃师二里头一号、二号宫殿(图 2-5)，两者都是建在夯土台上的夯土墙、木构架建筑，并用柱廊围合成院落。殷墟是商代晚期的建筑遗址，通过多年来的考古发掘，对它的宫殿、墓葬等已有比较清楚的了解。殷人的大墓，为土圹木椁(由地面垂直向下开掘一长方形的土坑，放置用木头搭建的墓室)形式，深达十几米，有很多陪葬人畜。

3) 西周(公元前 1046—前 771 年)

周灭商，以周公营建洛邑为代表，建造了一系列奴隶主实行政治、军事统治的城市。有代表性的建筑遗址是陕西岐山凤雏村，属于周朝早期遗址。陕西岐山凤雏村出土的建筑遗址是中国已知最早的、形态最完整的四合院实例(图 2-6)，是一座两进的四合院，大门开在纵向中轴线上。门外有影壁，前院的堂屋与后院的寝室之间有穿廊相连接。两侧为与基地等长的厢房。这些房屋将庭院围合成封闭空间。房屋室内用木柱，外墙为土墙。遗址中出现少量的瓦，说明西周时已经有了瓦。至此，中国古代建筑的最显著特征——“木构架承重、院落式布局”已经出现，说明中国古代建筑的雏形已经形成。

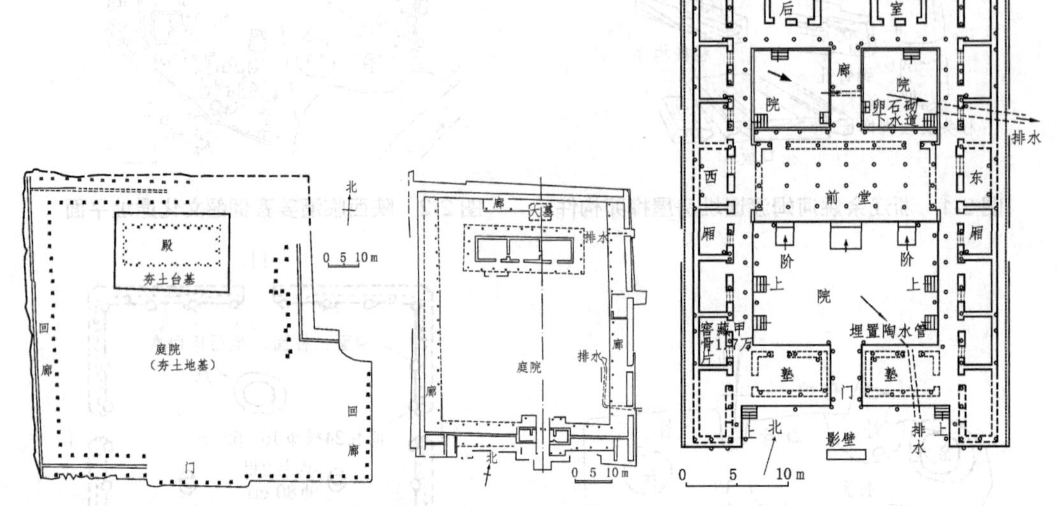

图 2-5 河南偃师二里头一号(左)、二号(右)宫殿遗址平面 图 2-6 陕西岐山风雏村西周建筑遗址平面

4) 春秋(公元前 770—前 476 年)

春秋时期，铁制工具和耕牛逐渐被广泛使用，这极大地提高了农业文明占主导地位下的社会生产力水平，贵族们的私有田地大量出现，奴隶社会的井田制日益瓦解，封建生产关系开始出现，随之手工业和商业也得以发展，相传著名木匠公输般(鲁班)就是春秋时期涌现的著名匠师。春秋时期，中国古代建筑史上的重要发展是瓦的普遍使用和作为诸侯宫室用的高台建筑(或称台榻)的出现。宫殿建筑设置高台的原因一方面是防刺客、防洪水及享受登临之乐；另一方面是当时木结构技术尚不成熟，高层建筑需要依傍高大的土台。

3. 封建社会前期基本成型阶段

这个时期包括战国，秦，汉，三国，两晋和南北朝。

1) 战国(公元前 475—前 221 年)

战国时期，地主阶级在许多诸侯国内相继夺取政权，宣告了奴隶制时代的结束。地主阶级夺取政权后，进一步改变了所有制，各个地方封建割据政权逐渐建立，最终形成了战国七雄的局面。

战国时期，“筑城以卫君、造郭以守民”，城市规模扩大是这一时期的特点。战国七雄的都城都建得很大，城内人口众多，市民生活富足充实，尤其以齐国都城临淄为代表。长沙出土的战国木椁，榫卯做工精细、种类多样，反映出当时社会建筑建造领域已经具有很高的木工水平(图 2-7)。在河北平山县的战国中山王墓中出土了一块铜板嵌有金银的“兆域图”，注有尺寸及说明，是中国已知最早的一幅建筑总平面图。陕西咸阳发掘的秦国一号宫殿是一座以夯土台为核心，周围用空间较小的木构架建筑环绕的台榭式建筑，该建筑具有采暖、排水、冷藏、洗浴等完善的设施，显示了战国时期的建筑成就和水平，如图 2-8 所示。

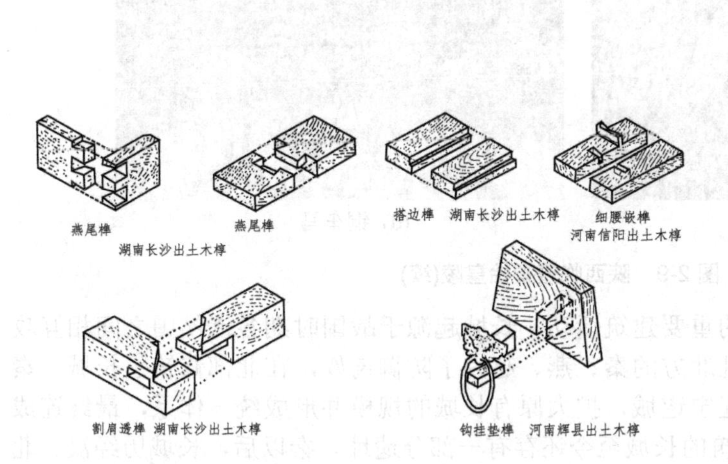

图 2-7　战国木结构榫卯

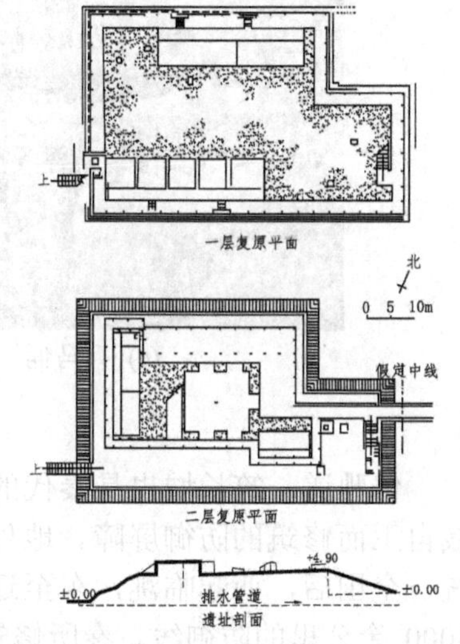

图 2-8　陕西咸阳秦国一号宫殿遗址

2) 秦(公元前 221—前 206 年)

战国七雄中的秦国经过商鞅变法，一跃成为强国，经过十年战争，最终攻灭六国，统一全国，建立了中国历史上第一个中央集权的封建制国家。秦始皇每灭一国，就在咸阳北坂上仿建该国宫室，这实质上起到了促进建筑技术和建筑艺术的交流融汇的作用。秦国的都城咸阳的设计建设不遵周礼，摒弃了城郭制度，而是在跨越渭水(黄河的最大支流渭河)南北的广阔地区建造许多宫殿。著名的阿房宫就是秦始皇拟建的朝宫前殿，《史记》上记载：“先做前殿阿房，东西五百步，南北五十丈，上可坐万人，下可建五丈旗。周驰阁道，自殿下直抵南山。表南山之巅以为阙。为复道，自阿房渡渭，属之咸阳……”秦国都城咸阳把数千米以外的自然地形组织到建筑空间中来，这种超大尺度的构图手法也反映出秦帝国宏大的气魄。现存的阿房宫遗迹，东西长一千余米，南北宽五百余米。

著名的秦始皇陵，位于陕西临潼骊山北麓，周围有两道墙垣环绕，总面积约 2 km^2。陵体遗存由方形截锥体组成，最下一级为 350 m×345 m，总高度达到 46 m，是中国古代规模最大的一座人工坟丘(图 2-9)。附近常有一些建筑构件出土，包括带有花纹的砖、瓦、石雕、青铜楣等。史书中记载陵墓中具有天文地理、宫观百官，极尽豪华之能事。陵墓东侧的“兵马俑”享誉世界，“秦俑学”已成为专门的研究学科。

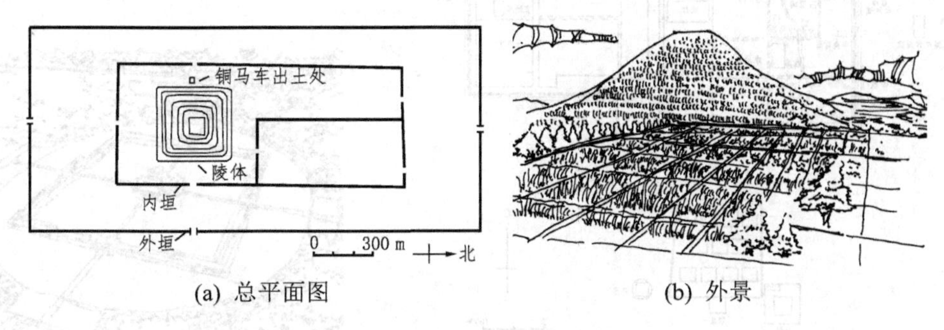

(a) 总平面图　　(b) 外景

图 2-9　陕西临潼秦始皇陵

(c) 兵马俑　　　　(d) 铜车马

图 2-9　陕西临潼秦始皇陵(续)

修驰道、筑长城也是秦代的重要建筑活动。长城起源于战国时期各诸侯国之间相互攻战自卫而修筑的防御屏障。地处北方的秦、燕、赵为了防御匈奴，在北部修筑了长城。秦统一全国后，西起临洮，东至辽宁遂城，扩大原有长城的规模并形成统一体系，最终连成 3000 余公里的防御线。秦所修筑的长城至今还存有一部分遗址。秦以后，长城历经汉、北魏、北齐、隋、金等各朝代修建。现在所留砖筑长城属于明代遗物。

3) 汉(包括王莽的新朝，公元前 206—220 年)

汉代处于封建社会阶段的上升时期，社会生产力的发展促使建筑产生显著进步，成为中国古代建筑史上第一个繁荣时期。

汉代在渭水南岸修建长安城，包括秦代末期损毁的部分宫殿。受地形限制，城市的外轮廓曲折、布局不规则，如图 2-10 所示。全城面积 36 km^2，有城门 12 座，东南西北每面 3 座，城内有“八街九陌”，5 座宫城，160 个闾里(古代城镇中有围墙的住宅区)。在汉长安城的南郊，出土了 11 座“礼制建筑”，为“王莽九庙”遗址。其中一座周边环水的建筑明堂辟雍，属于有土台核心的木构建筑，如图 2-11 所示。

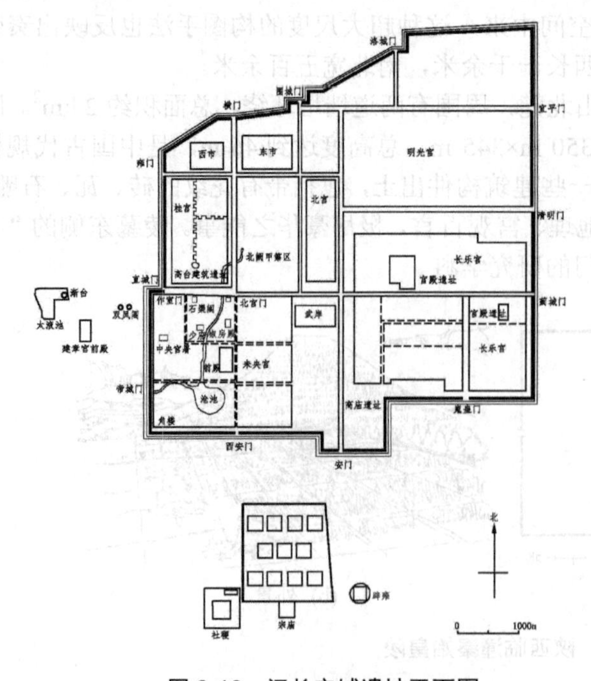

图 2-10　汉长安城遗址平面图

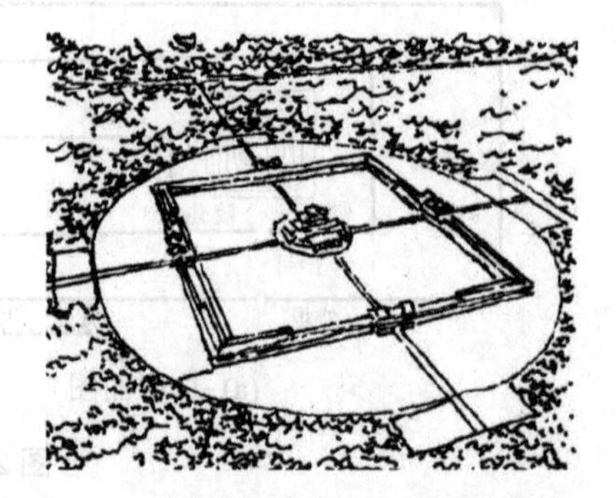

图 2-11　汉长安南郊明堂辟雍复原想象图

汉代陵墓属于土圹木椁墓，用黄肠题凑(陵寝椁室四周用柏木堆垒成的框形结构)。汉代在长安城东南和北面远郊共设置了七座陵邑，即在帝王的陵墓附近修建居住区，强制性地迁移各地富豪及前朝旧臣前来居住，名为替先帝守陵，实则削弱地方豪强势力，便于中央政权控制管理。陵邑的富户子弟多行为豪放纨绔，形成了一种特殊的阶层，被称为“五陵少年”。

公元 25 年，东汉定都洛阳(洛阳是中国历史上五大古都之一，五大古都是西安、洛阳、开封、南京、北京)。都城内有东西二宫，两宫之间以阁道相通。文献上记载，东汉的宫室中有椒房、温室、冰室等防寒、祛暑的房屋。汉代遗存至今的地面以上建筑只有墓前的石室、石阙、石像生等石质构件。崖墓、石墓中的明器(照明的灯具)、画像石、画像砖、壁画以及石墓中的石制仿木构件，为今天的人们提供了一些汉代建筑的形象。

汉代建筑发展的突出表现是木构架建筑渐趋成熟，砖石建筑和拱券结构有了很大的发展。汉代木构架建筑虽无遗物，但根据当时的画像砖、画像石、明器陶屋等间接资料来看，后世常见的抬梁式和穿斗式两种主要木结构建筑形式已经形成。作为中国古代木构架建筑显著特征构件之一的斗拱，在汉代已经普遍使用。随着木结构技术的进步，作为中国古代建筑特色之一的屋顶，形式也多样起来，从明器、画像砖等间接资料可以推断，当时已出现了悬山屋顶、庑殿屋顶和歇山屋顶(图 2-12)等形式。在制砖技术和拱券结构方面，汉代也有了巨大进步。战国时期创造的大块空心砖，大量出现在河南一带的西汉陵墓中(图 2-13)。西汉时期还创造了楔形的和有榫的砖(图 2-14)。当时的筒拱顶(图 2-15)有纵联砌法与并列砌法两种。

图 2-12　东汉明器中的屋顶

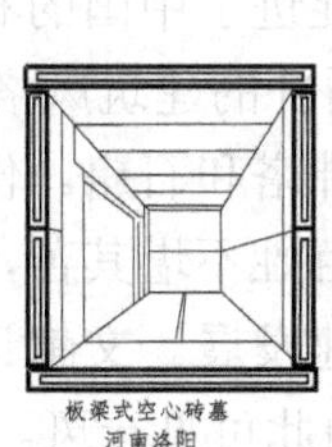

图 2-13　战国时期空心砖墓

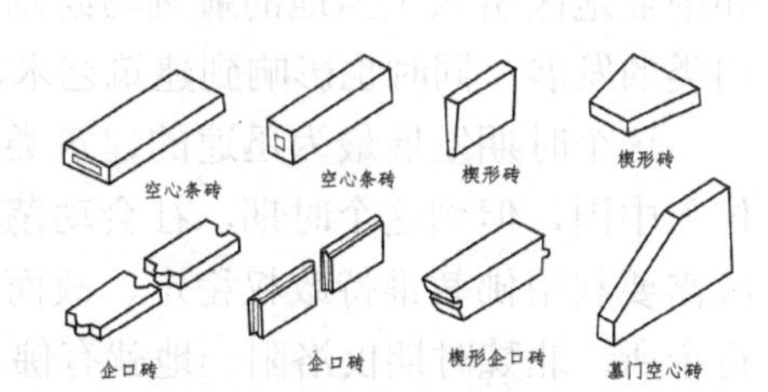

图 2-14　汉代各种墓砖

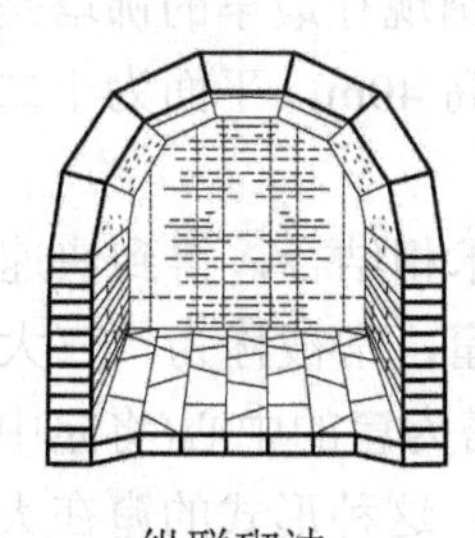

纵联砌法

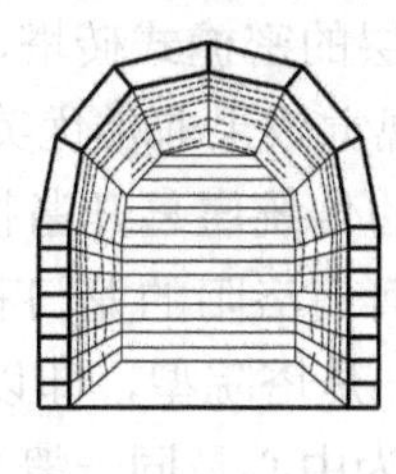

并列砌法

图 2-15　汉代筒拱墓

4) 三国(220—265 年)

从东汉末年历经三国、两晋到南北朝，是中国古代历史上政治不稳定、战争破坏严重、长期处于分裂状态的一个阶段，建筑上也不及汉代有众多生动的创造和革新，可以说主要是继承和运用汉代的成就。

三国时期的城市代表是曹魏邺城(图 2-16)。邺城位于现今河北省临漳县西南，最初为齐桓公所置，后属晋。汉献帝时曹操在此建都，后赵在曹魏旧城基础上重建。城墙为砖砌，每百步建一楼，转角处有角楼。东魏、北齐也曾在此建都。北周灭北齐时，邺城又遭到毁坏。邺城的面积为 6.5 km^2，开创了规则布局严整、功能分区明确的里坊制城市格局，平面呈长方形，宫殿位于城北居中的位置，全城作棋盘格式分割，居民与市场纳入这些棋盘格中组成“里”(“里”在北魏以后又称“坊”)，它是中国第一座轮廓方正的都城。

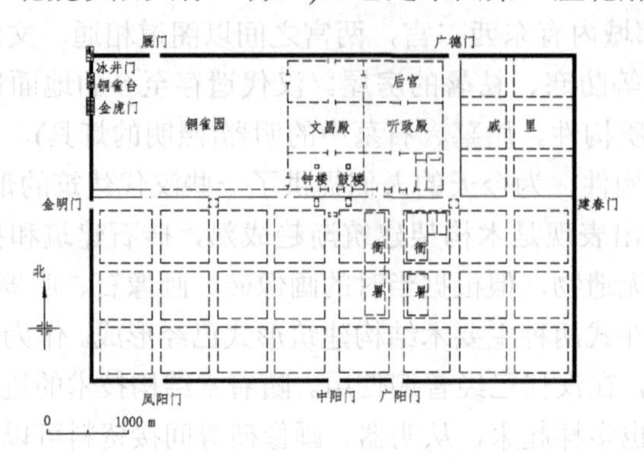

图 2-16　曹魏邺城平面推想图

5) 两晋和南北朝(265—581 年)

两晋、南北朝时期，佛教的传入推动了佛教建筑的发展，出现了高层佛塔，并从印度和中亚地区引入了当地的雕刻与绘画艺术，这不仅促进了中国的石窟、佛像、壁画等艺术门类的发展，同时也影响到建筑艺术，使汉代比较质朴的建筑风格变得更为成熟、圆淳。

这个时期发展最为迅速的建筑类型就是佛寺、佛塔和石窟。佛教虽然在东汉初期就已传入中国，但到这个时期，社会动荡、战乱不断，百姓不堪其苦，寄希望于来世，统治阶级需要利用佛教维持政权稳定，故而佛教建筑才快速发展。文献记载，南朝时期佛寺有五百余所，北魏时期仅洛阳一地就有佛寺一千多所，由此可见一斑。

北魏时期胡灵太后在洛阳建的永宁寺塔，是一座平面方形、四面设门、九层的楼阁式木塔，高达 40 余丈，是中国木构建筑中最高的一座。我国现存最早的佛塔是北魏时期河南登封嵩岳寺塔(图 2-17)，它是一座 15 层的密檐式砖塔，高 40m，平面为十二边形，塔的外形轮廓从下至上呈圆弧的收分曲线，视觉效果非常优美。

石窟寺从印度传入中国，与中国的传统崖墓开凿技术相结合，得到快速发展。甘肃敦煌的莫高窟、山西大同的云冈石窟与河南洛阳的龙门石窟，常被称为“三大石窟”。从建筑功能布局上看，石窟可分为三种：一是塔院型，即以塔为窟的中心(将窟中支撑窟顶的中心柱刻成佛塔形象)，和初期佛寺以塔为中心是同一概念，这种形式的窟在大同云冈石窟中较多；二是佛殿型，窟中以佛像为主要内容，相当于一般寺庙中的佛殿，这类石窟较普遍；三是僧院型，主要是供僧众打坐修行之用，窟中置佛像，周围凿小窟若干，每个小窟只供一僧打坐，这种石窟数量较少，敦煌莫高窟第 285 窟就属于这种类型。石窟中有许多表现建筑形象的壁画、雕刻，是反映这个时期建筑特色的重要资料。

(a) 外观

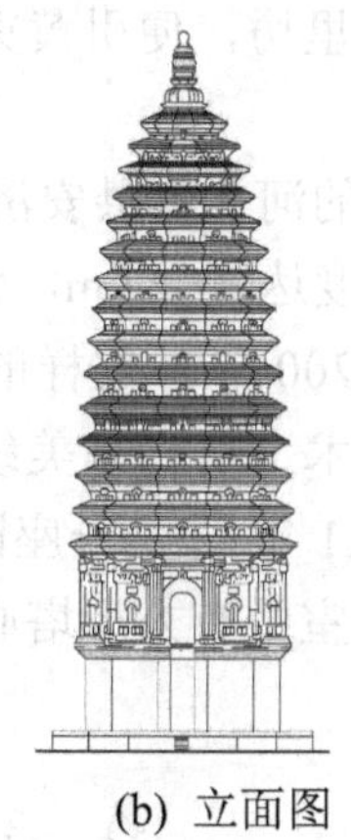

(b) 立面图

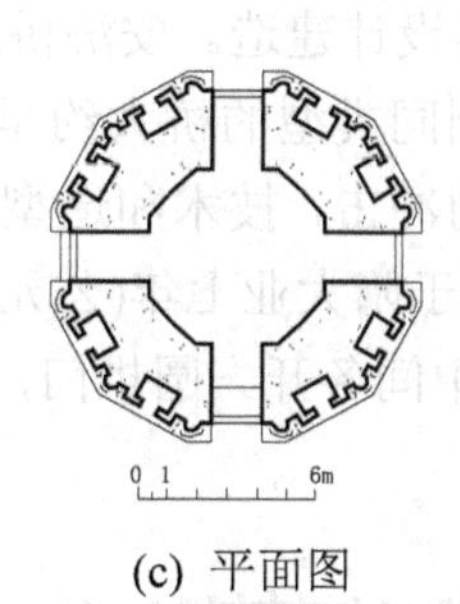

(c) 平面图

图 2-17　河南登封嵩岳寺塔

中国自然山水式风景园林在秦汉时已开始兴起，到魏晋南北朝时期有重大的发展。南北朝时，除帝王苑囿外，建康(今南京)与洛阳还有不少官僚贵族的私家园林，园中开池引水，堆土为山，植林聚石，构筑楼观屋宇，或作重岩复岭，或构深溪洞壑，模仿自然山水风景，使之再现于有限空间内。

以上封建社会前期历经 900 余年，以汉代为建筑发展高峰时期，至此中国古代建筑的“木构架体系、院落式布局”的特点已基本定型。后期由于佛教哲学与艺术的传入，以及中国社会中玄学的兴起，建筑形象呈现出雄浑而巧丽的风格。

4. 封建社会中期成熟兴盛阶段

这个时期包括隋、唐、五代、宋、辽、金。隋、唐至宋是中国封建社会的鼎盛时期，也是中国古代建筑的成熟兴盛时期。在城市建设、木构架建筑、砖石建筑、建筑装饰艺术、设计和施工技术等方面都有很大发展。

1) 隋(581—618 年)

隋朝统一中国，结束了南北朝时期长期战乱和国家分裂的局面，为封建社会经济、文化的进一步发展创造了条件。但是由于隋炀帝的骄奢淫逸，穷兵黩武，隋朝很快就覆灭了。

隋代最突出的建筑成就是其都城——大兴城和洛阳城，以及大规模的宫殿和皇家苑囿，并开凿南北大运河、修筑长城等。大兴城是隋文帝时所建，洛阳城是隋炀帝时所建，这两座城都被唐朝所继承，并进一步充实发展成为东西二京，也是中国古代宏伟、严整的方格网道路系统城市规划的典范。其中大兴城又是中国古代规模最大的城市。隋文帝杨坚以汉长安城内宫殿与居民杂处不便于民、水苦涩不宜饮用为由，在汉长安的东南选择新址创建了一座全新的都城——大兴城，遂命宇文恺负责规划设计建造(宇文恺是一位杰出的建筑家，隋代东都洛阳也是由他负责规划设计的)。大兴城面积达 84 km^2，城的外形方正，平面布局整齐划一，南北中轴线北端是宫城，宫城前是皇城。全城设 109 个坊和东西 2 个市，功能分区明确，规划设计井井有条。每个坊都有坊墙围绕。全城有南北向大街 11 条，东西向大街 14 条，其中贯穿于城门间的纵横干道各 3 条，号称“六街”。城内纵横道路平直，道路宽度等级分明，皇城宫城周边道路 150～200m 宽，坊间街道最窄处宽度 25m。城的东南角

曲江所在的低洼地段不宜作为居住里坊，便引黄渠水注入原有曲江成为芙蓉池，把该地段辟为供居民游赏的公共园林。

隋代遗存至今的建筑物有著名的河北赵县安济桥(图 2-18)，建于公元 595—605 年，由隋代工匠李春设计建造。安济桥跨度达 37.47 m，为世界最早出现的敞肩拱桥，或称为空腹拱桥，比欧洲同类型的桥大约早 1200 年。这样的设计使得桥身自重轻，并能减少泄洪时水流对桥身的冲击，技术和造型艺术上达到完美统一。还有山东历城柳埠的神通寺四门塔(图 2-19)，建于隋大业七年(公元 611 年)，是一座四角攒尖顶的单层石塔，方形平面，边长 7.38m，四边中间各开一圆拱门，塔室中有方形塔心柱，柱的四面均刻有佛像，全高约 13m。

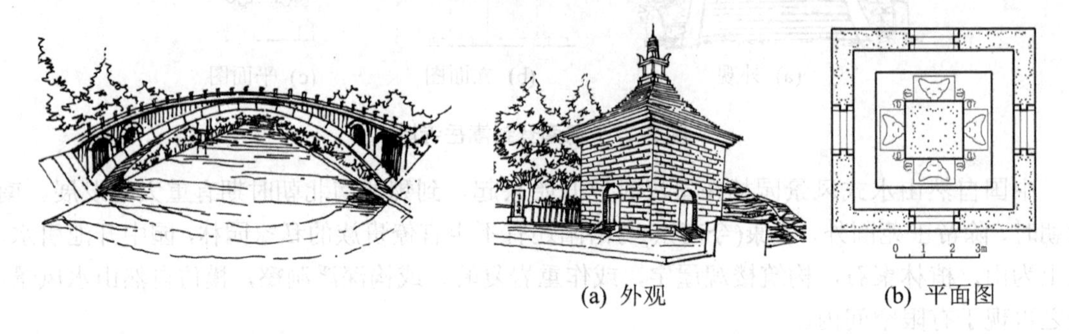

(a) 外观　(b) 平面图

图 2-18 河北赵县安济桥　图 2-19 山东历城柳埠神通寺四门塔

2) 唐(618—907 年)

唐代前期百余年全国统一和相对稳定的局面，为社会经济文化的繁荣昌盛奠定了坚实的基础。到唐中叶开元、天宝年间达到极盛时期。虽然“安史之乱”以后开始逐渐衰弱，但直至唐朝末期，仍不愧为中国封建社会经济文化的发展高潮时期，建筑技术和艺术也有巨大发展和提高。

唐代将隋代大兴城改称长安城，并加以扩充完善，使之成为当时世界最宏大繁荣的城市(图 2-20、图 2-21)。长安城的规划是我国古代都城中最为严整的。长安城外东北方龙首原高地所建大明宫是唐代的政治中心。大明宫中主要建筑含元殿、麟德殿等已经过考古发掘及复原设计。大明宫的规模比明清紫禁城大 3 倍多，其中麟德殿面积也比太和殿大 3 倍(图 2-22)。大明宫的布局从丹凤门经二道门至龙尾道、含元殿，再经宣政殿、紫辰殿和太液池南岸的殿宇而到达蓬莱山，这条轴线长 1600 余米，略大于从北京天安门到保和殿的距离。含元殿利用凸起的高地(龙首原)作为殿基，抬高视点让人仰视，加之两侧亭楼的陪衬和纵轴线上空间的变化，造成朝廷所需要的威严气氛。再如唐高宗和武则天的乾陵布局(图 2-23)，不用秦汉堆土为陵的办法，而是利用地形，以梁山为坟，以墓前双峰为阙，再以二者之间依势而向上坡起的地段为神道，神道两侧列门阙及石柱、石兽、石人等，用以衬托主体建筑。这种善于利用自然地形和运用前导空间与建筑物来陪衬主体的手法，正是明清皇家宫殿、陵墓布局的渊源所在。

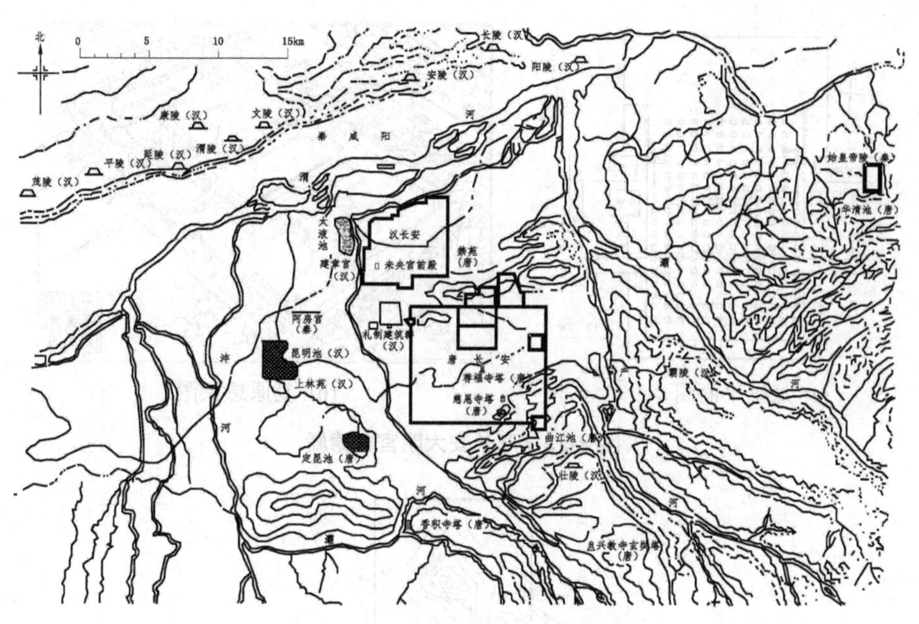

图2-20　西安附近汉、唐遗址图

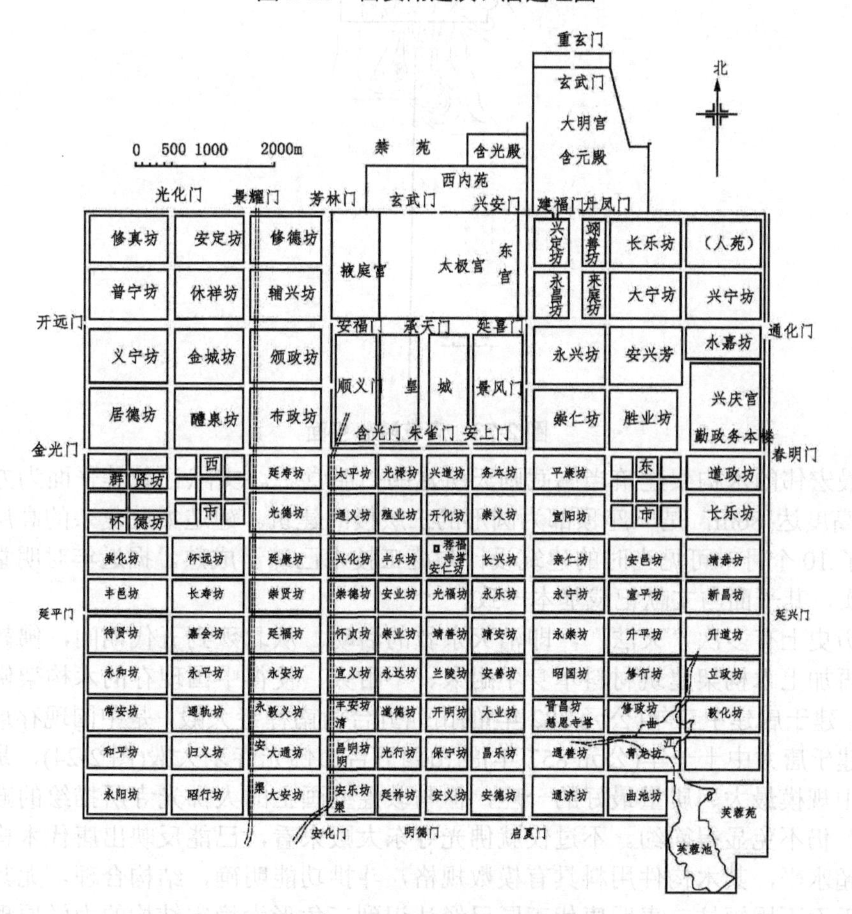

图2-21　唐长安城复原平面图

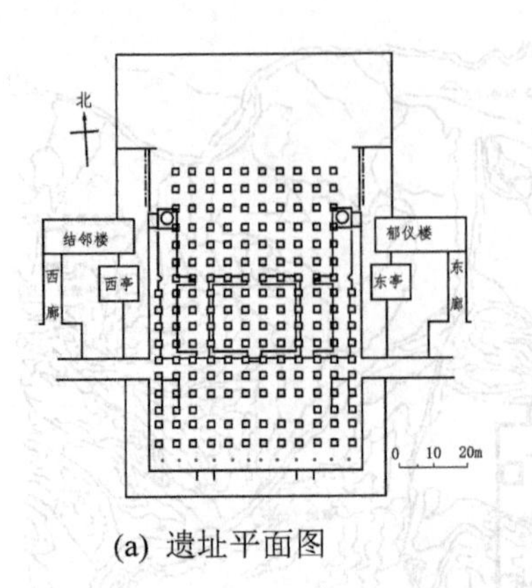

(a) 遗址平面图

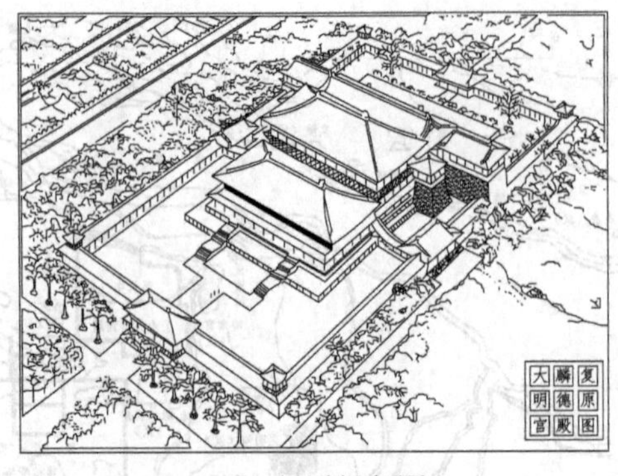

(b) 复原想象图

图 2-22 唐长安大明宫麟德殿

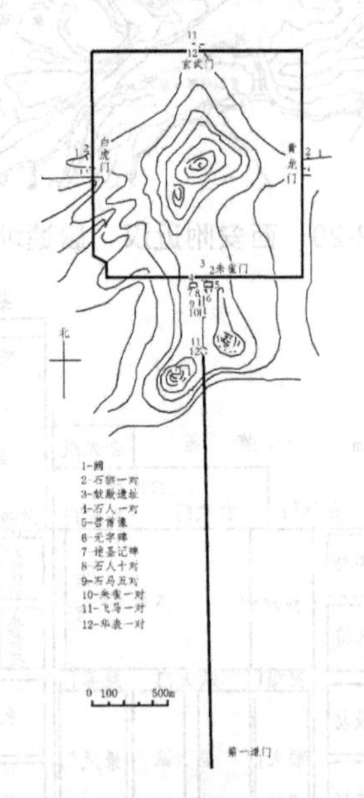

图 2-23 唐乾陵总平面

唐代最宏伟的木构架建筑当属武则天所建的“明堂”。文献记载其平面为方形，边长约 98m，高度达 86m，是一座顶部为圆形的三层楼阁建筑。建造如此复杂的高层木构架建筑，仅用了 10 个月，可见当时的建筑设计与施工技术已臻于成熟。据近年对明堂遗址的考古发掘证实，其平面与文献记载基本一致。

中国历史上有多次“灭法”，即消灭宗教的活动。从北魏到五代期间，佛教建筑被拆毁殆尽，再加上木构架建筑材料本身不耐久、不耐火，使得中国现存的木构架佛殿缺乏早期的实例。建于唐建中三年(公元 782 年)的山西五台山南禅寺大殿，是中国现存最早的木构架建筑。建于唐大中十一年(公元 857 年)的山西五台山佛光寺东大殿(图 2-24)，是现存唐代木构建筑中规模最大、质量最好的一座，但与敦煌壁画上的大佛光寺所描绘的殿阁楼台建筑群相比，仍不免显得简约。不过仅就佛光寺东大殿来看，已能反映出唐代木构架建筑所达到的高超水平，其木构件用料具有模数规格，斗拱功能明确，结构合理，尤其是脊榑下只用大叉手而不用短柱，表明唐代工匠已经认识到三角形为稳定结构的力学原理。木构架形成的屋顶平缓，出檐深远，建筑技术与建筑艺术达到了高度的和谐统一。

唐代木塔由于塔身高耸，易受雷击焚毁，再加上“灭法”，无一幸存至今。目前我国保存下来的唐代佛塔全是砖石建造，有楼阁式塔、密檐式塔与单层塔3种类型。如西安大慈恩寺的大雁塔[图2-25(a)]、长安县的兴教寺玄奘墓塔[图2-25(b)]等，这两座塔是阁楼式塔。属于密檐式塔的有：西安荐福寺小雁塔[图2-25(c)]、河南登封法王寺塔[图2-25(d)]和云南大理崇圣寺千寻塔。属于单层塔的有：河南登封净藏禅师塔[图2-25(e)]、山西平顺海会院明惠大师塔。唐代的砖石塔一般平面呈方形、单层塔壁，以木楼板分层，木楼梯联系上下层。塔的外形已开始朝仿木建筑的方向发展，反映了对传统建筑式样的继承和对砖石材料的加工渐趋精致。

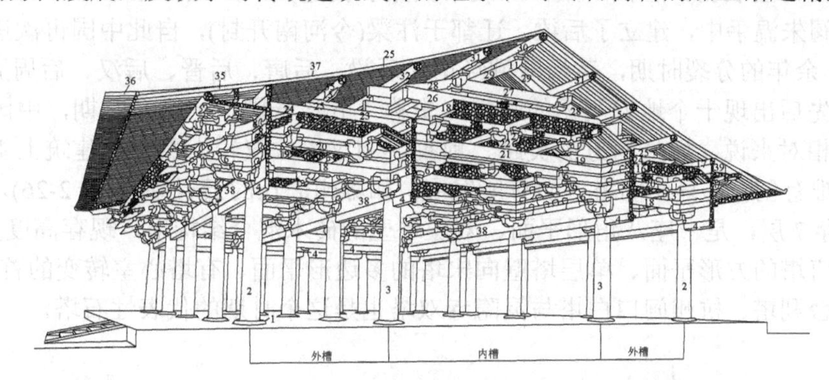

图2-24　山西五台山佛光寺东大殿梁架结构示意图

1—柱础；2—檐柱；3—内檐柱；4—阑额；5—栌斗；6—华栱；7—泥道栱；8—柱头方；9—下昂；10—耍头；11—令拱；12—瓜子拱；13—慢拱；14—罗汉方；15—簷木；16—平基方；17—压槽方 18—明乳栿；19—半驼峰；20—素方；21—四椽明栿；22—驼峰；23—平；24—草乳栿；25—缴背；26—四椽草栿；27—平梁；28—托脚；29—叉车；30—脊榑；31—上平榑；32—中平榑；33—下平榑；34—椽；35—檐椽；36—飞子(复原)；37—望板；38—拱眼；39—牛脊枋

(a) 西安大慈恩寺大雁塔

(b) 长安县兴教寺玄奘墓塔

(c) 西安荐福寺小雁塔

(d) 河南登封法王寺塔

(e) 河南登封净藏禅师塔

图2-25　唐代佛塔

综上，唐代建筑总的成就和特点是：①城市规模宏大，规划严整；②建筑群空间处理愈趋成熟；③木构架建筑单体解决了大面积、大体量的技术问题，并且已经定型化；④建筑设计与施工水平提高；⑤砖石建筑有进一步发展，主要是佛塔采用砖石构筑者增多；⑥建筑艺术加工日趋真实和成熟。

3) 五代(907—960 年)

唐代中叶经过“安史之乱”后，中原地带遭到严重破坏，之后又是藩镇割据，宦官专权，唐朝势力日益衰弱。唐代末期，爆发了黄巢农民起义，严重打击了唐朝的统治。最后政权落入军阀朱温手中，建立了后梁，迁都于汴梁(今河南开封)，自此中国再次进入了分裂时期。在 50 余年的分裂时期，黄河流域经历了后梁、后唐、后晋、后汉、后周五个朝代，而其他地区先后出现十个地方割据的政权，史称“五代十国”。这个时期，中国北方地区战乱不断，相对来说，地处南方的吴越、前蜀、南汉等政权较为稳定。建筑上主要是继承唐代传统，难有创新，只在佛塔方面有所发展，如苏州虎丘的云岩寺塔(图 2-26)，建于公元 959 年，现存 7 层，是一座八角形平面、双层塔壁的砖木混合结构塔，现存高度大约 47m。它是砖塔由唐塔的方形平面、单层塔壁向宋塔的多边形平面、有塔心室转变的首例。此外，南京栖霞山舍利塔、杭州闸口白塔与灵隐寺双塔也是这个时期的代表性石塔。

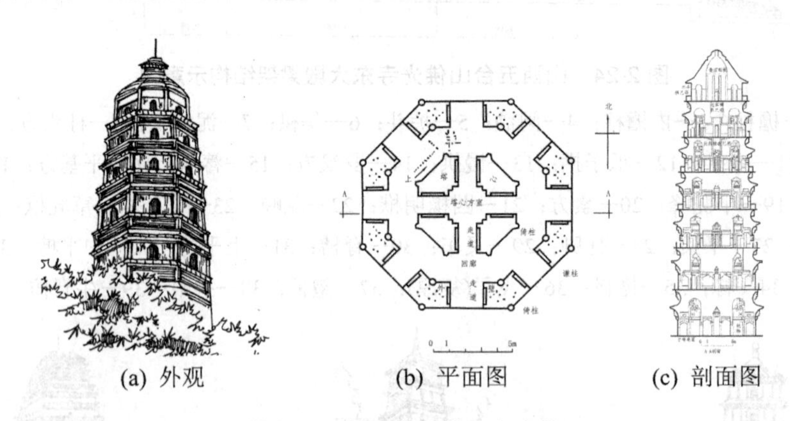
(a) 外观　(b) 平面图　(c) 剖面图

图 2-26　苏州虎丘的云岩寺塔

4) 宋(960—1279 年)

宋代建都汴梁。汴梁原为州治，作为都城过于狭隘，再加上宋代手工业及商业活跃繁荣，城市里坊制度被突破，拆除坊墙，临街设市肆，沿巷建住房，取消宵禁，形成开放式城市空间格局，这是中国城市发展史上的重要变化。

宋代的建筑风格趋向于精致绮丽，屋顶形式极为丰富多样，装修细巧，门、窗、勾栏等棂格花样繁多。留存至今的宋代木构架建筑为数不少。其中的代表作有太原晋祠圣母殿(图 2-27，宋天圣年间初建，崇宁元年重修)，它是宋代遗存的木构架殿宇中规模最大的一座，殿身五间，面阔七间，盘龙檐柱，重檐歇山屋顶，外观较唐代建筑轻盈富丽。还有河北正定隆兴寺摩尼殿(图 2-28，建于宋皇佑四年，即公元 1052 年)，面阔七间，进深七间，重檐歇山屋顶，正中四出抱厦。

宋代建筑方面的一大贡献是制定了模数制。宋崇宁二年(公元 1103 年)颁布《营造法式》一书，作者是将作少监李诫(李诫，字明仲，河南管城县人)。此书是一部极有价值的建筑技术书籍。《营造法式》中把“材”作为房屋建造的尺寸标准，即将木构架建筑的用料尺寸分成八个等级，按单体建筑规模的大小、主次量屋用“材”，“材”一经选定，木构架部件的尺寸都整套按规定明确，不仅设计可以省时，工料估算有统一标准，施工也方便。《营造法式》是王安石推行政治改革的产物，目的是掌握设计与施工标准，节约国家财政开支，保证工程质量。

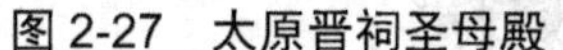

图 2-27 太原晋祠圣母殿

图 2-28 河北正定隆兴寺摩尼殿

宋代的佛塔和桥梁等砖石建筑也有突出发展。宋代的佛塔遗存至今有很多，其中木构架佛塔已经较少采用，而绝大多数是砖石佛塔。河北定州开元寺料敌塔[图 2-29(a)]，高达 84m，是宋塔中最高的一座。河南开封祐国寺塔[图 2-29(b)]，砖砌塔身，外表面加砌了一层褐色琉璃面砖作为饰面保护层，它是中国现存年代最早的琉璃塔(始建于公元 1049 年)。福建泉州开元寺东、西两座石塔，采用石料仿木构架建筑形式，高均为 40 余米[图 2-29(c)]，是中国古代规模最大的石塔。宋代砖石佛塔的特点是发展八角形平面(少数用方形、六角形)的可供登临远眺的楼阁式塔，塔身多作筒体结构，墙面及檐部多仿木构架建筑形式或采用木构屋檐。宋代所建桥梁数量也很多，形式主要有拱式石桥和梁式石桥。例如，泉州万安桥[图 2-29(d)]为梁式石桥，长达 540m，石梁长 11m，抛大石于江底作桥墩基础。佛塔和桥梁这两种砖石建筑反映了当时砖石加工与施工技术所达到的水平。

宋代的帝陵集中于河南巩县，各陵形式相同。因受勘舆术“五音姓利”规定，宋代帝王姓赵，属“角”音，墓地应该“东南地穹，西北地垂”，因而墓区南高北低，一反中国历代帝王陵墓的常例。

自南北朝时胡床、交椅等高足坐具传入中原以来，室内家具日渐增多，桌椅等垂足坐家具逐渐取代了供跪坐的几案，这从五代著名绘画作品《韩熙载夜宴图》上可见一斑，到宋代，垂足坐家具已基本普及。

南宋定都临安(今杭州)，建筑活动不多，规模也不大，但较为精致。建筑物属南方风格，多使用穿斗构架，即使是官方所建的寺观，也带有南方的地方风格。

综上所述，宋代建筑主要有以下几方面的发展和贡献：①城市结构和布局起了根本变化，突破了里坊制，形成了开放式城市空间；②木构架建筑采用了古典的模数制，便于设计施工的统一化；③建筑群体组合方面，在总平面上加强了进深方向的空间层次，以便衬托出主体建筑；④建筑装修与色彩有很大发展，唐代以前建筑色彩以朱、白两色为主，到了宋代，木构架部分采用各种华丽的彩画，用色更加丰富；⑤砖石建筑的水平达到新的高度，主要类型是佛塔和桥梁；⑥园林兴盛。

5) 辽(907—1125 年)

辽是由契丹民族统治的朝代，地处北方，五代时期得燕云十六州，与北宋对峙。辽代的帝王积极吸取汉族文化。在建筑方面可以说是直接继承唐代的传统。辽代遗留至今的两处最著名的古建筑，一处是天津蓟县独乐寺山门、观音阁(图 2-30)，建于唐贞观十年，辽统和二年(公元 984 年)重建，山门面阔 3 间，进深 2 间，单檐庑殿顶，出檐深远，斗拱雄大，整体建筑形态舒展而稳重，观音阁位于山门以北，面阔 5 间，进深 5 间，外观 2 层，内部 3

层(中间有一夹层)，屋顶为歇山顶，独乐寺山门和观音阁是现存木构架建筑的精品。另一处是山西应县佛宫寺释迦塔(图 2-31)，建于辽清宁二年(公元 1056 年)。它是现存年代最早而且唯一的楼阁式木塔，总平面“前塔后寺”布局，塔建于方形和八角形的 2 层砖台基之上，塔身平面八角形，底部直径 30m，塔高达 67.31m，外观 5 层，实际 9 层，内有 4 个夹层，其中有斜撑构件，全塔斗拱式样有 60 余种，建筑结构符合力学原理。辽代的这两处木结构建筑可以佐证唐代及北宋中原地区的木结构建筑的设计与建造水平非常高超。

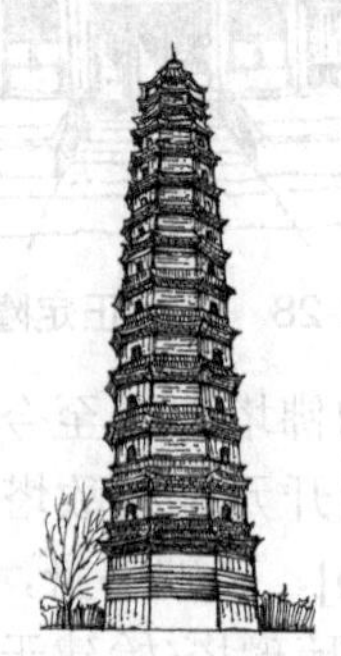

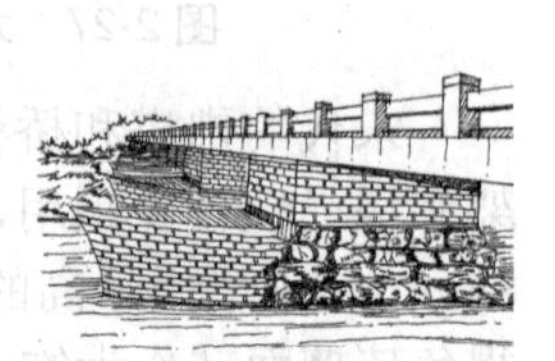

(a) 河北定州开元寺料敌塔 (b) 河南开封祐国寺塔 (c) 福建泉州开元寺东、西两座石塔之一 (d) 泉州万安桥

图 2-29 宋代佛塔和桥梁实例

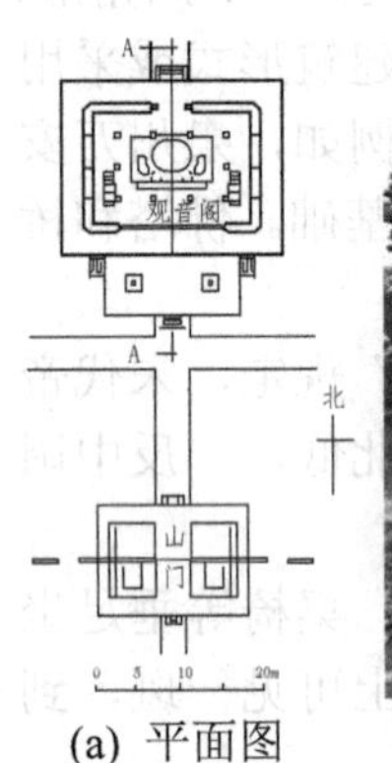

(a) 平面图

(b) 山门外观

(c) 观音阁外观

图 2-30 天津蓟县独乐寺

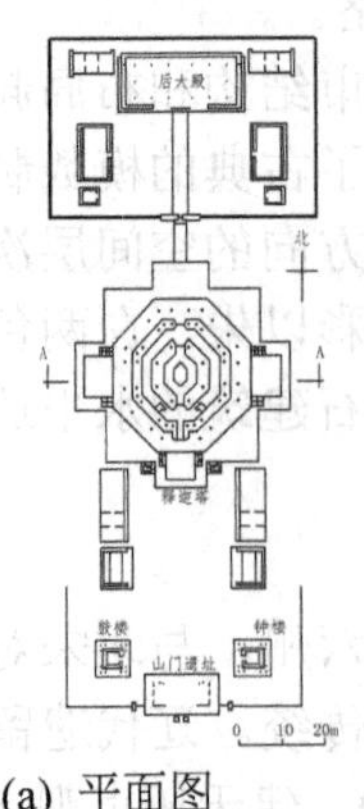
(a) 平面图

(b) 释迦塔剖面

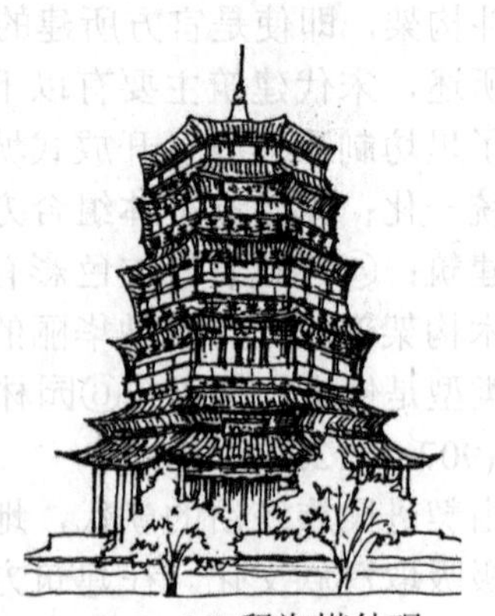
(c) 释迦塔外观

图 2-31 山西应县佛宫寺释迦塔

6) 金(1115—1234 年)

金代是女真族占领中国北部地区之后建立的统治政权，它吸收宋、辽的文化，并逐渐汉化，建造都城中都(现北京)，仿照宋代的制度，征用大量汉族工匠，因此金代建筑既沿袭了辽代建筑传统，又受到宋朝建筑的影响；现存的一些金代建筑有些方面和辽代建筑相似，有些方面则和宋代建筑接近。

金兵攻破北宋都城汴梁时，拆迁若干宫殿园囿中的建筑及太湖石等运到中都，并带去大量图书、文物、工匠等。在中都，宫殿被视为“工巧无遗力”“穷奢极侈”。宫殿建筑采用彩色琉璃瓦屋面，红色墙壁，白色汉白玉华表、台基、栏杆，色彩浓郁亮丽，视觉对比强烈，开中国宫殿用色艳丽之先河。金代的地方建筑中减少木构柱子的做法较为普遍，如五台山佛光寺文殊殿，内柱仅留两根(图 2-32)。北京的卢沟桥，长 265m，是金代所建的一座联拱石桥(图 2-33)。桥栏望柱上以数不清的石刻狮子著称。

图 2-32　山西五台山佛光寺文殊殿　　图 2-33　北京卢沟桥

以上封建社会中期各阶段延续近 700 年，以唐代为建筑发展之集大成者。长安城规模之大，位列资本主义社会之前世界第一大城市。唐代的大建筑群布局舒展有序，前导空间流畅，单体建筑结构合理有机、斗拱雄劲，建筑风格明朗雄健。中国古代建筑体系至此臻于成熟。

5. 封建社会后期继承与程式化阶段

这个时期包括元、明、清三代。社会政治、经济、文化的发展都较为迟缓，建筑的发展也是较为缓慢的。

1) 元(1206—1368 年)

元代是蒙古贵族统治者先后攻占了金、西夏、吐蕃、大理和南宋的领土，建立的一个由蒙古族统治的朝代，是中国少数民族建立的列入正统的第一个统一大帝国。此前少数民族建立的国家都只是局部的地方政权。

元代在建筑上最重大的成就是新建了一座雄伟的都城——大都(现北京)。元大都是中国历代都城中最接近于《周礼·考工记》中所述王城之制的都城。它位于金中都的东北方，城的外轮廓近于方形，除北面开二门，其余东西南三面都是三门。宫城靠南，北边是漕运终点的商业区，太庙在东侧，社稷坛在西侧，布局上基本符合“方九里，旁三门……左祖右社，前朝后市”的制度。街道呈方格网形式，在南北走向的干道之间，平行排列着称为胡同的小巷，作为众多居民院落的通道。元大都是一座规划严整周密的城市，街道平直、市政工程完备、气势雄伟。《马可波罗游记》对元大都大加称赞。元大都的规划设计人是刘秉忠和阿拉伯人也黑迭里。

元代的木结构单体建筑趋于简化，用料及加工都比较粗放。斗拱缩小或取消，柱与梁直接连接传力，抽减柱子的做法仍在采用。这些变化所产生的后果并不完全是消极的，因为两宋时期的建筑已趋于细密华丽，装饰繁多，元代的建筑构件简化体现了社会经济衰退和因为木材资源短缺而采取的种种节约措施，减柱法虽然由于没有充分的科学根据而失败，但也是一种革新。现存的元代木结构建筑有数十处，以山西洪洞县广胜寺下寺正殿和山西芮城永乐宫为代表。广胜寺下寺正殿是元代重要的佛教建筑，正殿列柱去了 6 根柱子，中间 4 榀梁架直接置于内额上，因跨度太大后又在内额下补加立柱，说明减柱法是失败的。山西芮城的永乐宫是元代一组保存较为完整的道教建筑群，以殿内壁画著称，艺术水平很高。元代引进了若干新的建筑形式，如尼泊尔匠人阿尼哥所设计的大都大圣寿万安寺(妙应寺)白塔(图 2-34)，属于喇嘛塔形式，建于 1271 年，造型独特，色彩纯洁，外观壮伟。

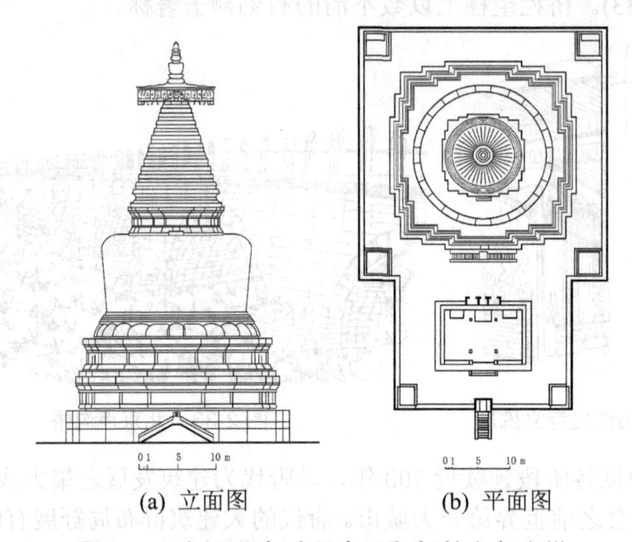

(a) 立面图　(b) 平面图

图 2-34　大都(北京)大圣寿万安寺(妙应寺)白塔

元代的大科学家郭守敬，引西郊的水入城与运河相接，解决了大都的漕运问题。郭守敬在河南登封创建的观星台，是中国最早的一座天文台。居庸关云台原是一座过街塔，也是元代建筑的杰作。

此外，元代的戏曲艺术发达，元曲与唐诗、宋词并列。与之相应的戏台建筑有很多，至今在山西临汾等地遗存有元代的戏台，仍为群众所使用。

2) 明(1368—1644 年)

明代是在元末农民大起义的基础上建立起来的汉族地主阶级政权。明代曾先后三次在南京、凤阳和北京建造都城及宫殿。建设经验丰富，有一批熟练的工官和工匠。明成祖在元大都的基址上建设北京城。在用砖砌元大都的土城时，摒弃了北侧较为荒凉的约五里，南侧向南扩展一里多；明朝嘉靖年间加建外城，南侧城墙修好后，由于财力不足便草草收尾，余下的西、北、东三面外城城墙没有继续修筑，于是形成了北京城特有的“凸”字形外轮廓。明代的北京城有一条从南到北长约 7.5 km 的中轴线。中轴线通过紫禁城，重要建筑都位于这条中轴线上，如图 2-35 所示。

紫禁城是中国仅存的一座宫殿建筑群，规划设计严整、造型壮丽、功能完备，是院落式建筑群的最高典范(图 2-36)。明代在北京还建造了各种坛庙，如太庙、社稷坛、天坛

(图 2-37)、地坛、日坛、月坛、先农坛等，并修建了衙署、仓廒、寺观、王府、宅地、苑囿、作坊、仓库等。宫殿、坛庙等重要建筑采用楠木，规模及造型严谨规整。

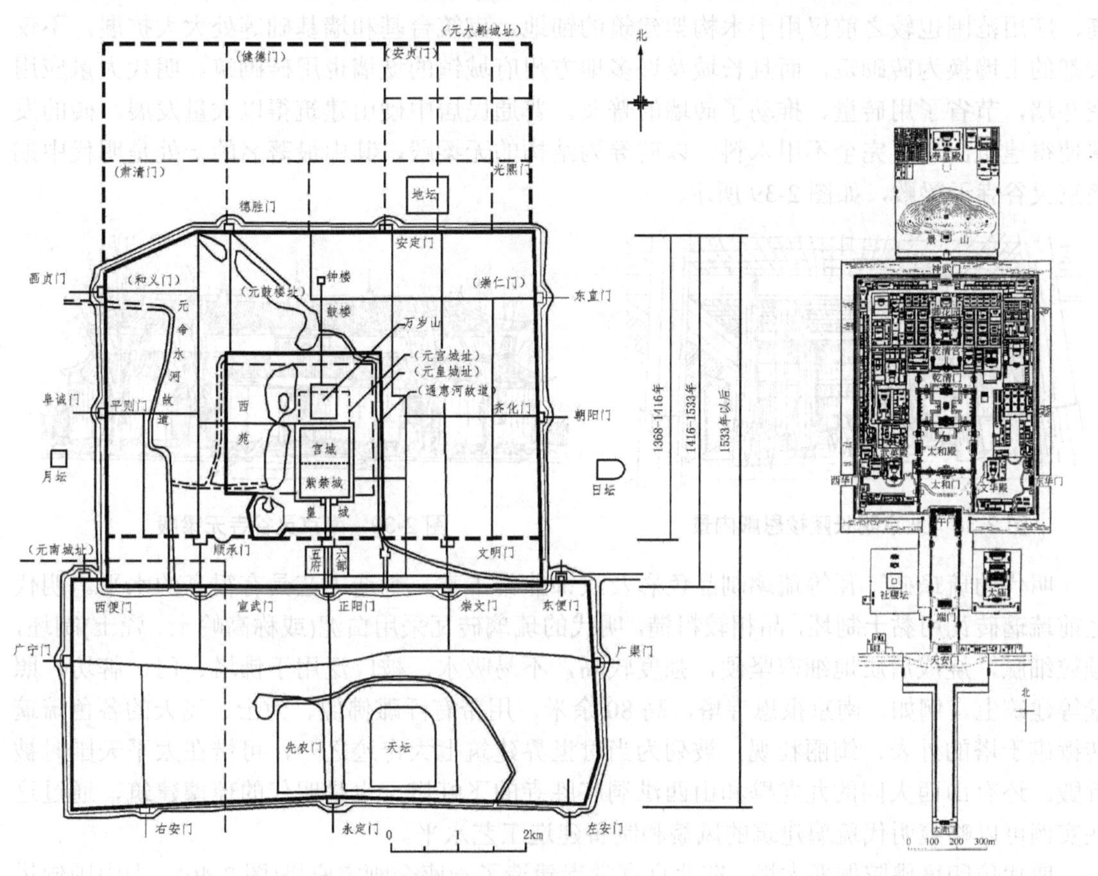

图 2-35　元明二代北京发展示意图　　　　图 2-36　明清北京故宫总平面图

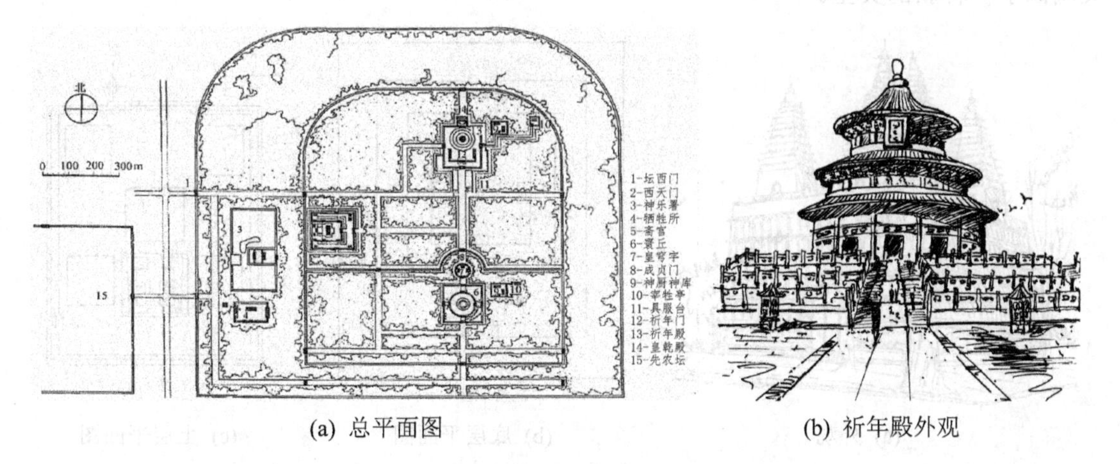

(a) 总平面图　　　　(b) 祈年殿外观

图 2-37　北京天坛

明代的帝王陵墓有北京十三陵，位于北京北郊昌平天寿山，还有南京孝陵。陵墓建筑群在地形选择和神道等前导空间的处理方面都很出色。明长陵祾恩殿木构架中的 32 根金丝楠木柱高约 12m，最大柱径达 1.17m，蔚为壮观，如图 2-38 所示。

由于明代推行“高筑墙，广积粮”的政策，故明代制砖的数量及质量都得到很大的提高，应用范围也较之前仅用于木构架建筑的铺地、砌筑台基和墙基础等处大大扩展，不仅大都的土墙换为砖砌筑，而且长城及许多地方州府城镇的城墙也用砖砌筑。明代大量应用空斗墙，节省了用砖量，推动了砖墙的普及。普通民居中硬山建筑得以大量发展。砖的发展使得建筑出现了完全不用木料，以砖券为结构的无梁殿，其中最著名的一处是明代中期南京灵谷寺无梁殿，如图 2-39 所示。

图 2-38　北京明长陵祾恩殿内景

图 2-39　南京灵谷寺无梁殿

明代的琉璃砖、瓦等琉璃制品色彩及纹饰非常丰富，制造工艺具有很高的水平。明代之前琉璃砖瓦用黏土制坯，品相较粗糙，明代的琉璃砖瓦采用白泥(或称高岭土、瓷土)制坯，颗粒细腻，烧成后质地细密坚硬，强度较高，不易吸水，被广泛用于佛塔、门、牌坊、照壁等建筑上。例如，南京报恩寺塔，高 80 余米，用带有浮雕佛像、力士、飞天的各色琉璃砖镶砌于塔的外表，绚丽壮观，被列为当时世界建筑七大奇迹之一，可惜在太平天国时被拆毁。还有山西大同的九龙壁和山西洪洞广胜寺的飞虹塔，也是明代的琉璃建筑，通过这些实例可以略窥明代琉璃建筑的风貌和制备建造工艺水平。

明代仿印度佛陀伽耶大塔，在北京真觉寺建造了一座金刚宝座塔(图 2-40)，为中国佛塔又增添了一种新的类型。

(a) 外观

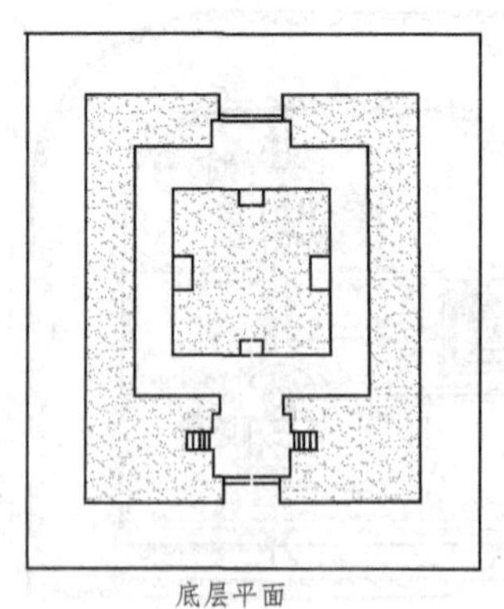

(b) 底层平面图

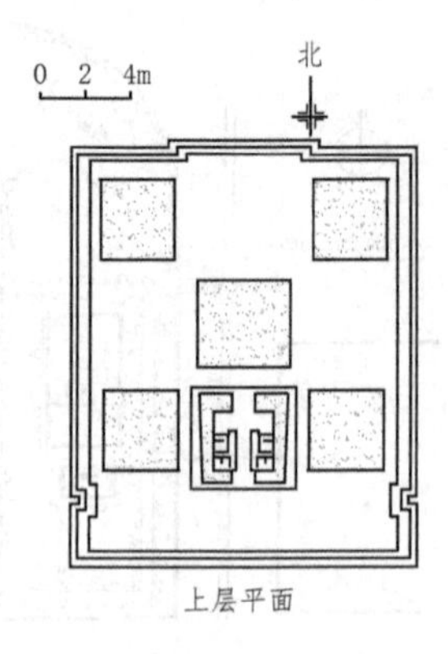

(c) 上层平面图

图 2-40　北京真觉寺金刚宝座塔

明初朱元璋曾明令禁止民居私宅旁多留空地建造私家园林，但到了明代中叶后，江南富庶之地，经济文化较为发达，官僚地主私宅造园之风大兴。明代末年计成(字无否)所著《园冶》一书，是中国古代最系统的造园理论论著。

明代修建北京宫殿、坛庙、陵墓的工匠来自全国各地，主力是江南工匠。其中以蒯祥最为突出。他能“目量意营”“随手图之，无不称上意”，技艺纯熟，人称蒯鲁班。

综上所述，明代建筑的突出贡献主要表现为：①群体建筑的布置与空间处理更为成熟；②单体建筑木结构方面，经过元代的简化，到明代形成了新的定型的木构架，即斗拱的结构作用减弱，梁柱构架的整体性加强，构件卷杀(即将构件或部位的端部做成缓和的曲线或折线形式，使其外观显得丰满柔和)简化；③砖已普遍用于城市建设、国防设施和民居砌墙；④琉璃面砖、琉璃瓦的质量和工艺水平大大提高，应用面也更加广泛；⑤官僚地主私家园林发达；⑥官式建筑的装修、彩画、装饰日趋定型。

3) 清(1644—1911年)

清代是少数满洲贵族建立的统一政权，也是中国历史上最后一个封建王朝。

清代定都北京，但没有像历史上凡改朝换代就常常焚烧拆除前朝的宫室，而是继承了明代修建的紫禁城宫殿，只是在使用过程中不断修葺和添建。清代在建筑方面最突出的成就表现在造园上。皇家苑囿除在北京三海有所建树外，在西郊所建的三山五园(图2-41)和河北承德避暑山庄(图2-42)都达到了很高的水平。同时，南方私家园林也有很大的发展，江南园林达到极盛。中国园林影响所及，不仅包括近邻的日本、朝鲜，18世纪时更远及欧洲。中国园林已成为世界造园学的渊源之一。

清代为了团结蒙藏等兄弟民族，在西藏、青海、甘肃、内蒙古等地修建了许多大喇嘛庙，仅内蒙古地区就有一千余所。清初在西藏拉萨修建的布达拉宫(图2-43)，在内蒙古呼和浩特重修改建的席力图召(图2-44)，都是汉藏混合式的建筑群。在河北承德避暑山庄周围建造的“外八庙”(现存的8座佛寺，如图2-45)，结合地形，仿建布达拉宫等藏式建筑，融合了汉藏两式建筑而又有所创新，达到了一个新的高度。

清雍正十二年(公元1734年)颁布了《工程做法则例》，列出了27种单体建筑的各种构件的尺寸，改变宋代以“材”为模数的计算方法，而以“斗口”为模数，简化了计算过程，标准化程度得以提高，有利于预制构件、缩短工期。清代官式建筑的设计由“样房”承担，样房为“样式雷”(雷氏家族)七世世袭，他们制作的缩尺建筑模型称为“烫样”。

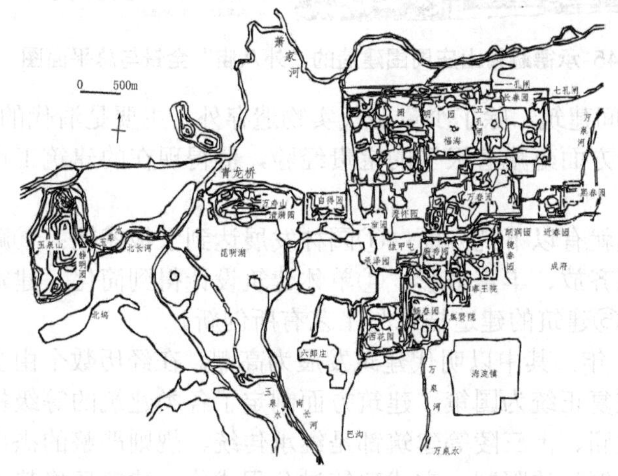

图2-41　北京西郊清代苑园分布图

图2-42　河北承德避暑山庄总平面

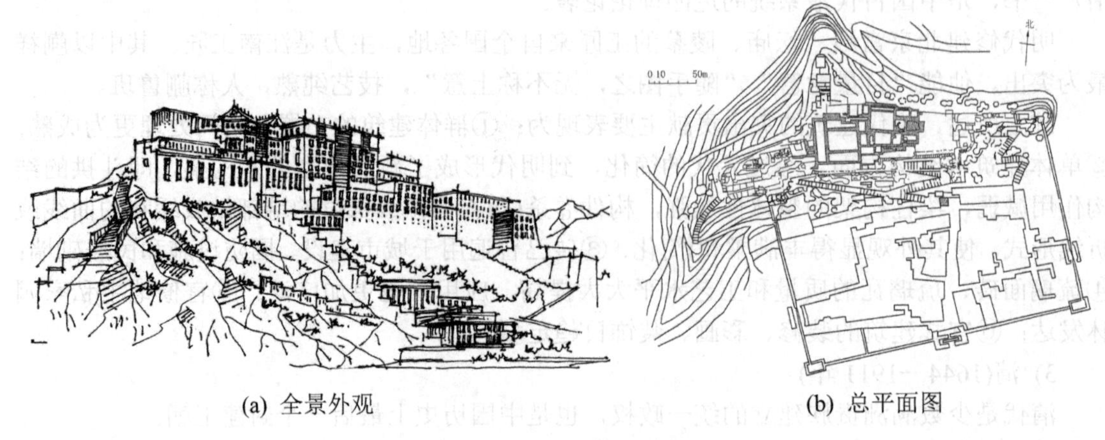

(a) 全景外观　　(b) 总平面图

图 2-43　西藏拉萨布达拉宫

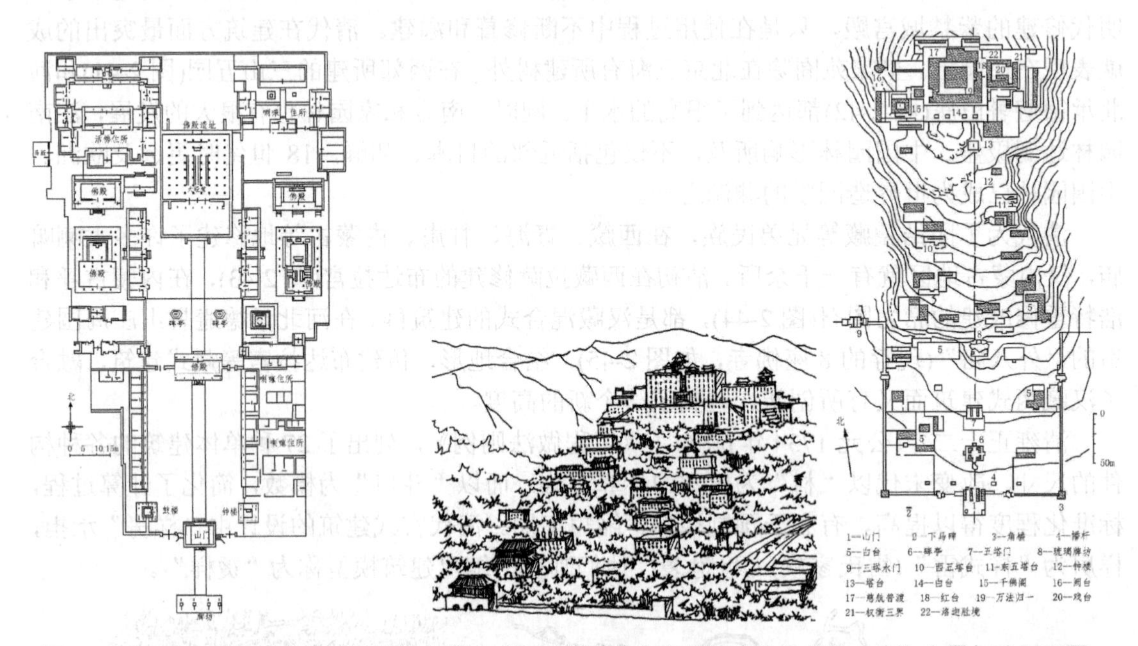

图 2-44 呼和浩特席力图召总平面图　　图 2-45 承德避暑山庄周围建造的“外八庙”全景与总平面图

中国目前的民居、祠堂、书院等民间建筑，除了少量明代实物遗存外，主要是清代的，它们在技术、艺术上以及反映时代生活方面蕴藏着很多的宝贵经验，值得现在的建筑工作者们学习汲取、研究探索。

综上所述，清代的主要建筑发展成就有以下几方面：①园林发展达到了极盛期；②藏传佛教建筑兴盛；③民居住宅建筑百花齐放、丰富多彩；④单体建筑设计得到简化，建筑群体设计与装修设计水平都有所提高；⑤建筑的建造技术与工艺有所创新。

封建社会后期各阶段延续将近 600 年，其中以明代建筑发展为高潮。在经历数个由少数民族统治的朝代之后，明代以一切恢复正统为国策，建筑方面制定了各类建筑的等级标准。明代修建的紫禁城宫殿、天坛、太庙、十三陵等建筑都是继承传统、规则严整的杰出之作。清代中叶之后，受《工程做法则例》的限制，官式建筑过分程式化，建筑风格趋于单一拘谨。

2.1.2　中国古代建筑基本特征

1. 建筑的多样性与主流

建筑特征是在一定的自然环境、地域文化和社会政治经济的综合影响作用下形成的。

中国是一个多民族国家，地域辽阔，各地区的地理、气候等自然环境条件差异很大，各民族的发展历史、文化传统、生活习惯也各不相同，因而形成了许多各具特色的建筑特征。这些特征由于古代社会发展缓慢、信息交流闭塞而得以较长时期保留下来。例如，华南地区气候炎热潮湿、密林丛生，为避免地面潮气和蛇虫影响，产生了源自原始巢居的底层架空的竹木结构的“干阑”式建筑；东北与西南地区有利用森林原木垒成墙体的“井干”式建筑；黄土高原地区利用黄土断崖挖出横穴形成的“窑洞”式建筑；北方草原广袤地区游牧民族为了便于迁徙而用轻木骨架覆以毛毡形成的“毡包”式建筑；新疆干旱少雨地区有土墙平顶或土坯拱顶的房屋，清真寺则用穹隆顶；而全国大部分地区则使用木构架承重的建筑，这种建筑广泛分布于汉、满、朝鲜、回、侗、白等民族的地区，是中国使用范围最广、数量最多的一种建筑类型。数千年来，上至统治阶级的宫殿、坛庙、陵墓以及官署、佛寺、道观、祠庙，下至普通民众的住宅、府邸、私家园林亭阁等都普遍采用木构架建筑，它也是中国古代建筑成就的主要代表。由于木构架建筑的覆盖面广，各地的地理、气候、民俗习惯不同，又使之产生了许多变化，在平面组成、外观造型等方面呈现出多姿多彩的繁盛景象。

木构架建筑如此长期、广泛地被作为一种主流建筑类型加以使用，必然有其内在优势。这些优势大致体现在以下几个方面。

1) 取材加工方便

在古代，中国广袤的土地上到处是茂密的森林，木材资源极其丰富，包括现在生态环境严峻的黄河流域，也曾是气候温润、林木森郁的地区。又因为木材易于加工，利用石器即可完成砍伐、开料、平整、作榫卯等工序(虽然加工非常粗糙)，随着青铜工具以及后来的铁制斧、斤、锯、凿、钻、刨等工具的普及使用，木结构的技术水平迅速提高，因此最终形成中国独特而成熟的木构架建筑技术和艺术体系。

2) 结构适应性强

木构架建筑是由柱、梁、檩、枋等构件形成框架来承受自重和屋面、楼面的荷载以及外界的风荷载、地震荷载的；墙体并不承重，只起围护、分隔空间和稳定柱子的作用，按现代框架结构的概念属于填充墙，因此民间有“墙倒屋不塌”的谚语。房屋内部可较自由地分隔空间，门窗也可任意开设，使用的灵活性大，适应性强，无论是平原、山区、水乡、寒带、热带，都能满足使用要求。

3) 抗震性能好

木材本身具有较好的弹性变形能力，加之木构架的组成采用榫卯结合，榫卯节点属于柔性节点，具有一定的可变形能力，还有柱础处为不埋基础，自由变形能力较大，这些因素使得木构架形成的整体柔性结构体系在消减地震荷载能量、减轻破坏程度方面具备很大的潜力，许多经受过大地震的著名木构架建筑都能完好地保存至今，如已建成上千年的 2 座辽代建筑——天津蓟县独乐寺观音阁和山西应县佛宫寺塔，就是有力的证明。

4) 施工速度快

木材远比石材容易加工，因此木构架建筑的施工建造速度远比砖石结构建筑快，加上

唐宋以后使用了类似于今天的建筑模数制的方法(宋代用“材”、清代用“斗口”)，各种木构件的式样也已定型化，因此可对各种木构件同时加工，制成后再组合拼装，相当于现代装配式的施工工艺。所以西方古典石质建筑常常要花费百余年才能建成，一些规模巨大的哥特式教堂甚至需三四百年才能建成，而明成祖兴建北京宫殿和十王府等大规模建筑群，从备料到竣工只用了十几年的时间。清嘉庆时期重建北京紫禁城三大殿也只花了三年时间，而西苑永寿宫被焚后仅“十旬”(百日)就重建完成。由此可见，木构架建筑尤其是大规模城市建筑群，在施工建造速度上的优势是西方古代石质建筑体系所无法比拟的。

5) 修缮迁址方便

木构架建筑的榫卯节点具有可拆卸性，替换某种构件或整座房屋拆卸搬迁，都较容易做到。历史上就有宫殿、庙宇拆迁异地重建的例子，如山西永济县永乐宫，是一座颇有代表性的元代道观，整组建筑群已于20世纪50年代被拆卸迁移至芮城县境内。

由于木构架建筑所具有的上述优势，也由于古代社会对建筑的需求没有质的飞跃，木材尚能继续供应，加上传统观念的束缚以及没有强有力的外来因素的冲击，因此木构架建筑一直到19世纪末20世纪初仍然牢牢地占据着中国建筑的主流地位。

但是，木构架建筑也存在着一些根本性的缺陷并带来了负面的影响，根本性缺陷主要是木材怕火、怕潮、怕虫蛀的材料特性的木构架建筑易遭火灾，如明永乐时兴建的北京紫禁城三大殿，在迁都后的第二年即遭雷击而焚毁，以后又屡建屡焚。各地城镇因火灾而烧毁大片房屋的记载不绝于书。木材受潮后易于腐朽，缩短其使用寿命。在南方地区还存在对木构架建筑的蛀蚀危害。其次是木构架建筑的结构受力的局限性，木构架建筑基本上采用的是简支梁体系，同时木材的抗拉抗弯强度有限，难以满足跨度更大、功能更复杂的空间需求。木构架建筑的发展带来了负面影响就是造成生态环境的负载过重，日积月累，不加限制的引导发展最终导致生态环境日益恶化，也使木构架建筑失去了发展的前提。元代出现的在建筑内部减少柱子的做法就是木材资源减少而采取的节约措施。到了宋代，建造宫殿所需的大木料已经紧缺，因此《营造法式》用法规形式规定了大料不能小用，长料不能短用，边角料用作板材，柱子可用小料拼成等一系列节约木材的措施。明代永乐时期营造北京宫殿，已经从离北京很远的西南和江南地区采办木材，清代营造宫殿的木料主要来自东北。

因此，进入20世纪后，当新的建筑需求、新的建筑材料、新的结构理论出现时，传统的木构架建筑终于成为一种被逐步取代的构筑方式。

2. 木构架的特色

1) 穿斗式木构架

穿斗式(或称“串逗”式)木构架(图 2-46)的特点是：用穿枋(建筑横向水平梁)把柱子串联起来，形成一榀榀的房架；檩条直接搁置在柱头上；在沿檩条方向，再用斗枋(建筑纵向水平梁)把柱子串联起来。由此形成了一个整体框架，檩条之上再设椽子、铺竹篾和瓦。这种木构架体系构件用料小，整体性强，柱子排列较密，墙体较薄(或仅用木板、竹笆墙、门窗格扇)，屋面轻，出檐深远，建筑外观也轻巧瑰丽。穿斗式木构架主要适用于居室等室内空间尺寸不大的建筑类型，主要分布于四川、江西、湖南等南方炎热多雨地区。

2) 抬梁式木构架

抬梁式木构架(图 2-47)的特点是：柱上搁置梁头，梁头上搁置檩条，梁上再用矮柱支起较短的梁，层层叠置，总层数可达3～5层。当柱头上设置斗拱时，则梁头搁置于斗拱上。这种木构架体系构件用料粗大，结构承载力强，跨度较大，建筑物的墙体较厚，屋面一般

用土加石灰组成保温层至于木望板上，最上铺瓦，建筑外观也显得浑厚凝重。抬梁式木构架适用于北方寒冷地区及宫殿、庙宇等规模较大的建筑物。

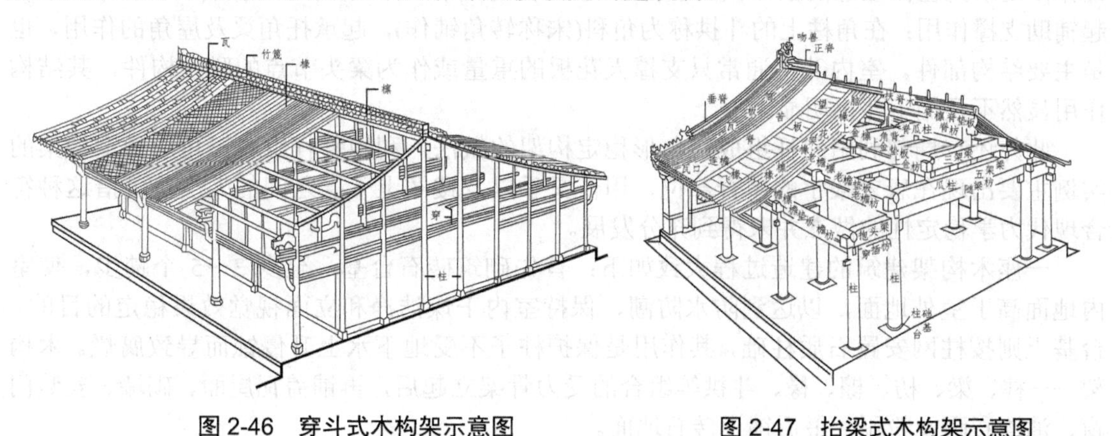

图 2-46　穿斗式木构架示意图　　　　图 2-47　抬梁式木构架示意图

3) 斗拱

斗拱是中国木构架建筑特有的结构部件，其作用是在柱子上伸出悬臂梁承托出檐部分的重量，分散屋顶荷载，避免集中应力(图 2-48)。古代的殿堂出檐常达三四米，如无斗拱支撑，屋檐将难以保持稳定。唐宋以前，斗拱的结构作用十分明显，布置疏朗，用料硕大；明清以后，斗拱的结构作用减弱，装饰作用加强，排列丛密，用料变小，远看檐下斗拱犹如密布一排雕饰品，但其承托屋檐的结构作用仍未丧失。

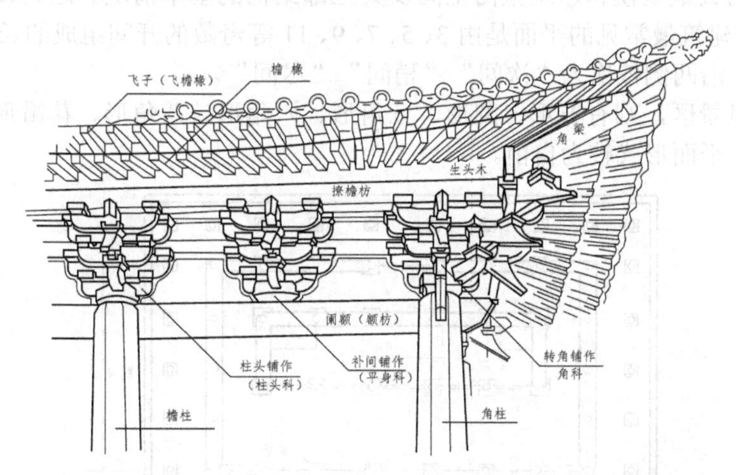

图 2-48　斗拱承托屋檐示意图(图中名称用宋式，括号内为清式)

因为斗拱是层层相叠铺设而成，故在宋代也称为“铺作”；在清代改称“斗科”或“斗拱”；在江南地区则称为“牌科”。

斗拱的主要构件有拱、昂、斗三种。“拱”是短悬臂梁，是斗拱的主干部件；“昂”是斜的悬臂梁，和拱的作用相同；“斗”是拱与昂的支座垫块。还有一些次要的拱和斗只起联系作用而不起承重作用，或承重作用较小。

当建筑物非常高大而屋檐伸出加大时，斗拱挑出距离也必须增加，其方法是增加拱和昂的叠加层数(即出跳数)，每增加一层拱或昂，斗拱即多出一跳，最多可加至出五跳。如果是重檐建筑，一般是上檐斗拱比下檐斗拱多一跳，以增加出檐深度。

檐下斗拱因其位置不同，所起的作用也有差异：在柱头上的斗拱称为柱头科(宋称柱头铺作)，是承托屋檐重量的主体；在两柱之间置于枋子上的斗拱，称为平身科(宋称补间铺作)，起辅助支撑作用；在角柱上的斗拱称为角科(宋称转角铺作)，起承托角梁及屋角的作用，也是主要结构部件。室内斗拱通常只支撑天花板的重量或作为梁头节点的联系构件，其结构作用显然不及檐下斗拱明显。

此外还有局部利用斜杆组成三角形稳定构架的做法。利用斜杆组成三角形稳定构架的实例主要出现在唐宋殿宇的屋脊部位，用作叉手以及楼阁上下层之间的夹层。可惜这种符合现代力学稳定性的做法并未得到充分发展。

一座木构架建筑的建造过程大致如下：首先砌筑砖石台基，至少 3～5 个踏步，使室内地面高于室外地面，以达到防水防潮、保持室内干燥洁净和立面视觉效果稳定的目的。台基上则按柱网安置石质柱础，其作用是保护柱子不受地下水上升侵蚀而导致腐烂。木构架——柱、梁、枋、檩、椽、斗拱等组合的受力骨架立起后，再铺盖瓦屋面、砌墙、安装门窗、油漆彩画及粉刷，最后铺设砖石地面。

3. 单体建筑的构成

1) 平面构成

中国古代木构架建筑的平面以“间”为基本单位，由“间”构成单座建筑，而“间”则由相邻两榀房架构成，“间”的大小和数量体现建筑物的规模。因此建筑物的平面轮廓与结构布置都十分简洁明确，只需要观察面阔方向(建筑纵向)柱子的数量及柱网布置，就可以知道“间”的数量规模和建筑室内空间及其上部结构的基本情况。这为设计和施工也带来了方便。单座建筑最常见的平面是由 3、5、7、9、11 等奇数的开间组成的长方形(图 2-49)，中间为“间”，沿两侧依次为“次间”“稍间”“尽间”。

在园林及风景区，则有方形、圆形、三角形、六角形、八角形、花瓣形等平面的亭台楼榭建筑类型，平面形式较为自由。

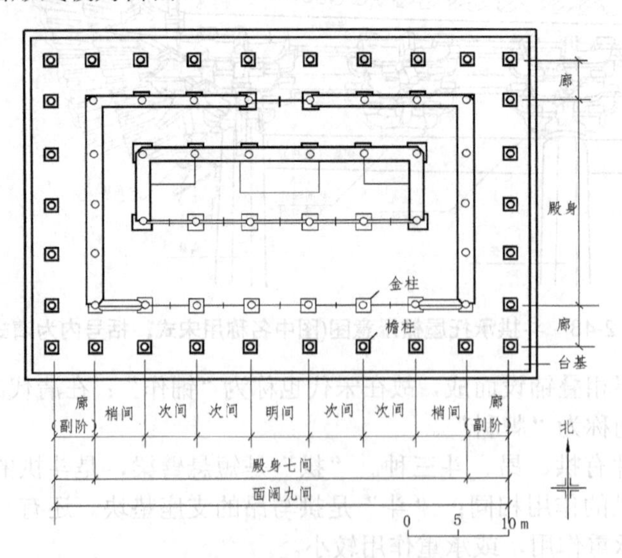

图 2-49 面阔 9 间(殿身 7 间)的重檐建筑平面

2) 立面特征

中国古代木构架建筑立面外形具有三段式特征：石基座、木屋身、大屋顶，西方古典

美学的三段式构图在中国古典建筑立面外形特征中给予了充分体现。从室外地面到石台基顶面或栏杆为石基座，从柱础到柱头或斗拱顶部为木屋身，从屋顶檐口到屋脊兽吻顶部为大屋顶，三部分立面比例尺度协调搭配，给人以非常愉悦的视觉舒适感。其中作为中国木构架古建筑体系特色的大屋顶对建筑立面起着非常重要的作用。大屋顶悬挑深远的檐部、舒展而富有弹性的檐口曲线、由举架形成的略呈反曲面的屋面、起翘的屋角(仰视屋角，角椽展开犹如鸟翅，故称“翼角”，北方建筑起翘较为平缓，南方建筑起翘较为高挑)以及硬山、悬山、歇山、庑殿、攒尖、重檐等众多屋顶形式的变化，加上灿烂夺目的琉璃瓦，使建筑物产生独特而强烈的视觉效果和艺术感染力。通过对屋顶形式进行种种组合，又使建筑物的体形和轮廓线变得愈加丰富。而从高空俯视，大屋顶的效果就更好，因此有人将大屋顶作为中国古代建筑的“第五立面”。

4. 建筑群体组合与布局特征

与西方古典建筑追求单体建筑的雄伟宏大不同，中国古代建筑突出庭院围合组织群体建筑。大量的宫殿、陵墓、坛庙、府邸、佛寺、道观等类型的建筑实例，都是通过众多单体建筑组合而成的建筑群形态呈现在我们眼前的。而将各个单体建筑串接组合在一起的中介就是庭院——中国古代建筑群体布局的典型外部空间。庭院是由屋宇、围墙、柱廊围合而成的封闭内向性的，同时是露天的外部空间，它能营造出与吵闹的城市公共街市环境相对的安静、私密的生活环境。这种封闭的庭院同时与中国传统内敛的思想品格与文化根基相得益彰。从功能实用性方面来说，庭院是为建筑物进行采光、通风、排泄雨水提供便利的，也是进行家庭内部成员日常室外活动和种花养鱼以美化生活的理想之所。

中国南北方地理气候的不同，造成了庭院的大小形式也有所差异。北方的庭院较开阔，以利于冬天获得充足的阳光采暖；南方的庭院较狭小，以减少夏天强烈的日晒，并取得良好的遮阳通风效果。

群体布局的基本特征是以围合庭院来组织各单体建筑，主要建筑物多坐北面南并居中，竖向最高，体量最大，称为正殿(正房)；次要建筑物坐东面西和坐西面东，称为偏殿(厢房)；与正殿(正房)相对而置坐南面北的殿屋称为倒座，各单体建筑通常以围墙或柱廊连接围合形成中心封闭庭院，整个院落严整统一，主从关系分明，具有明确的轴线关系(图 2-50)。通过这条纵向轴线，可以向两侧展开形成横向副轴线，沿着这些轴线通常对称地布置构建一系列形状与大小不同的院落，由此形成的空间序列烘托出种种不同的环境氛围，使人们在经历了这些院落与建筑物的物质外表的视觉感知后，最终能达到某种精神共鸣——或崇敬，或肃穆，或悠然，这正是中国古代建筑群特有的艺术表现手法。

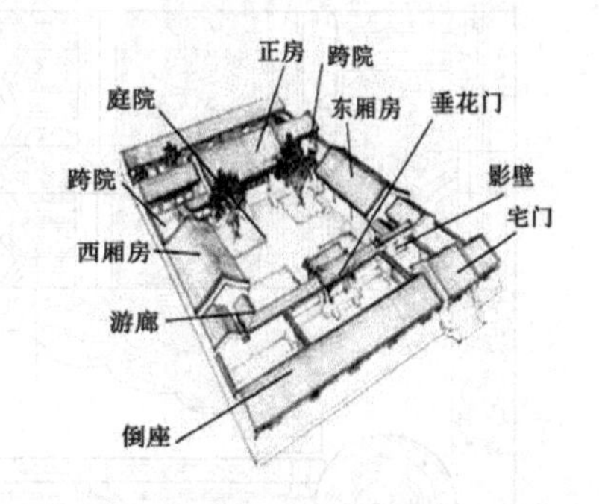

图 2-50　中国古代四合院建筑示意

5. 建筑装饰与色彩特征

一般民居住宅多为白墙，青灰色瓦顶，门窗多为黑褐色或木本色，总体效果朴素、雅致。宫殿、府邸、庙宇等形制等级高的建筑在汉唐时期用色也很朴素，明清时期变得用色艳丽，多用彩色琉璃瓦顶，檐下彩画用蓝绿色加金色，朱红色屋身，再衬以白色石台基，各部分色彩对比鲜明，整个建筑富丽堂皇，极具视觉冲击力，如图 2-51 所示。

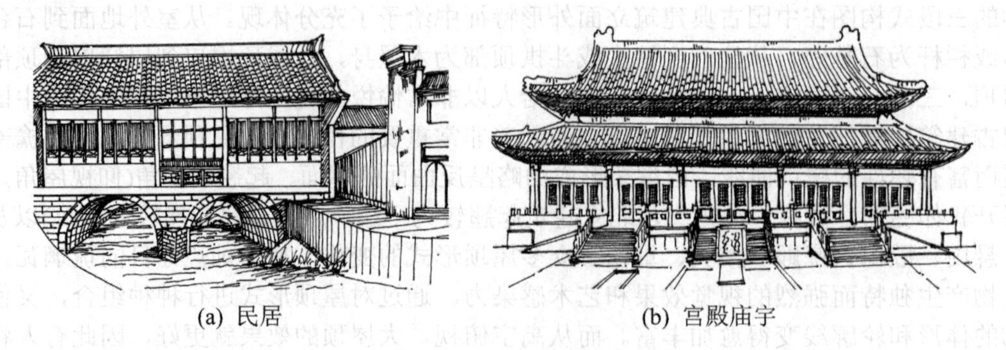

(a) 民居　　(b) 宫殿庙宇

图 2-51　中国古建筑色彩特征

通过清代雍正十二年(公元 1743 年)颁布的工部《工程做法》彩画作，可以对这一时期的古建筑用色有一较为具体的认识。

木构件表面涂施油饰彩画，具有保护和装饰的双重作用。油饰主要用含有桐油的有机漆涂覆于木构架屋身木柱、门窗等部位。彩画使用的部位有梁、枋、柱头、斗拱、檩身、垫板、天花、椽头等处。

清代彩画主要有和玺、旋子、苏式三大类。

(1) 和玺彩画等级最高，只能用于皇家宫殿、坛庙的主殿、堂、门，主要绘有沥粉贴金的坐、行、降等形态的龙的图案。底色以蓝、绿相间布置，并衬托金色图案，如图 2-52 所示。

(2) 旋子彩画在等级上仅次于和玺彩画，应用范围较广泛，一般的官衙、庙宇主殿和宫殿、坛庙的次要殿堂等处均可采用。其主要特点是绘有带卷涡纹样的花瓣图案，这种图案称为旋子。旋子以一整二破为基础，梁、枋长时可在旋子间加一行或两行花瓣，称为加一路或加二路。梁、枋短则用旋子相套叠，谓之勾丝绕。略短于一整二破的称之喜相逢，如图 2-53 所示。

(3) 苏式彩画一般用于宅邸、园林建筑。在枋心处绘制主要图案，内容常以历史人物故事、山水风景、博古器物等为主题。

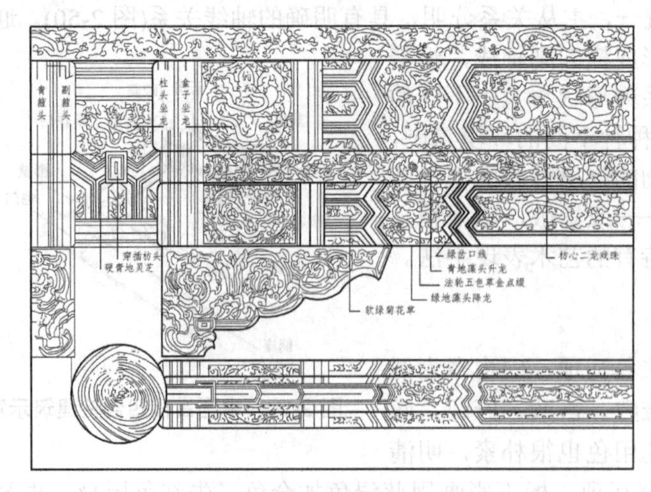

图 2-52　清式和玺彩画

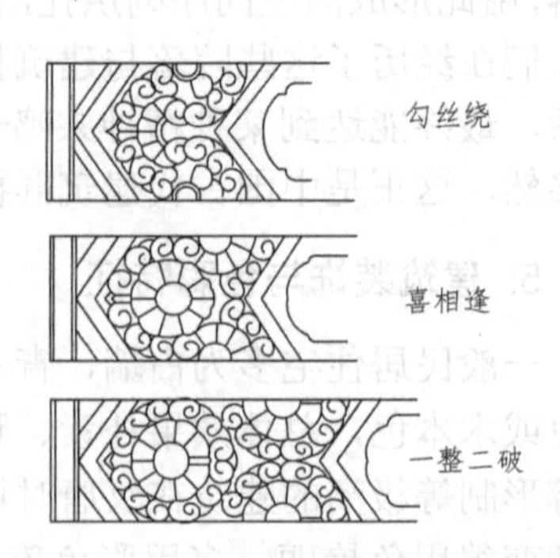

图 2-53　清式旋子彩画构图形式

2.1.3　中国古代园林

园林相对于其他建筑类型具有自身的独特性，除了亭、台、楼、榭等建筑要素外，还包括山、水、石、花、木等自然景观要素，这些要素有机集合构成了园林环境。因此中国古代园林在本节单独进行简介。

1. 总体特点

西方造园讲究规整，中国园林讲究自然。“规整”即讲求几何形态，突出人工痕迹；“自然”即追求“虽为人造，宛若天开”的天然山水形态之意境，施法自然。

两晋南北朝时期是中国自然山水园林的初期发展阶段，唐宋至明清是日臻完善的成熟发展阶段，其主要表现有以下方面。

1) 园林逐渐普及化

随着时间的推移，园林的发展分布范围逐渐由都城等中心城市向州、府、县等地方城市扩展普及；建设使用阶层也由处于上层统治阶级的帝王宗亲、达官豪绅逐渐向一般官员、术士和平民等社会底层阶层推演。

2) 园林功能生活化

中国古代园林发展的初期阶段注重追求自然景观意趣，人工建筑物很少，但随着园林的普及化，园林的游览功能和平常的起居功能结合得越来越紧密，园林环境中各种类型的建筑物也越来越多。

3) 园林要素密集化

初期发展阶段的园林占地面积较大，园中景物的布置较为稀疏。后来随着园中生活设施的增多以及追求山水景观的多样性和丰富性，各种园林要素都增加进来，主要有石、水、花、木、堂、馆、亭、阁、台、榭等，园林景观层次和空间营造越来越丰富和密集。

4) 造园手法精致化

中国古代各个朝代以来，园林景观的风格虽然在不断发展变化，但总起来说前期比较粗野豪放，后期趋于精致繁密。

中国古代园林发展的两大类型：一是北方皇家园林，二是南方私家园林。前者总体特点是空间尺度大，模仿自然山水尺度而建；后者总体特点是空间尺度小，缩小自然山水尺度而建。

2. 北方皇家园林

中国历代帝王多在都城周围设置若干园林(苑囿)，在其中进行围猎、宴游、祭祀以及召见使臣、举行朝会等各种活动。这些园林的规模都很大，园内设置有许多离宫和其他各种设施，它的性质不仅是一个游玩休息的场所，同时是具有多种用途的综合环境，从西汉的上林苑到清代的圆明园、颐和园，均是如此。

由于帝王苑囿规模大，常常依托自然山水改造而成，因此大都充分利用本身地形形成各自的特色，如圆明园利用西山泉水造成许多水景；颐和园以万寿山和昆明湖相映形成山水主景；承德避暑山庄则以山林景色见长等。

下面以北方皇家园林的代表——北京颐和园为例加以说明，如图 2-54 所示。

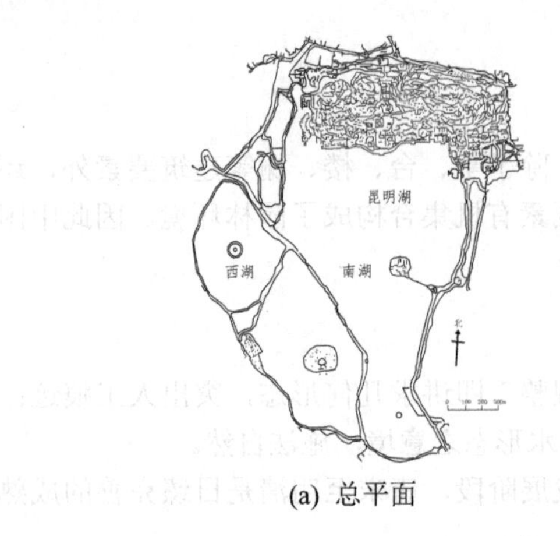

(a) 总平面

(b) 万寿山前山建筑群

图 2-54 北京颐和园

颐和园位于北京西北郊，古时这里自然风光优美，金代已经建造了行宫，元代扩建，明代建有好山园，山名瓮山，山前有湖。到清代乾隆十五年(公元 1750 年)，乾隆皇帝将瓮山改名为万寿山，又筑堤围地，扩展湖面，建成大规模的园林，称为清漪园。咸丰十年(公元 1860 年)英法联军侵占北京，清漪园被掠损毁。光绪十二年(公元 1886 年)，慈禧太后下令重建清漪园，并改名为颐和园，历时七年完工。光绪二十六年(公元 1900 年)，颐和园又遭八国联军损毁。光绪三十一年(1905 年)再次修复，并添建若干建筑物，一直保存至今。

根据使用性质和区域位置，颐和园的布局可分为四大部分：第一部分是万寿山东部的朝廷宫室；第二部分是万寿山前山[图 2-54(b)]；第三部分是万寿山后山和后湖；第四部分是昆明湖、南湖和西湖等水域。全园总面积 4000 余亩，水面约占 3/4。

第一部分主要是从颐和园的正门——东宫门开始向西展开布置的一系列宫殿建筑群，其中仁寿殿是召见群臣、处理朝政的正殿，乐寿堂是寝宫，德和园建有大戏台。这一组建筑群采用对称和封闭的院落组合，整体布局严整，而无园林之自由气息，只是建筑物多采用灰瓦卷棚屋顶的形式，庭院中点缀有少量花木、湖石，才比大内宫殿的森严气氛略显轻松。

第二部分万寿山前山空间开阔，与前面第一部分封闭紧凑的宫殿建筑群形成强烈对比。前山建筑群主次分明，在从山下到上顶的纵向轴线上，布置有以排云门、排云殿为主体建筑的院落和全园的制高点——佛香阁。佛香阁后面山顶处有琉璃牌坊“众香界”和琉璃砖石造无梁殿“智慧海”。排云殿是举行典礼和礼拜神佛的场所，是园中最富丽堂皇的殿宇。佛香阁为一座八角形 3 层 4 重檐屋顶形式、38m 高的阁楼式建筑，也是全园的景观中心。上述这些建筑就是前山建筑群的主要部分。其次，排云殿院落东西两侧有若干组庭院以及灰瓦屋顶的各式建筑，临湖傍山则依山势自由布置着各种供游园赏景用的亭台楼阁。沿昆明湖岸建有长廊、白石栏杆和驳岸，从德和园、乐寿堂开始自东向西延伸直至前山西侧沿湖的清晏舫(白石砌筑的石舫，具有西洋建筑风格)，将万寿山前山的各组建筑联系起来。长廊长 728 m，共有 273 间，是前山的主要交通线，长廊内有内容丰富的彩画。

第三部分万寿山后山主要是以一组汉藏融合形式的佛教建筑群“须弥灵境”构建的园林空间环境。后山山脚下的后湖水面狭长蜿蜒，两岸丛林密布，环境深邃幽静，与前山明朗开阔的景象形成鲜明对比。沿着后湖水系两岸建有仿照苏州街道空间意向的苏州街[图 2-55(a)]。水系东面尽端处有一处南方私家园林风格的小景区——谐趣园[图 2-55(b)]。谐趣园参照无锡寄畅园的造园手法，以水池为中心，亭廊轩榭环绕中心水面布置，形成大尺度空间中的园中之园。

第四部分是颐和园的主要水域。水域东岸是一道拦水长堤。水域中间又仿照杭州西湖苏堤筑堤一道，堤上沿途建有 6 座桥，此堤将整个水域划分为大小不一的东、西两部分，东部面积大，东面湖面毗邻万寿山的水面称为昆明湖，西南侧水面称为南湖，湖中设南湖岛，以十七孔桥与东岸长堤相连[图 2-55(c)]。西面湖中又有 2 座小岛。

颐和园最突出的造园特色就在于充分利用万寿山昆明湖的大尺度山水地形，形成前山开阔后山幽深的空间对比景象，以及将前山空间序列的制高点——佛香阁塑造成统领全园的构图中心，尺度控制适宜，并将园外的西山、玉泉山等远景作为借景处理。

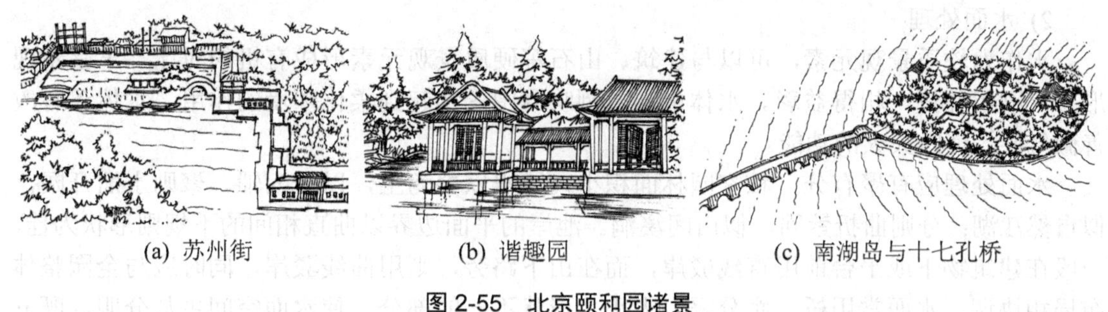

(a) 苏州街　　(b) 谐趣园　　(c) 南湖岛与十七孔桥

图 2-55　北京颐和园诸景

3. 南方私家园林

中国南方尤其是长江中下游地区，气候温润，雨量丰沛，植物种类繁多，地表水系发达，适宜营造园林。东晋、南朝建都金陵(现南京)后，王公贵族竞相建造园林，掀起了江南第一次造园高潮。之后南宋建都临安(现浙江省杭州市下辖市)及吴兴(现浙江省湖州市)，两地造园之风特别兴盛。明清时期，私家园林发展范围扩及全国，设计营造水平最高当属江南地区，其中又以苏州最具代表，固有“苏州园林甲天下”之美誉。

私家园林实际上是住宅的扩大与延伸，在园林中进行宴客会友、吟诗作画等活动，当然要有一个环境优美的场所，使之享有城市中优厚的物质生活的同时又可以体验幽静雅致的山水林泉之境。

私家园林面积一般都很小，几亩方寸之地内要人工创造出山水相映、层次丰富的空间环境，确实是有基本的设计原则和规律可循的。

1) 园林布局

主题多样——全园可按山水、奇石、花木、建筑庭院等不同的主题景观分为大小不一的若干景区(或院落)。

隔而不塞——各景区之间虽分隔而不闭塞，彼此空间流通，似分似合，隐约互见，形成丰富的空间层次和幽深的境界，这是小空间理景的重要法则。

先抑后扬——在进入园中和主要景区之前，先用狭小、晦暗、简洁的引导空间把人的尺度感、明暗感、空间的开敞感压下来，运用以小衬大、以暗衬明的手法达到豁然开朗的效果。

曲折萦回——游赏路线不作平铺直叙，而是从蜿蜒曲折中求得境之深、意之远。常采用沿场地周边布置主要游赏路线的做法，延长人的行进距离，并达到移步换景的效果。

尺度得当——亭台楼榭等建筑造型通透、轻盈，花木以单株孤植为宜，选择品种以干、枝、叶、花、果都有可观为佳。石山置于庭院，盆景置于室内，显示了对景物的环境烘托和空间尺度关系的成熟处理。

余意不尽——利用人的联想感拓宽景域，如把水面延伸于亭榭之下，或由桥下引出一弯水头，以诱发源头深远、水面开阔之感；使假山的形状堆成山趾一隅，止于界墙，犹如截取了大山的一角，隐其主峰于墙外；将进深很浅的屋宇做成宏构巨制的局部。

借景处理——借园外景物补充园中不足，这是扩大空间与景域的设计手法，如池水不全种荷花，留出一定面积映射云天、彩霞、明月之景，这是俯借；雨打芭蕉、夏夜蝉鸣，则是应时而借声景；把远山、远塔引入视野，则是远借；台高视点俯瞰邻园景色，则是邻借。

2) 水面处理

水作为软质景观元素，可以与建筑、山石等硬质景观元素形成有机的对比，丰富景观形态，刚柔并济，相得益彰。水体可通过倒映周围景物起到柔化环境的作用。水体还有改善微气候、消防灭火的功能。

水面处理应有聚有分，私家园林面积小，池水以聚为主，以分为辅。聚则水面开阔，似自然江湖；分则曲折萦回，似山间溪涧。池岸的平面边界以曲直相间的不规则形状为佳，一般在建筑物下或平台前用直线驳岸，而在山下路旁，则用曲线驳岸，同时应与全园整体布局相协调。水面常用桥、廊分隔为大小、形状不一的部分，使水面空间主从分明，既分隔又联系。这些都是小园设计中扩大空间感的巧妙手法。

3) 叠山置石

在营造园林时挖池堆山，平衡土方，改造地形，是常见的处理手法。挖池而堆成的土山可以形成岗坂丘陵等山形，再栽植各种花木，便可形成自然山林意境。但这种纯土堆叠的山景往往流于平淡，若以石堆山，则更有险峻之感。再加上园林中的池水也需要用石料来做护坡与驳岸，因此石假山在私家园林中逐渐盛行起来。石假山要堆出真山意趣，必须具备三个条件：①设计水平高，设计人员必须具备较高的艺术修养和绘画基础，并懂得叠山工艺；②施工水平高，工匠能按照设计意图处理好石块纹理、体块、缝隙的堆叠搭配；③材料好，叠山的石料宜体块大，折皱多，外观形象好。

4) 建筑营构

建筑物在园林中既是居住处、观景点，又是景观的重要组成部分。但是，中国传统园林以山水为景观主体，建筑在其中只起配角作用。建筑物的位置、尺度、形象、色彩都要考虑与山水的关系及配合效果，绝不能以自我表现为中心，这就是园林建筑相较于其他建筑的特殊之处。

江南私家园林发展到明代，已经形成一种独立于住宅之外的建筑风格，其特点是活泼、玲珑、空透、典雅。“活泼”即不受民居建筑必须遵循三间、五间而建的约束，半间、一间也可建造；“玲珑”即比例轻盈、装修细巧、家具精致，适宜于小空间内造景，可衬托山水产生小中见大的效果；“空透”即室内外空间视线流通，利于眺望园景，也利于增加景深与层次感；“典雅”即不施彩色，建筑以黑、白、灰调子搭配，一派淡雅的文人格调，与江南山清水秀的自然风光相得益彰。

私家园林建筑类型以厅堂为主，厅堂式样除一般厅堂外，还有四面厅(厅堂四个方向的外墙面均设落地窗，利于观景和通风)、鸳鸯厅(室内空间分隔为南北两部分，南侧的厅宜于冬季纳阳取暖，北侧的厅宜于夏季遮阳防热)、花篮厅(室内减去两根柱子，只保留上部柱头，雕成花篮形象)、楼厅(室内设楼梯联系上下层，上层为卧室，下层为开敞的厅)。亭子是园林建筑中形式变化最灵活的类型，只要结构合理，外观优美，采用方、圆、六角、八角等形式均可。一种临水的船形建筑是园林建筑中特殊的类型，称为画舫斋，后来演变为石舫、旱船、不系舟、船厅等名称。还有楼阁、斋馆、轩榭等园林建筑类型，设计并无固定形式，因地制宜。而比较特殊的园林建筑装修中，漏窗样式繁多，创作较为自由，室外铺地多利用残砖断瓦等边角废料拼成各种主题图案，既节约了材料又增添了景致。

下面以南方私家园林代表——苏州留园为例加以说明，如图 2-56 所示。

留园位于苏州阊门外，最早是明代嘉靖年间徐泰时营建的东园，其中的石假山为叠山名家周秉忠所筑。清代嘉庆年间，园归刘恕所有，并加以改造，称为寒碧山庄。光绪初，归官僚豪富盛康所有，更有所扩建，改名为“留园”。全园景区可分为四部分：中部景区是东园和寒碧山庄时期所建，营建时间最长，是全园精髓。其余东部、北部、西部景区，为光绪年间扩建部分，全园面积约 50 亩。

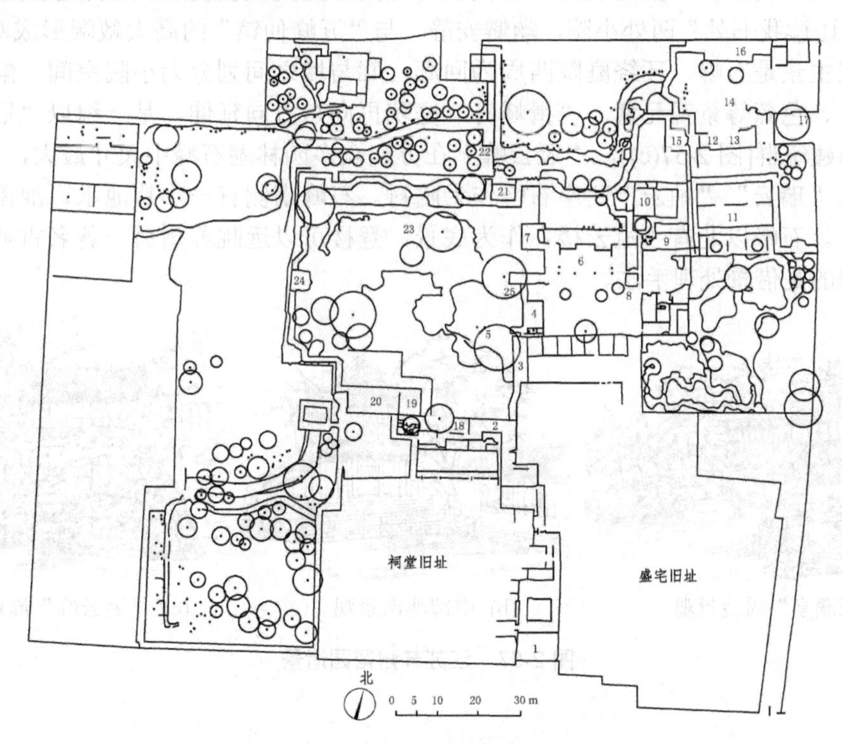

图 2-56　江苏苏州留园总平面图

1—大门；2—古木交柯；3—曲溪楼；4—西楼；5—濠濮亭；6—五峰仙馆；7—汲古得绠处；8—鹤所；9—揖峰轩；10—还我读书处；11—林泉耆硕之馆；12—冠云台；13—浣云沼；14—冠云峰；15—佳晴喜雨快雪之亭；16—冠云楼；17—伫云庵；18—绿荫轩；19—明瑟楼；20—涵碧山房；21—远翠阁；22—又一村；23—可亭；24—闻木樨香轩；25—清风池馆

中部景区又分为东西两区，西区以山水为主，东区则以建筑庭院为主。两者景观主题与意境不同，各具特色。

西区大体布局是西、北两面堆山，东、南两面为建筑群，围合形成中央的池水。这种布局方式使山水主景位于向阳面，光影变化丰富。主要花木有十余株银杏、枫杨、柏、榆等高大乔木，其中不少是二三百年以上的古树，形成了西区山林蓊郁的气氛。假山为土石相间，叠石为池岸蹬道，山石嶙峋，意境凸显。叠石用的主体材料是黄石，气势浑厚。北山以“可亭”为构图中心，西山正中为“闻木樨香轩”，掩映于林木之间，造型与尺度都较适宜。池水东南成湾，临水有“绿荫轩”，池岸较规整平直。池水中以小蓬莱岛和曲桥划出东北角一小块水面，与东侧的“濠濮亭”[图 2-57(a)]、“清风池馆”组成一个小景区，与主体水面形成对比与呼应。池水东边是“曲溪楼”，南边有“绿荫轩”“明瑟楼”“涵碧山房”等建筑，整体建筑布局高低错落，虚实相间，造型丰富，色调素雅，构图协调，是江南私家园林建筑的代表[图 2-57(b)]。西部土山上有云墙起伏，墙外是茂密的枫树林，使得院内近景与院外远景融为一体，并取得丰富的景观层次。

东区布局以若干建筑庭院构成，以“五峰仙馆”厅堂为中心建筑，梁柱用楠木材料，宏敞精丽，是苏州园林厅堂建筑的典型代表。庭院内叠置大量湖石花台。厅堂东边有“揖峰轩”和“还读我书处”两处小院，幽僻安静，与“五峰仙馆”的高大敞阔形成对比。“揖峰轩”庭院主景是石峰，环绕庭院四周为回廊，廊与墙之间划分为小院空间，配置湖石、石笋、修竹、芭蕉等景观元素。“揖峰轩”庭院再向东方向延伸，是一组以“冠云峰”为观赏中心的建筑群[图 2-57(c)]。“冠云峰”在苏州众多园林湖石峰中尺寸最大，品质最佳，旁边还立有“瑞云”“岫云”两座石峰作为陪衬。石峰南侧有一小片池水，池南是“林泉耆硕之馆”。石峰以北有“冠云楼”作为底景，登楼可以远眺苏州另一著名古典园林“虎丘”，运用的是借景处理手法。

(a) “濠濮亭”周边景观　　(b) 中部池南景观　　(c) “冠云峰”周边景观

图 2-57　江苏苏州留园诸景

2.2　中国近代建筑

近代中国处于半封建半殖民地社会，中国近代建筑则处于现代转型初始过渡期，在中国建筑发展史上虽时间短暂，却起到承上启下的重要作用。这一时期既有新老建筑的更迭转型，也交织着中西方建筑文化的碰撞。它所关联的时空关系是错综复杂的。大部分中国近代建筑已成为今天城市环境中的重要遗存，并对当代中国的城市生活和建筑活动产生了各种影响。

2.2.1 近代中国建筑的发展历程

1. 19 世纪中叶到 19 世纪末

1840 年鸦片战争后，清政府被迫签订一系列不平等条约。1842 年，开放了广州、厦门、福州、宁波、上海五处通商口岸，到 1894 年甲午战争前，共开放了 24 处商埠。这些商埠开辟外国人居留地和租界，在此展开商业、外贸、金融、工业、运输业、房地产业和市政建设等活动，客观上带来了资本主义的生产方式和物质文明。

19 世纪 60 年代，清政府洋务派开始创办军事工业，到 19 世纪 70 年代继续开办了一批官商合办和官督商办的民用工业。中国私营资本在 1872—1894 年创办了一百多个近代企业，商业资本由于通商口岸的增加和出口贸易的兴起，也有一定程度的发展。

外国资本主义的渗入和中国资本主义的发展，引起了中国社会各方面的变化。封建王朝的崩溃，结束了帝王宫殿、苑囿的建筑历史。颐和园的重建和河北最后几座皇陵的修建，成为了封建皇家建造的最后一批工程。中国古代的木构架建筑体系，在官工系统中终止了活动，而在民间建筑中仍然延续。由于本时期新疆、东北农业的开展，大量内地人口的迁徙，以及甘肃、云南、贵州等少数民族地区农业、手工业的发展，形成了民族间、地域间的本土建筑交流。

这个时期城市的变化集中表现在通商口岸，一些外国人居留地和租界形成了新城区。这些新城区内出现了早期殖民输入的建筑类型，主要有外国领事馆、工部局、洋行、银行、商店、工厂、仓库、教堂、饭店、俱乐部和洋房住宅等。它们大多是一两层的砖木混合结构建筑，外观具有西方古典建筑风格。这些外来输入的西方建筑和中国早期资本主义主动引入的工业厂棚房屋，构成了中国本土第一批近代建筑。

总地说来，这个时期是中国近代建筑活动的早期阶段，新建筑虽然在类型、数量、规模上都十分有限，但它标志着中国建筑开始突破封闭状态，迈开了现代转型的初始步伐，通过西方近代建筑的被动输入和主动引进，酝酿着中国近代新建筑体系的雏形。

2. 19 世纪末到 20 世纪 30 年代末

19 世纪 90 年代前后，各主要资本主义国家先后进入帝国主义阶段，中国被纳入世界市场范围。列强除扩大商品倾销外，竞相加强对中国的资本输出。外资工业迅速增多，在许多工业部门占据垄断地位。外国金融渗透力量也大大加强，1895 年之前在中国设立的外国银行有 8 家，16 个分支机构；而在 1895—1913 年间就新设立了 13 家银行，分支机构达到 85 个。投资修建铁路也迎来发展高潮，截至 1911 年，中国铁路总里程为 9618.1 公里，其中外国投资修建的近 9000 公里，占 93.4%。与此同时，通商口岸的数量也大幅度上升。1895 年后，根据各项条约又新开口岸 53 处。这些租界城市都不同程度地扩大了原有租界范围或圈占新的租界。

以上社会变革使得租界城市的建筑活动大大加强；为资本输出服务的银行、工厂、火车站等建筑类型日益增多，建设规模逐步扩大；西方专业建筑师进行建筑设计逐步取代了洋行打样间的匠商设计模式，新建筑的设计水平显著提升。

中国民族资本主义在第一次世界大战期间获得了长足的发展，涉及轻工业、商业、金融业等。在民主革命和维新变法等政治变革的影响下，衙署、学堂以及谘议局等官办新式建筑和西方近代建筑得到了需求刺激及较大发展。早期赴欧美和日本学习建筑的留学生，相继于 20 世纪 20 年代初回国，并开设了最早的几家中国人的建筑事务所，诞生了中国建筑师队伍。近代中国建筑发展中一件里程碑式的事件就是 1923 年苏州工业专门学校设立建筑科，这迈出了中国人创办建筑学教育的第一步。

在这样的历史背景下，中国近代建筑的类型大大丰富了。居住建筑、公共建筑、工业建筑的主要类型已经大体齐备，水泥、玻璃、机制砖瓦、钢筋等新型建筑材料的生产能力有了显著提高，近代建筑施工队伍发展壮大了，工程结构水平和施工技术水平也有了较大提高，相继采用了砖石钢骨混合结构和钢筋混凝土结构。这些发展变化表明，到 20 世纪 20 年代，近代中国的新建筑体系已经基本形成，并在此基础上，1927—1937 年的 10 年间，达到了中国近代建筑活动的繁盛期。上海、天津、广州、南京、汉口等大城市聚集区新建了一批近代化水平较高的高层公寓、高层饭店、高层商业建筑等，特别是上海，这个时期出现了 30 座 10 层以上的高层建筑，其中很多是一种当时盛行于美国的被称为“装饰艺术”(Art Deco)的建筑风格。这些建筑设计实践，有外国建筑师设计的，也有中国建筑师设计的。此外，在上海、南京、北京等城市，还出现了一批中国建筑师参与设计的现代派建筑，这些标志着当时中国建筑跟踪世界潮流的新进展。这个时期国内多所高等教育机构相继开办了建筑学专业，为中国培养了第一批近代建筑设计人才。《中国营造学社汇刊》《中国建筑》和《建筑月刊》等学术期刊也相继创刊。中国近代建筑在这 10 年间的集中爆发式增长，形成了建筑实践创作、建筑教育、建筑学术活动的全方位发展格局。

3. 20 世纪 30 年代末到 40 年代末

1937 年“七七”事变的爆发，中断了之前中国近代建筑领域蓬勃发展的良好势头。1937—1949 年，中国陷入了长达 12 年的战争状态，社会和建筑的近代化进程都趋于停滞。

抗日战争期间，国民党政治统治中心转移到中国西南地区的重庆，全国实行战时经济统制。一部分沿海城市的工业资产向内地迁移至四川、云南、湖南、广西、陕西、甘肃等内地省份，客观上促进了这些地方的工业发展。

20 世纪 40 年代后半期，欧美各国进入二战后的恢复重建时期，为现代派建筑的发展提供了大好机遇。通过西方建筑书刊的传播和少数新回国建筑师的影响，中国建筑界加深了对现代主义建筑的认识。继圣约翰大学建筑系 1942 年实施包豪斯教学体系之后，梁思成于 1947 年在清华大学营建系实施“体形环境”设计的教学体系，为中国的现代建筑教育播撒了种子。只因社会环境处于战争状态，故建筑业极为萧条，现代建筑的实践机会很少。总的说来，这是近代中国建筑活动的一段停滞期。

2.2.2 代表性建筑实例简析

1. 上海百老汇大厦

上海百老汇大厦(图 2-58)(Broadway Mansions，今上海大厦)位于上海市北苏州路 20 号，东临百老汇路(今大名路)，南临苏州河汇入黄浦江处的外白渡桥，是上海外滩建筑群中三座早期高层建筑之一，新中国成立前是上海仅次于国际饭店的第二高建筑。大厦是由英国建筑师法雷瑞设计的一栋高层公寓式旅馆建筑，建于 1930—1934 年，投资方是英资业广地产公司，总造价 500 万两白银。1937 年 8 月，淞沪会战爆发，该楼被日军占用，成为日本军政外交人员和汉奸的住所。1939 年 3 月，业广地产公司将该楼卖给日资恒产株式会社。1945

年抗战胜利，大厦由国民政府接管，改为励志社第七招待所。1949 年大厦由上海市人民政府接管，1951 年改名上海大厦，20 世纪 80 年代成为对外开放的涉外宾馆。

大厦占地面积 5225m²，总建筑面积 24 596m²，钢框架结构，地上 21 层，高 77m。整座建筑坐北朝南，平面呈中间拉长的 X 形，客房等使用房间布置于内走廊两侧。建筑体形呈八字形，建筑立面体形为中间高两侧低的退台式构图，从 11 层起逐层收进，这样既可以使四翼的房间获得较好的采光朝向，又可以提高建筑容积率。立面所有顶部檐口均饰以统一的几何形连续装饰图案，轮廓线丰富。外墙底层为暗绿色花岗岩贴面，上部为浅褐色面砖贴面，窗裙部分拼成图案，色调和谐统一。上海百老汇大厦是上海高层建筑从“装饰艺术”风格趋向现代主义风格的早期代表作品。

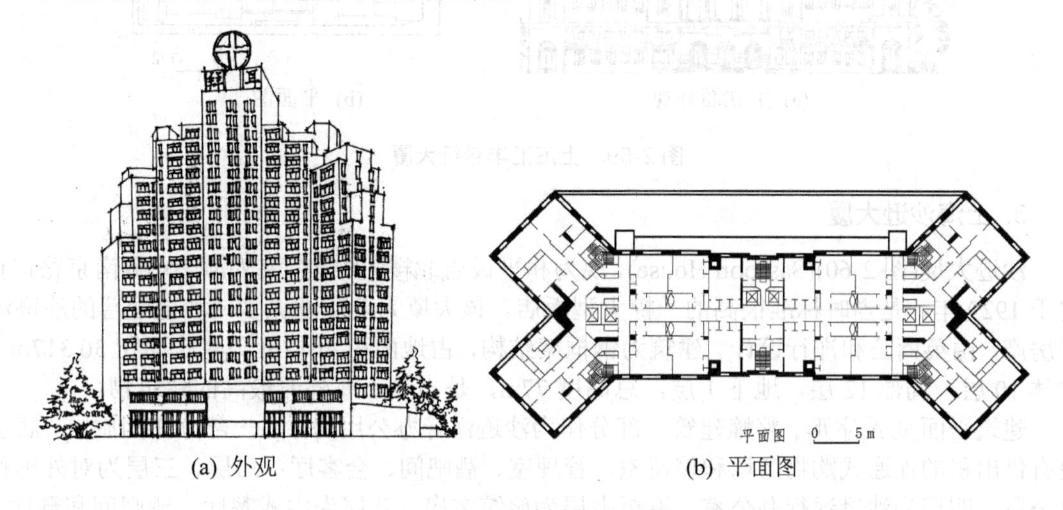

(a) 外观　　(b) 平面图

图 2-58　上海百老汇大厦

2. 上海汇丰银行大楼

上海汇丰银行(图 2-59)是指香港上海汇丰银行于 1923—1955 年在中国上海的分行大楼，位于上海外滩 12 号，又名市府大楼，如今是上海浦东发展银行的总部。大楼建于 1921—1923 年，设计方是英资建筑设计机构公和洋行(Palmer & Turner Architects and Surveyors)，承建方是英商德罗·可尔洋行，总造价 1000 万两白银。上海汇丰银行被公认为是外滩建筑群中最漂亮的建筑，是中国近代西方古典主义建筑的杰作。大楼占地面积 9338m²，总建筑面积 23 415m²，主体 5 层，局部 2 层，地下 1 层，是远东最大的银行建筑，也是当时世界上第二大银行建筑，仅次于英国的苏格兰银行大楼。

汇丰银行大楼建筑平面接近正方形，四面临街，底层主入口连接一个八角形门厅，由此进入宽敞的营业大厅，办公室和辅助房间基本上沿营业厅的周围布置，三层及以上作为办公室。八角形主门厅的顶部有 8 幅彩色马赛克镶拼成的壁画，分别描绘了 20 世纪初上海、香港、伦敦、巴黎、纽约、东京、曼谷、加尔各答八座世界著名城市的建筑风貌。壁画旁有一圈文字，意思是“四海之内皆兄弟”，象征了在新世纪到来之际，整个世界和平繁荣。顶部还有古希腊和古罗马神话中的人物形象，八幅壁画和圆顶壁画之间有星座图像，总面积近 200m²。大楼内部装修品质十分高雅，选用大理石、黄铜等装修材料，技艺精良。

建筑立面采用严谨对称的新古典主义构图，上下三段式划分。建筑主体五层，一层为“下段”，正中大门设计成三联拱券形式，外墙饰面采用花岗岩石材贴面，给人以坚固牢靠之感，十分符合银行建筑的功能特点。二至四层形成“中段”，在中段的立面中部，设计了六根仿罗马科林斯柱，中间四根为双柱式，增强了立体感。五层以上为“上段”，立面中轴线上部为穹顶，突出了建筑主要体量，比例尺度适宜，中央部分加上穹顶下的鼓座共七层。大楼主体为钢筋混凝土框架结构，砖砌体填充墙，中部凸起两层及上部穹顶为钢结构。

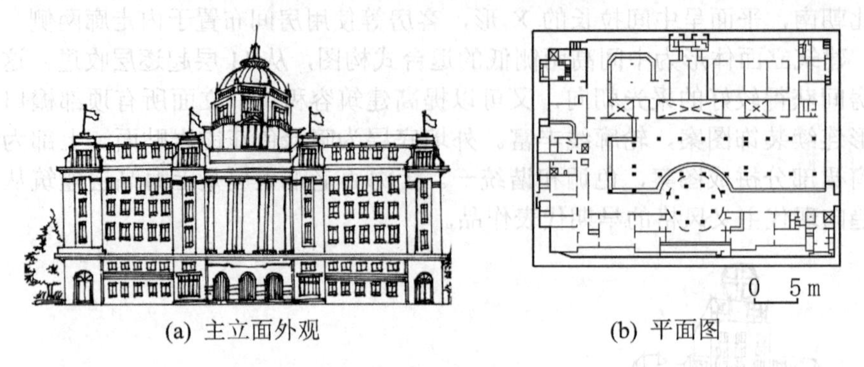

(a) 主立面外观 (b) 平面图

图 2-59 上海汇丰银行大厦

3. 上海沙逊大厦

沙逊大厦(图 2-60)(Sassoon House)，现为和平饭店北楼，位于上海外滩 20 号(南京路口)，建于 1929 年，是当时标准很高的一幢大型饭店。该大厦为英商维克多·沙逊经营的沙逊洋行房产，由英商公和洋行设计。建筑为钢框架结构，占地面积 $4617m^2$，建筑面积 $36\,317m^2$，主体 10 层，局部 12 层，地下 1 层，总高度 77m，是当时上海外滩最高的建筑物。

建筑平面呈 A 字形。整幢建筑一部分作为沙逊洋行办公用房，另一部分作为旅馆。底层设有供出租的连通式购物商场和接待室、管理室、酒吧间、会客厅；二层、三层为对外出租办公室，四层为沙逊洋行办公室，五至七层为旅馆客房，八层为中式餐厅、酒吧间和舞厅。九层为夜总会和小餐厅。局部十层为沙逊私人住所。旅馆客房分三等，一等客房由卧室、会客室、餐厅、衣帽间、行李间及两个卫生间组成。9 套一客房分别设计为中式、英式、美式、法式、德式、意大利式、西班牙式、印度式和日本式等不同室内风格，别具一格。

建筑立面以垂直线条为主，在腰线和檐口处有雕刻的花纹。外墙用花岗石作贴面，具有“装饰艺术”风格，但从体形、构图，到装饰细部，都已大幅度简化。大厦东立面顶部建有墨绿色红脊方锥形瓦楞铜皮屋顶，坡度很陡，高约 10m，表现了从折中主义向现代主义建筑过渡的特点，成为外滩天际线的一个显著标志。

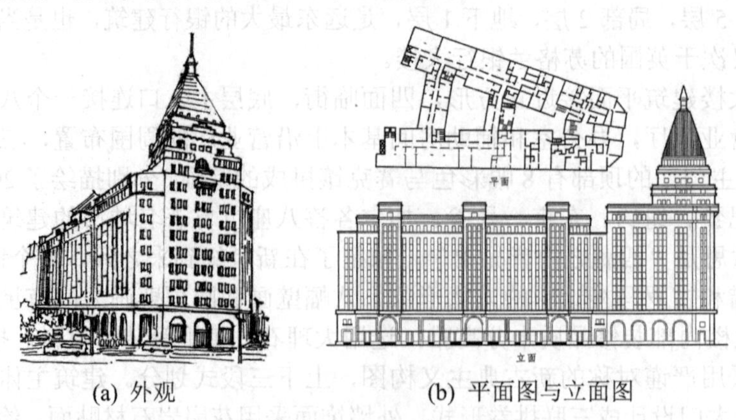

(a) 外观 (b) 平面图与立面图

图 2-60 上海沙逊大厦

4. 上海国际饭店

上海国际饭店(图 2-61)位于上海南京西路 170 号，1934 年建成，由国际著名建筑师匈牙利人拉斯洛·邬达克设计，占地仅 $1300m^2$，用地局促，总建筑面积达 1.57 万 m^2，地上 22 层，地下 2 层，高 83.8m，钢框架结构，它是当时亚洲最高的建筑物，并在上海一直保持楼高纪录达半个世纪。

上海国际饭店建筑平面布置紧凑，呈工字形，共设有客房 200 间，床位 380 张，中西式餐厅和宴会厅 5 个，14 层为舞厅，22 层设有瞭望台。建筑立面强调竖向线条划分，沿街前部 15 层以上逐层四面收进呈阶梯状，造型高耸挺拔，大楼底层外墙饰面为黑色花岗石，上部为褐色面砖。整体外观具有美国 20 世纪 30 年代高层建筑的特征。

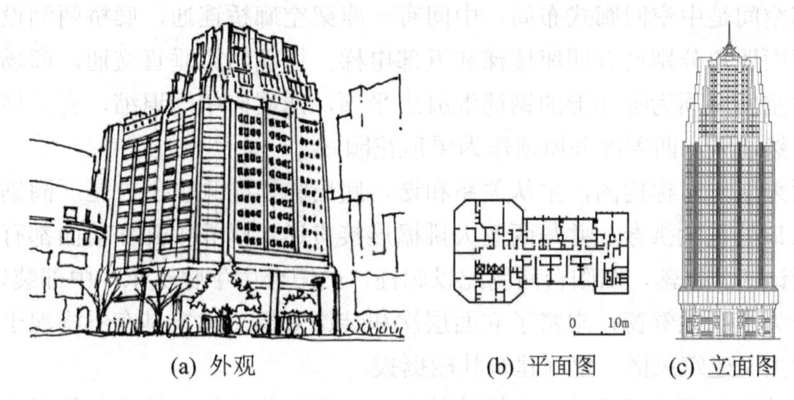

(a) 外观　(b) 平面图　(c) 立面图

图 2-61　上海国际饭店

5. 上海中国银行

中国银行大厦(图 2-62)原址是上海德国总会。1914 年第一次世界大战爆发后，德国总会被中国政府接管。中国银行以 63 万两白银买进，于 1922 年改建成银行营业楼，1937 年建成，由中国建筑师陆谦受设计，英商公和洋行外国建筑师担任顾问。1941 年太平洋战争爆发，银行被汪伪政权中央储备银行占用。1949 年新中国成立后收归国有，现在为中国银行上海分行办公楼。

中国银行大厦分东西两幢，西楼为 4 层钢筋混凝土结构建筑，东楼是主楼，高 17 层，钢框架结构。主楼采用中国民族风格方形攒尖顶，立面窗格等处理极富中国民族特色，主立面两侧有镂空图案，是近代西洋建筑与中国传统建筑结合较为成功的范例。

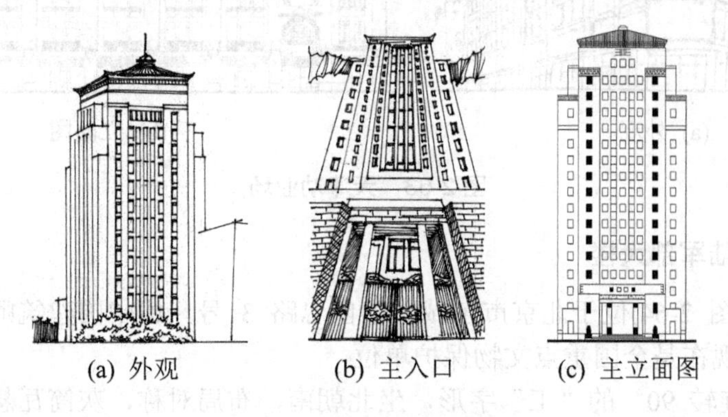

(a) 外观　(b) 主入口　(c) 主立面图

图 2-62　上海中国银行东楼

6. 天津劝业场

劝业场大楼(图 2-63)是天津著名的老字号商场，位于天津市和平区和平路 290 号，由法商永和工程公司建筑师慕乐设计，建于 1926—1928 年，建筑面积原为 1.65 万 m^2，经过几次改造修建，现在建筑面积为 2.96 万 m^2，大楼主体 5 层，转角局部 7 层，钢筋混凝土框架结构。1931 年加建第六、第七层作为戏院等娱乐设施。转角部位七层之上建有高耸的塔楼，由两层六角形的塔座、两层圆形塔身和穹隆式的塔顶所组成。“天津劝业场”匾额为清末高官、近代天津著名大书法家华世奎所书，后被国家定为中华历代名匾。该匾额为劝业场建筑文化起到了画龙点睛之效。

建筑内部空间是中空回廊式布局，中间有一座架空廊桥连通，廊桥两侧设置两部双向楼梯。建筑平面四角分别设有四座楼梯和五部电梯，协调组织垂直交通，商场内部交通十分便利。中庭空间屋顶为阶梯形的钢筋混凝土平顶，四周向中间退缩，有三层天窗，以利天然采光和自然通风，四周部分屋顶作为屋顶花园。

建筑立面采取非对称构图，主从关系和谐，底层临街陈列窗上方是一圈钢筋混凝土大挑檐；商场入口处是大拱券，并与两侧大挑檐连接贯通，拱券顶部和前面都有精细的装饰线脚。阳台设计凹凸错落，凹阳台两侧配以廊柱，凸阳台由牛腿支承，中部装以宝瓶栏杆；五层和七层皆为半圆拱券窗，丰富了立面层次和装饰效果。建筑具有不拘泥于严谨的古典式构图的折中主义建筑风格，整栋建筑壮丽挺拔。

劝业场大楼已经成为天津的标志性建筑之一，是近代津门建筑文化的代表作品。2001 年，天津劝业场大楼作为近现代重要史迹及代表性建筑，被国务院批准列入第五批全国重点文物保护单位名单。

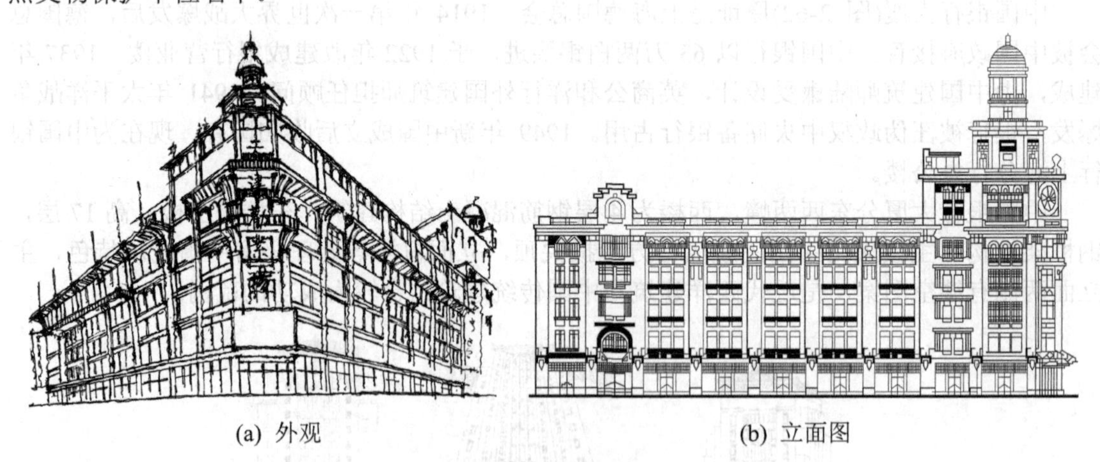

(a) 外观　　(b) 立面图

图 2-63　天津劝业场

7. 北京清末陆军部大楼

陆军部大楼(图 2-64)位于北京市东城区张自忠路 3 号，由中国建筑师沈琪设计，建于 1907—1909 年，现在是全国重点文物保护单位。

建筑平面呈旋转 90° 的“工”字形，坐北朝南，布局对称，灰筒瓦悬山大脊屋顶。主楼东西长 66m，侧翼宽 36m，地上主体 2 层，中部三间为 3 层，正中一间又凸起一层钟楼，高约 22m，全楼带地下室。整个建筑分为中段与左右两翼。底层中部为一间大会议厅，两翼各分为四室，为小会议室或大办公室；二层中部隔为多间小办公室，两翼与底层功能布置相同。与南侧门厅对称的北侧门厅凸出于北立面之外，内设双分式主楼梯。

建筑立面造型，中部主体为高耸的塔楼，两侧水平伸展，周围连续拱廊，侧翼为结束端，向前凸出。立面竖向三段式划分，底部为 1.5m 高的基座层，一层、二层四周皆为回廊。南向主入口有三开间大门，与中央钟塔形成立面中轴线，统领整体。建筑外立面基本是模仿英国古典式，但加入中国传统纹饰。顶部女儿墙栏杆做成雉堞式，壁柱处延伸成尖塔形，东西两侧翼的山花则为巴洛克式曲线形态。建筑形式具有欧洲折中主义风格。

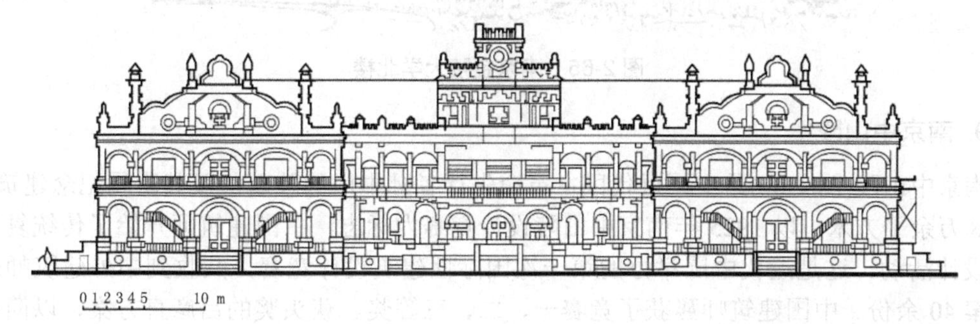

(a) 主立面图

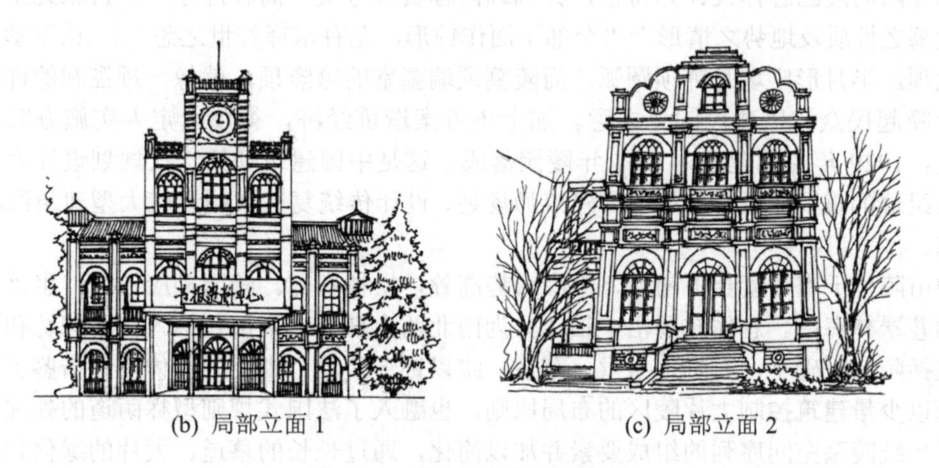

(b) 局部立面 1　　(c) 局部立面 2

图 2-64　北京清末陆军部南楼

8. 南京金陵大学北楼

南京金陵大学北楼(图 2-65)(现南京大学鼓楼校区行政楼)是南京大学标志性建筑。北大楼由美国建筑师司迈尔(A. G. Small)设计，建于 1917—1919 年，砖木结构，地上 2 层，地下 1 层，建筑面积 3473m^2。主体屋顶为中国古建筑歇山顶，灰色筒瓦，青砖厚墙，外墙开小窗，在歇山顶两层主体的前半部正中凸起五层高的“塔楼”，塔楼为十字脊歇山顶，高耸突兀。正门朝南，踏道两侧有抱鼓石。门厅绘有飞鹤图案，挂有水晶宫灯。

大约从 20 世纪 10 年代末开始，教会大学建筑转向后期“中国式”。后期“中国式”的主要特点是关注屋身与屋顶的整合，从以南方民间样式为摹本转变为以北方官式样式为摹本，整体形象走向宫殿式的仿古追求。南京金陵大学北楼已显露出这个转折的特点。

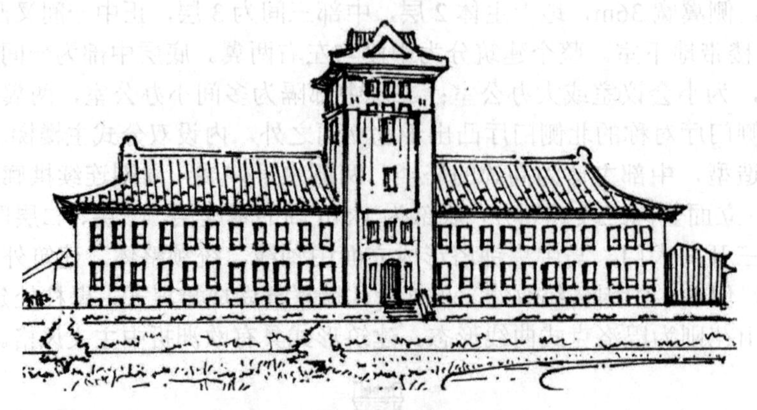

图 2-65　南京金陵大学北楼

9. 南京中山陵

南京中山陵(图 2-66)是中国近代民主革命先行者孙中山的陵墓，及其附属纪念建筑群，面积 8 万余平方米。以 1925 年南京中山陵设计竞赛为标志，中国建筑师开始了传统复兴的建筑设计活动。这是近代中国举办的第一次国际性建筑设计竞赛，共收到中外建筑师的设计方案 40 余份。中国建筑师囊获了竞赛一、二、三等奖。获头奖的吕彦直方案，以简朴的祭堂和壮阔的陵园总体设计为特色，评判顾问称赞该方案“简朴浑厚”“古雅纯正”“最适于陵墓之性质及地势之情形”“全部平面作钟形，尤有木铎警世之想”， 山下孝经鼎是钟的尖顶，半月形广场是钟顶圆弧，而陵墓顶端墓室的穹隆顶，就像一颗溜圆的钟摆锤，含有“唤起民众，以建民国”之意。加上该方案造价经济，得以选定为实施方案。1926 年奠基，1929 年主体建成，1931 年陵园落成。这是中国建筑师第一次规划设计大型纪念性建筑组群的重要作品，也是中国建筑师规划、设计传统复兴式的近代大型建筑组群的重要起点。

中山陵位于南京紫金山南麓，周围山势高耸，松柏森郁。陵园顺应地势，坐落在绵连起伏的苍翠林海中。总体布局沿中轴线分为南北两大部分。南部包括入口石牌坊和墓道，北部包括陵门、碑亭、石阶、祭堂、墓室，绕以钟形陵墙。中山陵总体规划借鉴了中国古代陵墓以少量建筑控制大片陵区的布局原则，也融入了法国式规则型林荫道的处理手法，采用了传统陵墓空间序列的组成要素并加以简化，通过长长的墓道、大片的绿化和宽大满铺的石阶，把各个空间节点上尺度不大的单体建筑联系起来构成大尺度的整体环境，取得了既庄重又不森严、既崇高又不神秘的景象，较准确地表达了民主革命家陵墓所需要的特定精神和格调。主体建筑祭堂，平面接近正方形，四角各凸出一个角室，外观形成四个大尺度的石墙墩，上部冠以蓝色琉璃瓦的歇山屋顶，造型庄重、坚实。祭堂内端坐孙中山先生的白石雕像，四周衬托着黑色花岗石立柱和黑色大理石护壁，构成宁静、肃穆、景仰的气氛。祭堂造型没有套用中国古代陵墓建筑隆恩殿的形象，石牌坊、陵门、碑亭则沿用清式的基本形制但有所简化，运用了新材料、新技术，采用了纯净、明朗的色调和简洁的装饰，使得整个建筑组群既有庄重的纪念特色、浓郁的民族韵味，又呈现着近代的新格调，可以说是中国近代传统复兴建筑的一次成功起步。

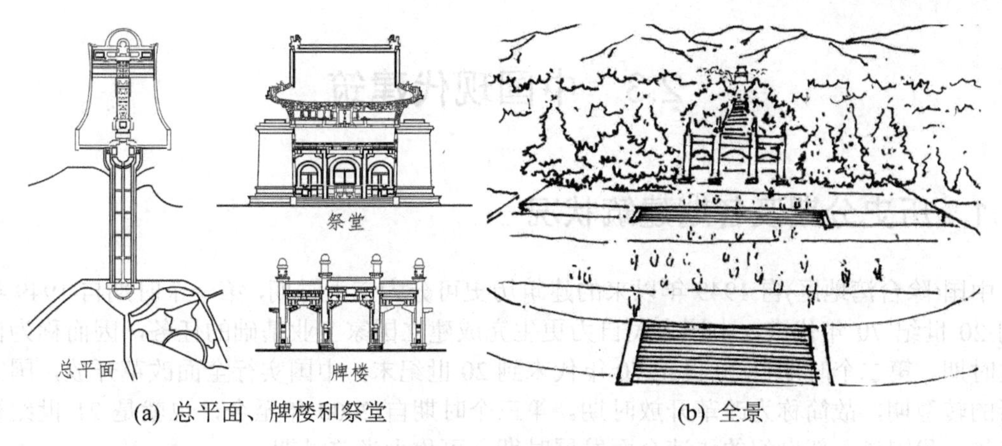

(a) 总平面、牌楼和祭堂　　(b) 全景

图 2-66 南京中山陵

10. 广州中山纪念堂

广州中山纪念堂(图 2-67)是广州人民和海外华侨为纪念孙中山先生集资兴建的，由中国著名建筑师吕彦直先生设计，建于 1929—1931 年。1956 年，重铸的 5m 高的孙中山先生铜像屹立在纪念堂前。1963 年纪念堂进行了大规模翻修，屋顶全部采用蓝色琉璃瓦。现为全国及广东省重点文物保护单位。

纪念堂占地 60000m^2，总体布局坐北朝南，采用中国传统的宫殿式建筑风格与近代西方建筑平面设计手法相结合的处理。建筑面积 3700m^2，高 49m，四面为 4 个重檐歇山抱厦，拱托中央八角攒尖屋顶。建筑平面与体形采用对称构图，纪念堂东南西三面设入口，南向正入口石台阶前方有一座白色花岗石台基，基座上矗立着孙中山铜像，两旁翠柏映衬。基座和台阶面层为白色花岗岩，墙裙饰面为淡青色大理石、墙身饰面为乳黄色贴面砖，宝蓝色琉璃瓦顶，金顶表面全部采用金箔镶贴。整个建筑色彩与形态层次丰富，庄重大方。前檐下横匾高悬孙中山手书“天下为公”四个大字，雄浑有力。

纪念堂主体采用钢桁架和钢筋混凝土结构。八角形的礼堂大厅跨度 30m，内无一柱，屋顶由八排钢桁架结合为一个整体。四角墙壁为 0.5m 厚的钢筋混凝土剪力墙，支撑屋顶的全部荷载。二层楼座由钢桁架悬挑支撑，共设有近 5000 个座位。内部空间高大宏阔，可以进行大型会议和艺术演出。纪念堂是将中国传统建筑形式用于大跨度大体量的会堂建筑的成功典范。

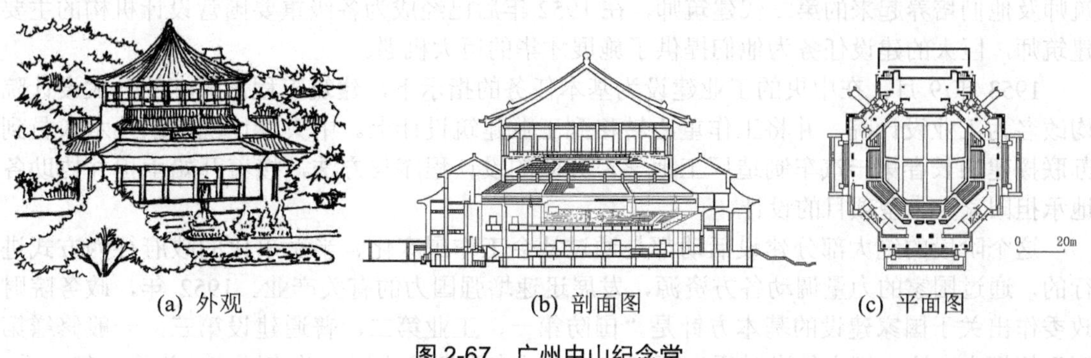

(a) 外观　　(b) 剖面图　　(c) 平面图

图 2-67 广州中山纪念堂

2.3 中国现代建筑

2.3.1 历史分期及各期建筑状况

中国(除台湾地区)自 1949 年以来的建筑历史可分为三大时期，第一个时期自 1949 年建国到 20 世纪 70 年代末，中国人民自力更生完成建立国家工业基础的任务，因而称为自力更生时期。第二个时期自 20 世纪 70 年代末到 20 世纪末，中国实行全面改革开放，国家进入新的转型期，故简称为改革开放时期。第三个时期自 2000 年至今，也就是 21 世纪初的十多年，我国进入新世纪的快速全面发展时期，可称为当前时期。

1. 自力更生时期的建筑发展

从 1949 年建立中华人民共和国到 1978 年年底召开中国共产党第十一届三中全会前的自力更生时期可划分为四个小阶段。

1) 三年经济恢复阶段

从 1949—1952 年的这个阶段是新中国成立初国家恢复经济的时期。1951 年 3 月，通过颁发立法性文件开始了对建筑工程的管理，贯彻中央用 3 年恢复经济、10 年大规模经济建设的基本要求。1952 年 4 月，针对工程建设中的偷工减料问题，中共中央还作出了“三反后必须建立政府的建筑部门和建立国营公司的决定”，同年 5 月，十几家事务所合并成立了中央设计公司，1953 年改为中央建筑工程部设计院，各地各部门的设计单位也陆续建立。1952 年 8 月，在成立建筑工程部的会议上，提出建筑设计的总方针应以适用、坚固、安全、经济为原则，同时要适当兼顾外形的美观。这些原则孕育了后来的“适用、经济、在可能的条件下注意美观”的建筑设计方针，影响至今。

2) 第一个五年计划阶段

三年经济恢复阶段后，虽已使我国工农业生产总值等指标达到历史最高水平，但总体水平仍然很低，产业结构偏重农业，在工农业生产总值中现代工业仅占 26.7%。1953 年 8 月公布的国家建设计划包含了 694 个大型项目，其中苏联援建的有 145 项。此后，由国家计划、国家筹资、国家组织实施，以半军事化的组织形式将投资与建设转向工业，开始了由农业经济向工业、农业混合经济的转变。在 20 世纪二三十年代留学归国的中国第一代建筑师及他们培养起来的第二代建筑师，在 1952 年后已经成为各级重要国营设计机构的主要建筑师，巨大的建设任务为他们提供了施展才华的巨大机遇。

1953 年 9 月，在中央的工业建设为基本任务的指示下，建筑工程部管辖的各大设计院均改名为工业设计院，并将工作重心转移到工业建筑设计上。中央设计院组织技术人员到苏联援建的长春第一汽车制造厂工地学习苏联的设计程序与方法，接着开始承担并协助各地承担国家大中型项目的设计。

这个阶段的绝大部分建设活动都是通过社会工作国家化、半军事化的政府行为方式进行的，通过国家的力量调动各方资源，发展迅速增强国力的有关产业。1952 年，政务院财政委作出关于国家建设的基本方针是“国防第一，工业第二，普通建设第三，一般修缮第四”的规定。这一规定是当时历史环境使然，后来强调按比例，并将顺序改为农、轻、重。

当时国家经济基础差，社会消费水平极低，任何与产业无直接关系的普通建设和房屋修缮无法回笼资金，成为一种政府可控资金的高消耗投入，因而在居住建筑方面的增加始终跟不上产业开拓后引起的城镇人口增加对住房的需求。

3) 从“大跃进”到“设计”革命阶段

这一阶段的中国充满了豪迈之情，充满了勇气，充满了上下求索的精神，虽然导致了1960年后连续3年的后退，仍未放弃这种探索。

1958年2月，《建筑》杂志发表社论，反对保守，反对浪费，争取建筑事业上的“大跃进”，各设计院纷纷下现场搞设计。1958年5月，八大二次会议通过“鼓足干劲，力争上游，多快好省地建设社会主义”的建设总路线，开始了高指标的追求，在加快发展农业的同时，限期各地地方工业产值超过农业产值。但在我国工业基础仍然薄弱，西方封锁依然存在，在缺乏国内外市场调节的条件下超越国力与经济规律的“大跃进”，导致了连续三年的灾难性进程。1961年，工农业总产值比上一年下降30.9%，1962年继续下降，调整三年之后，直到1965年，国家经济才全部恢复到历史最高水平。基本建设的起落，使建筑设计人员既经历了繁忙的时期，如1958—1959年北京和各地的一批国庆工程；也有1960年全部进入休闲期，大批设计人员被下放的另一段日子。

在工业建设普遍压缩的局面下，出于国家安全和经济的综合考虑，石油工业得到重点发展。短时间内开发大庆油田的成功，显示了中国人民和中国领导层的英雄气概。1964年，结合军委关于备战问题的报告和第三个五年计划的制订，中共中央决定建设战略大后方，确定了“靠山、分散、隐蔽”的三线建设战略决策。三线建设从经济学的角度分析是不合理的，原材料和成品使用地多在沿海，却要运到内地制造再运回沿海使用，使得运输费和建设周期大大增加。然而它也从客观上促进了西部的发展，为西部提供与培养了人才。

4) “文化大革命”阶段

1966年5月开始的“文化大革命”，中国共产党十一届六中全会对此已有决议。它虽然是一场灾难，但五年计划并未终止。运动是在经济进入稳态运作阶段后爆发和进行的，且主要在城市中进行。建筑文化即使将它的观念形态部分剥夺干净，工程技术部分及相应的规范文化仍然因社会需要而存在。这一时期围绕着国防和战略布局的一系列建设，一方面，从两弹一星到南京长江大桥，从宝成铁路、成昆铁路、葛洲坝工程到第二汽车制造厂等项目建设都在进行。另一方面，同样出于国家政治外交的考虑，一批援外工程、外事工程、窗口工程如北京外交公寓、外国驻华使馆、广交会建筑、涉外宾馆、涉外机场等也陆续完成。

2. 改革开放时期的建筑发展

1978年12月，在中国共产党十一届三中全会上通过了将工作重心转移到经济工作上来，对内搞活经济，对外开放的方针，这次会议的一系列决定成为改革开放的重大标志。

1979年7月，在深圳、珠海、汕头和厦门试办经济特区，1988年增设海南省为经济特区，1984年开始开放沿海14个港口城市，先后批准建立32个国家级经济技术开发区和53个国家级高新技术产业开发区，安排重点项目300多个，总投资额达3100亿元。到1990年，国民生产总值达18 598.4亿元。更重要的是，一批关系到20世纪末国家战略目标和国计民生的瓶颈问题得到了缓解，20世纪80年代为中国的第3代、第4代及刚走出校门的第5代建筑师提供了空前良好的工作机会。

这20年间，建筑业内部发生了脱胎换骨的变化，不仅仅施工项目的投资与管理已实行

市场招标、承包贷款等制度，建筑设计的体制也在20世纪80年代实行企业化管理，90年代发展集体所有制及民营的设计单位，并推行注册建筑师、注册工程师与注册规划师制度，推行了工程建设监理制度。尤其是房地产业从建筑业中分化出来，成为住宅等建筑活动的杠杆，物业管理也成为促进提高设计水平的重要因素。

当20世纪80年代中国打开国门之时，世界已经不是30年前的情形了。正当中国进行“文化大革命”之时，一场真正的引起世界改观的革命已经在发达国家迅速而悄悄地进行——个人计算机开始进入家庭，连同电视、电话、传真、卫星(通信)等技术宣告了信息时代的到来。知识信息以指数规律驱动着世界。后工业社会转型中的能源危机、可持续发展、后现代思潮等问题也一起涌进华夏。国内外的文化景观与信息如同一个变化着的万花筒，刺激着包括建筑界在内的中国人，他们迅速地在市场的洪流中寻找感觉，调整价值观，他们再也不能仅仅从建筑设计艺术这一个切入点去思考问题。自此，传统、民族形式不再是纠缠他们的幽灵，技术与艺术、建筑师与业主、生产与消费、求同与求异的关系在重新组合，建筑界也在建设环境的同时不断建设自己。

3. 新时期以来的建筑发展

这个时期自2000年至今，建筑发展的核心特征是多元化、多样性和开放性。在公有体制部分，设计院院内工作室在此时期大量产生，工作室更能够切入到市场机制，因其成本经济，人员精简，能快速体现市场的需求；又因为工作室规模小，不易冲击到设计院原本的体制，更能灵活调和设计院的功能，院内工作室采用自收自付与自负盈亏的经营方式，享有绝对的人事行使权，同样享有设计院内部的收益成本与核算方式。在私有部分，从学习国外做法的纯粹的建筑师事务所，向多元的个人工作室、联合建筑师事务所、个人建筑师事务所、个体户建筑师、边缘参与者等并行的执业形态，体现出在面向全球化、国际化时所带来的多元、多样的发展风貌，这个时期在公、私有并行的状态下，建筑设计工作出现前所未有的活跃氛围。在中国加入世贸组织与北京申奥成功后，也让最前沿的中国当代建筑师攀附于中国的崛起之身而于世界各地的建筑师中脱颖而出，在面向海内外时有了更高的能见度与更多的话语权，也将21世纪的中国当代建筑发展风貌带入了多元多样化的共存盛景。

此时期中国当代建筑已经在循序渐进地发展，不再受到传统历史因素的影响与限制，建筑正尝试着做不同变化与求新。前卫与先锋，不同的样式与技法，不同的立场表达与社会态度，多方位的面向与先验，促使衍生出不同的趋势与潮流，并且彼此之间没有任何的界限而处于相互包容、开放与辩证的思想流动之中。这将是一个充满活力的、具有持续性、传承性与创造性的开放之旅。

2.3.2 代表性建筑实例

1. 自力更生时期的建筑作品

这一时期的建筑总体特点有：①爱国主义与民族传统相联系，产生了一大批从历史传统中发掘建筑语言的建筑设计作品；②在复古主义基础上对特定的历史文脉、人文环境进行建筑表达的探索；③国家政治、经济、文化交流等方面的需要对建筑形式风格的影响。

1) 人民大会堂

1958年9月，全国17个省市自治区的建筑师云集北京，商讨人民大会堂的建筑方案，在周恩来总理的亲自主持下，在全国 34 个设计单位、84 个平面、189 个立面方案中，选定了赵冬日、沈其的方案，并委任张镈为总建筑师，辅以其他专业工程师开展设计。依靠高度的政治热情与责任心、大量人力与物力，在中央的直接指挥下于 1959 年 9 月建成，为建国十周年献了礼。

人民大会堂位于北京市中心天安门广场西侧，长安街南侧。总建筑面积达 10 万 m^2，建筑平面呈“山”字形，两翼略低，中部稍高，坐西朝东，主入口面对天安门广场，入口门额上镶嵌着中华人民共和国国徽。建筑主要由 3 部分组成：中部主楼为万人大会堂，北面翼楼为 5000 座的宴会厅，南面翼楼是以各省、直辖市、自治区命名的会议厅及人大常委会的办公用房。整栋建筑东西长 174m，南北长 336m，最高处 46.5m，层数从 2 层到 5 层不等。

人民大会堂建筑立面造型设计采用的是以装饰主义为特征的传统主义手法，“古今中外，皆为我用”的理念体现了实践理性精神，主入口前 12 根直径 2m，高 25m 的浅灰色大理石西式门柱形成的柱廊，雄伟壮阔。为了强化民族传统并与故宫等周边建筑环境特征取得建筑形式语言上的联系(具体地说就是黄色琉璃瓦大屋顶)，首次采用了平屋顶建筑檐口两层黄色琉璃瓦饰面的做法。同时在解决超大型空间的尺度感与空间效果方面摸索了经验，周恩来提出的“水天一色”的原则为建筑师处理室内设计提供了灵感。人民大会堂与此前的复古主义、折中主义建筑相比，显示了新气象，其通风、照明等设备水平是当时中国最优良的，因而它代表了当时中国建筑界总体最高水平。

背景知识：20 世纪 50 年代的“北京十大建筑”，是为迎接中华人民共和国成立 10 周年的献礼工程，也可视为当时的国家 10 大建筑。这 10 个大型项目包括人民大会堂（如图 2-68 所示）、中国历史博物馆与中国革命博物馆(两馆属同一建筑内，即现在的中国国家博物馆)、中国人民革命军事博物馆、民族文化宫、民族饭店、钓鱼台国宾馆、华侨大厦(已被拆除，现已重建)、北京火车站、全国农业展览馆和北京工人体育场。

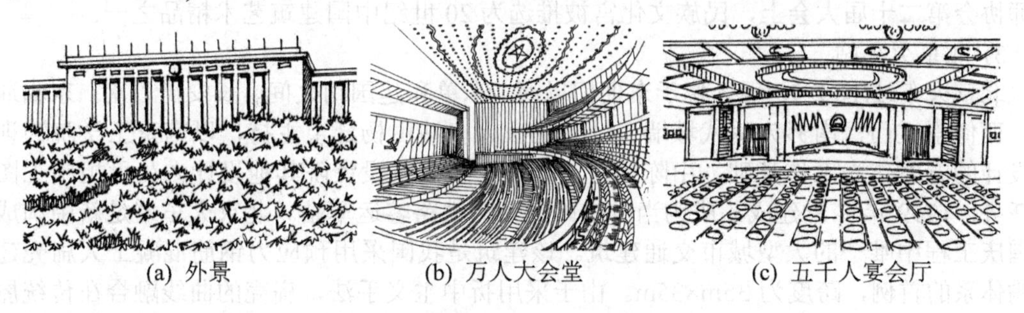

(a) 外景　　(b) 万人大会堂　　(c) 五千人宴会厅

图 2-68　北京天安门广场人民大会堂

2) 民族文化宫

民族文化宫(图 2-69)坐落在北京长安街西侧，张镈主持建筑设计，建于 1959 年 9 月，是中华人民共和国成立十周年首都北京著名的十大建筑之一。民族文化宫是供我国 56 个少数民族文化交流的场所，设有展览馆、文化娱乐设施、图书馆及含有少数民族语言翻译设备的会议厅，总建筑面积 30 770m^2，主楼 13 层，高 67m，钢筋混凝土框架结构。建筑平面呈“山”字形，体形宛似一只仙鹤，中间高耸的塔楼引颈高歌，裙房部分的中央展览大厅向北伸展，两侧翼楼匍匐于地。整个建筑造型别致、富丽、宏伟、壮观，具有独特的中国民族风格。设计者称中部塔楼受美国内布拉斯加 20 世纪 20 年代市政厅启发，平面又恰与佛教的曼陀罗宇宙图式相合。外墙面用白色，飞檐宝顶用孔雀蓝琉璃瓦，更显宁静优雅。

层层窗罩的手法取自藏式建筑，大门汲取伊斯兰教装饰图案，典雅高贵。立面各部位比例、尺度、虚实关系都推敲得极为精到。它是建筑师长期积累的学养与经验的高度凝缩。民族文化宫说明，在中国、在北京这样的环境下，折中主义手法在建筑大师手中是可以产生惊人之作的。

(a) 全景鸟瞰　　(b) 中部主楼

图 2-69　民族文化宫

民族文化宫是国家民族事务委员会直属的文化事业单位，内设博物馆、中国民族图书馆、民族画院、中国民族年鉴社、展览馆、民族文化宫剧院、宾馆等近 20 个涉及文化事业、经营及职能管理部门。民族文化宫具有宣传党的民族政策，举办民族展览，收藏和研究少数民族文物、文献，提供民族书刊，开展民族文化交流，承办民族活动及商业演出等多项功能，是中外人士了解中国少数民族文化的窗口。

民族文化宫在国内外享有很高的声誉，1994 年被北京市民选为 50 座“我最喜爱的民族风格建筑”之首；作为新中国“第一宫”载入英国出版的《世界建筑史》；1999 年国际建筑师协会第二十届大会上，民族文化宫被推选为 20 世纪中国建筑艺术精品之一。

3) 北京火车站

北京火车站(图 2-70)现址位于东便门以西，东单和建国门之间，长安街以南，东临通惠河，西倚崇文门，南界为明代城墙遗址。北京火车站由杨廷宝主持，以南京工学院钟训正等设计的方案作为工作基础，由陈登鳌及北京工业建筑设计院其他设计人员承担施工图设计任务，1959 年 9 月建成，成为当时中国最大的铁路客运车站。北京火车站是新中国成立初国庆工程中唯一的大型城市交通建筑。该建筑是我国采用预应力钢筋混凝土大扁壳建筑结构体系的首例，跨度为 35m×35m。由于采用折中主义手法，扁壳的曲线融合在传统屋顶的轮廓线中而未获更多的强调，但对于不熟悉技术的旅客而言，它当时无疑仍是一处亲切又现代化的驿站。

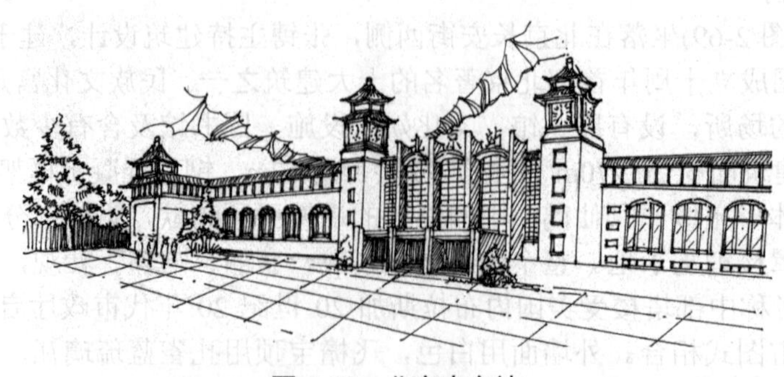

图 2-70　北京火车站

4) 人民英雄纪念碑

人民英雄纪念碑(图 2-71)位于北京天安门广场南北中轴线的中间，南为毛主席纪念堂，北为天安门城楼。人民英雄纪念碑与天安门广场周围建筑形成一个和谐完整的建筑群。1949 年开国大典前夕，为了纪念在解放战争、抗日战争以及上溯到 1840 年鸦片战争以来为民族解放而奋斗牺牲的革命烈士，中央决定在天安门广场设计建造人民英雄纪念碑。建筑方案由我国著名建筑学家梁思成提供，雕塑创作为刘开渠，设计肩负了重大的历史重托，凝聚了众多参与者的智慧，1952—1958 年建成。人民英雄纪念碑分台基、须弥座和碑身三部分。为了加强其艺术感染力，汲取了中外纪念碑碑身的卷杀(将柱、梁等构件的端部砍削成缓和的曲线或折线，以使构件外形显得丰满柔和)手法，碑身扁方，全高 37.94 m，略低于天安门城楼，因其挺拔而仍显其高耸。碑身正面中部为一整块长 14.7 m，宽 2.9 m，厚约 1 m，重达 60t 的花岗石。考虑天安门集会的视觉需要，一改传统习惯，将北立面作为主立面，镌刻着毛泽东题写的“人民英雄永垂不朽”八个鎏金大字。背面碑心由 7 块石材构成，内容为毛泽东起草、周恩来书写的 150 字碑文。碑身之下是由林徽因设计的两层须弥座(又称“金刚座”“须弥坛”，源自印度，指安置佛像的台座)承托。上层小须弥座的四面刻有牡丹、荷花、菊花、垂幔等拼成的八个花环，以示对烈士的崇敬之情。下层大须弥座的束腰部镶嵌着十幅巨大的汉白玉浮雕，其中八幅作品反映了中国近现代史上的重要革命事件，按东南西北的顺序依次为“虎门销烟”“金田起义”“武昌起义”“五四运动”“五卅运动”“南昌起义”“抗日游击战”和“胜利渡长江・解放全中国”。此外，在北面正中“胜利渡长江”的两侧还有两幅装饰性作品“支援前线”和“欢迎人民解放军”。这十座浮雕的高度均为 2m，宽 2～6.4m，总长 40.68m，一共雕刻了 180 个人物，是由刘开渠等人设计创作的。纪念碑的台基也分为两层，上层呈方形，下层呈海棠形，东西宽 50.44m，南北长 61.5m。两层台基的四面均为栏杆环绕，并设有台阶。人民英雄纪念碑共用 1.7 万块花岗石和汉白玉石砌成，面对天安门，肃穆庄严，雄伟壮观。

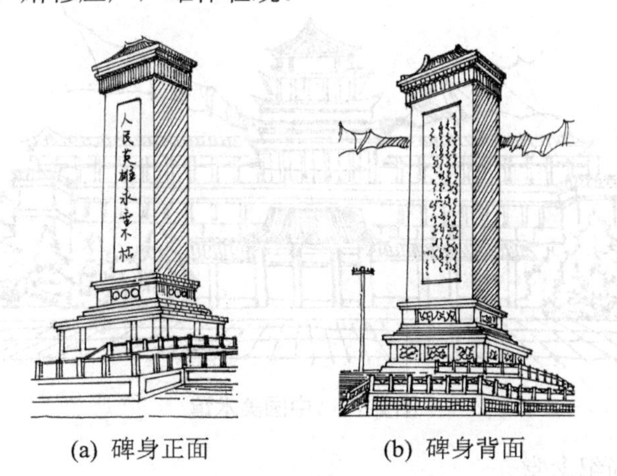

(a) 碑身正面　　(b) 碑身背面

图 2-71　人民英雄纪念碑

5) 重庆西南大会堂

重庆西南大会堂(图 2-72)坐落在重庆市学田湾马鞍山上，由建筑师张嘉德设计，1951—1954 年建成。大会堂总建筑面积 2.5 万 m^2，是当时用作干部、群众集会、演出的场所。建筑体形构思采用中国古典建筑形式，为天坛与天安门等著名清代官式建筑的组合，屋顶采用直径 46 m 的钢结构穹顶形成三层圆攒尖顶形态，宝顶镏金。观众厅设 4500 个座位，圆形厅堂由于声聚焦导致音质效果不佳。整个建筑的设计手法属于复古主义。主入口处的 99 级大台阶抬高了人的视点，凸显了主体三层圆攒尖顶的雄伟身姿。

图 2-72　重庆西南大会堂(现重庆市人民大会堂)

6) 中国美术馆

中国美术馆(图 2-73)位于北京市东城区五四大街，由建筑师戴念慈主持设计，1962 年建成。该馆是以展示、收藏、研究中国近现代艺术家作品为重点的国家级美术博物馆。占地面积 3 万余平方米，建筑面积 1.8 万余平方米，共有 17 个展览厅，展览面积 8300m^2。建筑主体为仿古阁楼式，黄色琉璃瓦大屋顶，四周廊榭围绕，具有鲜明的民族建筑风格，设计手法为折中主义。建筑屋顶与墙体组织的比例尺度得当，立面色彩、质感处理得典雅而明快。1995 年主楼后新建现代化藏品库，面积 4100m^2，现在仍然是中国美术界举办最高等级展览的场所。

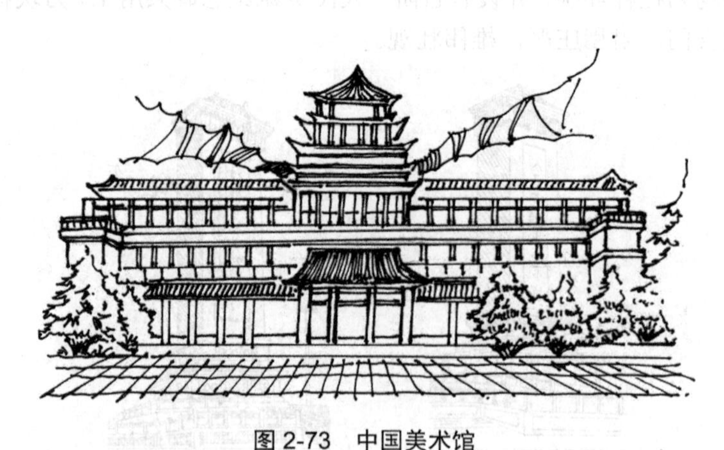

图 2-73　中国美术馆

7) 扬州鉴真和尚纪念堂

鉴真纪念堂(图 2-74)位于扬州市古大明寺内，建筑方案由梁思成先生提供，1973—1974 年建成，该建筑是纪念为中日两国文化交流作出重大贡献的高僧鉴真和尚而建。建筑方案参照鉴真在日本的主要遗物唐招提寺金堂而设计。纪念堂分为两组，一组为仿唐式四合院，有纪念碑亭、纪念堂，再由超手游廊将两建筑衔接。前为纪念碑亭，门厅上悬匾额；中间为碑厅，内立卧式纪念碑纪其事；后为纪念堂，按唐代寺庙殿堂的风格建造，堂内正中为鉴真楠木雕像，仿鉴真圆寂前塑造的干漆夹纻像制作而成，神态安详而坚毅，东西两侧壁上是鉴真东渡事迹的饰布画，分别是西安大雁塔、肇庆七星岩、日本九洲秋妻屋浦和奈良唐招提寺金堂，向人们展示了鉴真生活和经历过的地方。院内植佳兰芳卉，其中樱花为1980年鉴真大师像回故里探亲时，日本奈良唐招提寺森本孝顺长老所赠。另一组为四松堂构成的清式四合院，南为纪念馆，北为门厅，由游廊衔接，天井内有四棵古松，廊悬云板、木鱼，精舍巧建，清幽雅洁。这两组纪念堂一为唐式，一为清式，分之为二，但同处一条中轴线上，又合之为一。

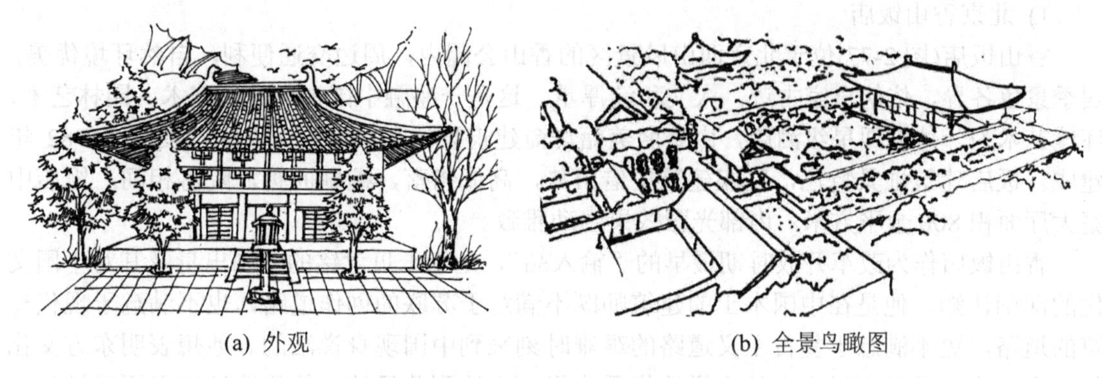

(a) 外观　　(b) 全景鸟瞰图

图2-74　扬州鉴真和尚纪念堂

8) 广州宾馆和广州白云宾馆

广州是中国自力更生时代维持对外商业活动的窗口城市。广州宾馆(图2-75)，建筑设计由莫伯治等人完成，1968年建成，用于参加广交会的外商住宿。总建筑面积3.2万m^2，主楼27层，副楼5～9层。平面一字形，水平流线短，朝向好，交通便利。结构布置也简单紧凑，采用钢筋混凝土墙板与层间现浇梁组成的抗震、抗风结构体系。立面结合南方多雨与台风气候，采用水平遮阳板。1975年，建筑师莫伯治与林克明又设计了高37层的广州白云宾馆(图2-76)，结构工程师在建筑的结构设计中解决了70m不设伸缩缝等一系列难题，而建筑师则树立了我国新一代高层建筑的形象，并将岭南园林的设计手法成功融入中庭庭院设计中。

图2-75　广州宾馆

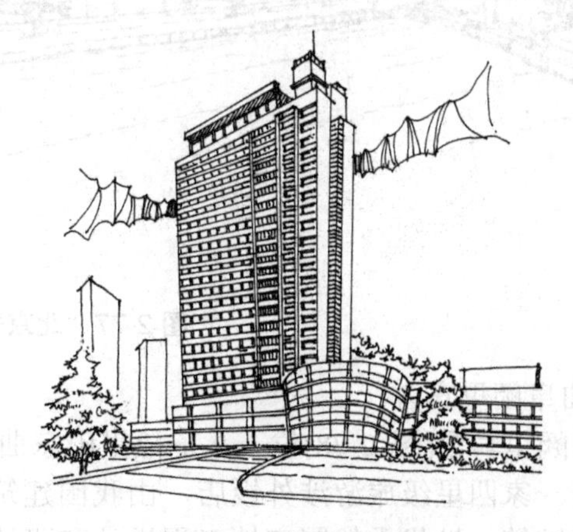

图2-76　广州白云宾馆

2. 改革开放时期的建筑作品

改革开放为中国的建筑发展提供了更广阔的舞台，既有国外建筑师在中国的作品，更有中国本土建筑师的实践与探索，这其中主要包括以下几方面的特点：①国际建筑设计潮流和规范化运作方式对国内建筑界的影响；②中国建筑师对中国特色的再探索；③岭南派建筑风格的形成；④国外高技派影响下的对时代技术美的探索；⑤对民族、地域文化的设计挖掘和表达；⑥商业化地产运作下的欧陆风；⑦建筑遗产保护。

1) 北京香山饭店

香山饭店(图 2-77)位于北京西山风景区的香山公园内，周边交通便利，自然环境优美，四季景色各异，依傍皇家古迹，人文积淀厚重。这是一座融中国古典建筑艺术、园林艺术、环境艺术为一体的四星级酒店，由著名美籍华裔建筑设计师贝聿铭先生主持设计，1982 年建成。饭店建筑独具特色，整座建筑凭借山势，高低错落，蜿蜒曲折，院落相间。饭店中庭大厅面积 800 余平方米，内部光影效果生动雅致。

香山饭店作为改革开放时期最早的“输入品”，是缘于贝聿铭的中国出身及其对中国文化的深刻认知。他是在中国本土的建筑师既不满意于苏联的创作道路，也不满意于现代建筑的道路，更不满意于复古主义道路的艰难时刻来到中国现身说法的。他想表明东方文化与西方文化相融时可以产生什么样的优秀成果。为达到此目的，他将选址定在不受城市环境干扰的香山的景色怡人的谷地中。香山饭店作为新古典主义的作品，显示了浸润过这位大师少年时代的中国江南文化和大师驾驭并仔细推敲过的西方现代主义成果的交融。它的突然降临引起了众多议论。岁月流逝，香山饭店所体现的创作方向，显示了强大的生命力，连同它的菱形窗、白墙、灰色线条等成为其他设计师竞相效仿的对象。

(a) 外景

(b) 内部中庭

图 2-77　北京香山饭店

2) 曲阜阙里宾舍

曲阜阙里宾舍(图 2-78)位于孔子故里山东曲阜市中心，右临孔庙、后依孔府，1985 年建成，是一家四星级旅游涉外饭店，由我国建筑设计大师戴念慈设计，以前戴念慈曾完成中国美术馆等一批优秀的国家性工程设计和班达那奈克国际会议厅等一批重要的援外项目设计。他始终本着因地制宜、量体裁衣式的实践理性原则完成这些设计。在新的历史时期中，他更钟情于对中国特色的再探索，在曲阜阙里宾舍的设计中有着集中体现。基址有意选在距离孔府不远的地段，既显示了特色存在的理由，也说明了他不回避城市环境所引起的矛盾态度。整个建筑采取中国传统四合院式的布局，组成几个院落，以回廊贯通，与孔庙、孔府的环境风貌融为一体、相得益彰。建筑内部装修古朴典雅，书法、绘画、雕刻等，处处流露着浓郁的儒家文化气氛。

(a) 外景 1　　(b) 外景 2

图 2-78　曲阜阙里宾舍

3) 广州白天鹅宾馆

白天鹅宾馆(图 2-79)坐落于广州闹市中的“世外桃源”——榕荫如盖、历史悠久的沙面岛的南边，濒临三江汇聚的白鹅潭。广州白天鹅宾馆是中国第一家中外合作的五星级宾馆，也是中国第一家由中国人设计、 施工、管理的大型现代化酒店建筑，1983 年开业，2000 年重新装修，共 28 层，拥有 800 多间客房。白天鹅宾馆是在 20 世纪 80 年代初，由霍英东为主投资，莫伯治、佘畯南等一代中国岭南派建筑大师设计，将外来建筑形式与中国传统建筑文化相结合的一件成功作品。白天鹅宾馆的设计继承了中国古典园林与岭南传统园林设计的精华，利用裙房中庭的高大空间，布置以壁山瀑布为主景的园林环境，形成别有洞天的岭南风情，将传统文化内涵融入整个建筑功能空间当中。白天鹅宾馆的外观完全是现代主义风格，而内部空间则是中国化的。

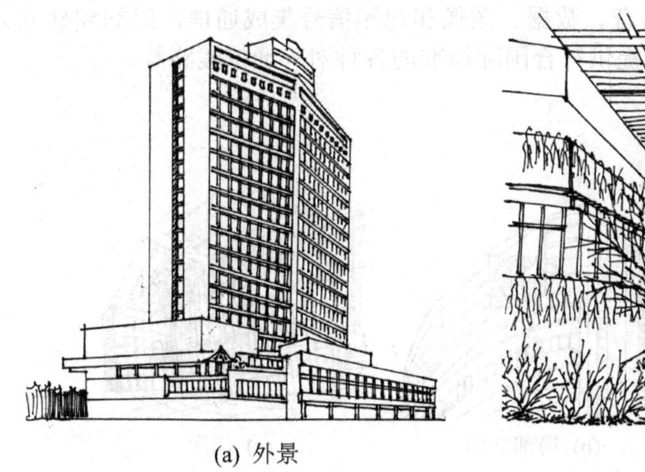

(a) 外景　　(b) 内部中庭

图 2-79　广州白天鹅宾馆

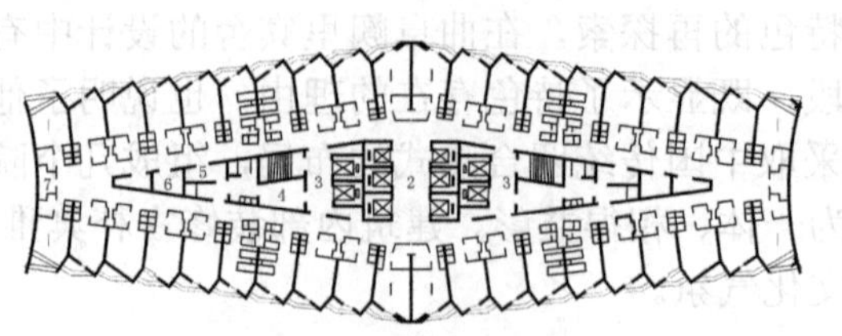

(c) 标准层平面图

图 2-79 广州白天鹅宾馆(续)

4) 深圳特区报社报业大厦

深圳特区报社报业大厦(图 2-80)坐落于深圳市福田中心区边缘，1997 年落成使用，由深圳大学建筑设计研究院龚维敏、卢旸主持设计。大厦主体建筑高 42 层，局部 47 层，楼顶发射天线塔尖距地面高 260m。主体塔楼 9～14 层为办公用房，41 层、42 层为国际会议及俱乐部，4 层裙房中设有展厅、餐厅、700 座会议厅等。大厦主立面朝向城市主干道——深南大道，在城市环境中的位置十分显要。为了与未来的新市中心建筑相适应，大厦的造型以现代风格为基调，同时通过斜线构图，“球体”“船形”等建筑语汇，产生业主所期望的形象、象征及个性。外立面通顶的玻璃幕墙将人们的眼光引入室内，同时也把新闻工作的公开性信息传达出去。从建筑室内，可向南俯视天安高尔夫球场全景，向北看到莲花山全景。

塔楼主体采用了端部双筒式平面，双筒之间内部空间广阔、灵活，可适应大空间办公或划分成小单元租售的功能需求。塔楼中每隔 3 层设有共享空间“空中花园”，其是以植物为主题的休息、活动场所。体形上部嵌入的玻璃球体内部是一个 12m 高半球形空间，作为高级会议厅使用。裙房船形敞廊提供了大面积的半室外集散空间，体现了热带建筑的特点。这些空间构成了垂直发展的公共空间体系，从地面至空中的每个楼层都能对应于一个或几个这样的特色空间。

同时值得一提的是，它还是一座高标准的现代化智能大厦，全面实现楼宇自动化(BA)、通信自动化(CA)、办公自动化(OA)、保安自动化(SA)及消防自动化(FA)。在该智能化系统中，实现了多种形式的数字和模拟控制点的集成控制，多种设备和系统的联动控制，各系统采集数据的综合分析和决策，语音、数据、图像和视频信号集成通信，组织和建立大楼办公自动化所需要的各种数据库，提供符合国际标准的各种对外通信线路等。

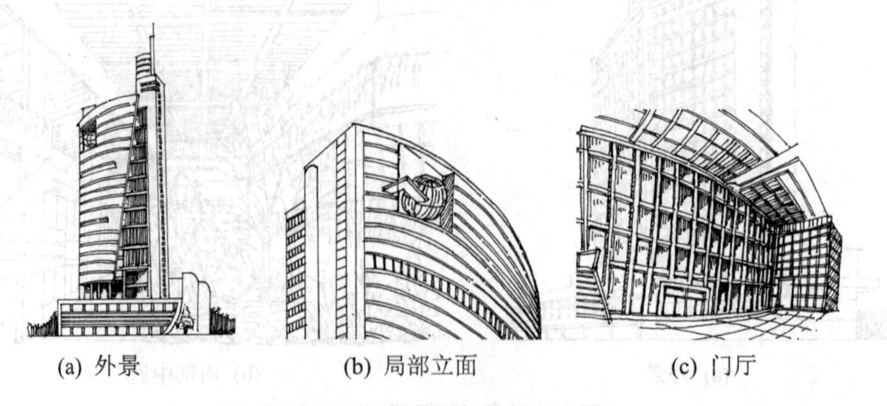

(a) 外景　(b) 局部立面　(c) 门厅

图 2-80 深圳特区报社报业大厦

5) 北京奥林匹克中心综合体育馆和游泳馆

综合体育馆和游泳馆(图 2-81)坐落于北京国家奥林匹克体育中心(1990 年建成)，体形结构相似，遥相呼应，由中国工程院院士、中国当代著名建筑师马国馨设计。

综合体育馆位于国家奥林匹克体育中心北侧，是一座多功能的体育馆。与造型精巧独特的田径场、曲棍球馆、游泳馆同在一条弧线上，体育馆总占地面积为 4 万 m^2，建筑面积 2.5 万 m^2。体育馆的平面形状为六边形，屋盖东西两柱的间距为 99m，南北跨度 70m，多功能比赛大厅为 93m×70m 的长方形。中间为 42m×73m 的比赛场地。比赛场地可进行篮球、排球、羽毛球、乒乓球、手球、体操、技巧、举重、摔跤等比赛项目。

体育馆整个建筑的立面造型与结构设计紧密配合，屋盖部分结合建筑造型，采用了国内首创的斜拉双曲面组合网壳结构，比赛大厅内屋顶的网架结构全部露明，整个屋盖的平面尺寸为 80m×112m，利用钢筋混凝土塔筒每边 8 根斜拉索拉住屋脊处的立体桁架，两侧网壳采用斜放四角锥体系，双层网壳高 3.3m，形成了一种特殊的组合结构体系。体育馆的下部立面的处理手法简洁明快，用浅色的喷涂墙面和深色门窗框、蓝灰色反射玻璃形成大面积的虚实对比。体育馆的南入口休息厅轻巧的网架与蓝灰色的反射玻璃，在后部庞大的建筑实体衬托下显得格外突出，而入口处的红色网架及上部的银灰色雨水管又在蓝灰色玻璃的衬托下十分鲜明。两侧山墙用圆形窗和人字形檐口窗改善了实墙的比例。

与综合体育馆毗邻的是游泳馆，始建于 1986 年，是为第 11 届亚运会而兴建的。游泳馆建筑面积 3.8 万 m^2，可容纳 6000 名观众，其建筑造型风格与综合体育馆相似。

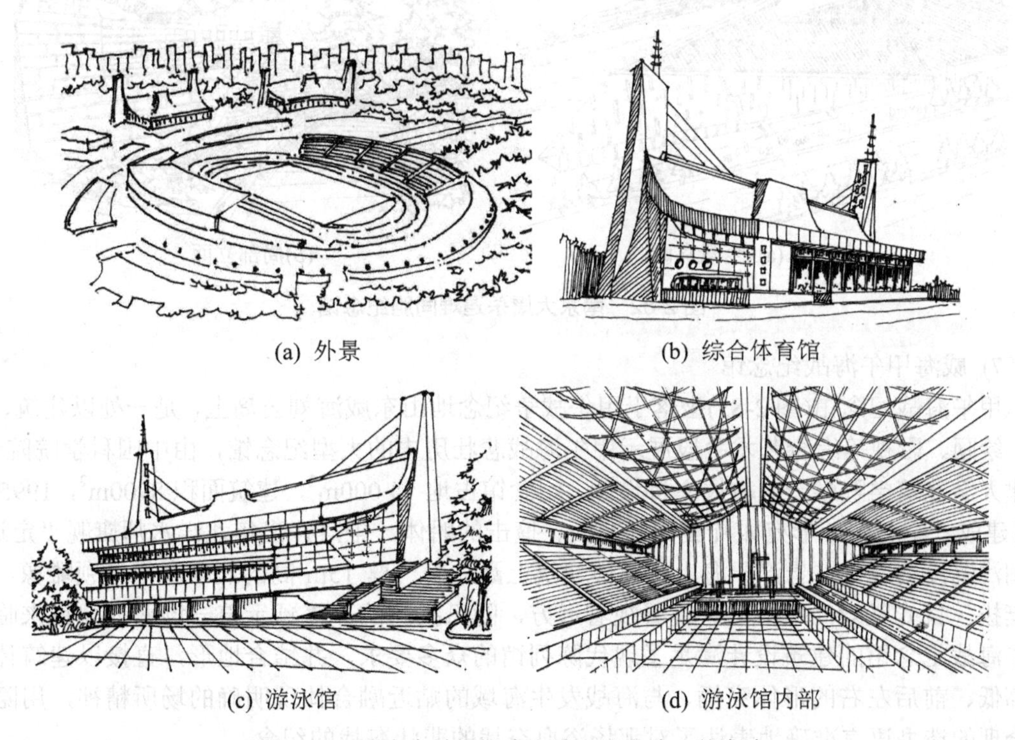

(a) 外景　(b) 综合体育馆　(c) 游泳馆　(d) 游泳馆内部

图 2-81　北京奥林匹克中心综合体育馆、游泳馆

6) 侵华日军南京大屠杀遇难同胞纪念馆

侵华日军南京大屠杀遇难同胞纪念馆(图 2-82)，坐落在中国南京江东门街 418 号，由中国科学院院士、东南大学建筑学院齐康教授设计。纪念馆的所在地，是侵华日军南京大屠杀江东门集体屠杀遗址和遇难者丛葬地。为悼念遇难者，南京人民政府于1985年建成这座纪念馆，1995年又扩建。纪念馆占地面积30000m^2，建筑面积5000m^2。建筑采用灰白色大理石垒砌而成，气势恢宏，庄严肃穆，是一处以史料、文物、建筑、雕塑、影视等综合手法，全面展示"南京大屠杀"特大惨案的专史陈列馆。纪念馆正大门左侧镌刻着邓小平手书的"侵华日军南京大屠杀遇难同胞纪念馆"馆名。陈列分广场陈列、遗骨陈列、史料陈列三大部分。广场陈列由悼念广场、祭奠广场、墓地广场3个外景陈列场所组成。其中悼念广场内由外形如十字架的上部刻有南京大屠杀事件发生时间的标志碑、"倒下的300 000人"抽象雕塑、"古城的灾难"大型组合雕塑及和平鸽等部分组成。祭奠广场有刻有馆名的纪念石壁、苍翠松柏和用中英日三种文字镌刻的"遇难者300 000"的石壁。墓地广场有鹅卵石、枯树和断垣残壁上的三组大型灰色石刻浮雕及院内道路两旁的17块小型碑雕，部分地记载着南京大屠杀的主要遗址、史实，这是全市各处集体屠杀所立遇难者纪念碑的缩影和集中陈列。还有大型石雕母亲像、遇难者名单墙、赎罪碑、绿树、草坪等诸多景观，构成了以生与死、悲与愤为主题的纪念性墓地的凄惨景象。

该馆构成了一部由石头垒成的史书，对加强爱国主义教育、和平反战宣传及国际舆论斗争，维护国家和民族利益等方面产生了积极和重要的影响。

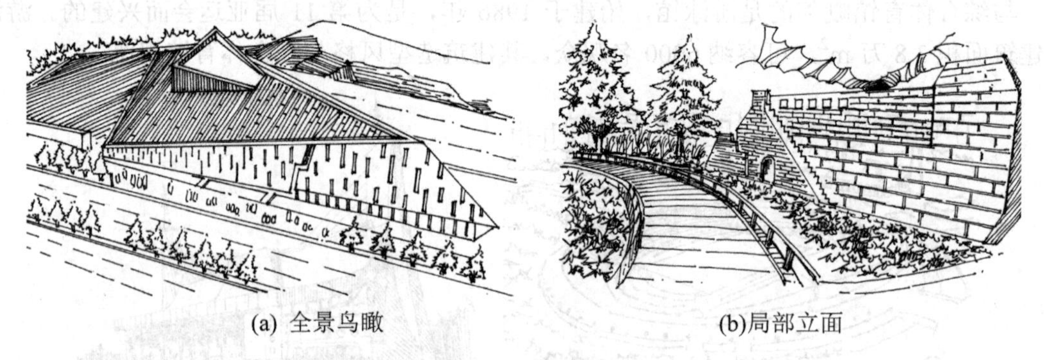

(a) 全景鸟瞰　　(b)局部立面

图 2-82　南京大屠杀遇难同胞纪念馆

7) 威海甲午海战纪念馆

甲午海战纪念馆(图2-83)坐落于甲午战争纪念地山东威海刘公岛上，是一处以建筑、雕塑、绘画、影视等综合艺术手段展示甲午海战悲壮历史的大型纪念馆，由中国科学院院士、天津大学建筑学院彭一刚教授主持设计。纪念馆占地14 000m^2，建筑面积8900m^2，1995年6月建成。纪念馆外形宛如几艘相互穿插、撞击的船体，坐落在当年北洋水师旗舰"定远"号搁浅沉没的地方，悬浮于海上。主体建筑上矗立着一尊15m高的北洋海军将领雕像，身躯挺拔，目光坚毅，手持望远镜凝视着远方，随风扬起的斗篷预示着一场恶战即将来临。甲午海战纪念馆的建筑设计满足了现代陈列馆的众多要求，并结合地形，直接以建筑体量的高低、前后左右的形体穿插、与海战发生海域的贴近融合体现明确的场所精神，用隐喻与合理的造型语言准确地表达了对那场浴血奋战的悲壮海战的纪念。

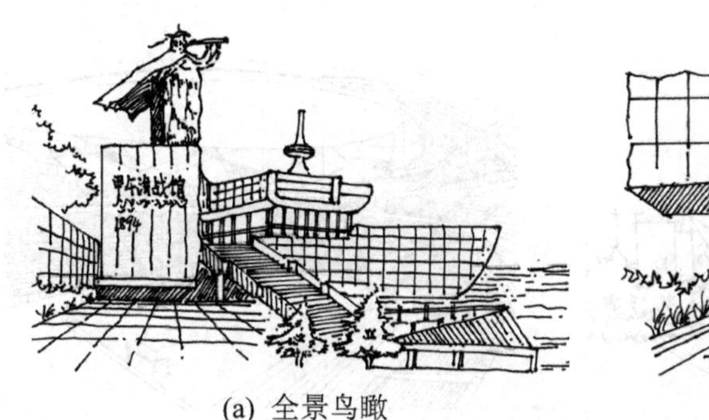

(a) 全景鸟瞰

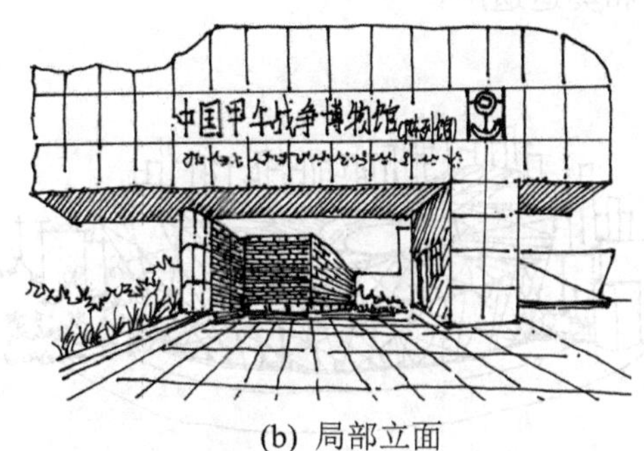

(b) 局部立面

图 2-83　威海甲午海战纪念馆

3. 新时期的建筑作品

21 世纪初的当代中国建筑发展的核心特征是多元化、多样性和开放性。建筑作品多受到绿色生态文化、地域自然与人文环境、纯理念表达等主要思潮的影响。

1) 中国国家体育场“鸟巢”

中国国家体育场“鸟巢”(图 2-84)(建于 2003—2008 年)是由 2001 年普利茨克奖获得者雅克·赫尔佐格、德梅隆与中国建筑师李兴刚等合作设计，由北京城建集团负责施工的巨型体育场建筑，位于北京奥林匹克公园中心区南部，是 2008 年北京奥运会的主体育场。体育场总占地面积 21 万 m^2，场内观众座席约 91 000 个，钢结构总用钢量 4.2 万吨，工程总造价 22.67 亿元。体育场的建筑形态立意为孕育生命的“巢”或“摇篮”，寄托着人类对未来的希望，为此设计者对体育场没有做任何多余的立面装饰处理，只是坦率地把结构暴露在外，自然形成了建筑的外观形态。

体育场外形结构主要由巨型空间马鞍形钢桁架模拟编织“鸟巢”结构，共有 24 榀主桁架交错布置，较规则地拟合出平面呈椭圆形、屋顶面呈马鞍形的体育场主体形态。建筑平面呈椭圆形，长轴为 332.3m，短轴为 296.4m，鞍形屋顶最高点高度为 68.5m，最低点高度为 42.8m。交叉布置的主桁架与屋面及立面的次结构构件一起形成了“鸟巢”的特殊建筑造型。主看台为地下 1 层、地上 7 层的钢筋混凝土框架剪力墙结构体系，与大跨度钢结构完全脱开，自由变形，形式上相互围合，基础则置于一个整体相连的底板上。体育场为特级体育建筑，主体结构设计使用年限为 100 年，耐火等级为一级，抗震设防烈度 8 度，地下工程防水等级 1 级。

国家体育场在设计建造过程中采用了多项先进的绿色节能设计和环保措施，如良好的自然通风和天然采光、雨水的全面回收利用、可再生地热能源的利用、太阳能光伏发电技术的应用等。体育场屋顶钢结构上覆盖了双层膜结构表皮，即固定于钢结构上弦之间透明的上层 ETFE(乙烯-四氟乙烯共聚物)薄膜和固定于钢结构下弦之下及内环侧壁的半透明的下层 PTFE(聚四氟乙烯)薄膜声学吊顶，具有良好的采光、遮阳、吸声、遮雨等综合功效。体育场外观为一个镂空状的鸟巢形态，既是建筑立意的直接表达，同时也实现了最大限度地利用自然通风、天然采光与遮阳防热相互协调，减少机械通风和人工照明的技术目的。

国家体育场举行了 2008 年夏季奥运会、残奥会开闭幕式、田径比赛及足球比赛决赛。奥运会后成为北京市民参与体育活动及享受体育娱乐的大型专业场所，并成为地标性的体

育建筑和奥运遗产。

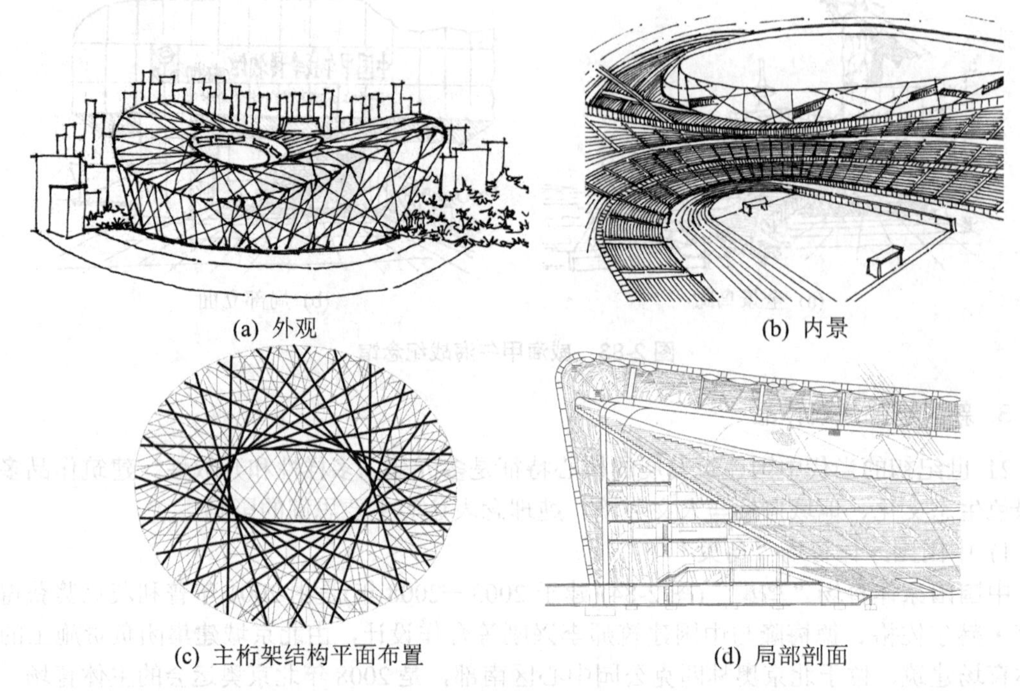

(a) 外观　(b) 内景

(c) 主桁架结构平面布置　(d) 局部剖面

图 2-84　中国国家体育场“鸟巢”

2) 上海世博会中国国家馆

2010 年上海世界博览会中国国家馆(图 2-85)，简称“中国馆”，是由中国工程院院士、华南理工大学教授何镜堂主持设计的一座永久性展览馆。中国馆位于上海世博园区南北与东西轴线交会处的核心地段，东接云台路，南邻南环路，北靠北环路，西依上南路，地铁 8 号线在基地西南角地下穿过。

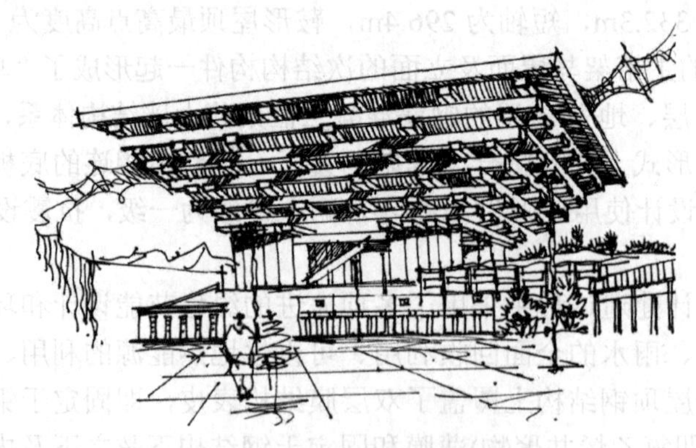

图 2-85　上海世博会中国国家馆

中国馆建筑设计理念表达了“东方之冠，鼎盛中华，天下粮仓，富庶百姓”的中国文化精神与气质。设计中融合了“天人合一”“和谐共生”“道法自然”等中国哲学思想的精髓。中国馆分为国家馆和地区馆两部分，总建筑面积达 16 万 m^2。国家馆居中高耸凸起，形如冠盖，层叠出挑，制似斗拱，造型雄浑有力；地区馆低矮附和，平台基座会聚人流，

寓意惠及神州，富庶四方。国家馆、地区馆功能上下分区、造型主从配合，场地西侧、北侧和东侧为地上两层高的地区馆，其南侧为中华广场，形成以南北向主轴的统领空间，构筑壮观的城市空间序列。国家馆与地区馆的整体布局隐喻“天地交泰、万物咸亨”的愿望，展现了对理想人居环境的憧憬，迎合了 2010 年上海世博会的主题。

国家馆总建筑面积为 10.6 万 m^2，采用钢框架剪力墙结构，耗用钢材 2.3 万 t。体形结构以四个钢筋混凝土核心筒作为主要的抗侧力及竖向承重体系，核心筒结构高度为 68m。每个核心筒截面为 18.6m^2，相邻核心筒外边距约 70m，内边距 33m；核心筒上部利用钢斜撑托起斗状主体展厅空间，支撑悬挑长度最大达 34m，屋顶边长为 138m×138m。最终形成的国家馆“斗冠”造型(由象征 56 个民族的 56 根横梁借助斗拱下小上大的原理层层叠加而成)，象征了中国人民团结奋斗的思想主旨。“斗冠”造型实际取材于我国传统木构架建筑中的一个独创构件——斗拱，中国馆对斗拱这一传统建筑元素进行了开创性诠释，并大胆革新，将传统的曲线拉直，层层出挑，使主体造型显示出现代工程技术的力学美和结构美。这些简约化的装饰线条，自然完成了传统建筑的当代表达。斗拱作为一个形式符号，成为中国馆建筑形态的文化表达。

国家馆以大红色为主要色调，充分体现了中国自古以来以红色为主题的理念，更能体现出喜庆的气氛。国家馆的红借用故宫红的色彩，采取多种渐变处理，即国家馆外表从上到下、由深到浅四种红色形成“退晕”渐变，这样既丰富了中国红的内涵，又使整个建筑通过色彩设计呈现出一种层次感和空间感，极富生气和活力。

此外，设计者还从中国传统建筑的九宫网格中汲取灵感，屋顶平面呈经纬分明的网格架构，这个设计灵感来自中国古代城市棋盘格式的布局，即所谓“九宫格”结构，与历史上唐长安城、皇城、故宫形成呼应。其文化底蕴则来源于周代王城的形制理论，《周礼·考工记》云：“匠人营国，方九里，旁三门，国中九经九纬，经涂九轨。”

中国馆的设计建造既吸取传统文化营养，又开拓创新，其造型雄浑有力，宛若华冠高耸，具有现代意识，符合当代国际上对高层建筑的审美趋向。

3) 中央电视台新总部大楼

中央电视台新总部(图 2-86)位于北京市朝阳区东三环中路(原“北汽摩厂址”)，紧临东三环，地处北京 CBD(中央商务区)核心区，与坐落在西三环以内的西长安街处的原 CCTV 大楼遥相呼应，整个建设内容包括央视总部大楼(CCTV)、电视文化中心(TVCC)、服务楼和媒体公园，占地 19.7 万 m^2，总建筑面积约 55 万 m^2，央视总部大楼最高为 234m，总投资约 50 亿元，具备 200 个节目频道的播出能力。

该建筑由世界著名建筑设计师、荷兰人雷姆·库哈斯担任主建筑师，荷兰大都会建筑事务所负责设计，2012 年建成使用。

CCTV 主楼由高度分别为 234m 和 194m 的两栋塔楼组成，两栋塔楼双向内倾斜 6°，在距地面 163m 以上由 L 形悬臂钢结构连为一体，悬臂结构包括高 56m 共 14 层的楼体，由此形成空间巨型门式刚架结构的建筑形体。CCTV 主楼总建筑面积 47.3 万 m^2，地上 52 层、地下 3 层。建筑外表面的玻璃幕墙由基本形为菱形的不规则组合方式构成立面整体，建筑整体外观造型独特、结构新颖。内部功能按电视节目的制作次序把行政、新闻、广播、演播室和节目制作等相互串连起来，形成一条连续完整的环形过程。

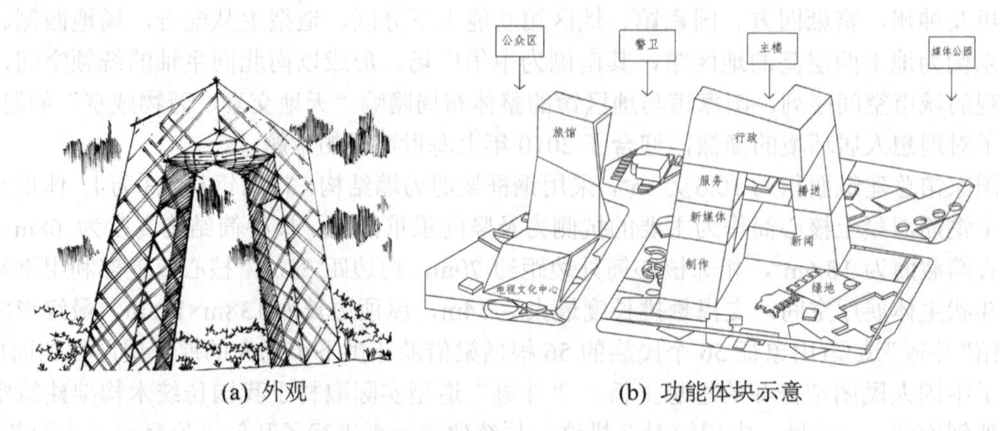

(a) 外观　　(b) 功能体块示意

图 2-86　中央电视台新总部大楼

4) 中国国家大剧院

中国国家大剧院(图 2-87)(建于 2001—2007 年)位于北京市中心天安门广场西侧，人民大会堂西侧，西长安街南侧。由国家大剧院主体建筑及南北两侧的水下长廊、地下停车场、人工湖、绿地组成，总占地面积 11.89 万 m^2，总建筑面积约 16.5 万 m^2，其中主体建筑 10.5 万 m^2，地下附属设施 6 万 m^2，总造价 31 亿元人民币。

中国国家大剧院由法国建筑师保罗・安德鲁主持设计，是亚洲最大的剧院综合体。国家大剧院造型新颖、前卫，构思独特，是传统与现代、浪漫与现实的结合体。这座“城市中的剧院、剧院中的城市”以一颗献给新世纪的超越想象的“湖中明珠”形象悄然亮相。

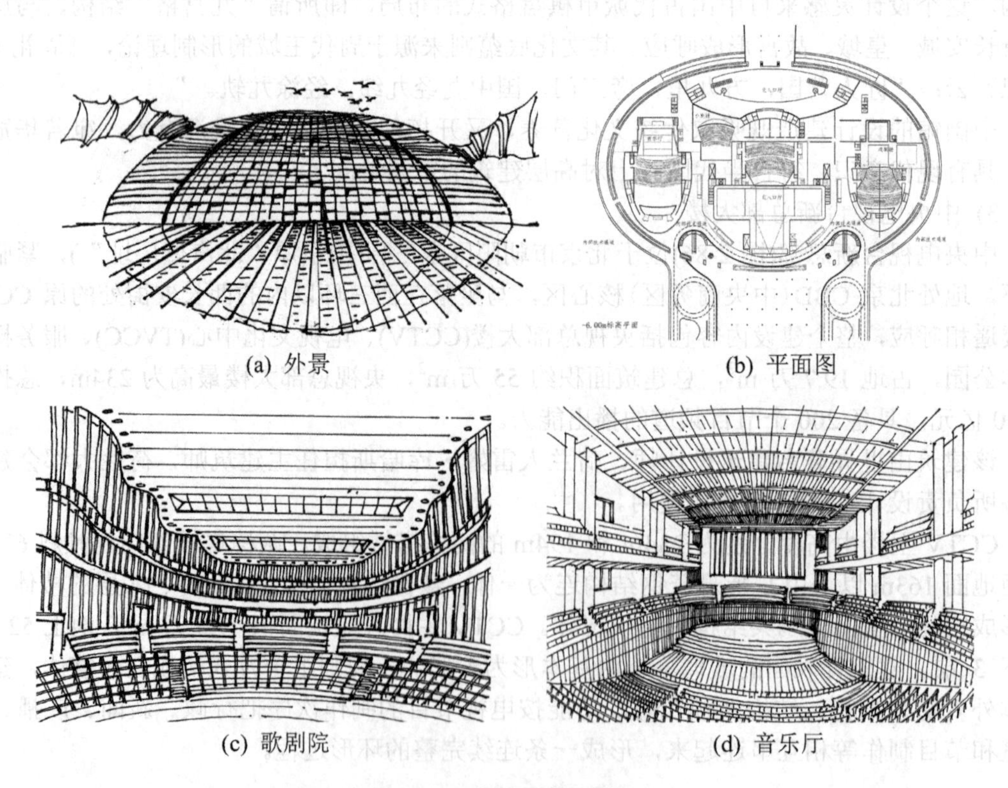

(a) 外景　　(b) 平面图

(c) 歌剧院　　(d) 音乐厅

图 2-87　中国国家大剧院

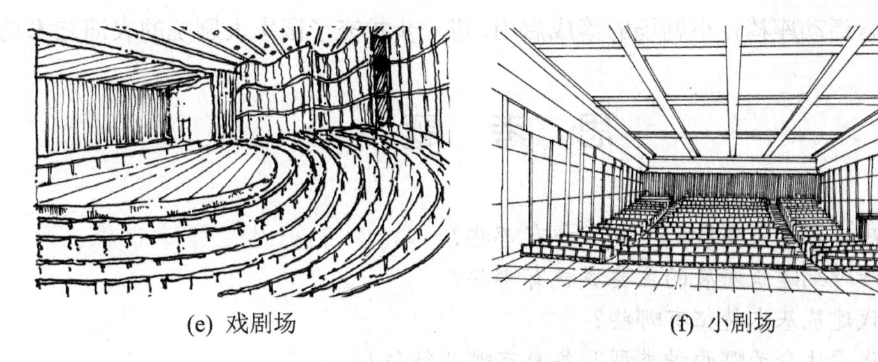

(e) 戏剧场　　(f) 小剧场

图 2-87　中国国家大剧院(续)

国家大剧院为双层围护结构，以保证内部观演厅堂具有极低的背景噪声和良好的听音环境，避免外界噪声的干扰。外层围护结构为半椭球形的钢结构壳体，平面投影东西方向长轴 212.20m，南北方向短轴 143.64m，建筑高度 46.285m。整个壳体风格简约大气，其表面由 18000 多块钛金属板拼接而成，面积超过 30 000m^2；这种钛金属板经过特殊氧化处理，其表面金属质感极具视觉冲击力。半椭球形中部为渐开式玻璃幕墙，由 1200 多块超白玻璃巧妙拼接而成。壳体外表由钛金属板和超白透明玻璃两种材质经巧妙拼接呈现出唯美的曲线，营造出舞台帷幕徐徐拉开的视觉联想效果。椭球壳体外环绕人工湖，湖面面积达 3.55 万 m^2，各种通道和入口都设在水面下。行人从一条 80m 长的透明水下通道进入演出大厅，入场前观众就已经在波光粼粼间自然舒缓地被引导进入音乐的动态旋律中。人工水体起到防火和景观的双重作用。

国家大剧院外层钢结构壳体内有四个功能各异的观演空间，各自有独立的钢筋混凝土结构作为内层围护结构，平面布局中间为歌剧院，东侧为音乐厅，西侧为戏剧场，南门西侧是小剧场，四个部分既完全独立又可通过空中走廊相互连通。另外，其内部还有许多与剧院相配套的设施。

歌剧院是国家大剧院内最宏伟的建筑，以华丽辉煌的金色为室内主色调，主要用于歌剧、舞剧、芭蕾舞及大型文艺演出。歌剧院观众厅设有池座一层和楼座三层，共有观众席 2398 个(含站席)。歌剧院有具备推、拉、升、降、转功能的先进舞台，可倾斜的芭蕾舞台板，可容纳三管乐队的升降乐池。这些世界领先水平的舞台机械设备为艺术家的现场表现提供了丰富可能。

音乐厅洁白肃穆，色调风格宁静、清新而高雅，以演出大型交响乐、民族乐为主，兼顾其他形式的音乐演出。音乐厅观众席围绕在舞台四周，设有池座一层和楼座两层，共有观众席 2019 个(含站席)。音乐厅内拥有国内最大的管风琴。音乐厅内一切建筑和装饰设计都为声学效果服务，实现了建筑美学和音质效果的完美结合。

戏剧场是国家大剧院最具民族特色的剧场，以中国红为主色调，真丝墙面烘托出传统热烈的气氛，主要用于话剧、京剧、地方戏曲等演出。戏剧场观众厅设有池座一层和楼座三层，共有 1035 个席位(含站席)。戏剧场舞台拥有先进的舞台机械设备，可以把独特的创作变成表演的现实。其独特的伸出式台唇设计，非常符合中国传统戏剧表演的特点。

小剧场是国家大剧院中的多功能剧场，整体色调清新、风格典雅，可以适应室内乐、小型独奏独唱、小型话剧、小型歌剧、现代舞等多种艺术门类的演出。小剧场观众席共设有556个席位(含活动座椅)。小剧场的落成启用，进一步扩充了国家大剧院的表演艺术功能。

思 考 题

1. 中国汉唐时期建筑发展的主要成就有哪些？
2. 中国明清时期建筑发展的主要成就有哪些？
3. 中国古代建筑基本特征有哪些？
4. 中国古代园林分为哪两种类型？各自有哪些特征？
5. 你的家乡都有哪些中国古典建筑实例？试用所学知识分析其建筑特点。
6. 中国近代建筑对中国现代建筑的发展起到了怎样的作用？
7. 中国现代建筑发展的多元化体现在哪些方面？
8. 你都见过或者参观游览过中国古代、近代和现代建筑中的哪些著名代表作品？对它们都有什么印象和评价？

第3章　外国建筑发展简介

【内容提要】

本章以欧美建筑发展历史为主线叙述总结了各主要时期建筑的主要成就、贡献和特点，以及设计思潮和理念等，并以各时期的典型建筑作品实例加以分析说明。古代部分以欧洲建筑发展历史为对象，近现代部分以欧洲、北美洲建筑发展历史为对象，它们代表了外国建筑发展的主流，其他地域文化背景下的建筑发展历史，可通过外国建筑史相关教材和专著进行拓展学习。

【学习目的】

- 认知西方古代建筑、近现代建筑的主要发展变化过程。
- 认知西方古代建筑、近现代建筑各个主要时期的基本特征和成就贡献。

3.1 西方古代建筑

3.1.1 古希腊建筑

1. 历史分期和分布范围

古希腊建筑(公元前 8 世纪~公元前 1 世纪)大致经历了三个历史时期。首先是“古风时期”，从公元前 8 世纪到公元前 6 世纪，是纪念性建筑的形成时期；其次是“古典时期”，经历公元前 5 世纪，是纪念性建筑逐渐成熟的阶段和古希腊本土建筑的繁荣昌盛时期；最后是“希腊化时期”，从公元前 4 世纪到公元前 1 世纪，是建筑形制和建筑技术更广阔的发展时期，也是古希腊文化逐渐传播影响到西亚和北非地区，并与当地传统相结合的时期。

古希腊是欧洲文明的发源地，古希腊建筑开创了欧洲建筑的先河。古希腊建筑的分布范围包括巴尔干半岛南部、爱琴海诸岛屿、小亚细亚西海岸，以及东至黑海、西至西西里的广大地区。古希腊建筑作为西欧建筑的开拓者，与古罗马建筑统称为“古典建筑”。

2. 主要贡献

1) 石质梁柱结构体系

古希腊早期的庙宇建筑是木构架的，容易腐朽和失火，于是利用陶器(陶瓦、陶片贴面等)来保护木构架，这样促进了建筑构件形式的定型化和规格化，并形成了固定的檐部形式。后来用石材制造柱子，起初是整块石头，慢慢发展到分段加销子固定，檐部的额枋、檐壁、檐口也从木构转变为石制。到公元 7 世纪末，有些庙宇除了屋架为木质之外，已经全用石材建造了。建筑的结构体系逐渐从木结构过渡到石质梁柱结构，如图 3-1 所示。

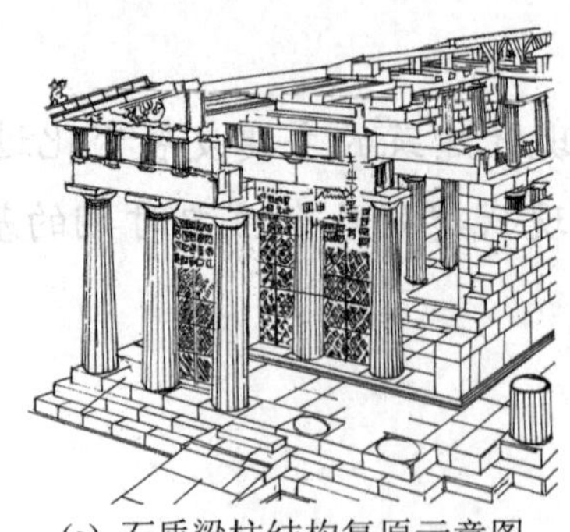

(a) 石质梁柱结构复原示意图

(b) 帕提农神庙的石质梁柱结构

图 3-1 古希腊庙宇建筑石质梁柱结构体系

2) 环柱式(围廊式)建筑平面形制

在长期的实践过程中，庙宇建筑外一圈柱廊的艺术作用逐渐被认识：它使庙宇四个立面连续统一，并形成了丰富的光影效果和虚实变化，消除了封闭墙面的沉闷感。图 3-2 所示即为古希腊庙宇建筑典型的环柱式平面布局，平面呈长方形，中央是由封闭墙面围合构成的厅堂，分为前室、内室(核心功能空间)和后室，四周是圆柱子环绕的柱廊，入口正立面在短边方向。到公元前 5 世纪，最常见的环柱式庙宇的柱廊形制是 6×13 柱的，内室的长宽比为 2∶1。

图 3-2　古希腊庙宇建筑环柱式平面

3) 双面坡屋顶与三角山花墙装饰

建筑的双面坡屋顶形成了建筑平面短边两端构成三角形的山墙，三角形山花墙进行雕刻装饰的特定手法，参见图 3-1 所示。

4) 柱式(Order)的定型

古希腊庙宇除了屋架为木质外，其余全部用石材建造。柱子、额枋和檐部的艺术处理基本上决定了庙宇建筑的造型细部。古希腊建筑长期的推敲改进主要就是集中在这些构件的形式、比例及其相互组合上，这套做法固定后就形成了不同的柱式，这其中体现了平民进步的艺术趣味并产生了崇尚人体美与数的和谐。古希腊的柱式后来被古罗马所继承，并随着古罗马建筑而影响了后世世界各地的建筑。

(1) 陶立克柱式(Doric)，起源于意大利、西西里一带寡头制城邦地区，后来在希腊各地庙宇建筑中使用，比例粗短(径高比 1∶5.5～5.75)，风格刚劲、质朴，柱子净间距较小(净间距为 1.2~1.5 倍柱子底部直径)，抽象地体现了男性的体态与性格。多立克柱子支撑的建筑檐部较厚重(檐部高度约为柱高的 1/3)，柱头是造型简单而刚挺的倒圆锥台，柱身圆周共分布 20 个凹槽，相邻凹槽相交形成锋利的棱角。

(2) 爱奥尼柱式(Ionic)，产生于小亚细亚先进共和制城邦地区，比例细长(径高比 1:9~10)，风格秀美、华丽，柱子净间距较宽阔(净间距约 2 倍柱子底部直径)，柱头有券涡雕饰，柱身圆周分布有凹槽，共 24 个，与多立克柱式不同的是相邻凹槽相交的棱上有一段圆面，连接过渡柔和，爱奥尼柱式体现了女性的体态与性格。爱奥尼柱子支撑的建筑檐部较轻巧(檐部高度不到柱高的 1/4)，柱头是造型复杂而精巧柔和的券涡。

(3) 科林斯柱式(Corinthian)，古希腊晚期成熟定型，柱头雕刻装饰由忍冬草组成，其柱身、柱础、整体比例与爱奥尼柱式相似。

三种柱式如图 3-3 所示。

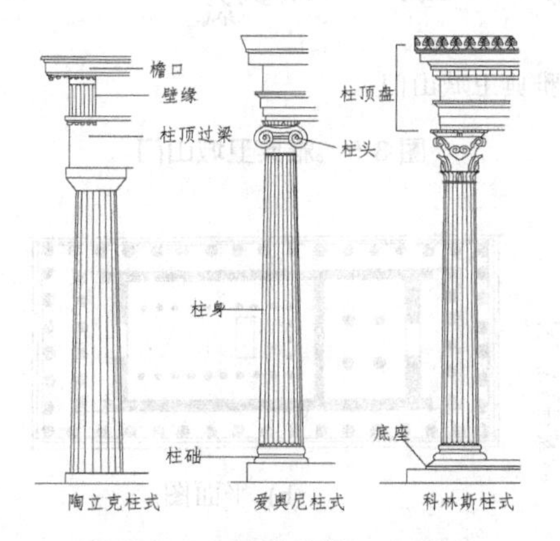

图 3-3　古希腊建筑三大柱式

3. 代表性建筑实例

雅典卫城建筑群(图 3-4～图 3-7)达到了古希腊圣地建筑群、庙宇、柱式和雕刻的最高水平。雅典卫城是综合性的公共建筑群，是雅典的宗教政治中心。卫城总面积约 4km^2，位于雅典市中心的卫城山丘上，始建于公元前 580 年，是古典盛期的代表作，包括山门、胜利神庙、帕提农神庙、伊瑞克提翁神庙和雅典娜雕像。群体布局体现了有机统一的形式美构图原则，根据祭祀庆典活动的路线，布局自由活泼，建筑物安排顺应地势地形，兼顾山上与山下不同的观赏视角，建筑单体综合运用多立克和爱奥尼两种柱式。卫城建筑群建设的总负责人是雕刻家费地。

雅典卫城的建设目的：第一，赞美雅典，纪念反波斯入侵战争的伟大胜利和炫耀它的霸主地位；第二，把卫城建设成为全希腊最重要的圣地、宗教和文化中心；第三，给各行各业的自由民工匠以就业的机会，建设中限定使用奴隶的数量不得超过工人总数的四分之一；第四，感谢守护神雅典娜保佑雅典。

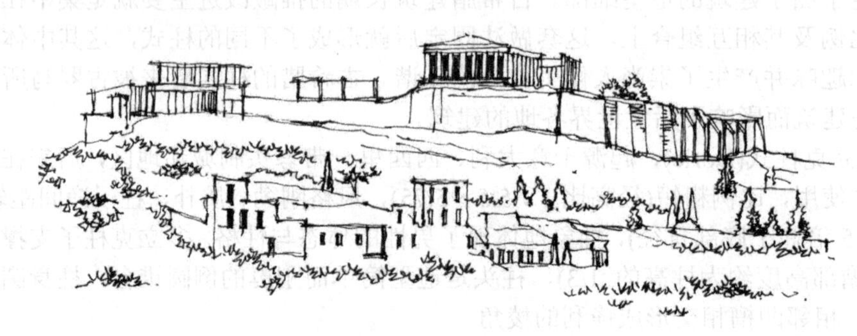

图 3-4 雅典卫城

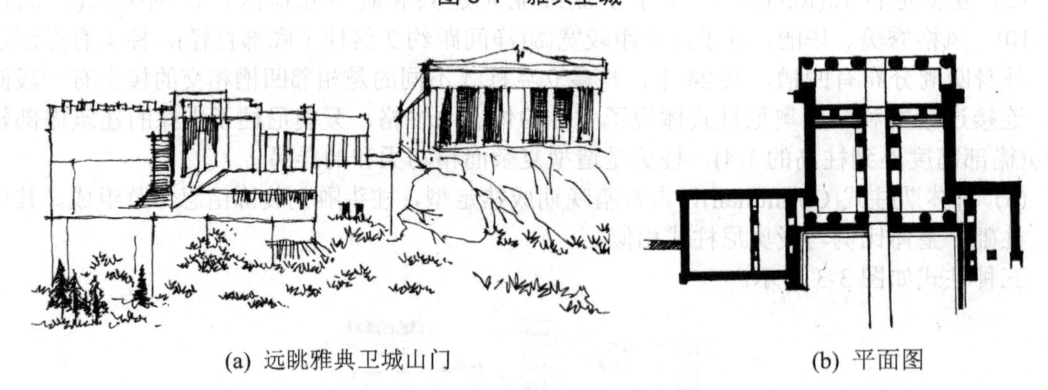

(a) 远眺雅典卫城山门　　(b) 平面图

图 3-5 雅典卫城山门

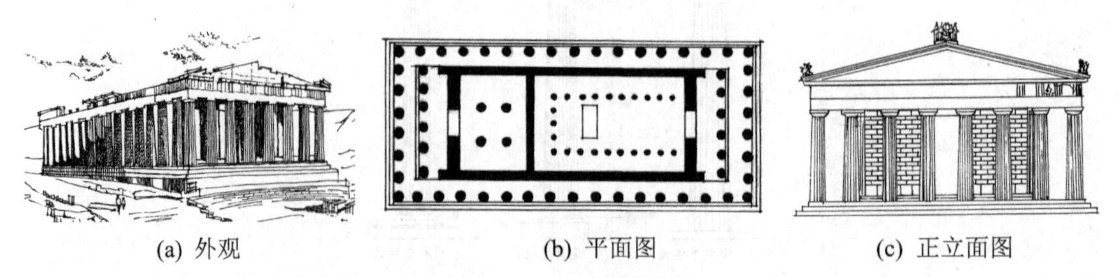

(a) 外观　　(b) 平面图　　(c) 正立面图

图 3-6 帕提农神庙

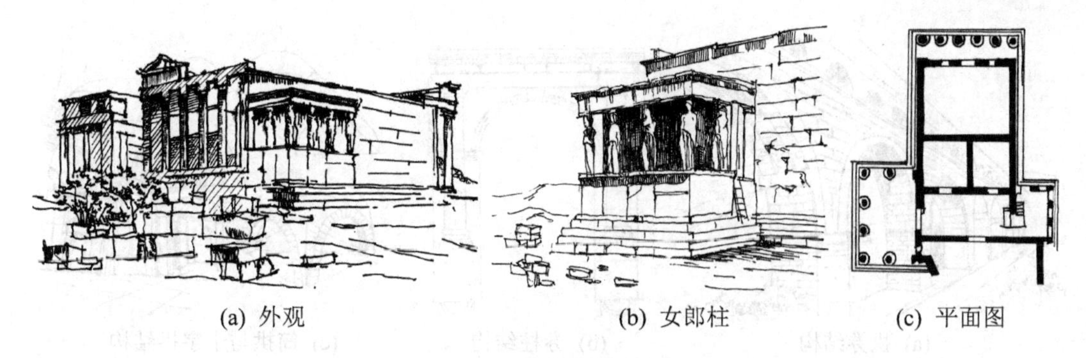

(a) 外观　(b) 女郎柱　(c) 平面图

图 3-7　伊瑞克提翁神庙

3.1.2　古罗马建筑

古罗马建筑直接继承并发扬了古希腊建筑，开拓了新的建筑领域，丰富了建筑艺术手法，在建筑形制、建筑技术和建筑艺术方面的广泛成就达到了奴隶制社会建筑的最高峰，主要表现为建筑类型多样，形制发达，样式手法丰富，结构水平高超，并初步建立了科学的建筑理论。

1. 历史分期和分布范围

古罗马本是意大利半岛中部西岸的一个小城邦国家，自公元前 5 世纪起实行自由民的政治体制。公元前 3 世纪，罗马征服了全意大利，并不断向外扩张，到公元前 1 世纪末，其疆域扩展到东至小亚细亚和叙利亚，西达西班牙和不列颠的广阔地区，北面包括高卢(相当于现在的法国、瑞士的大部分以及德国和比利时的一部分)，南面包括埃及和北非地区。公元前 30 年起，罗马建立帝国。公元 3 世纪，佃奴制逐渐代替奴隶制，罗马帝国的经济趋向自然经济，基督教开始传播和兴起。公元 4 世纪，罗马帝国分裂为东西两部分。西罗马在公元 5 世纪中叶被一些经济文化落后的民族灭亡；东罗马向东发展为封建制的拜占庭帝国，直到 15 世纪中叶被土耳其人灭亡。

公元 1~3 世纪是古罗马帝国最强大的时期，也是建筑最繁荣的时期。重大的建筑活动遍及全国各地，最重要的集中在罗马城。古罗马建筑规模之大、数量之多、分布之广、类型之丰富、形制之成熟以及艺术形式和手法之多样，旷古未有。

2. 主要贡献

1) 拱券结构技术和天然混凝土的使用

拱券结构技术是古罗马建筑最大的成就和特色，对欧洲建筑甚至世界建筑的贡献和影响巨大。其技术体系包括拱券、券柱、筒拱、十字交叉拱和穹隆(图 3-8)。古罗马建筑的平面布局方式、空间组合、艺术形式都与拱券结构技术及复杂的拱顶体系密不可分。

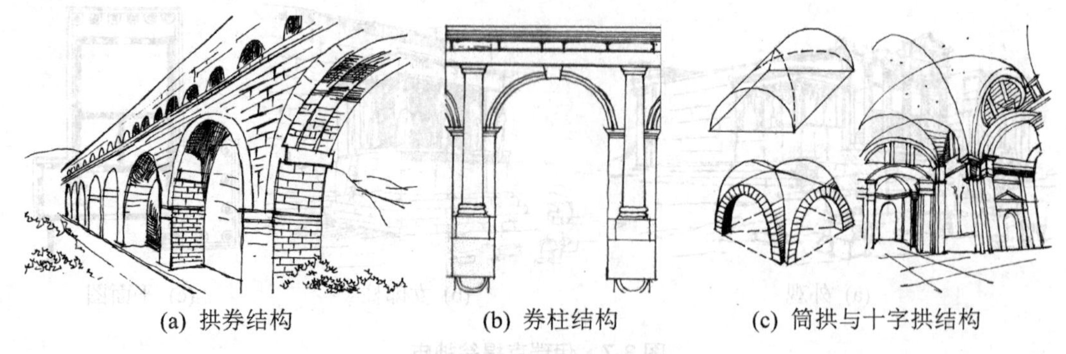
(a) 拱券结构　　(b) 券柱结构　　(c) 筒拱与十字拱结构

图 3-8　拱券技术的演进

在建筑材料方面，除砖、木、石以外，古罗马时期已经会使用火山灰配制的天然混凝土，并发明了相应的模板支护、混凝土灌注和大理石饰面技术。性能良好的天然混凝土大大促进了古罗马建筑券拱结构的发展，它的主要成分是一种活性火山灰，加上石灰和碎石之后，凝结力强、坚固、不透水，综合性能优良。起初只是用这种天然混凝土来填充石砌的基础、台基和墙垣砌体里的空隙，后来到了公元前 2 世纪前后，开始成为独立使用的建筑结构材料。到公元前 1 世纪中叶，天然混凝土在券拱结构中几乎完全替代了石块，从墙脚到拱顶都采用天然混凝土的整体结构。

2) 建筑平面布局形制

(1) 前廊式建筑(庙宇)。古罗马继承了古希腊的宗教，公元 2、3 世纪，古罗马奴隶社会出现危机，皇帝们尝试建立官方的宗教力量，建造了大量庙宇建筑。这些庙宇的平面布局形制按照古希腊传统，平面以长方形为主，但由于入口设在短边方向，为了突出入口，大多不用围廊式而用前廊式(图 3-9)。四周柱廊简化为只有正立面方位的门廊，其他三边演变成与内室墙体融为一体的凸壁柱形式，封闭厅堂也取消了前室和后室，只有内室。为了突出正立面，加高了门廊前的台阶。

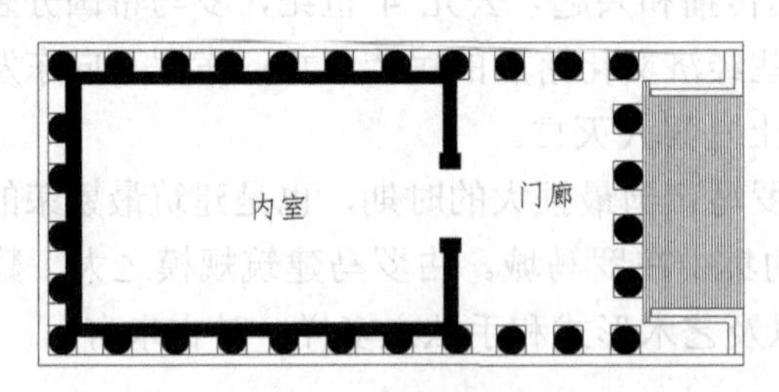

图 3-9　古罗马庙宇建筑前廊式平面图

(2) 巴西利卡式建筑(公共活动)。巴西利卡是古罗马的一种公共建筑形制，其特点是平面呈长方形，外侧有一圈柱廊，主入口在长方形长边，两侧短边对称设置半圆形耳室，采用条形拱券作屋顶(图 3-10)。后来的基督教堂建筑即源于巴西利卡式建筑的平面布局，但是主入口改在了长方形短边。巴西利卡源于希腊语，原意是“王者之厅”，拉丁语全名为 basilica domus，一般作为大都市的法庭或者大型商业集会的豪华建筑。

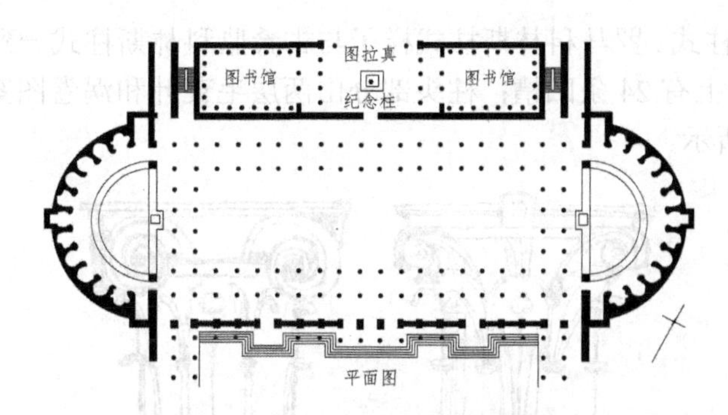

图 3-10　古罗马巴西利卡式建筑平面图(图拉真巴西利卡)

3) 柱式的发展

古罗马柱式继承了古希腊柱式，并扩充发展为五种柱式：塔司干柱式、罗马多立克柱式、罗马爱奥尼柱式、罗马科林斯柱式以及混合柱式。

(1) 塔司干柱式。塔司干柱式[图 3-11(a)]其实就是去掉柱身凹齿槽的简化多立克柱式，柱身光滑，柱础是较薄的圆环面。柱径与柱高的比例是 1∶7，柱身粗壮，是古罗马五种柱式中最粗壮的一种，但也比古希腊多立克柱式显得纤细许多。

(2) 罗马多立克柱式。外观与古希腊多立克柱式近似，只是在柱头下端多加了一圈环状装饰线脚，柱身下部增加了圆环形柱础。径高比为 1∶8，整个柱身显得比较粗壮，但较希腊多立克柱式纤细，如图 3-11(b)、(c)所示。

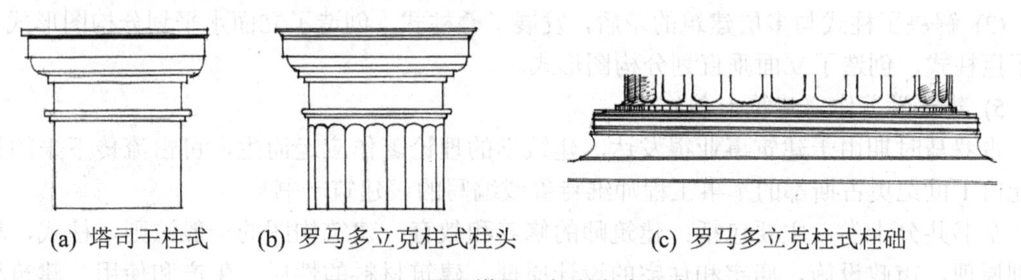

(a) 塔司干柱式　(b) 罗马多立克柱式柱头　(c) 罗马多立克柱式柱础

图 3-11　罗马塔司干与多立克柱式

(3) 罗马爱奥尼柱式。罗马爱奥尼柱式与希腊爱奥尼柱式相似，只是把柱头上两个涡卷间的连接线由曲线改为水平直线，如图 3-12 所示。

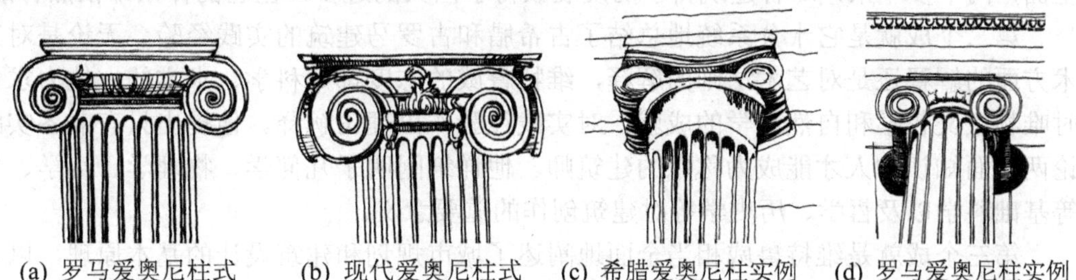

(a) 罗马爱奥尼柱式　(b) 现代爱奥尼柱式　(c) 希腊爱奥尼柱实例　(d) 罗马爱奥尼柱实例

图 3-12　爱奥尼柱式

(4) 罗马科林斯柱式。罗马科林斯柱式样子与古希腊科林斯柱式一致，径高比是 1∶10，显得纤细高耸；柱身上有 24 条凹槽；柱头部分由两层毛茛叶和涡卷图案组成，涡卷图案成对出现，如图 3-13 所示。

图 3-13 罗马科林斯式柱式(左)与混合柱式(右)

(5) 混合柱式。这种柱式是将科林斯柱式的顶端与爱奥尼柱式的涡卷相结合，使得装饰造型显得更加复杂、华丽。混合柱式的径高比也是 1∶10，显得纤细秀美。

4) 柱式与拱券结构及建筑立面造型的结合

(1) 解决了柱式与拱券结构的矛盾，创造了券柱式；解决了柱列与拱券结构的矛盾，创造了将券脚立在柱式檐部之上的连续券。

(2) 解决了柱式与多层建筑的矛盾，发展了叠柱式，创造了立面水平划分构图形式；发展了巨柱式，创造了立面垂直划分构图形式。

5) 建筑学著作《建筑十书》

古罗马时期由于建筑事业很发达，建筑学的理论著作应运而生，可惜流传下来的只有公元前 1 世纪奥古斯都的军事工程师维特鲁威编写的《建筑十书》。

全书共分十卷，主要包括：建筑师的修养和教育，建筑构图的一般法则，柱式，城市规划原理，市政设施，庙宇和住宅的设计原理，建筑材料的性质、生产和使用，建筑构造做法，施工和操作，装修，水文和供水，施工机械和设备等，内容十分全面。

《建筑十书》的第一个成就是它奠定了欧洲建筑科学的基本理论体系。这个体系非常全面，两千多年来，尽管建筑科学的发展取得了巨大的进步，但它的体系却依然有效。

第二个成就是它十分系统地总结了古希腊和古罗马建筑的实践经验。无论是对工程技术方面的解释还是对艺术法则的解释，维特鲁威的态度都是科学、求实的。他力求依靠当时唯物主义哲学和自然科学的成就，对实践经验作出理论解释。他提出只有兼备实践和理论两方面知识的人才能成为称职的建筑师。他详细阐明了几何学、物理学、声学、气象学等基础科学以及哲学、历史学等对建筑创作的重要意义。

第三个成就是维持鲁威相当全面地阐述了城市规划和建筑设计的基本原理，以及各种类型建筑物的设计原理。他指出，任何建筑物都应当恰如其分地考虑到坚固耐久、便利实用、美观悦目(即现在我们常说的建筑的三大构成要素的最初描述)，并把这个主张贯彻到全书的各个方面。

第四个成就是维持鲁威按照古希腊的传统，把理性原则和直观感受结合起来，把理想

化的美和现实生活中的美结合起来，论述了一些基本的建筑艺术原理，其中尤其强调建筑整体与局部以及各个局部之间的和谐比例关系。

3. 代表性建筑实例

1) 罗马万神庙

万神庙(图 3-14)(又称潘泰翁神庙 Pantheon)，建于公元 120—124 年，位于意大利首都罗马圆形广场的北部，是罗马最古老的建筑之一，也是古罗马建筑的代表作。

早期的万神庙是前廊式的平面形式，但焚毁之后重建时，采用了穹顶覆盖的集中式形制，成为单一空间、集中式构图的建筑物，也是古罗马穹顶技术的最高代表。新万神庙的平面是圆形的，主体直径达 43.3m。按照当时的观念，穹顶象征天宇。万神庙的穹顶中央开了一个直径 8.9m 的圆洞，寓意连接神的世界和人的世界的通路。从圆洞射进来柔和的天空漫射光，照亮空阔的内部，创造出一种宗教的静谧和崇敬气氛。万神庙的前门廊是从旧万神庙拆建而来的，华丽浮艳，代表着古罗马建筑的典型风格。门廊面阔宽 33m，正面是 8 根 14.18m 高的科林斯式柱子，用整块的埃及灰色花岗岩建造。三角山花和檐部的雕像、大门门扇、瓦、柱廊里的天花板，都是铜制的，外包金箔。穹顶的外表面也覆盖着包金的铜板。

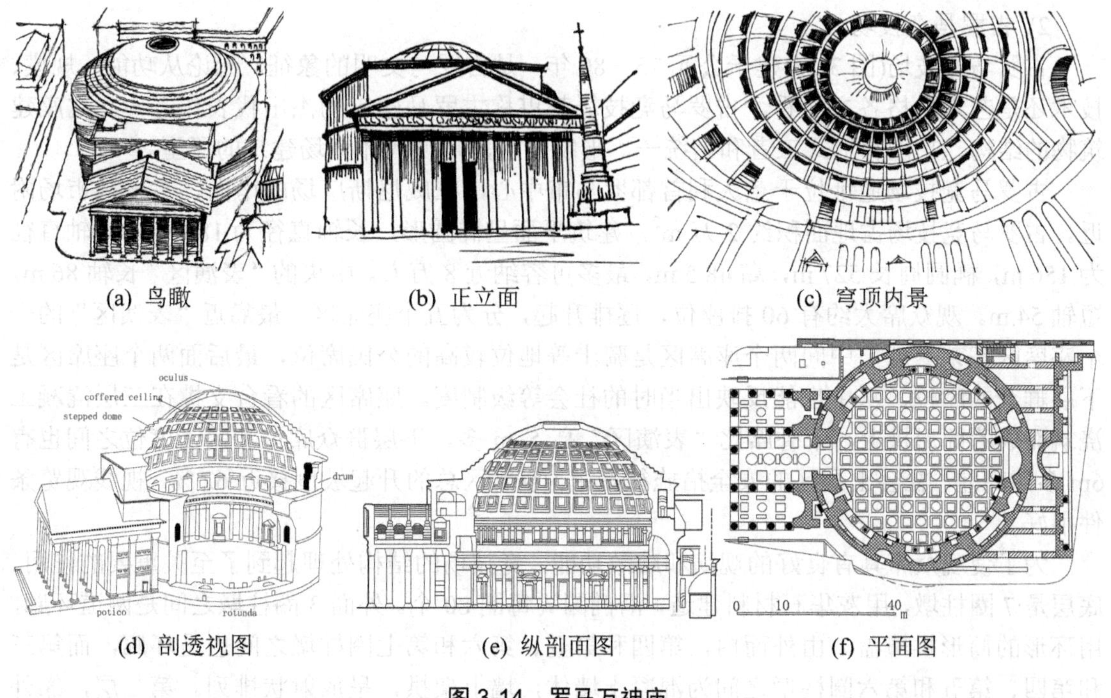

图 3-14 罗马万神庙

穹顶的结构承重材料为混凝土和砖。先用砖沿球面砌几个大发券，然后再浇筑混凝土，混凝土采用浮石做骨料。这些券的作用可以使混凝土分段浇筑，还能防止混凝土在凝结前下滑，并避免混凝土收缩时产生裂缝。为了减轻穹顶自重，混凝土的厚度由下至上越来越薄，穹顶下部厚度为 5.9m，上部逐渐减小为 1.5m，并在穹顶内表面做了五圈深深的凹格，形成肋形曲面板结构，兼顾整体刚度和艺术造型，室内空间的尺度感适宜，效果甚佳。

穹顶下部支撑墙体由混凝土砌筑而成，因为要抵抗穹顶拱脚的水平推力，墙体很厚，达到 6.2m 厚。垂直墙体每浇筑 1m 左右高，就砌 1 层大块的砖。墙体内沿圆周发 8 个大券，其中 7 个下面是壁龛，1 个是大门。浇筑基础和墙体的混凝土用凝灰岩和灰华石作骨料。内墙面下层粘贴 15cm 厚的大理石板作为饰面，上层抹灰处理。地面也用各色大理石铺砌成图案。外墙面划分为 3 层，下层贴白色大理石板作为饰面，上两层抹灰饰面；同时，下两层是墙体，第三层包住穹顶的下部，所以穹顶没有完整地表现出来。这其中的原因有三方面：第一，为了减少穹顶拱脚侧推力的影响；第二，把墙体加高，体形比较匀称；第三，当时还没有处理饱满的穹顶的技术和艺术经验，也没有这样的审美习惯。

万神庙内部空间的艺术处理非常成功。因为采用连续的混凝土承重墙，所以内部空间是单一、有限的。但它十分完整，圆形的几何形状单纯、明确而和谐，像宇宙本身那样开朗、广阔而庄严。穹顶上肋形曲面板结构形成的经纬线式的凹格划分了半个球面，使它的尺度和墙面划分取得统一的效果。凹格越往上越小，在穹顶中央天窗圆洞射进来的光线作用下，鲜明地呈现出穹顶饱满的半球形状。凹格和墙面的划分形成水平方向的环，构图很稳定。竖向上经线式的连续构图，加强了空间的整体感，浑然统一。墙面的划分、地面的图案、装饰的壁柱和壁龛，尺度都很得当，所以整个建筑虽然体量巨大，却不使人感到压抑。地面中央略凸起，向边缘逐渐降低，形成一个弧面，像人的肌肤一样饱满而有生命感。

2) 古罗马竞技场

古罗马竞技场(图 3-15)建于公元 75—80 年，是古罗马文明的象征，无论从功能、规模、技术还是艺术风格各方面看，古罗马竞技场都堪称古罗马建筑的杰出代表作之一。这座建筑物的结构、功能和形式三者和谐统一，形制完善，是现代体育场建筑的原型。

古罗马竞技场遗址位于意大利首都罗马市中心，在威尼斯广场的南面，古罗马市场附近。古罗马竞技场占地面积约 2 万 m^2，建筑平面呈椭圆形，长轴直径为 188 m，短轴直径为 156 m，椭圆周长 527 m，高 48.5 m，最多可容纳近 8 万人。中央的“表演区”长轴 86 m，短轴 54 m。观众席大约有 60 排座位，逐排升起，分为五个座席区。最靠近“表演区”的一个座席区是荣誉席，中间两个座席区是骑士等地位较高的公民席位，最后面两个座席区是下层群众的席位，从中也能反映出当时的社会等级制度。座席区的看台支撑在三层混凝土浇筑而成的筒形拱上，荣誉席比“表演区”高 5 m 多，下层群众席位和骑士席位之间也有 6m 多的高差，社会上层区的安全措施很严密。座席区总的升起坡度接近 62 %，视线观览条件很好。

为了使观众席具有良好的观演和疏散功能，竞技场的结构处理起到了至关重要的作用。底层是 7 圈柱墩，用灰华石材料建造，沿椭圆周每圈 80 个。外面 3 圈柱墩之间是两道环廊，用环形的筒形拱覆盖。由外而内，第四和第五、第六和第七圈柱墩之间也是环廊，而第三和第四、第五和第六圈柱墩之间为混凝土墙体，墙上架拱，呈放射状排列。第二层，靠外墙有两道环廊，第三层有一道。整个庞大的观众席就架在这些环形拱和放射形拱上。这一整套拱，空间关系很复杂但井然有序，结构受力合理。底层平面上，结构面积只占总面积的 1/6，这在当时是很大的技术成就。

古罗马竞技场可容纳 5 万～8 万人，观众的集散安排得当。外圈环廊供后排观众交通疏散和休息之用，内圈环廊供前排观众使用。楼梯在放射形的墙体之间，分别通达观众席的各层各区，人流不相混杂。出入口和楼梯都有编号，观众按号入座。兽栏和角斗士休息室在地下，设有周密的排水设施。角斗士和野兽的入场口在底层，与上部观众人流互相分离。这样的分区和流线组织直接影响着后世的体育建筑。

竞技场使用的建筑材料也很经济合理。浇筑基础的混凝土用坚固的火山石为骨料，浇筑墙体则用凝灰岩为骨料，拱顶的骨料用浮石，越向上骨料越轻，有利于减轻结构自重。柱墩和外墙面砌一层灰华石作为饰面保护层，柱子、楼梯、座位等部位用大理石板饰面。

古罗马竞技场的外立面分为 4 层，下面 3 层各 80 间券柱，形成三圈不同高度的环形券廊，第四层是实墙。立面上不分主次，适合于人流均匀分散的实际情况。由于券柱式的虚实对比、明暗对比和方圆形状对比很丰富，而且建筑平面本身是椭圆形的，光影极富变化，所以虽然周圈一律，却并不单调。相反，这样的处理保证并充分展现了它几何形体的单纯性，浑然统一，更显得宏伟高大。立面上叠柱式的水平划分更加强了这种完整统一的效果。

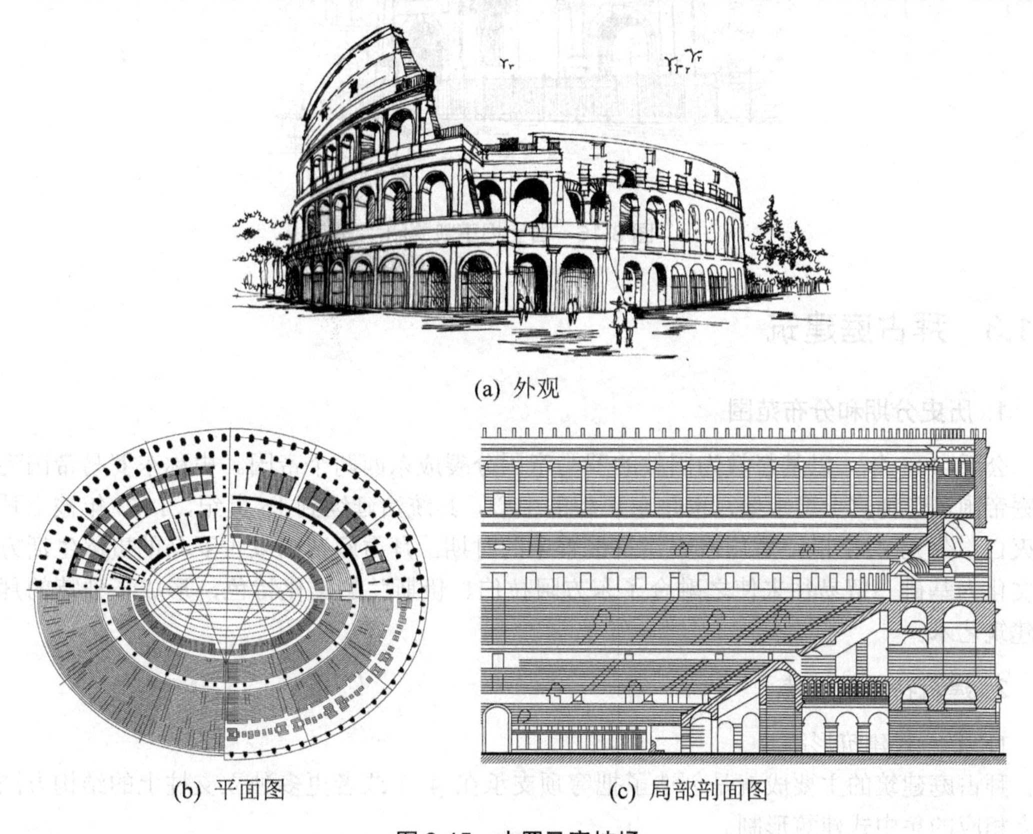

(a) 外观

(b) 平面图

(c) 局部剖面图

图 3-15　古罗马竞技场

3) 君士坦丁凯旋门

凯旋门(图 3-16)是为了炫耀侵略战争的胜利而建造的纪念性建筑，在古罗马的许多城市都有建造。它的典型形制是：接近正方的立面，高高的基座和女儿墙，3 开间的券柱式门洞，中央 1 间采用通常的比例，券洞高大宽阔，两侧的开间比较小，券洞矮，主从分明。外立面表面设置浮雕。女儿墙上刻铭文，女儿墙头有象征胜利和光荣的青铜马车。门洞内两侧墙面上刻有主题性浮雕。代表性的作品是罗马城里的赛维鲁斯凯旋门(Arch of Septimius Severus，公元 204 年)和君士坦丁凯旋门(Arch of Constantine，公元 312 年)。罗马城里的替度斯凯旋门(Arch of Titus，公元 81 年)只有1开间，不过两侧有间距比较宽的双柱。这些凯旋门形体高大，进深厚，威武雄壮。

君士坦丁凯旋门建于公元 312 年，是罗马城现存的三座凯旋门中年代最晚的一座。它是为庆祝君士坦丁大帝于公元 312 年彻底战胜他的强敌马克森提，并统一帝国而建造的。

这是一座 3 开间的券柱式拱门的凯旋门，高 21m，面阔 25.7m，进深 7.4m。立面上的雕塑精美绝伦、恢宏大气。

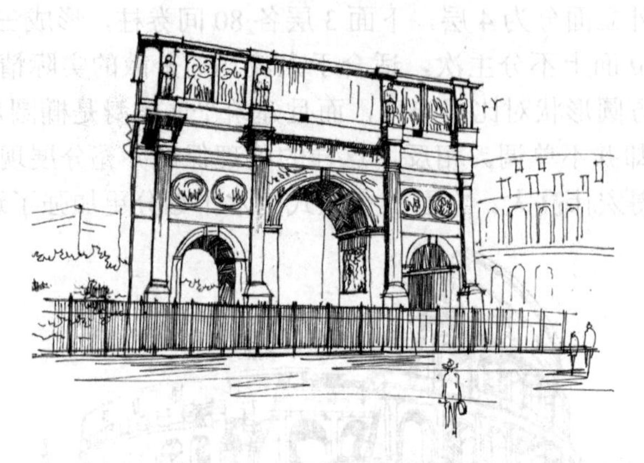

图 3-16　君士坦丁凯旋门

3.1.3　拜占庭建筑

1. 历史分期和分布范围

公元 395 年，以基督教为国教的罗马帝国分裂成东西两个帝国。史称东罗马帝国为拜占庭帝国，建都君士坦丁堡，也是东正教的中心，其统治延续到 15 世纪，1453 年被土耳其人灭亡。公元 4~6 世纪是拜占庭建筑最繁荣的时期。拜占庭帝国以古罗马的贵族生活方式和文化为基础。贸易往来使之融合了东方阿拉伯、伊斯兰的文化特色，形成了独特的拜占庭建筑艺术。

2. 建筑特点与成就

1) 集中式建筑形制

拜占庭建筑的主要成就是创造了把穹顶支承在 4 个或者更多独立支柱上的结构方法和与之相应的集中式建筑形制。

集中式建筑形制讲求整体造型中心突出，屋顶造型普遍使用“穹隆顶”。体量高大的“穹隆顶”成为建筑的构图中心，周围常有序地设置一些与之协调的小部件。这种形制在教堂建筑中发展成熟，对欧洲纪念性建筑的发展做出了巨大贡献。

穹顶支承在独立支柱上的结构方法是先在正方形四角竖 4 个柱墩，然后在柱墩上沿正方形平面的 4 边建立拱券，最后在 4 个拱券之间砌筑以正方形平面对角线为直径的穹顶。穹顶的重量由 4 个拱券下面的柱墩承担。这种结构方案不仅使穹顶和正方形平面的承接过渡在形式上自然简洁，同时，把荷载集中到 4 角的支柱上，完全不需要连续的承重墙，从而解放了穹顶下面的空间。同理，也可以把穹顶架在 8 个或者 10 个支柱上，因此，就可能在各种正多边形平面上使用穹顶。比起古罗马的穹顶，这是一个有重大意义的进步。古罗马的穹顶技术虽然有很大的优势，但它始终没有摆脱承重墙，因而只能适用圆形平面，只能像万神庙一样构建封闭的空间。

后来，为了进一步完善集中式形制的外部形象，又在正方形平面4边的4个拱券的顶点之上作水平切口，在这切口之上再砌半球形穹顶。水平切口和4个拱券之间余下的4个角上的球面三角形部分，称为“帆拱”。再往后期，则先在水平切口上砌筑一段圆筒形的“鼓座”，半球形穹顶砌在鼓座的上端(图3-17)。这样，穹顶在构图上的统领作用就大大突出，比例也更加协调，主要的结构元素获得了完美的艺术表现。帆拱、鼓座加穹顶这样一套结构方式和艺术形式对欧洲纪念性建筑的发展影响重大。

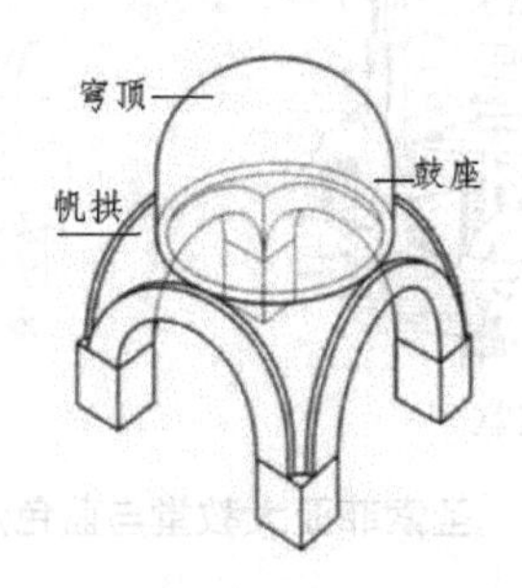

图3-17　帆拱、鼓座和穹顶的结构与造型关系示意图

2) 建筑装饰风格

拜占庭建筑色彩上强调变化与统一相协调，形成独特的建筑装饰艺术风格。

内部装饰用不同色彩的大理石装饰墙柱，在拱顶、穹顶上使用彩色玻璃锦砖镶嵌和粉画装饰，在承重墙或转角部位运用石雕。由于大面积的彩色玻璃锦砖和粉画，拜占庭教堂内部色彩非常富丽，这同波斯和两河流域的传统显然有关系。拱券、拱脚、穹顶底脚、柱头、檐口和其他承重或转折的部位用石头砌筑，再在它们表面做雕刻装饰，以几何图案或程式化的植物为主要题材。雕饰手法的特点是保持构件原来的几何形状，并用镂空和三角形截面的凹槽来形成图案。

同内部装饰的富丽精致相反，教堂的外部装饰很朴素。外立面大多是用红砖，有一些用两种颜色的砖砌成交替的水平条纹，掺一些简单的石质线脚。公元11世纪后，受到伊斯兰建筑的影响，外墙面上的砌工和装饰才变得精致起来。

3. 代表性建筑实例

拜占庭建筑最光辉的代表是首都君士坦丁堡(现土耳其伊斯坦布尔)的圣索菲亚大教堂，建于东罗马帝国皇帝Justinian统治时期(公元532—537年)，当时拜占庭帝国正处于鼎盛时期。作为世界上十大最令人向往的教堂之一，圣索菲亚大教堂[图3-18(a)]与蓝色清真寺[图3-18(b)]隔街相望。圣索菲亚教堂恢宏无比，对称均衡的构图与形制体现了卓越的建筑艺术，并成为了后世伊斯兰清真寺的设计模板。拜占庭帝国衰落后，圣索菲亚大教堂已转变成了供奉安拉的土耳其清真寺。现在圣索菲亚大教堂是属于基督徒和穆罕默德信徒共有的一个宗教博物馆。

圣索菲亚大教堂是集中建筑形制，东西长77.0m，南北长71.7m。前面有两跨进深的廊子，供望道者使用。廊子前面原来有一个院子，周围环绕着柱廊，中央是施洗礼仪式的水池。中央大穹顶，直径32.6m，高15m，穹顶顶点距地面54.8m，整个圆周上有40个肋，通过帆拱支承在四个 7.6m 宽的大柱敦上。穹顶支脚水平推力由东西两个半穹顶及南北各两个大柱墩来平衡，如图 3-19(a)、(b)所示。这套结构的关系明确、层次井然，可见匠师们对结构受力已经有相当准确的分析能力。

圣索菲亚大教堂内部空间丰富多变，穹顶之下，列柱之间，大小空间前后上下相互渗透，穹顶底部 40 个肋之间密排着 40 个窗洞，光线射入时形成的光影，使大穹隆显得轻巧凌空，如图 3-19(c)所示。

(a) 圣索菲亚大教堂

(b) 蓝色清真寺

图 3-18 圣索菲亚大教堂与蓝色清真寺

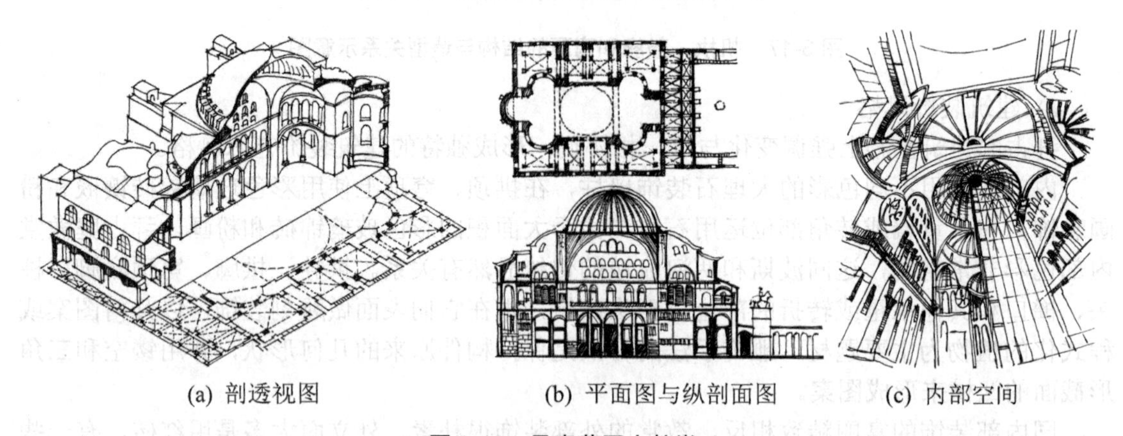

(a) 剖透视图　(b) 平面图与纵剖面图　(c) 内部空间

图 3-19 圣索菲亚大教堂

教堂内部空间曲折多变，饰有金底的彩色玻璃镶嵌画。整体装饰富丽堂皇，地板、墙壁、廊柱是五颜六色的大理石，柱头、拱门、飞檐等处以雕花装饰，穹顶的边缘是 40 具吊灯，教坛上镶有象牙、银和玉石，大主教的宝座以纯银制成，祭坛上悬挂着丝与金银混织的窗帘，上面有皇帝和皇后接受基督和圣母玛利亚祝福的画像。

3.1.4 欧洲中世纪建筑

1. 历史分期

公元 5～15 世纪称为“欧洲中世纪”时期。随着罗马帝国的衰落，西欧的经济日渐衰败。公元 5 世纪，欧洲进入封建社会，基督教逐渐发展起来。

公元 5～10 世纪西欧的建筑极不发达。在闭关自守的封建小领地里，古罗马的大型公共建筑物或者宗教建筑物，都是不需要的，相关的结构技术和艺术经验也都失传了。不过

这期间欧洲文明的范围扩大了，古罗马时期远僻的地区逐渐发展起来，对欧洲文化的发展作出了贡献。

公元 10 世纪后，建筑的发展进入了新阶段，建筑活动的规模也扩大了。建筑技术迅速发展，在极短时期内创造了可以同古罗马时期相媲美的结构和施工技术成就。城市的自由工匠们掌握了娴熟的手工技艺，建筑活动中人力物力的经济性远高于古罗马时期。虽然天主教主教堂是城市中最重要的纪念性建筑，代表着当时建筑成就的最高水平，但同时各种类型的城市公共建筑物也逐渐增多。市民为城市的独立或自治而同封建主的斗争，以及市民文化同宗教神学的斗争，也在建筑中鲜明地表现出来，突出地表现在教堂建筑中。天主教教堂建筑经历了从修道院教堂为主到以城市主教堂为主的过程。这个过程反映着城市的经济、政治和文化地位的提高。这个时期形成了两大主要建筑风格：“罗马风建筑”和“哥特式建筑”。

2. 罗马风建筑

公元 10～12 世纪以意大利为中心形成的一种建筑风格，称为“罗马风建筑”，又叫罗曼建筑、似罗马、罗马式。

1) 风格特征

承袭了中世纪早期基督教建筑拉丁十字式平面(长的纵向中厅与短的横向耳厅之交叉点形成穹顶，平面成十字架形)。为了减轻建筑形体的封闭沉重感，除钟塔、采光塔、圣坛和小礼拜室等形成变化的体量轮廓外，其余部分采用古罗马建筑的一些传统做法如半圆形拱券结构、十字拱或简化的柱式和装饰。墙体巨大而厚实，墙面除露出扶壁外，在檐下、腰线用连续小券，门窗洞口用同心多层小圆券，窗口窄小、朴素的纵长中厅与华丽的中心圣坛形成对比，高大中厅与两旁较低侧廊之间形成较大的空间变化，主从映衬，内部空间光线昏暗，气氛神秘。

2) 代表性建筑实例

(1) 比萨主教堂建筑群。意大利比萨的中央教堂广场，广场上的建筑主要有主教堂、洗礼堂和钟塔(比萨斜塔)，如图 3-20 所示。它是为纪念公元 1062 年打败阿拉伯人、攻占巴勒莫而造，建筑工程开始于公元 1063 年，至 1118 年教皇盖拉西斯二世时建成。

图 3-20　比萨主教堂建筑群

① 主教堂。主教堂(1063—1092 年)是拉丁十字式平面，总长 95m。纵向中厅屋顶采用木桁架，中厅两旁侧廊用十字拱支撑。短边方向的正立面有四层空券廊作装饰，纵向形成

四排各 68 根科林斯式圆柱，韵律感极强，纵长的中厅与宽阔的耳厅相交处凸出一个椭圆形的穹顶。正立面高约 32m，底层入口设三扇铜制大门，上有描写圣母和耶稣生平事迹的雕像。大门上方是四层连列券顶柱廊，为按照长方形、梯形、长方形和三角形逐层叠置，极具稳定感，比例尺度得当。建筑形体和光影变化都异常丰富，如图 3-21 所示。

图 3-21　比萨主教堂

② 钟塔。钟塔(1174 年)在主教堂东南 20 多米，水平截面为圆形，直径约 16m，共 8 层高 56m，通体用大理石建成，重 1.42 万 t。每层外围呈拱形券门状，底层圆周有 15 根圆柱，中间 6 层围绕着空券廊，各有 31 根圆柱围成圆周，顶层平面缩小，用 12 根圆柱围成圆周。各层均以连列拱作装饰主题，底层墙上作连续券浮雕。塔内有螺旋形楼梯 294 级，可盘旋而上直至塔顶。自建成之时，由于基础不均匀沉降，塔身开始逐年倾斜。但由于合理的结构和技艺高超的设计施工，塔体本身并未遭到破坏，并一直矗立至今，历时近千年，如图 3-22 所示。

③ 洗礼堂。洗礼堂(1153—1278 年)位于主教堂正前方，两者相距大约 60m，建造较晚而形成了罗马风和哥特式的混合风格，平面呈圆形，下部直径 39m，上方为直径 35m 的穹顶，总高度 54m。立面分 3 层，上两层围绕着空券廊，有一些哥特式的细部装饰，如图 3-23 所示。

图 3-22　比萨斜塔

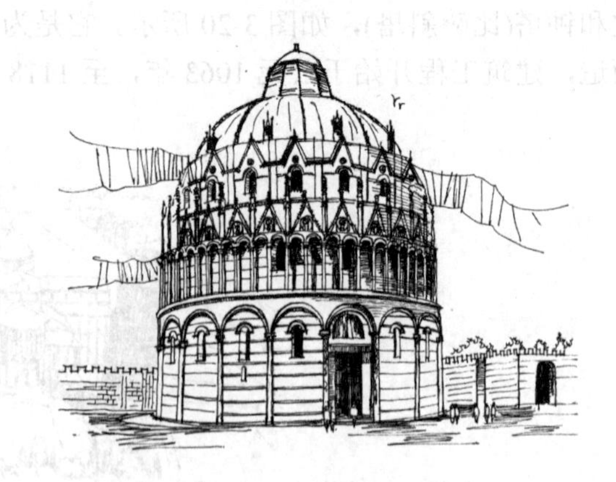

图 3-23　比萨洗礼堂

这一组建筑群摆脱了主教堂位于城市中心的通常做法，而是建造在城市的西北角，纵向连成一线，紧临城墙和公墓，以完整的侧立面朝向城市。三座建筑物的体形各异，对比强烈，构成了丰富的变化效果。但是它们的构图母题一致，都采用空券廊装饰立面，风格统一，又与周围环境的城墙和公墓的墙联系起来，形成和谐的整体。空券廊在阳光下形成强烈的光影和虚实对比，使建筑物显得极具立体感。这三座建筑物都由白色和暗红色大理石相间砌成，色彩协调统一，映衬在蓝天绿草背景下，显得十分明快醒目。草地上点缀着一些不大的白色儿童雕像，更显得亲切生动。这组建筑室外环境没有神秘的宗教气氛和威严的震慑力量，它们给人传达的是端庄、宁静与和谐的氛围。

(2) 威尼斯总督府。又称威尼斯公爵府(1309—1424 年)，是威尼斯圣马可广场建筑群(图 3-24)的重要建筑单体之一，是欧洲中世纪罗马风建筑的杰作之一。威尼斯是当时的海上强国，总督府是威尼斯打败热那亚(1352 年)和土耳其(1416 年)取得重大胜利的纪念物。

总督府建筑平面是三面围合院落的布局形式，南面临海，长约 74.4m，西面朝向广场，长约 85m。东面是一条狭窄的河道。主要的房间在南侧，一字排开。大会议厅在二层，开间 54m，进深 25m，净高 15m，非常开阔，室内装饰极为华丽，有大幅的壁画和天顶画。结构都是拱券式的。

总督府的主要建筑成就是南立面和西立面的构图，比例尺度和谐，虚实对比过渡得当，层次感分明，极富独创性(图 3-25)。立面高约 25m，分为三层，底部第一层是券廊，圆柱粗壮有力，柱间距与柱高几乎相等。中间第二层券廊担当了上下两层间的虚实过渡作用，柱间距是底层的一半，相对封闭些，所有的券都是尖的或者火焰式的，具有伊斯兰建筑风格，而它上面的一列圆形小窗的透空度又较券柱廊更小一些，这样的处理使得第二层券廊成为第一层通透券廊和第三层实墙之间很好的过渡与联系。圆形小窗中心是哥特式的镂空十字花造型，它们同第二层券廊的火焰形券一起组成了十分华丽的装饰带。顶部第三层的高度占整个立面高度的 1/2，除了相距很远的几个拱形窗之外全是实墙。墙面用小块的白色和玫瑰色大理石片贴成斜方格的席纹图案，带有明显的伊斯兰风格，大理石表面光芒闪烁，墙面犹如一幅绸缎，完全没有砌筑感，从而消除了视觉重量感。除了窄窄的窗框和细细的墙角壁柱，没有多余的线脚和装饰。因此这一层高高的实墙并没有给下面的空券廊造成过重的视觉负担。

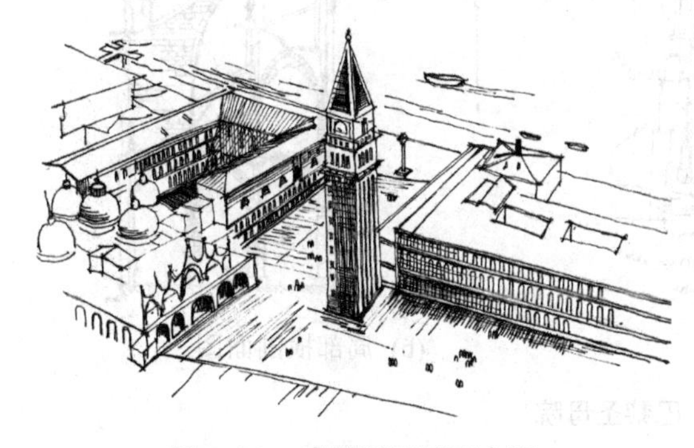

图 3-24　威尼斯圣马可广场

图 3-25　威尼斯总督府

3. 哥特式建筑

公元 12～15 世纪西欧以法国为中心形成的一种建筑风格，称为“哥特式建筑”。这一时期的建筑仍以教堂为主，但反映城市经济特点的城市广场、市政厅、手工业行会等也不少，市民住宅也大有发展，建筑风格完全脱离了古罗马的影响，以尖券(来自东方)、尖形肋骨拱顶、坡度很大的两坡屋面和教堂中的钟楼、飞扶壁、束柱、玫瑰窗等成为其主要特点。

1) 风格特征

(1) 建筑结构。由骨架券承重，结构自重减轻，便于复杂平面架设拱顶。飞券凌空越过侧廊上空，抵抗中厅拱顶的侧推力。飞券取代之前教堂拱顶侧廊常用的半拱顶，结构轻巧，使得中厅可开高大侧窗，大大改善了室内采光效果。见巴黎圣母院实例图 3-26(a)。全部采用尖券、尖拱，水平侧推力小，十字拱顶覆盖的开间不必保持正方形，如图 3-26(b)所示。

(2) 平面形制。建筑平面布局基本是拉丁十字式，东端布局更复杂，礼拜室更多，西立面对称建一对钟塔，英、德、意等国的形制略有变化，具有地方特色。

(3) 内部处理。中厅空间比例尺度处理上突出高耸感和深远感，引发向前(神坛)、向上(天堂)的态势。构图划分突出垂直趋向，墙墩雕成束柱形，加强垂直感。由于结构轻巧，可加大开窗面积，同时使用彩色玻璃镶嵌，阳光透射使室内五彩缤纷，产生灿烂的天堂景象。

(4) 外部处理。西立面为主立面，典型构图是水平、垂直均为三段式划分。下段三座门，周圈层层雕饰，中段中央精美的圆形玫瑰花窗象征天堂。突出垂直感，体形往上缩小收尖，造成向上动势。满布雕刻，轻灵通透。因工期长(上百年，甚至三四百年)，一座教堂往往包括多种风格形式。

2) 代表性建筑实例

(1) 巴黎圣母院。巴黎圣母院(建于公元 1163—1345 年)为欧洲早期哥特式建筑和雕刻艺术的代表，是巴黎第一座哥特式建筑。全新的轻巧的骨架券结构使拱顶变轻了，空间升高了，光线充足了(图 3-26)。这种独特的建筑风格很快在欧洲传播开来。哥特式教堂的造型既空灵轻巧，又符合统一与变化、比例与尺度、节奏与韵律等建筑形式美法则，具有很强的美感。巴黎圣母院总长 127m，中殿宽 12.5m，整座教堂全宽 40m，穹顶宽 33m，屋顶高 35m。

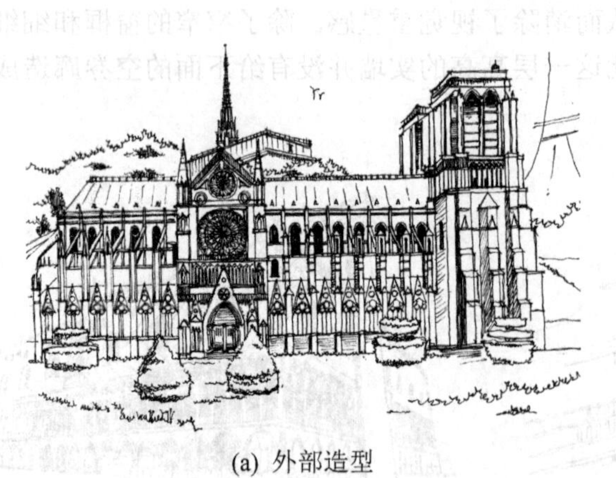

(a) 外部造型

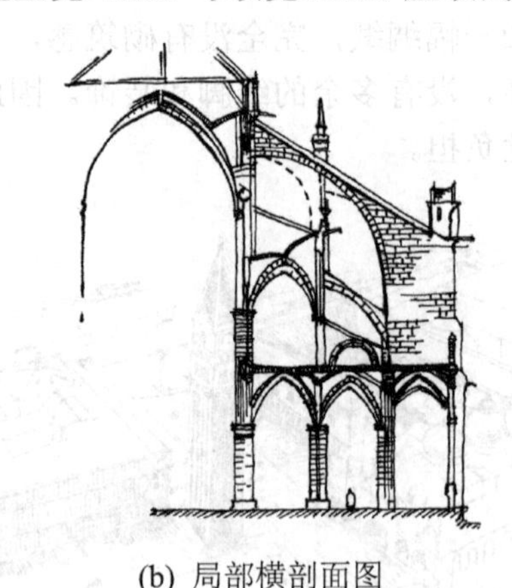

(b) 局部横剖面图

图 3-26 巴黎圣母院

巴黎圣母院的主立面是世界上哥特式建筑中最美妙和谐的，水平与竖直的比例近乎黄金比 1∶0.618，立柱和装饰带把立面分为 9 块小的黄金比矩形，十分和谐匀称(图 3-27、图 3-28)。后世的许多基督教堂都模仿它的构图。

图 3-27　巴黎圣母院主立面

图 3-28　主立面上的玫瑰窗

(2) 沙特尔大教堂。沙特尔大教堂始建于公元 1145 年，坐落在法国厄尔—卢瓦尔省省会沙特尔市的山丘上，是法国著名的天主教堂，教堂中殿长 130.2m，宽 16.4m，是法国教堂中最宽的。四分拱顶高达 32.5m，侧廊上设置了耳堂，每个耳堂作为出入口。教堂的 3 座圣殿分别与 3 座大门相通。主立面两侧各有一座互不对称的尖塔式钟楼(两座钟楼建造时间相差 400 年，故造型风格迥异)，其独特的建筑格局最为引人注目，如图 3-29 所示。

(a) 外观

(b) 中殿内部

(c) 主立面上的玫瑰窗

图 3-29　沙特尔大教堂

(3) 科隆大教堂。科隆大教堂(建于公元 1248—1880 年)是欧洲北部最大的教堂，是德国第一座完全按照法国哥特盛期样式建造的教堂(图 3-30)。157m 高的钟楼使得它成为德国第二(仅次于乌尔姆主教堂的钟楼高 161.5m)、世界第三高的教堂(科特迪瓦的亚穆苏克罗和平之后圣殿的钟楼高 158m)，另外它也是世界上规模第三大的哥特式教堂(前两位是塞维利亚主教堂和米兰主教堂)。

(a) 外观　　(b) 中殿内部

图 3-30　科隆大教堂

3.1.5　意大利文艺复兴建筑

1. 文艺复兴建筑

1) 风格特征

文艺复兴建筑是 15～19 世纪流行于欧洲的建筑风格，有时也包括巴洛克建筑和古典主义建筑。文艺复兴建筑起源于意大利佛罗伦萨，在理论上以文艺复兴思潮为基础，在造型上排斥象征神权至上的哥特式建筑风格，提倡复兴古罗马时期的建筑形式，特别是古典柱式比例，半圆形拱券，以穹顶为中心的建筑体形等。

2) 代表性建筑实例

(1) 佛罗伦萨大教堂穹顶。佛罗伦萨大教堂中央穹顶建于公元 1420—1470 年，设计人是 F.勃鲁涅列斯基，大穹顶首次采用古典建筑形式，打破了中世纪天主教教堂的构图手法。教堂的八角形穹顶是世界上最大的穹顶之一，内径 43m，高 30 多米，在其正中央有希腊式圆柱的尖顶塔亭，连亭总计高达 107m。

巨大的穹顶依托在交错复杂的构架上，下半部分由石块构筑，上半部分用砖砌筑。为突出穹顶，设计者特意在穹顶之下修建了一个 12m 高的鼓座。为减少穹顶的水平侧推力，穹顶壁面采用中空构造。大教堂建筑的精致程度和技术水平超过古罗马和拜占庭建筑，其穹顶被公认是意大利文艺复兴式建筑的第一个作品，体现了奋力进取的精神，如图 3-31 所示。

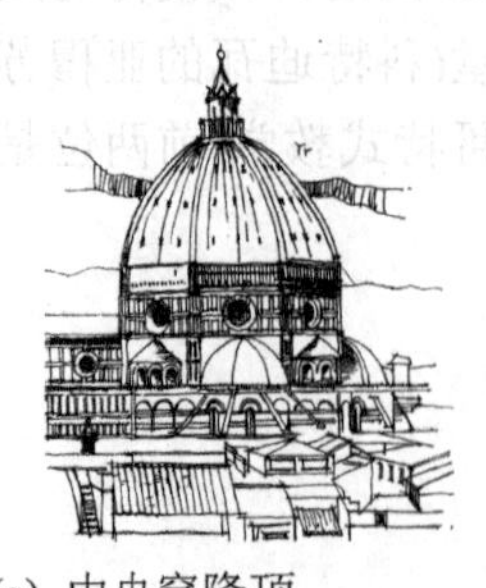

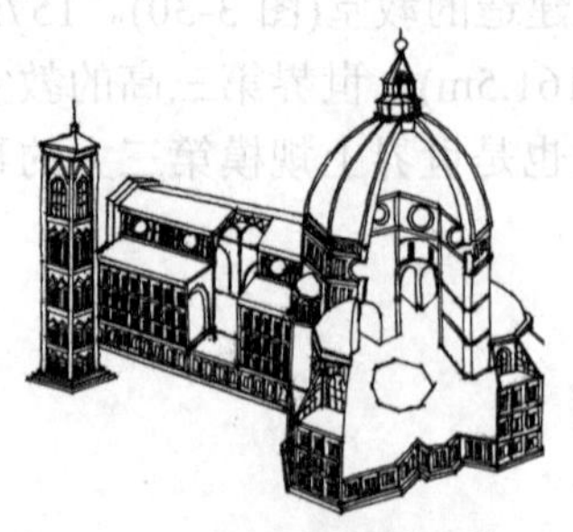

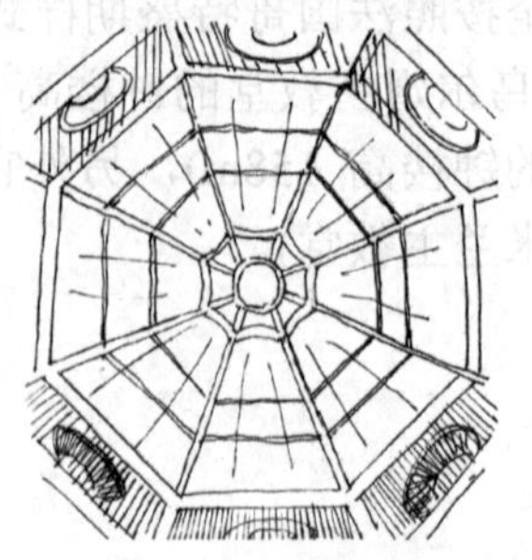

(a) 中央穹隆顶　　(b) 剖透视图　　(c) 穹顶内景仰视

图 3-31　佛罗伦萨大教堂穹顶

(2) 佛罗伦萨美第奇府邸。15世纪30年代，佛罗伦萨的经济开始衰落，银行家美第奇(Medici)家族建立了独裁政权，修建了美第奇府邸(建于公元1444—1460年)。府邸一反市民建筑的清新明快，追求欺人的气势。美第奇府邸的外墙立面上下三段式，表面由粗糙到精细，底层的石块略经粗凿，表面凹凸20cm，砌缝很宽；二层的石块较平整，砌缝有8cm宽；三层表面光滑而没有砌缝。美第奇府邸的形象很沉重。为了追求壮观的形式，沿街立面是屏风式的，同内部房间很不协调。底层的窗台很高，勒脚前有一道凸台，给护府亲兵们坐，反映着城市内部尖锐的斗争。建筑高度约27m，檐口出挑1.85m。它的内院底层四周都是3开间的宽大的连续券廊，感觉轻快，但柱子粗壮，以求与外立面的粗犷感协调呼应(图3-32)。

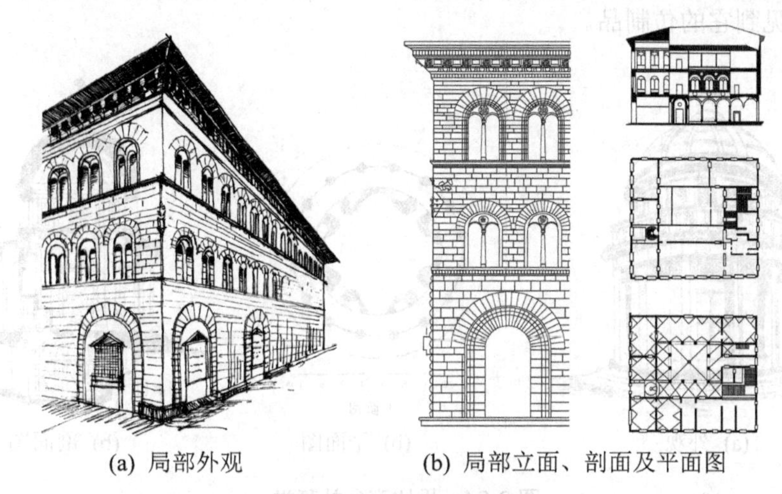

(a) 局部外观　　(b) 局部立面、剖面及平面图

图3-32　美第奇府邸

(3) 圆厅别墅。圆厅别墅是意大利的一座贵族府邸，位于维琴察郊外的一座小山丘上，由著名建筑师帕拉弟奥设计，建于1552年，为文艺复兴晚期的建筑作品。形体设计采用双向对称手法，平面呈正方形，四面都有中轴对称构图的门廊和大台阶，正中为一圆形大厅，厅上冠以一碟形穹隆顶，外观高出四坡屋顶，极富古典韵味，如图3-33所示。

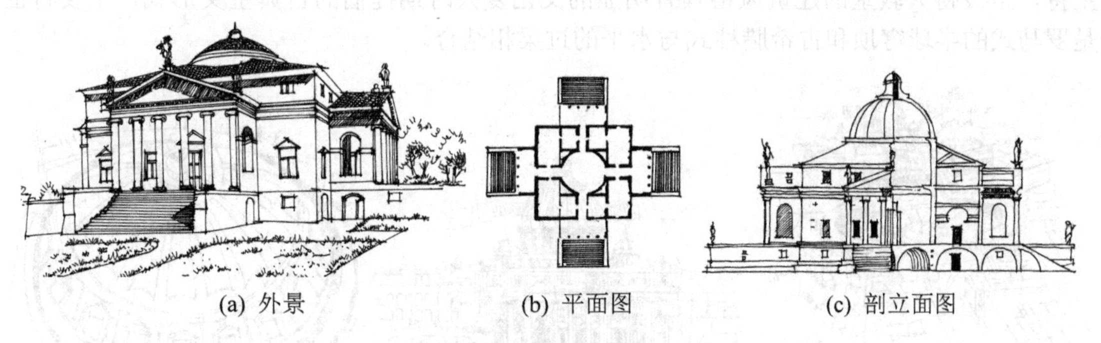

(a) 外景　　(b) 平面图　　(c) 剖立面图

图3-33　圆厅别墅

(4) 坦比哀多礼拜堂。坦比哀多礼拜堂(建于公元1502—1510年)是为纪念圣彼得殉教所建，由伯拉孟特设计，建筑采用圆形平面的集中式布局，以古典环柱式神庙为蓝本，立面由下粗上细的两个圆筒形构成，上部圆筒之上为半球形穹顶，颇具英雄主义气质。平面由柱廊和圣坛两个同心圆组成，圣坛外墙面直径6.1 m；教堂下层的环柱廊采用16根塔司干

柱围绕，高 3.6 m，柱廊的宽度等于圣坛的高度，这种造型是典型的早期基督教为殉教者所建的圣祠的基本形式。加上穹顶上的十字架，建筑总高 14.7 m，有地下墓室。

穹顶统率整体的集中式形制，饱满的穹顶、圆柱形的教堂和鼓座，外加一圈柱廊，使整个建筑显得十分雄健刚劲。构图完整，体积感强，建筑物虽小，但有很强的层次感。成功运用多种几何体的组合变化，虚实映衬，层次丰富。环廊上的柱子，经过鼓座上壁柱的呼应，再同穹顶的肋相连，从下而上，线条连贯，浑然一体，如图 3-34 所示。

这座建筑物的形式，特别是以高居于鼓座之上的穹顶统率整体的集中式形式，在当时的西欧是一大创举。坦比哀多礼拜堂对后世有很大的影响，从欧洲到北美，在大型公共建筑的中央常能见到它的仿制品。

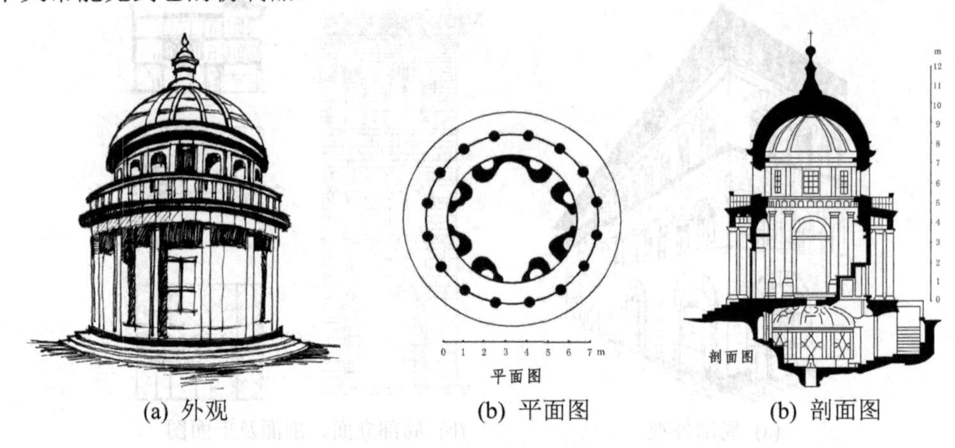

(a) 外观　(b) 平面图　(b) 剖面图

图 3-34　坦比哀多礼拜堂

(5) 圣彼得大教堂。圣彼得大教堂位于意大利罗马，公元 1506 年开工，是现在世界上规模最大的教堂建筑，总面积 2.3 万 m^2，主体建筑高 45.4m，穹顶直径 41.9m，穹顶上部塔亭十字架尖端距地面 137.8m(图 3-35)。大教堂最多可容纳近 6 万人同时祈祷。最初伯拉孟特的设计方案是希腊十字式，后经拉斐尔、帕鲁奇、小桑迦洛等修改，最终由米开朗基罗主持，圣彼得大教堂的建筑风格具有明显的文艺复兴时期提倡的古典主义形式，主要特征是罗马式的半球穹顶和古希腊柱式与水平的过梁相结合。

(a) 全景鸟瞰　(b) 主立面　(c) 穹顶内景

图 3-35　圣彼得大教堂

大教堂的修建过程反映了进步力量与宗教势力的斗争。17 世纪初，在极其反动的耶稣会的压力下，教皇命令建筑师玛丹纳(Carlo Maderno，1556—1629 年)拆去已经动工的米开朗基罗主持设计的圣彼得教堂的正立面，在原来的集中式希腊十字之前又加了一段 3 跨的巴西利卡式的大厅(建于公元 1606—1612 年)。于是，圣彼得大教堂的内部空间和外部形体的完整性受到严重破坏。3 跨巴西利卡式大厅的存在使得在教堂前方一个相当长的距离内，站在广场地面上都不能完整地看到穹顶，穹顶的统率作用消失了。新的立面用的是壁柱，构图比较杂乱，立面总高 51m，壁柱高 27.6m。由于尺度过大，没有充分发挥巨大高度的艺术效果。

2. 巴洛克建筑

1) 风格特征

巴洛克建筑是 17~18 世纪在意大利文艺复兴建筑基础上发展起来的一种建筑和装饰风格。以天主教堂为代表的巴洛克建筑十分复杂。它形式上是文艺复兴的支流与变形，但其思想出发点与人文主义截然不同，反映的是天主教的思想意识和奢侈的欲望，包含着矛盾的倾向，敢于破旧立新，创造出不少富有生命力的新形式和新手法，长期广泛地流传；但它又有非理性的、反常的、违反建筑艺术基本法则的一面，一些形式主义的倾向曾起过消极的作用。巴洛克建筑的主要风格特点是包括以下内容。

(1) 追求新奇。建筑处理手法打破古典形式，建筑外形自由，有时不顾结构逻辑，采用非理性组合以取得反常效果。

(2) 追求建筑形体和空间的动态效果，常用穿插的曲面和椭圆形空间。

(3) 喜好富丽的装饰、强烈的色彩，打破建筑与雕刻绘画的界限，使其相互渗透。

(4) 趋向自然，追求自由奔放的格调，表达世俗情趣，城市和建筑具有一种庄重感，刚劲有力，又充满欢乐和兴致勃勃的气氛。

2) 代表性建筑实例

(1) 罗马圣卡罗教堂。圣卡罗教堂位于意大利罗马，1638 年开工，1667 年建成，由波洛米尼设计，是巴洛克晚期教堂的代表作。它的殿堂平面近似橄榄形，周围有一些不规则的小祈祷室；此外还有生活庭院。殿堂平面与天花装饰强调曲线动态，立面山花断开，檐部水平弯曲，墙面凹凸度很大，装饰丰富，有强烈的光影效果，如图 3-36 所示。

(a) 沿街立面

(b) 主入口立面

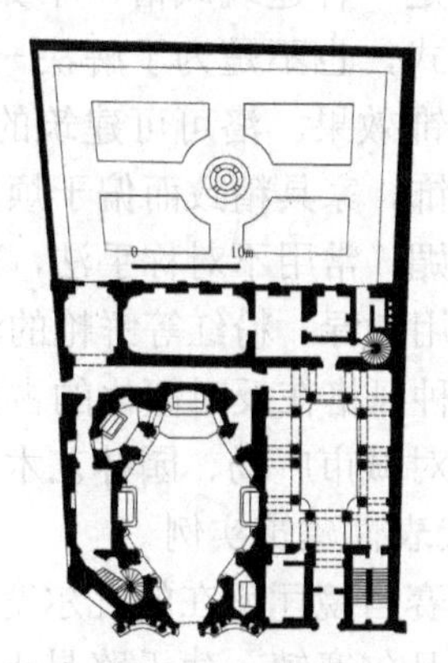

(c) 平面图

图 3-36　圣卡罗教堂

(2) 罗马圣彼得大教堂前广场。杰出的巴洛克建筑大师和雕刻大师伯尼尼设计的意大利罗马圣彼得大教堂前广场(1656年)，以1586年竖立的方尖碑为中心，横向长圆形，面积3.5公顷。它和圣彼得大教堂之间再由一个梯形广场相连接，另一个方向是笔直狭长的街道。梯形广场的地面向教堂逐渐升高，视点抬高，以迎合宗教仪式的需要和环境气氛的营造。整个空间序列完整而有机。长圆形和梯形的两个广场都被柱廊围绕，布局豪放，极富动感。伯尼尼曾将广场柱廊比喻为欢迎和拥抱朝拜者的双臂。为了同宽阔的广场及高大的教堂相称，并显示柱廊的尺度，采用了4排粗壮的古罗马塔司干式柱子，一共284根。柱间距很密，内圈的柱子，中线间距4.27 m，外圈的柱子，中线间距5.03 m，晴天阳光照射下产生出丰富而强烈的光影变化效果。虽然布局形式严谨简练，但构思仍然是巴洛克式的。在长圆形广场的长轴上，方尖碑的两侧各有一个喷泉，它们显示出了广场的几何形状。站在广场中央，可以欣赏大教堂的穹顶，这多少弥补了因大教堂前半部分增建了3跨巴西利卡式大厅所造成的缺憾，如图3-37所示。

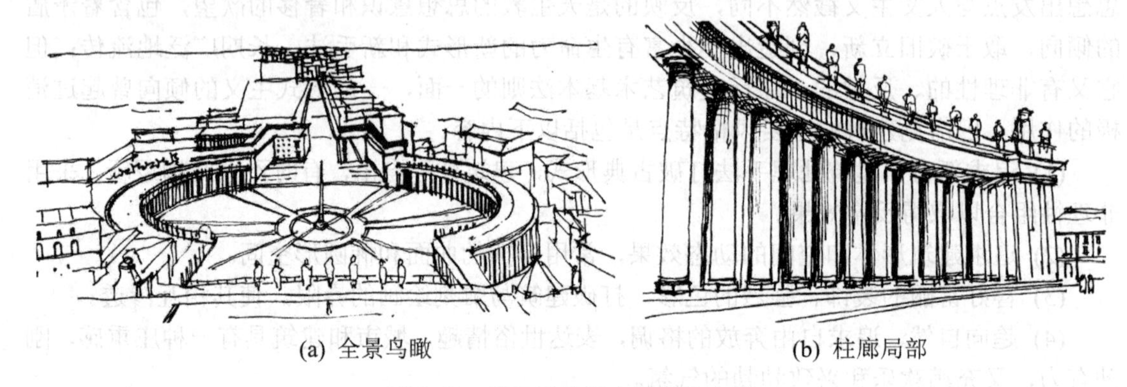

(a) 全景鸟瞰　　(b) 柱廊局部

图3-37　罗马圣彼得大教堂前广场

3. 洛可可建筑

1) 风格特征

18世纪20年代产生于法国的洛可可风格，是在巴洛克建筑的基础上发展起来的。洛可可与其说是一种建筑风格，不如说是一种室内装饰艺术。建筑师的创造力不是用于构建新的空间模式，也不是为了解决一个新的建筑技术问题，而是研究如何才能创造出更为华丽繁复的装饰效果。洛可可建筑的风格特点主要表现在室内装饰上，应用明快鲜艳的色彩、纤巧的装饰，家具精致而偏于烦琐，具有妖媚柔靡的贵族气味和浓厚的脂粉气息。装饰特点是细腻柔媚，常用不对称手法，喜欢用弧线和S形曲线，用植物做装饰题材，有时流于矫揉造作。喜用嫩绿、粉红等鲜艳的浅色调，线脚多用金色，反映了法国路易十五时代贵族生活趣味。这种风格在反对僵化的古典形式、追求自由奔放的格调和表达世俗情趣等方面起了重要作用，对城市广场、园林艺术以至文学艺术都发生了影响，一度在欧洲广泛流行。

2) 代表性建筑实例

凡尔赛宫镜厅所在的凡尔赛宫(法文：Chateau de Versailles)位于法国巴黎西南郊外伊夫林省省会凡尔赛镇，建于路易十四时代(1643—1715年)，是巴黎著名的宫殿之一(图3-38)，也是世界五大宫殿之一(北京故宫、法国凡尔赛宫、英国白金汉宫、美国白宫、俄罗斯克里姆林宫)。1979年被列为《世界文化遗产名录》。

由皇家画家、装潢家勒勃兰和建筑师孟沙尔合作建造的镜厅是凡尔赛宫内的著名景观。

又称镜廊，被视为法国路易十四国王王宫中的一件“镇宫之宝”，这里是路易王朝接见各国使节时专用的宫殿，以 17 面由 483 块镜片组成的落地镜得名(图 3-39)。它是凡尔赛宫最奢华辉煌的部分，厅长 76m，宽 10m，高 13m。镜面反射着拱形天花板上金碧辉煌的巨幅油画和周围室内外的景观；与 17 面镜子相呼应的是对面视野极佳的 17 扇拱形落地外窗，透过窗户可以将凡尔赛宫后花园的美景尽收眼底，与中国古典园林中的借景手法有异曲同工之妙。漫步在镜廊内，碧蓝的天空、静谧的园景映照在镜墙上，仿佛置身在芳草翠木的园林中。

图 3-38　凡尔赛宫

图 3-39　凡尔赛宫镜厅

3.2　西方近现代建筑

3.2.1　18 世纪下半叶至 19 世纪上半叶的欧美建筑

1. 古典复兴建筑

1) 风格特征

古典复兴是资本主义初期最先出现在文化上的一种思潮。古典复兴建筑是 18 世纪 60 年代到 19 世纪流行于欧美一些国家的，采用严谨的古希腊、古罗马形式的建筑，又称新古典主义建筑。

18 世纪下半叶古典复兴建筑的流行，主要是出于政治上的原因，另一方面是受考古发掘进展的影响。它使人们看到了古希腊建筑艺术的优美典雅、古罗马建筑艺术的雄伟壮丽，使人们认识到古典建筑的艺术质量远远超过了巴洛克与洛可可，于是许多人开始攻击巴洛克与洛可可风格的烦琐及矫揉造作，并极力推崇古希腊、古罗马建筑艺术的理性，认为应当以古希腊、古罗马建筑作为新时代建筑的基础。

古典复兴建筑在欧美各国的发展，在法国、美国是以古罗马建筑样式为主，而在英国，德国则古希腊建筑样式较多。采用古典形式的建筑主要是为资产阶级服务的国会、法院、银行、交易所、博物馆、剧院等类型的公共建筑。此外，法国在拿破仑时代还有一些完全是纪念性的建筑。至于一般市民住宅、学校等建筑类型则受此影响较小。

2) 代表性建筑实例

(1) 法国巴黎万神庙。巴黎万神庙(建于 1755—1792 年，J. C. Soufflot 设计)位于圣什内维埃芙山丘上，希腊十字式平面，长 110m，宽 84m，十字交叉点上方的穹顶外径 25m。

巴黎万神庙的重要成就之一是结构空前轻巧。墙薄、柱子细，建筑结构的科学性有了明显的进步。中央大穹顶下面原本也由细柱子支承，后来因为地基沉陷，引起基础裂缝，才把细柱子改成 4 个柱墩，但它们仍比同类教堂的穹顶下部支撑要纤细。

穹顶为三层构造，内层直径 20m，顶中央开圆洞，可以见到第二层上画的粉彩画，外层穹顶采用石块砌筑，下厚上薄，下缘厚 70cm，上缘 40cm。穹顶和鼓座外形与结构模仿坦比哀多小教堂的构图[图 3-40(a)]。室内巨大的科林斯柱及壁柱、圆拱、穹顶、壁画和雕塑等构成了一个相当集约的空间，给人一种积极向上的感受，传承了罗马万神庙的空间精神。因为内部支柱细，柱距大，所以空间相当开敞。结构逻辑清晰，条理分明，鼓座立在帆拱上，四臂是扁穹顶，如图 3-40(b)、(c)所示。

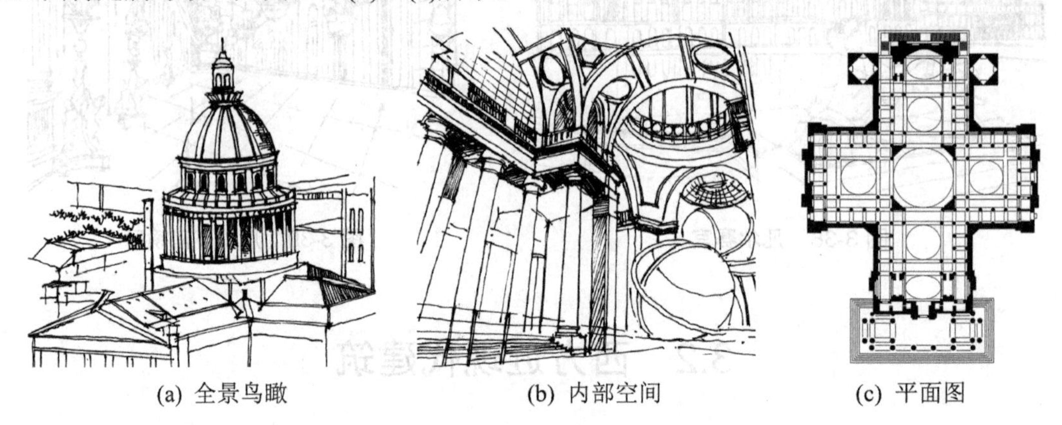

(a) 全景鸟瞰　　(b) 内部空间　　(c) 平面图

图 3-40　法国巴黎万神庙

外立面基本上无装饰，只有西面正入口的六根 19m 高的罗马科林斯柱式和三角山花雕饰较为突出。正入口柱廊下面没有基座层，只有十一步台阶。它直接采用古罗马庙宇正立面的构图形式，集古希腊与古罗马建筑风格于一身。巴黎万神庙形体简洁，几何性明确，力求把哥特式建筑结构的轻快同古希腊古罗马建筑的明净和庄严结合起来，这种设计理念明显带有启蒙主义色彩，如图 3-41 所示。

(a) 罗马万神庙　　(b) 巴黎万神庙

图 3-41　罗马万神庙与巴黎万神庙主立面对比

(2) 美国国会大厦。美国国会大厦建于 1793—1800 年，是一幢全长 233m 的 3 层建筑，以白色大理石为主要材料，中央顶楼上建有出镜率极高的 3 层圆形穹顶，穹顶之上立有一尊 6m 高的自由女神青铜雕像。两侧的南北翼楼，分别为众议院和参议院的办公场所。美国国会大厦仿照巴黎万神庙建造，极力表现雄伟，强调纪念性，是古典复兴风格建筑的代表作，如图 3-42 和图 3-43 所示。

(a) 缩尺模型　　(b) 主立面穹顶

图 3-42　美国国会大厦

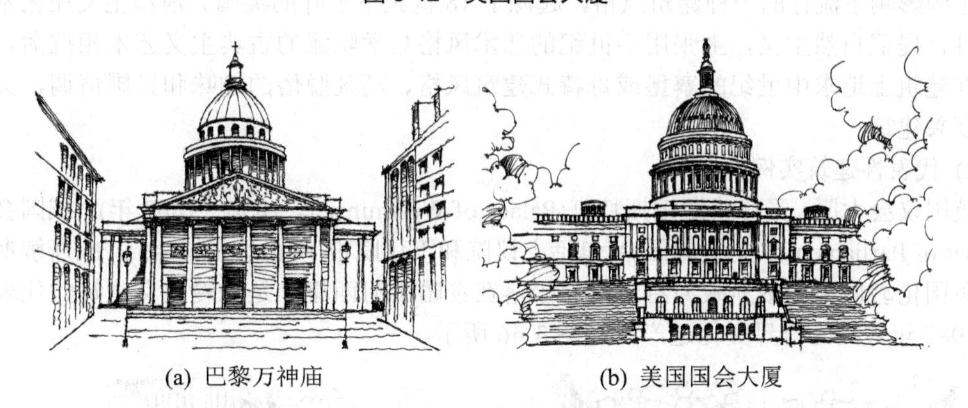

(a) 巴黎万神庙　　(b) 美国国会大厦

图 3-43　巴黎万神庙与美国国会大厦主立面对比

(3) 巴黎雄师凯旋门。雄师凯旋门(设计人 Jean-Francois Chalgrin，1739—1811 年)位于法国巴黎星形广场(戴高乐广场)中心，是拿破仑为纪念他在奥斯特利茨战役中大败奥俄联军的功绩而建。凯旋门高约 50 m，宽约 45 m，厚约 22 m，正面券门高 36. 6m，宽 14. 6m，形成了四通八达的四扇门。它复古的全石质形体上布满了精美雕刻，见图 3-44(a)。

这样巨大的纪念性建筑却采取了最简单的构图，除了檐部、墙身和基座的横向划分，没利用柱子或壁柱进行竖向分隔。墙面上的浮雕也是尺度巨大，一个人像就有 5~6m 高。周围的房屋都比它矮小，尺度也小得多；反衬之下，凯旋门显得更加雄伟高大。凯旋门距离调和广场 2.7 km，二者之间是笔直宽阔的爱丽舍大道，大道中途有一段凹地，行进时遥视凯旋门，视点有所抬高，更加提升了凯旋门庄严、雄伟的艺术感染力。

雄师凯旋门建成后堵塞了交通，于是在它周围开拓了圆形的广场，12 条 40~80m 宽的道路呈辐射状汇聚于此，使它成为了聚焦性的艺术地标[图 3-44(b)]，广场也由此得名星形广场。

(a) 外观　　(b) 全景俯瞰

图 3-44　巴黎雄师凯旋门

2. 浪漫主义建筑

1) 风格特征

浪漫主义建筑是 18 世纪下半叶到 19 世纪下半叶，欧美一些国家在文学艺术中的浪漫主义思潮影响下流行的一种建筑风格，起源于 18 世纪下半叶的英国。浪漫主义在艺术上强调个性，提倡自然主义，主张用中世纪的艺术风格与学院派的古典主义艺术相抗衡。这种思潮在建筑上追求中世纪的寨堡或哥特式建筑风格、超凡脱俗的趣味和异国情调，又称为哥特复兴建筑。

2) 代表性建筑实例

英国议会大厦，又称威斯敏斯特宫(Palace of Westminster，1836—1867 年)，或国会大厦(Houses of Parliament)，是英国国会(包括上议院和下议院)的所在地(图 3-45)。威斯敏斯特宫位于英国伦敦的中心威斯敏斯特市，它坐落在泰晤士河西岸，是浪漫主义建筑的代表作之一，1987 年被列为世界文化遗产，如图 3-46 所示。

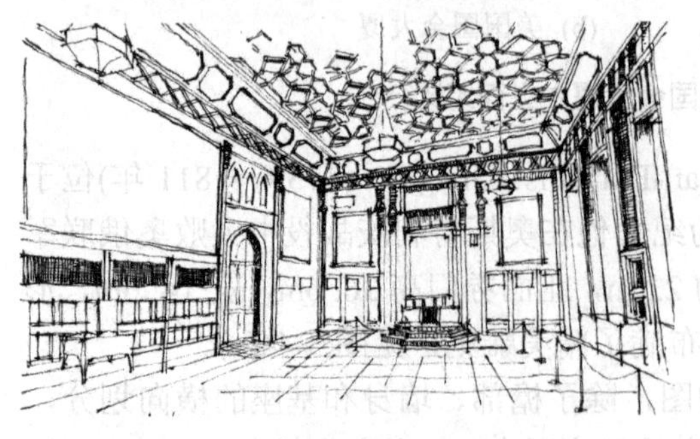

图 3-45　上议院厅(13.7m×24.4m)

图 3-46　19 世纪时的威斯敏斯特厅(73.2m×20.7m)

建筑整体造型和谐，特别是它沿泰晤士河的立面，平稳中有变化、协调中有对比，形成了统一而丰富的形象，充分体现了浪漫主义建筑风格的丰富情感(图 3-47)。建筑平面沿泰晤士河南北向展开，入口位于西侧。整座建筑包括约 1100 个独立房间、100 座楼梯和 4.8 公里长约 3m 宽的走廊。大厦分为四层，首层有办公室、餐厅和雅座间。二层为主要厅室，如议会厅、议会休息室和图书厅。顶部两层为委员房间和办公室。

(a) 沿泰晤士河外观　　(b) 全景俯瞰

图 3-47　英国议会大厦

(维多利亚塔，高 98.5m；中部八角形塔楼，高 91.4m；威斯敏斯特宫钟塔，高 96.3m)

建筑内部一方面以帕金设计的装饰和陈设而闻名，另一方面以珍藏有大量的壁画、绘画、雕塑等艺术品而著称，被人们誉为“幕后艺术博物馆”。

3. 折中主义建筑

1) 风格特征

折中主义建筑是 19 世纪上半叶至 20 世纪初，在欧美一些国家流行的一种建筑风格。折中主义为了弥补古典复兴和浪漫主义在建筑上的局限性，曾任意模仿历史上各种建筑风格，或自由组合各种建筑形式，所以也被称为“集仿主义”。折中主义建筑不讲求固定的法式，只讲求比例均衡，注重纯形式美，但它仍然没有摆脱复古主义的范畴。建筑在内容和形式之间的矛盾直到 20 世纪初才逐渐获得解决。

2) 代表性建筑实例

(1) 巴黎歌剧院。巴黎歌剧院(建于 1861—1875 年，G. L. C. Garnier 设计)拥有 2200 个座位，是世界上最大的抒情剧场，拿破仑三世典型的建筑之一，长 173m，宽 125m，总面积 11 237m^2。建筑师将古希腊古罗马式柱廊、巴洛克风格的立面、烦琐的洛可可雕饰等建筑形式完美地结合，建筑规模宏大，精美细致，金碧辉煌，被誉为一座绘画、大理石和金饰交相辉映的剧院，给人以极大的视觉享受，如图 3-48(a)所示。

巴黎歌剧院富丽堂皇的休息大厅堪与凡尔赛宫镜厅相媲美，装修豪华，四壁和廊柱布满巴洛克式的雕塑、吊灯与绘画，艺术氛围十分浓郁，是观众休息、交流的理想场所。该厅长 54m，宽 13m，高 18m，如图 3-48(b)所示。

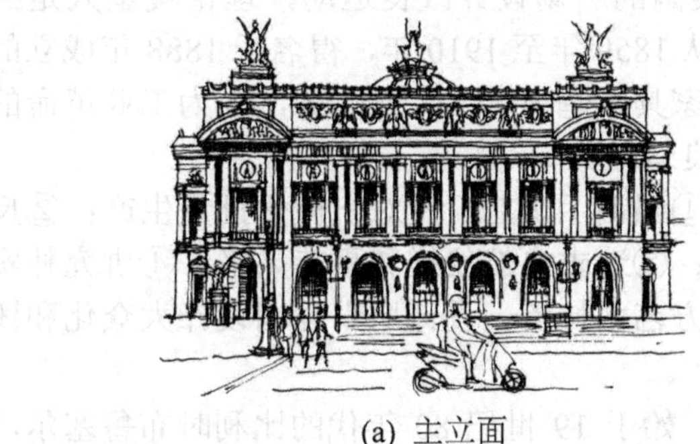

(a) 主立面

(b) 休息大厅

图 3-48　巴黎歌剧院

(2) 巴黎圣心教堂。圣心教堂(Church of the Sacred Heart，建于 1876—1919 年，Paul Abadie 设计)位于巴黎市北部第 18 区的蒙马特山顶，是巴黎蒙马特高地的象征。从这里可以俯瞰古典哥特式建筑精品巴黎圣母院和现代高技派建筑蓬皮杜艺术中心等著名建筑。

圣心教堂具有古罗马建筑与拜占庭建筑相结合的别致风格，颇具东方情调。教堂门口有两座台阶，沿着山坡而上，使教堂显得更为高耸雄伟。入口处有三扇拱形大门，门顶上有两座骑马的雕像，一座是国王圣路易(路易九世，1214—1270 年)，另一座是法国民族女英雄贞德(1412—1431 年)[图 3-49(a)]。教堂后部有一座高 84m 的方形钟楼，里面有一口大钟——萨瓦钟，重 19t。

教堂内部有许多浮雕、壁画和镶嵌画。圣坛上方是巨幅天顶壁画，高大的耶稣伸开双臂站立中央，身后有光环，头上方有展翅飞翔的和平鸽。耶稣两臂斜上方有两排天使恭敬站立，圣母随侍右侧，左侧为举旗天使，脚下为下跪的主教与卫士，他们的后面站着向上帝祈祷的各色人物，如图 3-49(b)所示。

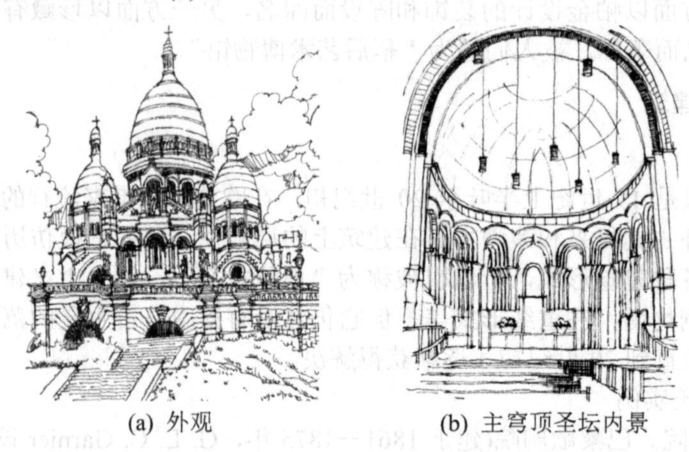

(a) 外观　　(b) 主穹顶圣坛内景

图 3-49　巴黎圣心教堂

3.2.2　19 世纪下半叶至 20 世纪初对新建筑的探索

1. 工艺美术运动与新艺术运动

1) 风格特征

工艺美术运动是起源于 19 世纪下半叶英国的一场设计改良运动，理论奠基人是约翰·拉斯金和威廉·莫里斯，运动的时间大约从 1859 年至 1910 年，得名于 1888 年成立的艺术与手工艺展览协会。其是针对装饰艺术、家具、室内产品、建筑等，因为工业革命的批量生产所带来设计水平下降而开始的设计改良运动。

工艺美术运动的设计理念与风格特点是：①强调手工艺，反对机械化批量生产；②反对维多利亚时期及其他古典、传统的复兴风格；③追求自然纹样和哥特风格；④讲究朴实诚恳；⑤装饰上推崇自然主义、东方装饰和东方艺术特点。设计原则强调设计大众化和团队协作。

新艺术运动是工艺美术运动的深化和发展，始于 19 世纪 80 年代的比利时布鲁塞尔，1890—1910 年达到顶峰。这种艺术新形式带有欧洲中世纪艺术和 18 世纪洛可可艺术的造型

痕迹和手工工艺文化的装饰特色，同时带有东方艺术的审美特点，也运用工业新材料，表现出怀旧和憧憬兼有的情绪，是人们从农业、手工业文明进入工业文明过渡时期复杂情感的综合反映。这一运动带有较多感性和浪漫的色彩，是传统的审美观和工业化发展进程中所出现的新的审美观念之间的矛盾产物。

新艺术运动展示了欧洲作为一个统一文化体的最后辉煌。它试图打破纯艺术和实用艺术之间的界限，内容几乎涉及所有的艺术领域，包括建筑、家具、服装、平面设计、书籍插图以及雕塑和绘画，甚至和文学、音乐、戏剧及舞蹈都有关系。

新艺术运动的目的是解决建筑和工艺品的艺术风格问题。这一派的建筑师们极力反对历史的样式，想创造出一种前所未见的，能适应工业时代精神的简化装饰。新艺术运动在建筑上的装饰主题是模仿自然界生长繁盛的草木形状的曲线，墙面、家具、栏杆及窗棂等装饰均是如此。由于铁便于制作加工成各种曲线，因此装饰中大量应用铁艺构件。新艺术派的建筑特征主要表现在室内，而外形一般比较简洁。新艺术运动在建筑中的这种改革只局限于艺术形式与装饰手法，不过在形式上反对传统形式而已，并未能全面解决建筑形式与内容的关系，以及与新技术的结合问题。即便如此它仍是现代建筑发展演变过程中的重要步骤之一。

2) 代表性建筑实例

(1) 埃菲尔铁塔。由桥梁工程师居斯塔夫·埃菲尔(1832—1923 年)设计的埃菲尔铁塔(建于 1887—1889 年)堪称法国“新艺术运动”的经典设计作品。这一纪念碑式的建筑坐落于巴黎塞纳河畔，是法国政府为了显示法国革命以来的成就而建造的。在 700 多个设计方案中，艾菲尔因大胆采用金属构造设计的方案而一举中标。埃菲尔铁塔高 328m，由 4 根与地面成 75 度倾角的巨大桁架结构支撑足支持着高耸入云的塔体，成抛物线形跃上蓝天，曲线形态优美，造型稳定端庄。全塔共用巨型梁架 1500 多根、铆钉 250 万颗，总质量达 8000t，这一建筑象征现代科学文明和机械威力，预示着钢铁时代和新设计时代的来临，如图 3-50 所示。

(a) 外观

(b) 细部构造

图 3-50　埃菲尔铁塔

(2) 圣家族大教堂。圣家族大教堂是西班牙建筑大师安东尼·高迪的毕生代表作。它位于西班牙加泰罗尼亚地区的巴塞罗那市区中心，始建于 1884 年，目前仍在修建中。尽管是一座未完工的建筑物，但丝毫无损于它成为世界上最著名的建筑之一。教堂主体以新哥特式风格为主，细长向上的线条是其主要形体特色。圣家族大教堂的设计完全没有直线和平面，而是以螺旋、锥形、双曲线、抛物线等各种复杂的曲线曲面变化组合成充满韵律动感的神圣建筑，如图 3-51 所示。

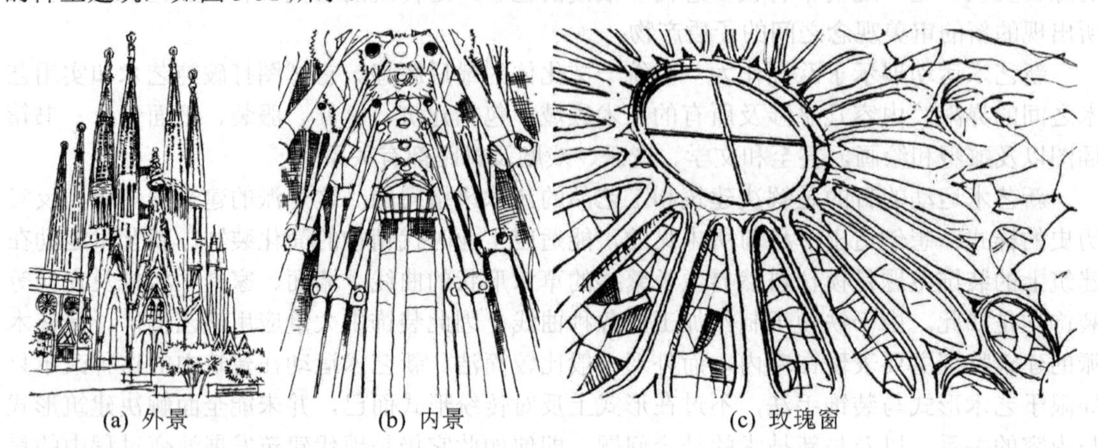

(a) 外景　(b) 内景　(c) 玫瑰窗

图 3-51　圣家族大教堂

(3) 米拉公寓。米拉公寓(Casa Mila，建于 1905—1910 年)坐落在巴塞罗那帕塞奥·德格拉西亚大街上，形状怪异，造型奇特，是西班牙建筑大师安东尼·高迪自认为设计的最好的建筑，1984 年被联合国教科文组织宣布为世界文化遗产。

米拉公寓的屋顶高低错落，墙面凹凸不平，随处可见蜿蜒起伏的曲线，整座大楼宛如波涛汹涌的海面，极具动感。米拉公寓屋顶上有一些奇形怪状的凸出物，有的像身披盔甲的士兵，有的像神话中的怪兽，有的像教堂的大钟。其实，这些抽象的造型都是烟囱和通风管道，如图 3-52 所示。

总之，米拉公寓里里外外都非常怪异，甚至有些荒诞不经，与周围普通的规规矩矩的建筑格格不入。但高迪却认为，那是“用自然主义手法在建筑上体现浪漫主义和反传统精神最有说服力的作品”。它的外形太独特，如同都市里起伏的波浪，在横横竖竖的直线中穿流着。

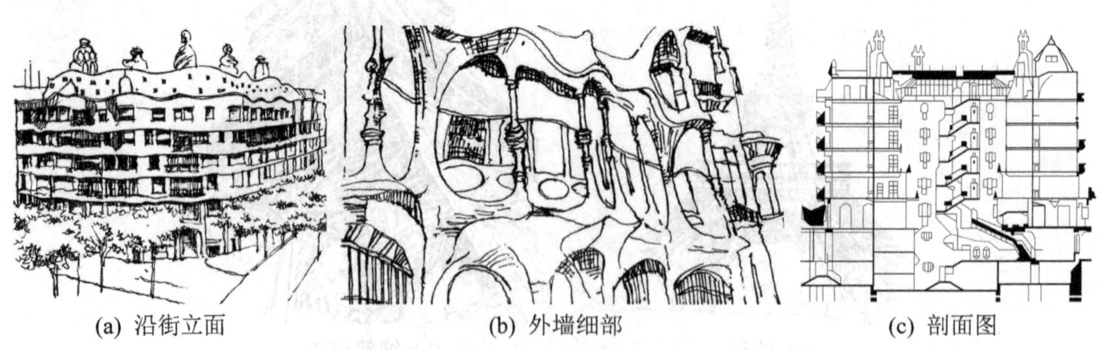

(a) 沿街立面　(b) 外墙细部　(c) 剖面图

图 3-52　米拉公寓

2. 美国芝加哥学派

1) 风格特征

19 世纪 70 年代在美国兴起的芝加哥学派(Chicago School)是美国现代建筑的奠基者。其鼎盛时期是 1883—1893 年，它在建筑造型方面的重要贡献是创造了“芝加哥窗”，即整开间设大玻璃窗，以形成立面简洁的独特风格。工程技术上创造了高层建筑金属框架结构和箱形基础。

芝加哥学派的创始人是工程师詹尼(William Le Baron Jenney，1832—1907 年)。代表人物是沙利文(Lcuis Henry Sullivan，1806—1924 年)，他早年在麻省理工学院学习建筑设计，1873 年到芝加哥，曾在詹尼建筑事务所工作，后来去了巴黎，再返回芝加哥开业。在当时环境的影响下，他最先提出了“形式追随功能” (Form follows function)的口号，为功能主义的现代建筑设计思想开辟了道路。

为了发展高层办公楼建筑的典型形式，沙利文为建筑师规定了这种建筑类型在功能上的特征：第一，地下空间包括有锅炉间和动力、采暖、照明等各项机械设备用房；第二，底层空间主要用于商店、银行或其他服务设施，内部空间要宽敞，采光要充足，并有交通联系方便的出入口；第三，地上二层要有直通的楼梯与底层联系，功能可以是底层的延续，楼上空间分隔自由，在外墙设置大片的玻璃窗；第四，二层以上都是相同的办公室，柱网排列相同，形成标准层平面；第五，顶层空间作为设备层，包括水箱、水管、机械设备等。基于上述情形，沙利文就考虑到高层建筑外形应分成三段：底层与二层因为功能相似而形成一个整体；中间各标准层是办公室，外立面通常处理成矩阵状整齐排列的窗户；顶部设备层可以有不同的外貌，窗户较小，并且按照传统习惯，再加一条压顶檐口。他提出的高层办公楼建筑类型在功能上的特征在当时具有重大的进步意义。沙利文的设计思想在当时具有一种革命性的意义，他认为一座建筑应该从内而外设计，相似的功能空间必须反映与结构和立面形式的一致性，这和同时期流行着的折中主义按传统的历史样式设计、不考虑功能特点是截然不同的。

芝加哥学派在 19 世纪建筑探新运动中起着重要的作用。首先，它突出了功能在建筑设计中的主要地位，明确了功能与形式的主从关系，力求摆脱折中主义的羁绊，为现代建筑摸索了正确的前进道路。其次，它探讨了新技术在高层建筑中的应用，并取得了一定的成就，因此使芝加哥成为了高层建筑的故乡。最后，建筑艺术反映了新技术的特点，简洁的立面符合新时代工业化的精神。

2) 代表性建筑实例

芝加哥百货公司大厦建于 1899—1904 年，分两期建造，由著名建筑师、芝加哥学派的中坚人物 L. H.沙利文设计，并作为沙氏和芝加哥建筑学派的代表作载入史册。

沙利文主持设计的芝加哥百货公司大厦描述了“高层、铁框架、横向大窗、立面三段式”等全新的建筑特点。但是沙利文也没有把建筑仅仅看作独立的实用工程而摒弃已往的设计手法，立面细部有不少装饰，底部还用了许多铁艺花饰，尤其转角入口处，屋顶还用了小挑檐。自芝加哥百货公司大厦问世以后，因采用框架结构而诞生的横向扁平窗成为风靡一时的建筑新形式，被人们赠以“芝加哥窗”的美名。该建筑是一座跨世纪的建筑，它既包含着过去，又启示了未来，如图 3-53 所示。

(a) 外观

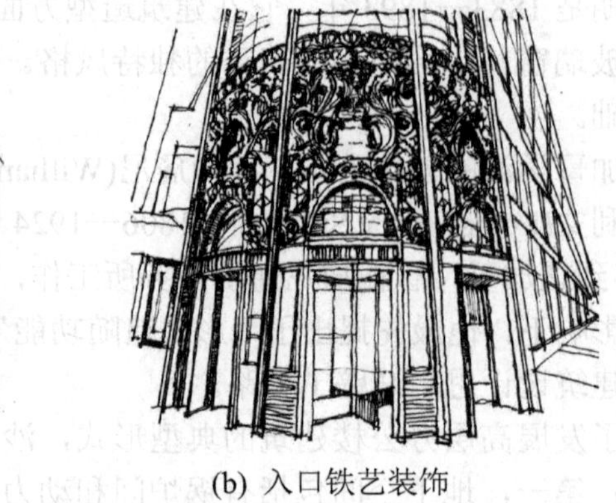

(b) 入口铁艺装饰

图 3-53　芝加哥百货公司大厦

3. 德意志制造联盟

1) 风格特征

德意志制造联盟是欧洲工业革命后德国第一个设计组织，成立于 1907 年，是德国现代主义设计的基石。它在理论与实践上都为 20 世纪 20 年代欧洲现代主义设计运动的兴起和发展奠定了基础。其创始人有德国著名外交家、艺术教育改革家和设计理论家穆特休斯、现代设计先驱贝伦斯、著名设计师威尔德等人。其基地设在德国累斯顿郊区赫拉劳。

联盟的宗旨是通过艺术、工业和手工艺的结合，提高德国的设计水平，设计出优良产品。联盟认为设计的目的是人而不是物，工业时代设计师是社会的公仆，而不是以自我表现为目的的艺术家；在肯定机械化生产的前提下，把批量生产和产品标准化作为设计的基本要求。

2) 代表性建筑实例

(1) 德国通用电气公司透平机制造车间与机械车间。1909 年贝伦斯为德国通用电气公司设计的透平机制造车间与机械车间，在建筑形式上摒弃了传统的附加装饰，造型简洁、壮观悦目，被称为世界上第一座真正的现代建筑，如图 3-54 所示。

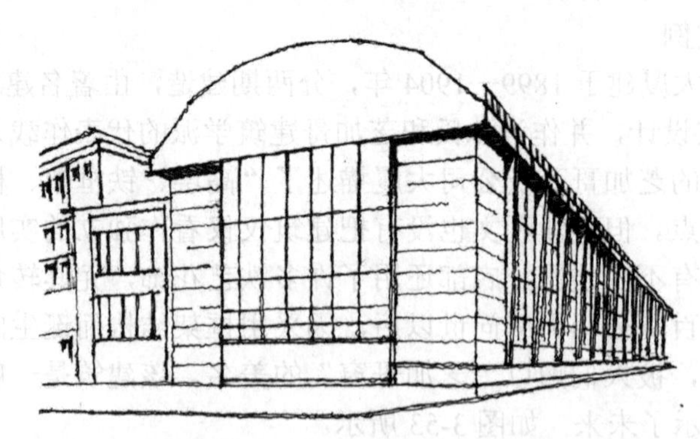

图 3-54　德国通用电气公司透平机制造车间与机械车间

(2) 德国法古斯工厂。1911 年由著名的建筑大师瓦尔特·格罗皮乌斯设计的德国法古斯工厂，位于下萨克森州莱纳河畔的阿尔费尔德，是一组由 10 座建筑物组成的建筑群，是现代建筑与工业设计发展中的一个里程碑。

法古斯工厂的设计开创性地运用了功能美学原理，立面上由纤细的砖柱分隔大面积的玻璃幕墙，框架结构采用了悬挑手法增加了轻巧感，削弱了传统建筑中柱子在造型中的作用，如图 3-55 所示。

图 3-55　德国法古斯工厂

(3) 包豪斯校舍。包豪斯校舍是 1926 年在德国德绍建成的一座建筑工艺学校新校舍。设计者为瓦尔特·格罗皮乌斯。校舍的总建筑面积近万平方米，主要由教学楼、生活用房和学生宿舍三部分组成。

设计者创造性地运用现代建筑设计手法，从建筑物的实用功能出发，按各部分的实用要求及其相互关系确定出各自的位置和体形。利用钢筋混凝土和玻璃等新材料以突出材料的本色美。充分运用玻璃窗与混凝土墙形成的虚与实、竖向与横向线条、光与影等对比手法，使空间形象清新活泼、生动多样。尤其通过简洁的平屋顶、大片玻璃窗和长而连续的白色墙面产生舒展宁静的视觉效果与精神感受，给人留下独特的印象，如图 3-56 所示。

格罗皮乌斯设计的包豪斯校舍，令 20 世纪的建筑设计挣脱了过去各种主义和流派的束缚。它遵从时代的发展、科学的进步与民众的要求，适应大规模的工业化生产，开创了一种新的建筑美学与建筑风格。

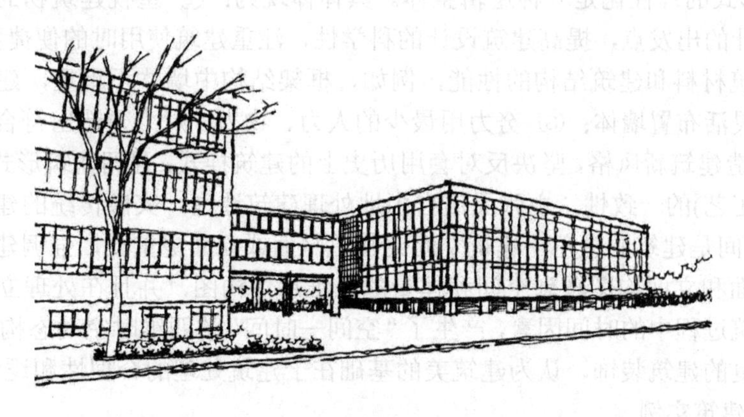

图 3-56　包豪斯校舍沿街入口立面

3.2.3 第二次世界大战后的建筑活动与建筑思潮

1. 理性主义建筑

1) 风格特征

理性是一种以概念、判断、推理等形式逻辑为基础的精确的思维形式或思维活动。理性主义(Rationalism)是建立在承认人的理性可以作为知识来源的理论基础上的一种哲学方法，高于并独立于感官感知。

理性主义建筑形成于两次世界大战之间，因讲究功能而又有“功能主义建筑”或“现代主义建筑”之称，又因不论地处何方均以统一的方盒子、平屋顶、白粉墙、横向长窗的形式出现，而被称为“国际式”。

包豪斯、贝伦斯、柯布西埃、格罗皮乌斯、密斯·凡·德·罗、芝加哥学派以及意大利的一些建筑师都为理性主义建筑的发展作出了不懈的努力。第二次世界大战后，理性主义渐渐被具有多种形式的建筑革新所取代。然而作为体现建筑的理性这一根本方向仍广泛得到重视，理性主义的思想及创作理念的发展也从未间断。这其中伴随着对建筑形式语言更新的探索，或对环境性，民族性及经济、技术、政治关系的关心，或对建筑师的社会责任的认识等。在 20 世纪 60 年代的意大利，出现了承袭理性主义的新理性主义，它与后现代主义成为之后世界建筑思潮的两大倾向。

理性主义建筑原则表现在下列五个方面。

(1) 城市规划、建筑学和工业设计是促进社会进步和民主教育的手段，设计不再是个人对形式的探讨，而是一种社会的、公共性的、伦理的活动；

(2) 设计应充分考虑建设用地和建筑物本身的经济性；

(3) 从城市规划、建筑设计到环境设计等各个层面构成设计技术标准化、生产预制化的工业化体系；

(4) 城市规划优先于建筑设计，建筑设计服从于城市规划的限定与要求；

(5) 建筑形式的理性化是一种逻辑整体。具体体现为：① 重视建筑物的使用功能并以此作为建筑设计的出发点，提高建筑设计的科学性，注重建筑使用时的便捷和效率；② 注意发挥新型建筑材料和建筑结构的性能，例如，框架结构中墙体不承重，建筑设计中可以根据空间需要灵活布置墙体；③ 努力用最少的人力、物力、财力建造出符合使用要求的建筑；④ 主张创造建筑新风格，坚决反对套用历史上的建筑样式，强调建筑形式与内容(功能、材料、结构、工艺)的一致性，主张灵活自由地处理建筑造型，突破传统的建筑构图模式；⑤ 认为建筑空间是建筑的主角，建筑空间比建筑平面或立面更重要，强调建筑艺术处理的重点应该从平面和立面构图转到空间和体量的三维总体构图，并且在处理立体构图时考虑到人在观赏建筑过程中的时间因素，产生了“空间—时间”的四维时空动态构图理论；⑥ 摒弃立面外表繁复的建筑装饰，认为建筑美的基础在于建筑处理的合理性和逻辑性。

2) 代表性建筑实例

(1) 萨伏伊别墅。萨伏伊别墅(Villa Savory)位于巴黎近郊的普瓦西(Poissy)，由现代主义建筑大师勒·柯布西耶于 1928 年设计，1930 年建成。简单的形体和平整的白色粉刷的外墙，几乎没有任何多余装饰，“唯一的可以称为装饰部件的是横向长窗，这是为了能最大限度地让光线射入”。

萨伏伊别墅是一个完美的理性主义作品。勒·柯布西耶原本的设计意图是用这种简约的、工业化的方法去建造大量低造价的平民住宅，没想到老百姓还没来得及接受，就让拥有亿万家产的年轻的萨伏伊女士相中，于是成就了一件伟大的作品，它所表现出的现代建筑原则影响了之后半个多世纪的建筑走向。

萨伏伊别墅深刻地体现了理性主义建筑所提倡新的建筑美学原则。表现手法和建造手段相互统一，建筑形体和内部功能有机配合，建筑形象合乎逻辑，构图上灵活均衡而非对称，处理手法简洁，体形纯净，在建筑艺术中吸取视觉艺术的新成果等，这些建筑设计理念启发和影响着无数建筑师。即便在今天，理性主义建筑仍为许多建筑师所青睐。因为它代表了进步、自然和纯粹，体现了建筑的最本质特点。

萨伏伊别墅的宅基为接近方形的矩形，长约 22.5m，宽为 20m，共三层。底层(圆形框架柱支撑的架空层)三面透空，由圆柱架起，内有门厅、车库和仆人用房，是由弧形玻璃窗所包围的开敞结构。二层有起居室、卧室、厨房、餐室、屋顶花园和一个半开敞的休息空间。三层为主卧室和屋顶花园，各层之间以螺旋形的楼梯和折形的坡道相联系，建筑室内外都没有装饰线脚，用了一些曲线形墙体以增加变化，如图 3-57 所示。

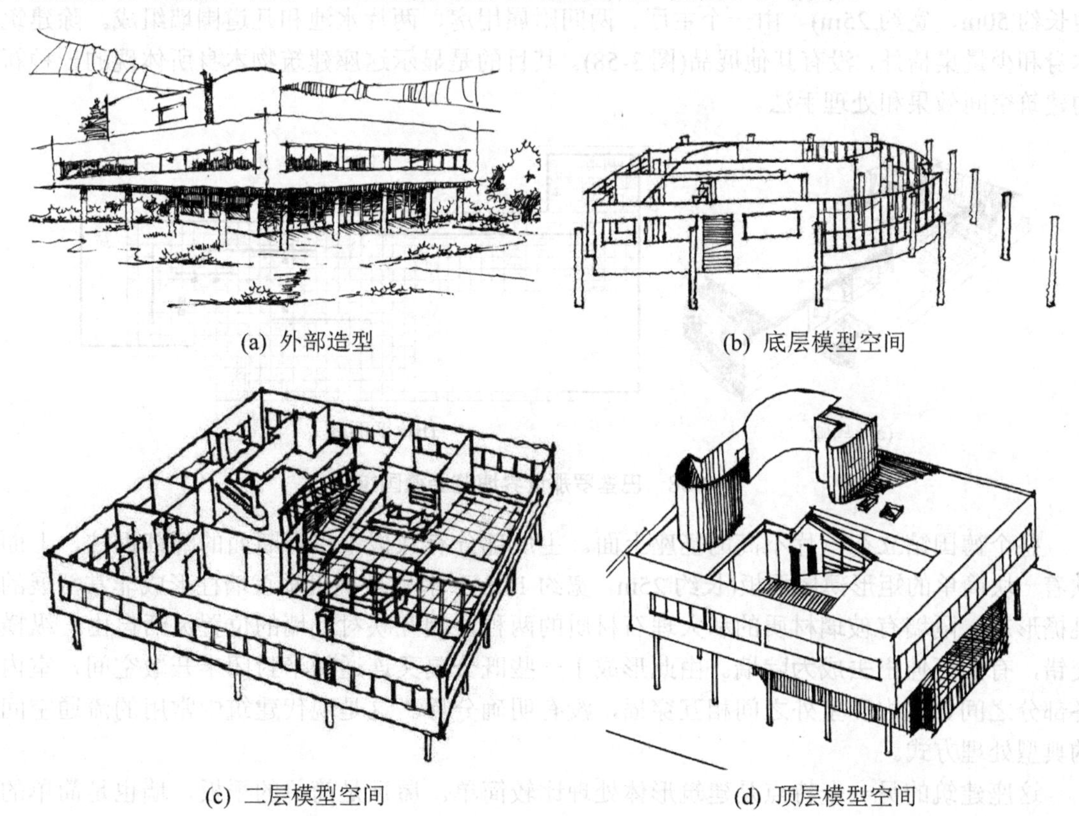

(a) 外部造型　(b) 底层模型空间

(c) 二层模型空间　(d) 顶层模型空间

图 3-57　萨伏伊别墅

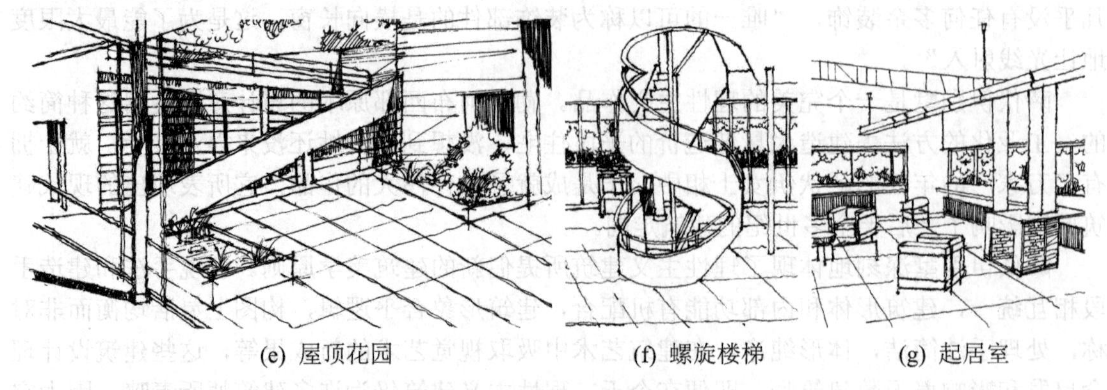

(e) 屋顶花园　(f) 螺旋楼梯　(g) 起居室

图 3-57　萨伏伊别墅(续)

该建筑采用了钢筋混凝土框架结构，梁悬挑于墙之外与柱子脱离形成横向长窗，平面、立面和空间布局自由，空间相互穿插，内外贯通，它外观轻巧，空间通透，装修简洁，与造型沉重、空间封闭、装修烦琐的古典豪宅形成了强烈对比。

(2) 巴塞罗那世界博览会德国馆。1929 年西班牙巴塞罗那世界博览会中的德国馆由“现代主义四大师”之一的路德维希·密斯·凡·德·罗设计，建于 1929 年，占地约 1250m^2(场地长约 50m，宽约 25m)。由一个主厅、两间附属用房、两片水池和几道围墙组成。除建筑本身和少量桌椅外，没有其他展品(图 3-58)。其目的是显示这座建筑物本身所体现的一种新的建筑空间效果和处理手法。

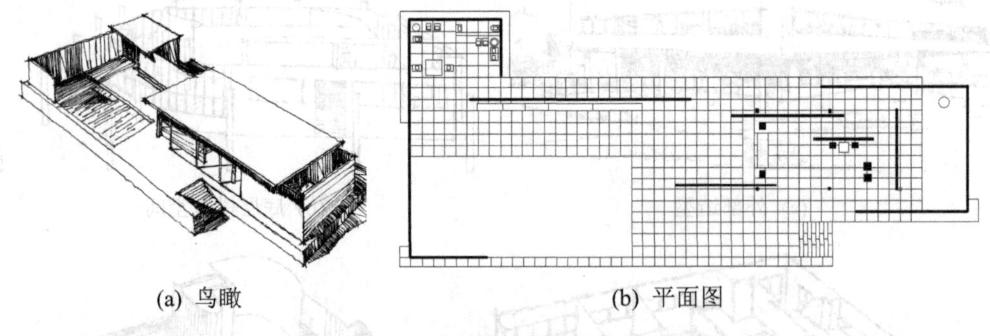

(a) 鸟瞰　(b) 平面图

图 3-58　巴塞罗那世界博览会德国馆

整个德国馆立在一片不高的基座上面。主厅部分有八根十字形断面的纤细钢柱，上面顶着一块简单的矩形薄屋面板(长约 25m，宽约 14m)，水平悬挑出垂直墙柱形成非常舒展的挑檐形态。隔墙有玻璃材质的和大理石材质的两种，相互映衬。墙的位置灵活自由，纵横交错，有的延伸出去成为院墙。由此形成了一些既分隔又连通的半封闭半开敞空间，室内各部分之间、室内和室外之间相互穿插，没有明确分界。这是现代建筑中常用的流通空间的典型处理方式。

这座建筑的另一个特点是建筑形体处理比较简单。屋顶是简单的平板，墙也是简单的光光的板片，没有任何线角，柱身上下没有变化。所有构件都直接交接，柱子顶着屋面板，竖板与横板相接，大理石板与玻璃板直接相连等。不同构件和不同材料之间不作过渡性的处理，一切都是非常简单明确，干净利索。同过去建筑上的烦琐装饰和收头处理的古典美学原则形成鲜明对照，给人以清新明快的印象。

正因为体形简单，去掉附加装饰，所以突出了建筑材料本身固有的颜色、纹理和质感。密斯在德国馆的材料运用上非常讲究。地面用灰色的大理石，墙面用绿色的大理石，主厅内部一片独立的隔墙还特地选用了华丽的红玛瑙大理石。玻璃隔墙有灰色的和绿色的，内部的一片玻璃墙还带有刻花。一个水池的边缘衬砌着黑色的玻璃。这些不同颜色和质感的大理石、玻璃再加上表面镀铬的纤细钢柱，使这座建筑具有一种高贵、雅致和鲜亮的气氛，如图3-59所示。

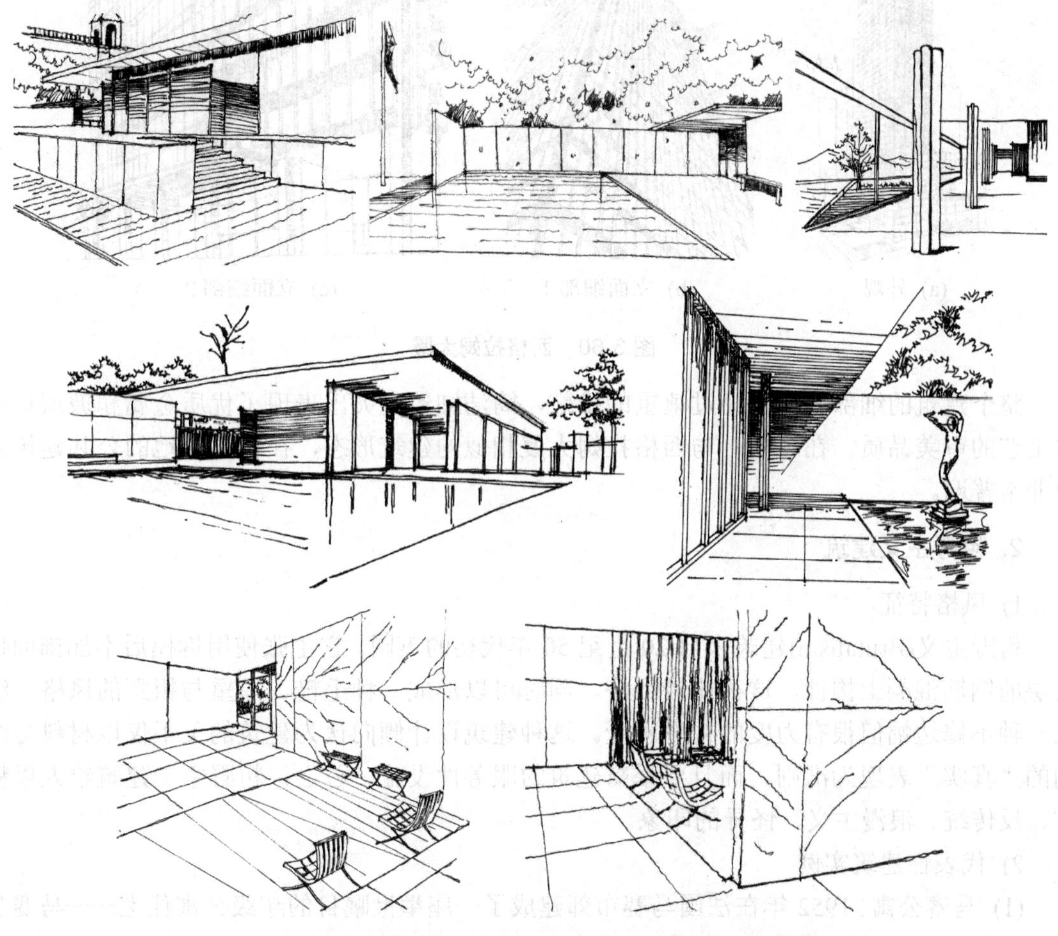

图3-59　巴塞罗那世界博览会德国馆(重建)局部空间组图

德国馆在建筑空间划分和建筑形式处理上创造了成功的新经验，充分体现了密斯的名言——“少就是多”，用新的材料和施工方法创造出丰富的艺术效果(自由灵活的空间组合)，开创了流动空间的新概念。它存在的时间短暂，但是对现代建筑却产生了广泛的影响。

(3) 西格拉姆大厦。西格拉姆大厦位于美国纽约市中心，建于1954—1958年，共38层，高158m，由密斯·凡·德·罗设计。该建筑用简化的结构体系、精简的结构构件、讲究的结构逻辑表现，使之产生没有屏障可供自由划分的大空间，完美演绎了“少就是多”的建筑原理。

在西格拉姆大厦设计中，设计者试图传达出高层建筑设计的精髓。建筑师没有采用纽约曼哈顿地区大多数高层塔楼常用的台式、金字塔式的古典复兴和哥特风格样式，而是把大厦主体处理成竖直的长方体三段式立面构图。

建筑师采用了当时刚刚发明的染色隔热玻璃作为幕墙的主要透光材料，这些占外墙面积 75%的琥珀色玻璃，配以青铜窗框分格，使西格拉姆大厦在纽约众多的高层建筑中显得优雅华贵，与众不同，如图 3-60 所示。

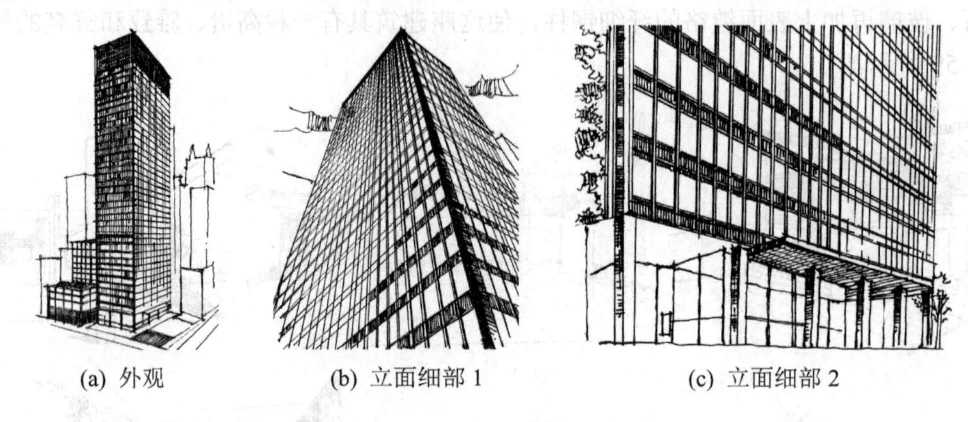

(a) 外观　　(b) 立面细部 1　　(c) 立面细部 2

图 3-60　西格拉姆大厦

整个建筑的细部处理都经过慎重的推敲，简洁细致，突出表现了优质金属和玻璃材质与工艺的审美品质。在今天，与西格拉姆大厦相似的建筑形态，在世界各地的公共建筑当中非常普遍。

2. 粗野主义建筑

1) 风格特征

粗野主义(Brutalism)建筑来自 20 世纪 50 年代初的英国。它主张使用拆模后不加饰面抹灰层的钢筋混凝土构件，这样比较经济，同时可以形成一种毛糙、厚重与粗野的风格，给人一种不修边幅但很有力度的视觉感受。这种建筑设计倾向认为建筑的美不仅以材料与结构的“真实”表现为准则，而且要暴露建筑的服务性设施。总之，粗野主义建筑给人以粗犷、反传统、浪漫主义、怪异的印象。

2) 代表性建筑实例

(1) 马赛公寓。1952 年在法国马赛市郊建成了一座举世瞩目的超级公寓住宅——马赛公寓，它是 20 世纪最著名的现代建筑大师之一——勒·柯布西耶(Le Corbusier)的代表作之一。

马赛公寓长 165m，宽 24m，高 56m，典型的板式高层体形。底层是敞开的柱墩，柱墩上面共 17 层，其中 1～6 层和 9～17 层是居住层，可供 337 户约 1600 人居住，中间 7、8 两层是商店和公用设施，这样的功能布置使得居住者足不出楼就可以获得各种日常生活服务。居住层有 23 种适合各种类型住户的套型，从单身汉到有八个孩子的家庭都可找到合适的套型。大部分套型采用“跃层式”的布局，靠套内独用小楼梯联系上下层；每三层只需设一条公共走道，减少了交通面积，如图 3-61 所示。

(a) 长轴主立面

(b) 短轴侧立面

图 3-61　马赛公寓

马赛公寓的外观是大量重叠的阳台，阳台的侧面墙上涂了鲜亮的红、绿、黄等颜色。它给人们留下的印象不仅是视觉上的冲击，更是精神上的唤醒，使人们从经历战争的心理阴霾中走出，体验到生活的积极向上。

地面层的架空柱墩上粗下细，并把每组双柱叉开成梯形，混凝土表面不做粉刷，留有木模板的木纹和接缝，显得粗犷有力，如图 3-62 所示。

更重要的是公寓的架空底层空间与地面上的城市绿化及公共活动场所相融，让居民尽可能接触社会、接触自然，增进了居民之间的相互交往。

柯布西耶还把住宅小区中的公共设施引进公寓内部，如商业街、游休憩绿地、娱乐设施等，使公寓成为满足居民心理需求的小社会，这些都值得当代的建筑师学习和借鉴，如图 3-63 所示。

图 3-62　马赛公寓底层架空空间

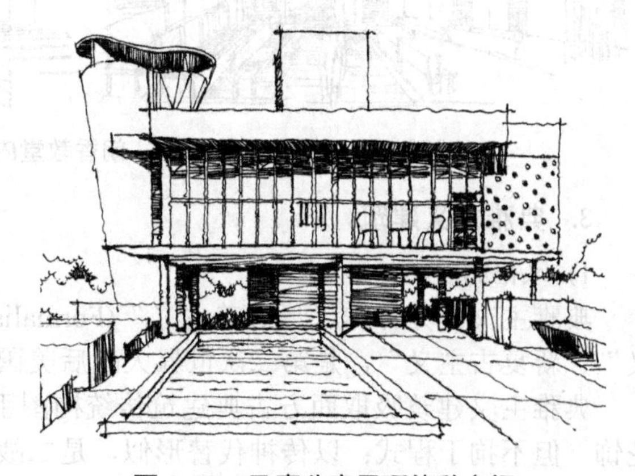

图 3-63　马赛公寓屋顶休憩空间

(2) 朗香教堂。朗香教堂，又译名为“洪尚教堂”，由勒·柯布西耶设计，建于 1950—1953 年，位于法国东部索恩地区距瑞士边界几英里的浮日山区的一座小山顶上，这里自 13 世纪以来就是朝圣的地方。朗香教堂的设计对现代建筑的发展产生了重要影响，被誉为 20 世纪最震撼、最具有表现力的建筑之一。教堂规模不大，内部主要空间长约 25m，宽约 13m，仅能容纳 200 余人，教堂前有一个可容纳近万人进行宗教朝拜的室外场地。

在朗香教堂的设计中，柯布西耶把重点放在建筑造型上和建筑形体给人的感受上。他摒弃了传统教堂的模式和现代建筑的一般设计手法，把它当作一件混凝土雕塑作品加以塑造。教堂造型奇异，平面不规则；墙体大部分是弯曲的，有的是倾斜的；塔楼式的祈祷室的外形像一座粮仓，如图 3-64 所示。

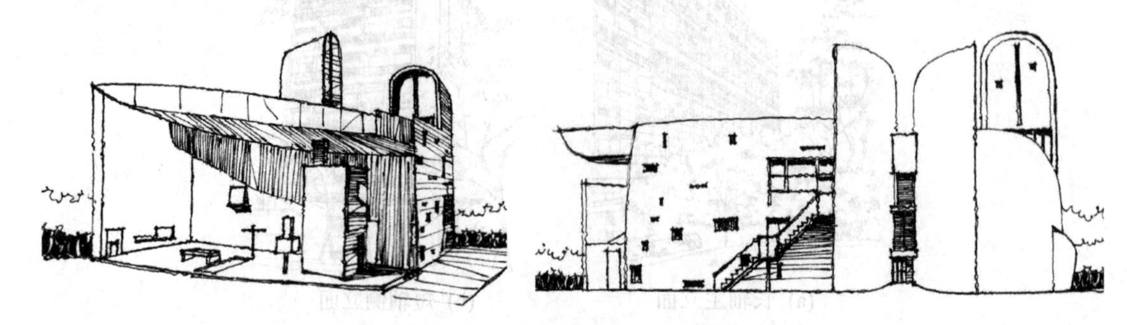

图 3-64　朗香教堂各向立面造型

沉重的屋顶向上翻卷，它与墙体之间留有一条 40cm 宽的带形空隙；粗糙的白色墙面上开着大大小小的方形或矩形的窗洞，上面嵌着彩色玻璃；入口在卷曲墙面与塔楼的夹缝处。室内主要空间也不规则，墙面呈弧线形，光线透过屋顶与墙面之间的缝隙和镶着彩色玻璃大大小小的窗洞投射下来，使室内产生了一种特殊的宗教性光环境气氛，如图 3-65 所示。

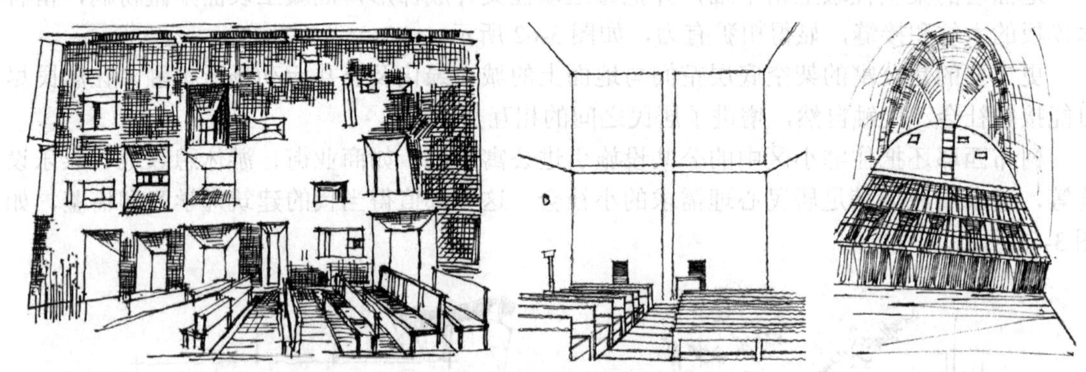

图 3-65　朗香教堂内部空间光环境

3. 典雅主义建筑

1) 风格特征

典雅主义，亦译作“形式美主义”(Formalism)，又称“新古典主义”“新帕拉蒂奥主义”“新复古主义”，是第二次世界大战后美国官方建筑的主要思潮。

典雅主义建筑吸取西方古典建筑传统构图手法，比例工整严谨，造型简练轻快，偶有花饰，但不拘于程式；以传神代替形似，是二战后新古典区别于 20 世纪 30 年代古典手法的标志；建筑风格庄重精美，通过运用传统美学法使现代的材料与结构产生规整、端庄、典雅的安定感。

典雅主义建筑发展到后期出现两种倾向：一种趋于历史主义，另一种则着重表现纯形式与技术特征。

2) 代表性建筑实例

(1) 美国驻新德里大使馆。美国驻新德里大使馆由爱德华 · 斯通(Edward Durell Stone，1902—1978 年)设计，1959 年建成。主楼为长方形，周围有一圈柱廊，左右对称，有明显的基座、柱子和檐部三个部分。这种构图与古希腊神庙有相通之处，但是柱子是带金色装饰的纤细钢柱，与古典柱式比例相差甚远，挑檐板也很薄。柱廊后面有大片花格墙，具有伊斯兰风格。这座使馆建筑融合古典与现代、东方与西方的建筑神韵，典雅高贵，受到了广泛的赞誉，如图 3-66 所示。

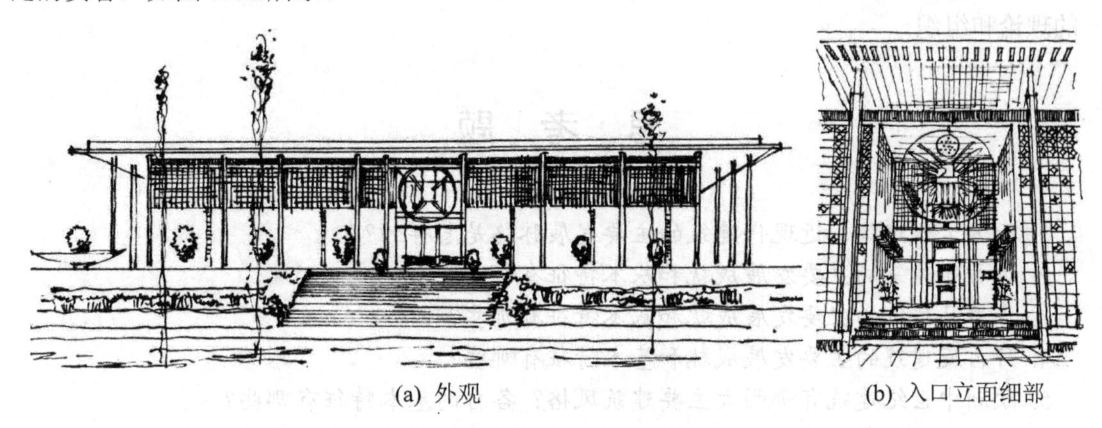

(a) 外观　　(b) 入口立面细部

图 3-66　美国驻新德里大使馆

(2) 纽约林肯艺术中心。纽约林肯艺术中心于 1957—1966 年建成，是一个规模宏大的群体建筑工程。包括舞蹈与轻歌剧院(约翰逊设计)，大都会歌剧院(哈里逊设计，位于广场中央)，爱乐音乐厅(阿伯拉莫维茨设计)和有围墙的包含有图书馆、展览馆的实验剧院(小沙里宁主持设计)。前三幢主要建筑环绕着中央广场布置，形成三面围合的对称构图。每个单体建筑形体都是简单的立方体，立面柱廊使用现代材料和形式语言表达着古典特色，但具体形式各不相同，统一中有变化，如图 3-67、图 3-68 所示。

(a) 鸟瞰　　(b) 舞蹈与轻歌剧院　　(c) 大都会歌剧院与爱乐音乐厅

图 3-67　纽约林肯艺术中心

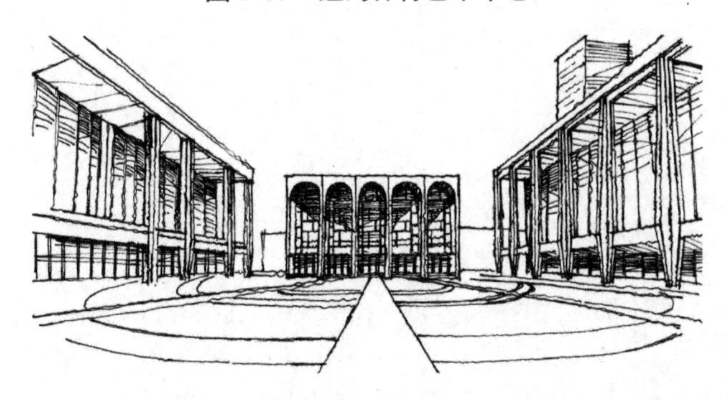

图 3-68　纽约林肯艺术中心中央广场

4. 后现代主义建筑思潮

20 世纪六七十年代以后出现的对现代主义建筑的观点和风格提出怀疑，进而反对和背离现代主义的倾向。它们包括许多派别，探求设计方法和建筑形式、风格的改革，没有统一的理论和组织。

思　考　题

1. 西方古代建筑、近现代建筑的主要发展脉络是怎样的?

2. 古希腊建筑的主要发展成就和基本特征有哪些?

3. 古罗马建筑的主要发展成就和基本特征有哪些?

4. 拜占庭建筑的主要发展成就和基本特征有哪些?

5. 欧洲中世纪建筑有哪两大主要建筑风格? 各自的基本特征有哪些?

6. 意大利文艺复兴建筑经历了怎样的发展过程? 三个分阶段之间有着什么样的关系? 各自的特点是什么?

7. 18世纪下半叶至19世纪上半叶的欧美建筑有哪几大主要倾向? 各自的风格特征是怎样的?

8. 19世纪下半叶至20世纪初欧美地区对新建筑的探索发展有哪几大主要思潮? 各自的风格特征是怎样的?

9. 二战后欧美地区的建筑发展与思潮有哪几大分支? 各自的设计理念、风格特征是怎样的?

第4章　现代高层与大跨建筑

【内容提要】

本章对工业化社会背景下社会生产力和科学技术突飞猛进后逐步发展的两类建筑形态——现代高层建筑和现代大跨度建筑进行了介绍和分析，总结了各自的发展过程、主要结构体系及建筑造型等特点，并对各时期不同结构类型的典型建筑作品进行了简要分析说明。

【学习目的】

- 认知现代高层建筑的发展变化过程、主要结构类型和特点。
- 认知现代大跨建筑的发展变化过程、主要结构类型和特点。

4.1 现代高层建筑

4.1.1 发展过程

1. 国外高层建筑发展情况

1) 19 世纪中叶至 20 世纪中叶

电梯系统的发明(1853 年奥蒂斯(OTIS)发明了安全载客升降机，解决了垂直方向的交通问题)和水泥(1824 年英国人 Joseph Aspdin 发明，1824 年被认定为波特兰水泥的诞生年，1843 年为波特兰水泥工业产品的诞生年)、混凝土、钢铁等新材料与新结构技术的应用为高层建筑产生发展奠定了必要的技术基础；同时随着城市化进程的发展与社会需求，现代高层建筑开始不断涌现。

现代高层建筑首先从美国兴起，这一阶段高层建筑的造型发展演变主要经历了芝加哥学派时期(1865—1893 年)和古典主义复兴时期(1893—1929 年)。1865 年南北战争结束，芝加哥成为美国北方产业中心。1830 年芝加哥设市以后，人口逐渐增加到 30 万，房屋建设只有采用应急而又便捷的“编篮式”木结构建筑做法。木结构房屋容易遭受火灾，1873 年的一场大火，烧毁了市区面积 8 km^2 的几乎所有建筑。1880 年起全力重建，由于当时商业活动的大力扩展带来城市用地紧张、地价上涨和市区人口密集，于是建筑师迎合投资人的意愿，逐渐采用增加层数的方式以大幅增加建筑面积。高层结构形式受“编篮式”木构架的启发，出现了钢铁框架，铆接梁柱。1883—1885 年间，詹尼设计了家庭保险公司大楼。这栋 10 层 42m 高的办公楼是世界上第一座钢铁框架结构的高层建筑，采用了生铁柱、熟铁梁、钢梁等，被公认为是现代建筑史上第一座真正意义上的高层建筑。加上芝加哥学派在高层建筑初期的重要影响，芝加哥成为现代高层建筑的故乡。

芝加哥时期的高层建筑处于早期的功能主义时期。当时建造高层建筑首先考虑的是经济、效率、速度、面积，功能优先，建筑风格退居次要位置，基本不考虑建筑装饰。体形与风格大都是表达高层建筑骨架结构的内涵，强调横向水平的效果，普遍采用扁阔的横长方形大窗，即“芝加哥窗”[图 4-1(a))]。1893 年芝加哥博览会后，高层建筑的发展中心逐渐转移到了纽约。与早期的功能主义体现的简洁外观相比，古典主义复兴时期的高层建筑试图在新结构、新材料的基础上将新的建筑功能与传统的建筑风格联系在一起，呈现出一种折中主义的面貌。其代表性建筑之一是克莱斯勒大厦(Chrysler Building，1930 年)，大厦共 77 层，高 319.4m，给人印象深刻的是它那金属质感的顶部尖塔造型[图 4-1(b)]。1913 年在纽约建成的伍尔沃思大楼，高 241m，52 层。1931 年在纽约建成的帝国州大厦，高 381m，102 层。这个阶段的高层建筑造型以哥特式风格为主，多层线脚，竖长方形高窗，外墙实墙面较多，虚实比例较均衡，强调竖向挺拔感。1929 年开始的经济大萧条影响到欧美国家的经济发展，并且一直持续到第二次世界大战后期，这段时期美国的高层建筑发展几乎停滞。

2) 20 世纪中叶以后

第二次世界大战后，随着城市建设需求的进一步增加，城市人口的日益集中，城市用

地的日趋紧张，新的建筑结构体系的发展，高层建筑的建造在世界范围内开始普及，从欧美、亚洲到非洲都有所发展。其特点是建造数量大、层数多、结构体系不断有所创新，建筑材料、计算理论和施工方法也不断更新。

这一阶段高层建筑的造型发展演变主要经历了现代主义时期二战后至 20 世纪 70 年代)和后现代主义时期(20 世纪 70 年代初至今)。现代主义时期，大致可以分为以下几个小的发展阶段：20 世纪 40 年代末到 50 年代末，伴随工业技术的迅速发展，以密斯·凡·德·罗为代表的讲求技术精美的倾向占据了主导地位，由欧洲普及并深入美国的“理性主义”带来了现代建筑的设计新形式，当然也波及高层建筑，这段时期简洁的钢结构国际式玻璃盒子建筑到处盛行，如芝加哥湖滨公寓[1951 年，密斯设计，图 4-l(c)]；随后，现代建筑以“粗野主义”[如勒·柯布西耶设计的法国马赛公寓大楼，图 4-l(d)]和“典雅主义”[如雅马萨奇设计的已毁于 2001 年“9·11”恐怖主义袭击事件的纽约世界贸易中心双塔，图 4-l(e)]为代表，进入形式上五花八门的发展时期，高层建筑的形式随之打破了一度时髦的单纯玻璃方盒子形象，对多种工业化造型手段都进行了尝试；60 年代末，在现代建筑的主流下，建筑思潮向多元化发展，并与反基调的后现代主义建筑创作进入并行的发展时期。

二战后，美国对高层建筑的发展起到了重要的推动作用，如 1974 年在美国芝加哥以钢结构束筒体系建成的西尔斯大厦(Sears Tower，SOM 建筑设计事务所设计)，共 110 层，高度 443m，其形体造型与结构巧妙结合，独具匠心，如图 4-l(f)。1974 年在休斯敦建成的贝壳广场大厦(Shell Plaza Building)，是 52 层钢筋混凝土筒中筒结构，高 217.6m。1976 年在纽约水塔广场建成了当前世界上最高的钢筋混凝土高层建筑水塔广场大楼(Water Tower Place Building)，地上 76 层，地下 2 层，高 262m，结构形式采用了筒体加框架的混合结构体系。

北美地区除美国以外，高层建筑在加拿大也有较大的发展。典型的例子有 1963—1968 年建成的多伦多市政厅大厦[图 4-1(g)]，是两座平面呈新月形的高层建筑，分别为 31 层(高 88.4m)与 25 层(高 68.6m)，创造了曲面板式高层建筑的新设计手法，整体造型优美舒展。此外，如多伦多在 20 世纪 70 年代初期建造的商业广场西大厦(Commerce Court West)，57 层，高 239m；1974 年在多伦多建造的第一银行大厦(Fist Bank Tower)，72 层方塔造型，高 285m。

在欧洲，由于法规不允许商业建筑将阴影投落在住宅和其他公共建筑上，二战以前没有商业高层建筑，整个欧洲地区很长时间内限制建筑物的高度，并且两次世界大战的破坏使欧洲缺少良好的外部环境。此外，出于对城市历史风貌的保护，除了法兰克福、鹿特丹等二战中毁坏程度较严重的城市，欧洲大部分具有商业中心地位的城市在改造和发展中都保持了谨慎和严格的高度控制标准。总体上欧洲地区人口趋于稳定，部分国家人口增长率接近于零，因此对高层建筑不如其他地区需求迫切，高层建筑的发展相对平缓。典型的例子如意大利米兰在 1955—1958 年建成的皮瑞利大厦[Pireli Tower，设计人：Gio Ponti 和 Pier Luigi Nervi 等，图 4-1(h)]可作为早期欧洲高层建筑的代表，平面为棱形。这座建筑把 30 层楼板挂在主要由四排直立的钢筋混凝土墙板上，而非采取传统的框架结构形式。l960—1973 年在法国巴黎也已建成 58 层(另有 6 层地下室)的曼恩·蒙帕纳斯大厦(Maine-Montparnasse)，高 229m，功能为办公楼，总建筑面积 11.6 万 m^2。

日本在 1964 年以前高层建筑极少，因日本建筑法规限制，不允许建高层建筑。战后日本对抗震抗风问题作了大量研究，1964 年 1 月废除了旧法规，1964 年建造了第一幢 17 层新大谷饭店，近年来日本兴建的 100m 以上的超高层建筑有几十座，并以钢结构为主。如东京新宿的京王旅馆，地上 47 层，地下 3 层。1974 年在东京建成的新宿三井大厦，55 层，高 228m。1979 年建成的东京池袋区商业中心“阳光大楼”，地上 60 层，地下 3 层，高 240m，功能为办公楼，采用钢结构筒中筒结构体系。

这里值得一提的还有，新加坡以高层住宅解决了 90%人口的居住问题，并就居住区的一切配套设施作了相应安排。1996 年建成的马来西亚吉隆坡石油公司大厦双塔，高 452m，88 层。台北的 101 金融大厦，建于 2004 年，高 508m，曾多年保持世界第一高楼的地位[图 4-1(i)]。目前建成的世界最高的建筑物是阿联酋迪拜的迪拜塔，高 828m。人类通过建筑征服高度的进程一直在进行着。

当前，环境观念和生态技术的发展，也使高层建筑设计更趋于人性化，关注使用环境的舒适和亲切，推动高层建筑向人性化、智能化、生态化方向发展。结构艺术风格、高技派以及生态型的高层建筑设计理念，在多元化的建筑发展中引起更多的关注。图 4-1(j)的东京世纪塔、图 4-1(k)的香港中国银行大厦(贝聿铭设计)和图 4-1(l)的纽约汉考克大厦都是属于高层建筑中结构艺术风格的代表作；图 4-1(m)的劳埃德大厦(理查德·罗杰斯设计)、图 4-1(n)的香港汇丰银行(诺曼·福斯特设计)则反映了高层建筑中高技派的趋向；图 4-1(o)的法兰克福商业银行是建筑史上公认的第一栋生态型高层建筑；图 4-1(p)瑞典马耳摩的旋转高层住宅则是建筑师卡拉特拉瓦在高层建筑中利用结构进行造型处理的新尝试，通过楼板逐层旋转的方式创造了高层建筑的新体形。总的来说，高层建筑已在世界范围内逐步兴起和发展，并呈现出多元化的发展倾向。

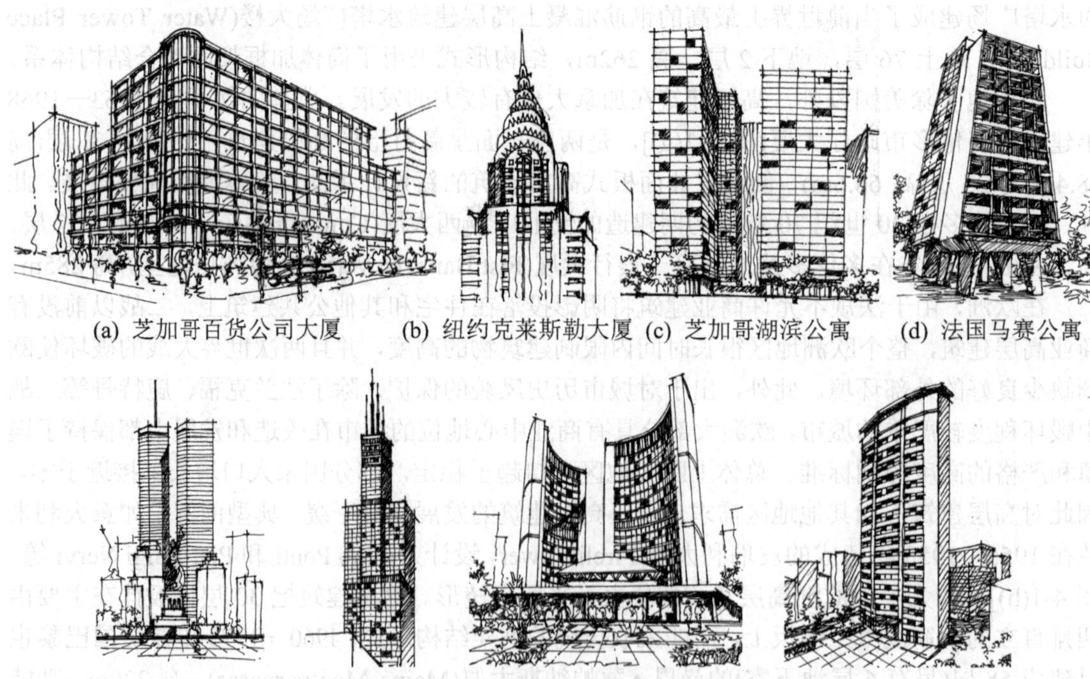

(a) 芝加哥百货公司大厦　(b) 纽约克莱斯勒大厦　(c) 芝加哥湖滨公寓　(d) 法国马赛公寓

(e) 纽约世界贸易中心双塔　(f) 芝加哥西尔斯大厦　(g) 多伦多市政厅大厦　(h) 米兰皮瑞利大厦

图 4-1　世界高层建筑典例

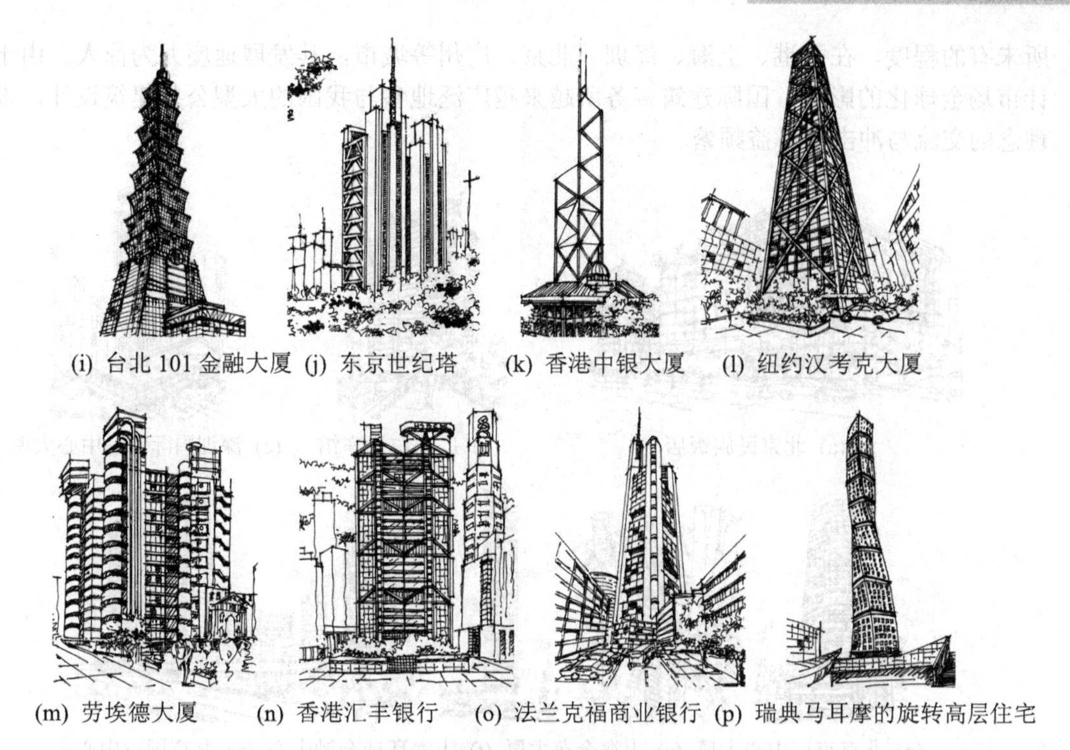

(i) 台北 101 金融大厦 (j) 东京世纪塔 (k) 香港中银大厦 (l) 纽约汉考克大厦

(m) 劳埃德大厦 (n) 香港汇丰银行 (o) 法兰克福商业银行 (p) 瑞典马耳摩的旋转高层住宅

图 4-1　世界高层建筑典例(续)

2. 国内高层建筑发展情况

中国近现代的高层建筑始建于 20 世纪 20~30 年代的上海。1934 年在上海建成的国际饭店，高 22 层，83m 高，当时号称远东第一高楼。1949 年新中国成立后，为适应我国城乡建设的发展，在四个现代化和改革开放方针政策的指导下，城乡建设迅速发展，为了节约用地、改变城市面貌、改善人民居住条件，我国高层建筑有了迅速的发展。20 世纪 50 年代在北京建成 13 层的北京民族文化宫、12 层的民族饭店[图 4-2(a)]、15 层的民航大楼；1960—1970 年在广州建成 18 层的人民大厦、27 层的广州宾馆、33 层的广州白云宾馆[图 4-2(b)]。70 年代末期起，全国各大城市兴建了大量的高层住宅，如北京前三门、复兴门、建国门和上海漕溪北路等处，以及大批高层办公楼、旅馆等。1978—1981 四年间全国建成高层建筑 500 余幢。1989 年年底建设部系统已建成的高层建筑约 900 万 m^2。80 年代以后，高层建筑发展更快，比较典型的例子有：1986 年建成的深圳国际贸易中心大厦[图 4-2(c)]，建筑面积为 10 万 m^2，主体为 50 层，高度 160m，第 49 层为旋转餐厅，塔楼顶面为直升机停机坪。1990 年建成的北京京广中心大厦[图 4-2(d)]，高度 208m，52 层。1998 年建成的上海金茂大厦[SOM 建筑设计事务所设计，图 4-2(e)]，高度 420m，88 层。2008 年建成的上海环球金融中心[图 4-2(f)]，101 层，高 492m。此外，还有北京国贸中心[图 4-2(g)]、北京长城饭店[图 4-2(h)]、广州广东国际大厦[图 4-2(i)]、南京金陵饭店、上海联谊大厦、深圳地王大厦[图 4-2(j)]等。香港地区于 1985 年建成香港汇丰银行大楼，总建筑面积 9.9 万 m^2，地上 48 层，地下 4 层，由美国著名建筑师诺曼・福斯特(Norman Fostor)设计。此外，1989 年在香港建成的中国银行大厦，高 315m，70 层，由美籍华裔著名建筑师贝聿铭设计。

随着中国城市化进程的不断深入发展，高层建筑在建设规模和建筑高度上都达到了前

所未有的程度，在香港、上海、深圳、北京、广州等城市，其发展速度尤为惊人。由于设计市场全球化的影响，国际建筑事务所越来越广泛地参与我国的大型公共建筑设计，设计理念的交流与冲击也日益频繁。

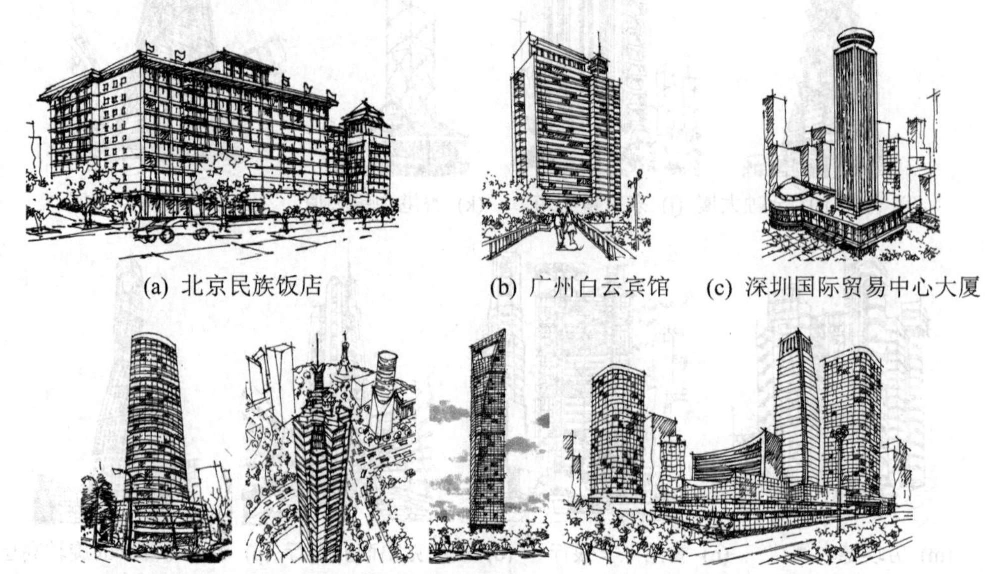

(a) 北京民族饭店 (b) 广州白云宾馆 (c) 深圳国际贸易中心大厦

(d) 北京京广中心大厦 (e) 上海金茂大厦 (f) 上海环球金融中心 (g) 北京国贸中心

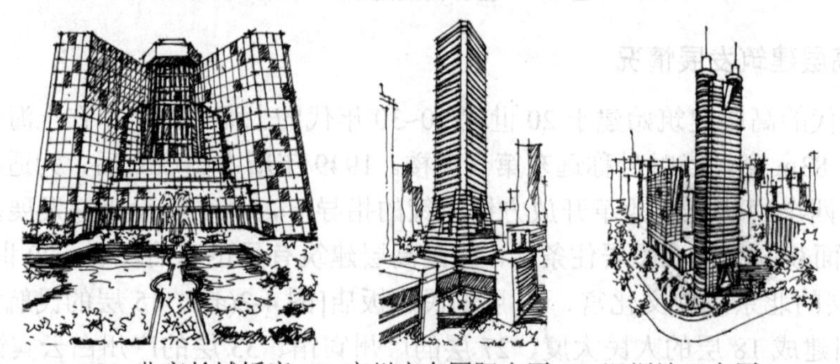

(h) 北京长城饭店 (i) 广州广东国际大厦 (j) 深圳地王大厦

图 4-2 中国高层建筑典例

4.1.2 基本概念

1. 高层建筑按层数及高度分类

现代高层建筑是指超过一定高度和层数的多层建筑。1972 年国际高层建筑会议将高层建筑分为 4 类：第一类为 9～16 层(最高 50m)，第二类为 17～25 层(最高 75m)，第三类为 26～40 层(最高 100m)，第四类为 40 层以上(高于 100m)，即超高层建筑。

我国现行的《建筑设计防火规范》(GB 50016—2014)中规定建筑高度大于 27m 的住宅建筑和建筑高度大于 24m 的非单层厂房、仓库和其他民用建筑为高层建筑。在《民用建筑设计通则》(GB 50352—2005)规定：建筑高度大于 100m 的民用建筑为超高层建筑。建筑高度通常是指建筑物室外地面到其檐口或屋面结构面层的高度。

2. 高层建筑按体形分类

1) 板式高层建筑

建筑平面呈长条形的高层建筑，其体形如板状。通常建造高度小于100m，建筑形体产生的阴影区影响较大，日照遮挡问题较突出。

2) 塔式高层建筑

建筑平面长宽接近的高层建筑，其体形呈塔状。适合于建造100m以上高度的超高层建筑，造型挺拔，向上感强。

3. 高层建筑按功能要求分类

高层建筑按功能要求分为高层办公楼、高层住宅、高层旅馆、高层商住楼、高层综合楼、高层科研楼、高层档案楼、高层电力调度楼等。

4. 按防火要求分类

由于其自身的特点，高层建筑对防火及疏散的要求较高。根据建筑物的使用性质、火灾危险性、疏散及扑救难度等因素分类。我国《建筑设计防火规范》(GB 50016—2014)将高层建筑分为一类和二类，详见表4-1。

表4-1　高层建筑分类

名　称	高层民用建筑		单、多层民用建筑
	一　类	二　类	
住宅建筑	建筑高度大于54 m的住宅建筑(包括设置商业服务网点的住宅建筑)	建筑高度大于27 m，但不大于54 m的住宅建筑(包括设置商业服务网点的住宅建筑)	建筑高度不大于27 m的住宅建筑(包括设置商业服务网点的住宅建筑)
公共建筑	1. 建筑高度大于50 m的公共建筑； 2. 任一楼层建筑面积大于1000 m^2的商店、展览、电信、邮政、财政金融建筑和其他多种功能组合的建筑； 3. 医疗建筑、重要公共建筑； 4. 省级及以上的广播电视和防灾指挥调度建筑、网局级和省级电力调度建筑 5. 藏书超过100万册的图书馆、书库	除一类高层公共建筑外的其他高层公共建筑	1. 建筑高度大于24 m的单层公共建筑； 2. 建筑高度不大于24 m的其他公共建筑

注：① 表中未列入的建筑，其类别应根据本表类比确定。

② 除本规范另有规定外，宿舍、公寓等非住宅类居住建筑的防火要求，应符合本规范有关公共建筑的规定；裙房的防火要求应符合本规范有关高层民用建筑的规定。

5. 高层建筑发展的原因和存在的问题

总的来说，高层建筑在世界范围内快速发展主要有以下原因。

(1) 18世纪末的西方产业革命，使现代机器大工业迅速发展，人口集中于城市，造成用地紧张，迫使建筑向更高方向发展。

(2) 从城市管理及规划角度看，城市建筑向更高的方向发展，可缩短各种工程管线和道路长度，节约投资。

(3) 高层建筑增加了建筑的密集度，缩短了各部门相互间的距离，使横向和竖向联系结合起来，提高了效率。

(4) 在相同的城市占地面积下，高层建筑可节约用地，提供更多的地面空间供美化、绿化，改善了城市微气候环境。

(5) 由于科学技术的发展，建筑结构体系和结构技术取得了前所未有的突破，同时轻质高强的建筑材料的发明运用，各种水、暖、电、自控等现代化设施的出现，以及先进的施工技术及施工机械的不断涌现，都为高层建筑的发展奠定了坚实的物质基础。

(6) 各种现代建筑思潮为高层建筑提供了理论依据。从城市空间组合和城市环境需要考虑，建造一定数量的高层建筑，对丰富建筑造型和改善城市面貌能起到有益的作用。

但是，高层建筑无论在建筑技术和建筑艺术的处理方面，还是带给人们心理和生理的影响方面，仍有很多课题需要研究并妥善解决，使高层建筑逐步完善，真正为改善城市面貌和为人类创造良好的生活与工作环境起到积极作用。

4.1.3 高层建筑结构体系与造型

1. 从建筑材料来划分高层建筑的结构形式

1) 砌体结构

砌体结构强度较低、自重大、抗震性能差，在我国只适用于 6 层及其以下的民用建筑；在国外轻质高强空心砌块的强度可达 40~70MPa，因此砌体结构房屋可用于建造 8~18 层的住宅建筑。

2) 钢结构

钢结构具有自重轻，强度高，并具有较好的延性，能够承受较大的变形，施工速度快，便于装配等特点。在国外钢结构用于高层建筑较为普遍，国内由于钢材人均产量少、造价高，故一般多在超高层建筑中采用。

3) 钢筋混凝土结构

同砌体结构相比，钢筋混凝土结构强度高、刚度好、抗震性好，与钢结构相比耐火、耐久性强、材料来源丰富，因此在我国高层建筑中得到广泛应用。

2. 从受力特征来划分高层建筑的结构体系

高层建筑结构形式，应根据房屋性质、层数、高度、荷载作用和物质技术条件等因素来加以选择。由于水平荷载成为高层建筑结构设计的控制性因素，所以需要设置抵抗水平荷载的抗侧力体系，它应有足够的强度、刚度和延性。根据抗侧力体系各自的特点，又形成了不同的高层建筑结构体系。其基本体系可分为纯框架结构体系、纯剪力墙结构体系和筒体结构体系，基本体系之间可形成混合体系，应用最广泛的混合体系是框架-剪力墙结构体系和框架-筒体结构体系。下面将对这五种结构体系逐一介绍。

1) 纯框架结构体系

(1) 结构特征、优缺点和适用范围。纯框架结构体系是指整个结构的纵向和横向全部由框架单一构件组成的梁柱格构化体系，梁柱节点为柔性节点。框架既负担垂直荷载(如重力)，又负担水平荷载(如风)。在水平荷载的作用下，该体系强度低、刚度小、水平位移大，因此又称为柔性结构体系。如图 4-3 所示。

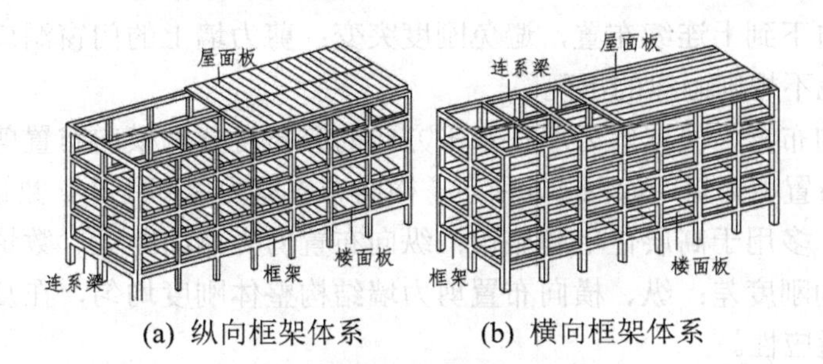

(a) 纵向框架体系　(b) 横向框架体系

图 4-3　纯框架结构体系

纯框架结构体系在抗震设防烈度高的地区不宜采用。目前主要用于 10 层左右的住宅建筑及办公楼等公共建筑。纯框架结构体系的建筑过高就要靠加大梁、柱截面来抵抗水平荷载，从而导致结构的不经济。该体系的优点是建筑平面布置灵活(梁柱格构间的墙体为填充墙，不承重，可灵活布置)，可提供较大的内部空间，使建筑平面布置受墙体限制较少。

(2) 柱网布置及尺寸。框架柱的截面通常为正方形、矩形或圆形；框架梁的截面常为竖长矩形，也可根据需要设计成 T 形、I 形及其他形状。为了提高房屋的净高，框架梁也可设计成花篮形截面(装配式建筑中常用)。如图 4-4 所示。柱网布置应满足使用要求，并使结构布置合理、受力明确、施工方便，在经过经济、性能、技术等综合比较后，选用合适的柱网。

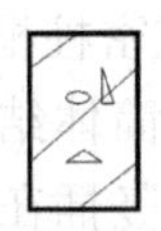
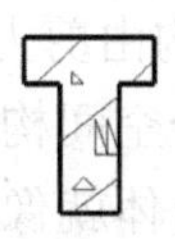
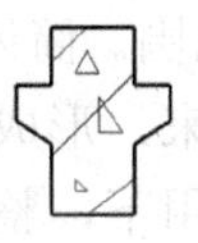
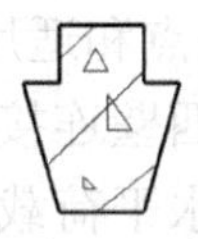

图 4-4　框架柱梁常见截面形式

根据我国情况，框架梁跨度(即柱网间距)通常在 4～9m 之间。梁截面高度(h)可以根据梁的跨度(L)进行估算。梁截面高度 h=(1/15～1/10)L。梁截面宽度 b=(1/2～1/3) h，但不宜小于 200mm，框架柱截面边长不宜小于 300mm(矩形截面)或 350mm(圆形截面)。

2) 纯剪力墙结构体系

(1) 结构特征、优缺点及适用范围。纯剪力墙结构体系，是指该体系中竖向承重结构全部由一系列横向和纵向的钢筋混凝土墙(因配有钢筋骨架、抗剪切强度大故又称剪力墙)所组成，剪力墙不仅承受重力荷载，还要承受风、地震等水平荷载，该结构体系侧向刚度大、侧向位移小，称为刚性结构体系，如图 4-5 所示。

剪力墙通常为横向布置，间距小，约为 3～6m，因此平面布置不够灵活，仅适用于小开间的高层住宅、旅馆、办公楼等建筑类型，该体系从理论上讲可建造上百层的民用建筑，但从技术经济方面考虑，高抗震设防烈度地区(8、9 度)的剪力墙结构体系一般控制在 35 层以下、总高度 110m 以内，低抗震设防烈度地区(6、7 度)可适当放宽。

(2) 剪力墙结构布置。剪力墙结构体系中剪力墙的布置原则应是，水平方向宜纵横双向布置剪力墙，在抗震设计中必须沿双向布置，应避免仅有单向剪力墙的结构布置形式。剪力墙垂直方向宜自下到上连续布置，避免刚度突变；剪力墙上的门窗洞口宜上下对齐，成列布置，尽量避免不规则洞口的出现。

纯剪力墙结构布置中根据剪力墙在水平方向的分布可分为横向布置剪力墙、纵向布置剪力墙及纵横向布置剪力墙，如图 4-6 所示。横向布置剪力墙间距小、数量多，划分的空间小，结构刚度好，多用于高层住宅和旅馆；纵向布置剪力墙间距大、数量少，可以获得较大的空间，但结构刚度差；纵、横向布置剪力墙结构整体刚度均匀，在复杂的功能空间组织中具有更强的适应性。

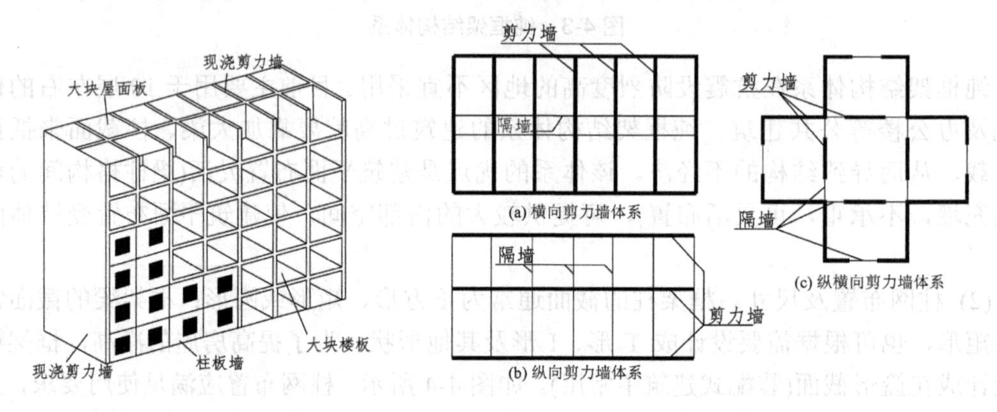

图 4-5　纯剪力墙结构体系　　图 4-6　剪力墙结构布置

3) 筒体结构体系

(1) 结构特征、优缺点和适用范围。筒体结构由剪力墙或密柱框架围合成竖向井筒，并以各层水平楼板将井筒四壁连接起来，形成一个空间构架。筒体结构比单片框架或剪力墙的空间刚度大得多，在水平荷载作用下，整个筒体就像一根竖插在地上的悬臂梁把水平力传至地基。筒体结构不仅能承受垂直荷载，而且能承受很大的水平荷载。筒体结构所构成的内部空间较大，建筑平面布局灵活，能适应多种类型的建筑。筒体结构适用于超高层建筑，尤其在高抗震设防烈度地区更能显示其优越性。

(2) 筒体结构的类型。筒体可分为实腹式筒体和空腹式筒体。由剪力墙围合成的筒体称为实腹式筒体，或称墙式筒体(简称墙筒)；由密集立柱围合成的筒体则称为空腹式筒体，或者叫框架式筒体(简称框筒)。

根据筒体的数目多少和布置方式的不同又可分为单筒、筒中筒和束筒三种类型。

① 单筒结构。单筒很少单独使用，一般是多个筒体相互嵌套(筒中筒结构)或积聚成束(束筒结构)使用，或是与框架结构混合使用。

② 筒中筒结构。筒中筒是指由内外套置的几层筒体，内外筒之间通过水平楼板连成整体，内筒范围的大部分面积被楼电梯井所占据，水平方向支撑少、刚度较弱。由于是几层筒体的共同工作，故筒中筒结构比单筒结构承受的水平力要大得多。筒中筒结构的“内筒”一般布置成辅助房间和交通空间，多采用实腹筒，也可用空腹筒，“外筒”宜采用空腹筒，

有利于外墙开窗洞采光。筒中筒结构形成的内部空间较大，再加上抗侧向刚度大，所以特别适用于建造办公、商业、旅馆等多功能的超高层建筑。世界上最高的筒中筒结构是纽约的原世界贸易中心双塔，110 层，411.5m 高，由内外两层钢结构筒体组成筒中筒结构。图 4-7 为广东国际大厦标准层结构平面，外观参见图 4-2(i)，塔楼部分也是采用的筒中筒结构，外筒钢筋混凝土框架筒 37m×35.1m，内筒钢筋混凝土墙筒 23.1m×17m。地面以上 63 层，主楼高度 200m，另有 3 层地下室。

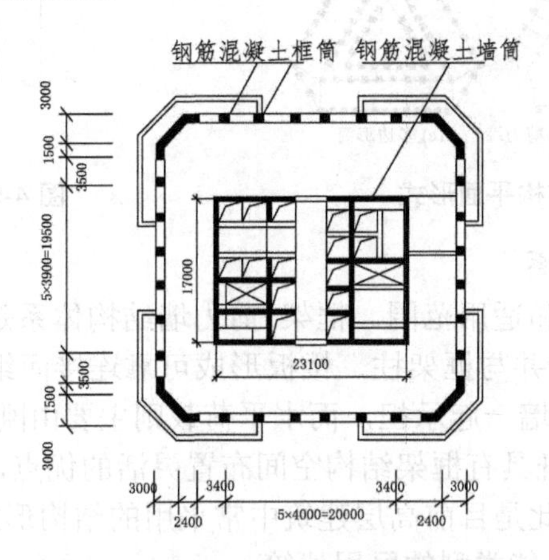

图 4-7　广东国际大厦标准层结构平面

③ 束筒结构。束筒就是由若干个筒体相互并列连接在一起的结构体系，其整体刚度相比筒中筒结构有显著提高，这样就能把筒体建筑建造得更高，1974 年建成的美国芝加哥西尔斯大厦就是采用的束筒结构，该建筑由 SOM 建筑设计事务所设计，地上 110 层，高度 443m，地下 3 层，总建筑面积 41.8 万 m^2。底部平面为 68.7m×68.7m，由 9 个 22.9m×22.9m 的密柱框架筒体呈井字形并联组成，框架柱间距均为 4.57m。整个大厦平面随层数增加而分段收缩。在 50 层以上切去两个对角正方形，60 层以上切去另外两个对角正方形，90 层以上再切去三个正方形，最后只剩下两个正方形筒体到顶，参见图 4-23(b)所示。大厦造型如 9 个高低不一的方形空心筒集束在一起，挺拔稳定，不同方向的立面形态均不相同。这种束筒结构体系是建筑设计与结构创新相结合的成果。

(3) 筒体结构布置要点。筒体结构的平面形式常见的有正方形和矩形，也可以采用圆形、椭圆形、三角形、多边形等形式，见图 4-8。矩形平面的筒体长短边之比不宜大于 1.5，这样可使筒体更好地发挥空间受力作用。空腹式筒体的立柱间距不能太大，否则会影响筒体的整体性。柱距一般不宜大于 3m，个别可扩大到 4.5m，但一般不应大于层高。横梁高度通常在 0.6~1.5m 左右，上下横梁和左右两根柱之间的空隙可开窗洞或填充实体墙。为了保证空腹式筒体的整体工作，开窗面积不宜大于整个墙面的 60%。为了使筒中筒结构的内筒、外筒协同受力，内筒的长度 L_1 不应小于外筒长度 L 的 1/3。同理，内筒的宽度 B_1 不应小于外筒宽度 B 的 1/3，见图 4-9。

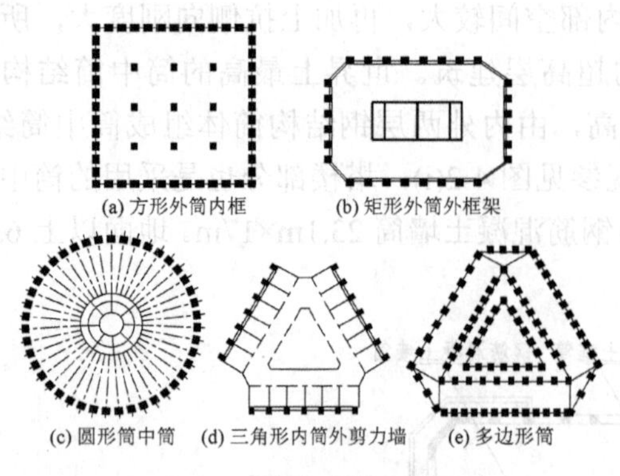

图 4-8 筒体结构平面形式

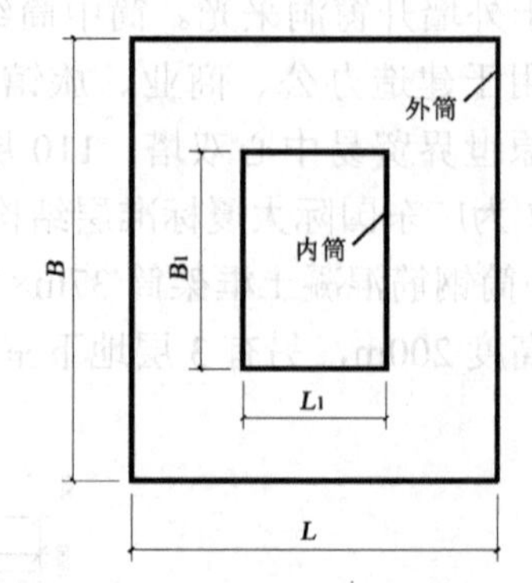

图 4-9 内外筒平面尺寸要求

4) 框架-剪力墙结构体系

(1) 结构特征、优缺点和适用范围。框架-剪力墙结构体系是在框架结构体系中增设一定数量的纵、横向剪力墙，并与框架柱、楼板形成可靠连接而组成的混合结构体系。建筑的垂直荷载由框架柱和剪力墙一起承担，而水平荷载则主要由刚度较大的剪力墙来承担。

框架-剪力墙结构体系既具有框架结构空间布置灵活的优点，又具有剪力墙结构能承受较大的水平推力的优点，因此是目前高层建筑中常采用的结构形式。一般适用于 25 层以下，总高度在 90m 以内的各种功能类型的民用建筑。

(2) 结构布置原则。框架-剪力墙结构体系中，框架结构布置方法与纯框架结构布置相同，关键是如何合理布置剪力墙的位置，既能满足建筑使用空间要求，又起到剪力墙承受大部分水平荷载的作用。所以，剪力墙的数量、间距、位置等布置合理与否，对高层框架-剪力墙结构受力、变形及经济性影响很大。下面就其布置原则和要求分述如下。

① 剪力墙的平面位置。在进行建筑平面设计时应同时考虑剪力墙的位置，使建筑和结构相互协调。高抗震设防烈度地区剪力墙应沿建筑物纵、横两个方向布置，低抗震设防烈度地区，可仅沿横向布置剪力墙。剪力墙宜对称布置，设在建筑物端部、平面形状变化以及静荷载大的部位。剪力墙中心线应与框架柱截面中心线重合，并使剪力墙与柱布置在一起形成 Π、L、T、一字形，如图 4-10 所示。

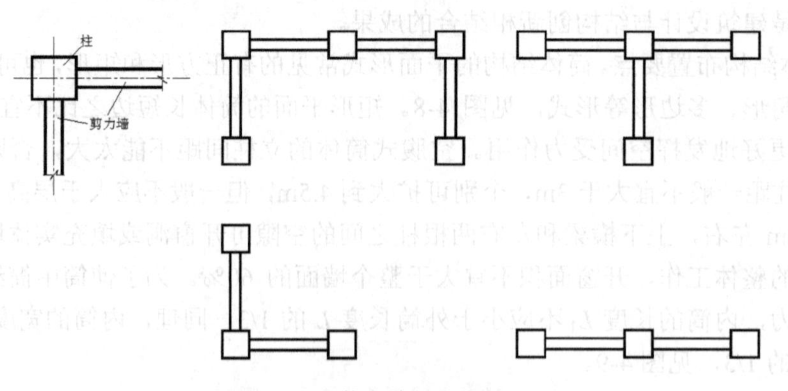

图 4-10 剪力墙的组合形式

② 剪力墙沿高度方向的布置。剪力墙宜贯通建筑的全高，其截面厚度应不变，防止刚度剧烈变化。在框架-剪力墙体系中剪力墙尽量不开洞，如必段开洞应布置在中部，开洞面

积与剪力墙面积之比小于 0.16。

③ 剪力墙的间距。剪力墙间距不宜过大，使楼板平面内的刚度足够大，从而保证框架与剪力墙侧移一致，可靠地传递水平荷载，因此要求在现浇楼板中 $L/B \leqslant 4$(式中 L 为剪力墙间距；B 为建筑宽度)；在现浇面层的装配式钢筋混凝土楼板中 $L/B \leqslant 2.5$。

④ 剪力墙的数量。合理确定剪力墙的数量，保证剪力墙能够承担 80%～90%的水平荷载，用指标“壁率”表示。“壁率”就是指每平方米建筑面积中剪力墙水平截面的长度，单位为 cm/m^2。一般情况下“壁率”范围为 12~50 cm/m^2。

5) 框架-筒体结构体系

(1) 结构特征。由筒体和框架共同组成的结构体系称为框架-筒体体系。筒体是一个立体构件，具有很大的抗推刚度和承载力，作为该体系的主要抗侧力构件，承担绝大部分的水平荷载。而框架主要承担垂直重力荷载。从建筑平面布置来看，通常将所有辅助服务用房和交通等公用设施都集中布置于筒体内，以保证框架大空间的完整性，从而有效地提高建筑平面的利用率。

(2) 框架-筒体结构的类型。根据筒体的数量和位置，可将框架-筒体体系分为核心筒-框架体系和多筒-框架体系两类。

① 核心筒-框架体系。核心筒-框架体系是指将筒体布置在建筑平面的中心位置，并在外围布置框架的结构体系，又称为内筒外框架体系，因为大多数的高层建筑常把楼梯间、电梯井和设备管道井布置在建筑物的中心部位，这些井道便成了天然的筒体结构，框架布置在它们的外围，以便外墙开窗洞获得良好的天然采光，如图 4-11 所示。

② 多筒-框架体系。多筒-框架体系包括三种常见类型：第一种是两个端筒+中部框架(图 4-12)；第二种是核心筒+两个端筒+中部框架(图 4-13)；第三种是核心筒+角筒+中部框架(图 4-14)。第一种类型的特点是可以在建筑中部获得开敞大空间，第二种类型适用于平面形状比较狭长的板式高层建筑，第三种类型适用于平面尺寸较大的各种多边形高层建筑。

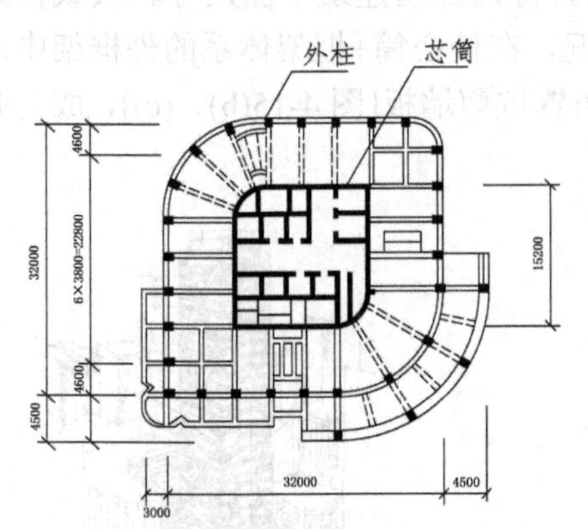

图 4-11　广州潮汕大厦 8～25 层结构平面

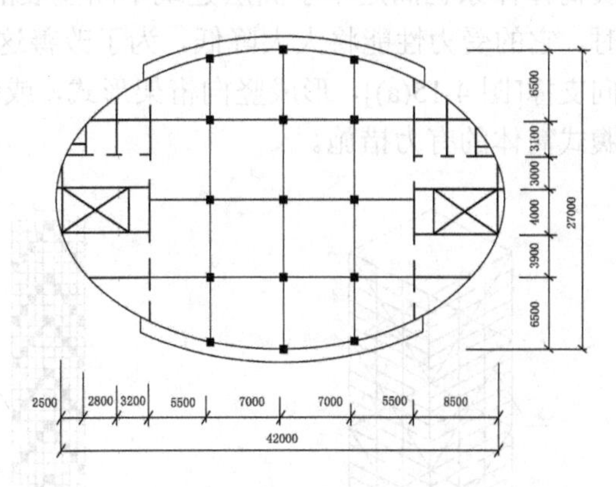

图 4-12　兰州工贸大厦标准层结构平面

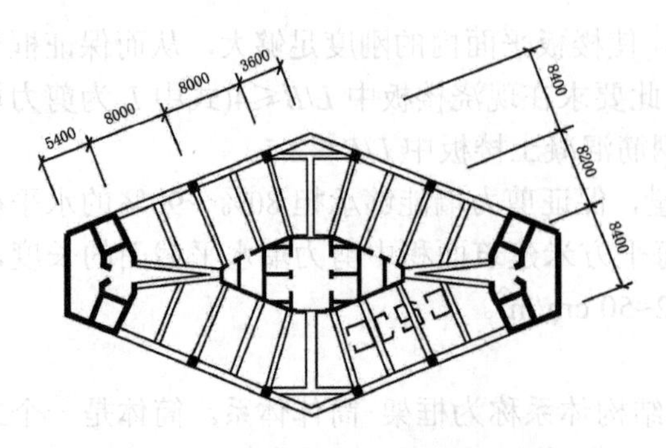

图 4-13　深圳北方大厦标准层结构平面

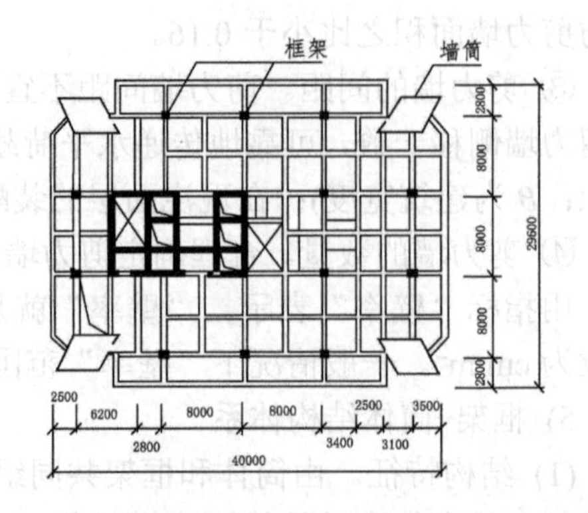

图 4-14　深圳中国银行大厦标准层结构平面

在多筒-框架体系中，由于筒体的存在，使得结构刚度大大加强，能够抵抗很大的水平荷载。同时，该体系能有效地利用建筑面积，具有良好的技术经济性能，因而使用灵活广泛。

3. 高层建筑结构与造型的发展趋势

进入 21 世纪，高层建筑继续向着更大的高度、更大的体量和更加综合的功能发展，也对高层建筑结构提出了更高的要求。在确保结构安全的前提下，为了进一步节约材料和降低造价，结构与造型设计概念在不断更新，呈现出以下几种主要发展趋势。

1) 竖向抗侧推体系支撑化、周边化、空间化

由于水平荷载成为高层建筑结构设计的控制性因素，所以建立有效的竖向抗侧推体系成为核心问题，以此抵抗各种水平荷载的作用。在高层建筑抗侧推体系的发展过程中有一个从平面体系发展到立体体系的演化过程，即从框架体系到剪力墙体系，再到筒体体系。

但随着建筑高度的不断增加、建筑体量的不断加大以及建筑功能的日趋复杂，即使是空腹筒体体系也满足不了高层建筑不断发展的要求。特别是当建筑平面尺寸较大或柱距较大时，它的受力性能将大大降低。为了改善这一情况，在核心筒+框架体系的外框架中增设斜向支撑[图 4-15(a)]，形成竖向桁架形式，或斜向布置抗剪墙板[图 4-15(b)、(c)]，成为强化空腹式筒体的有力措施。

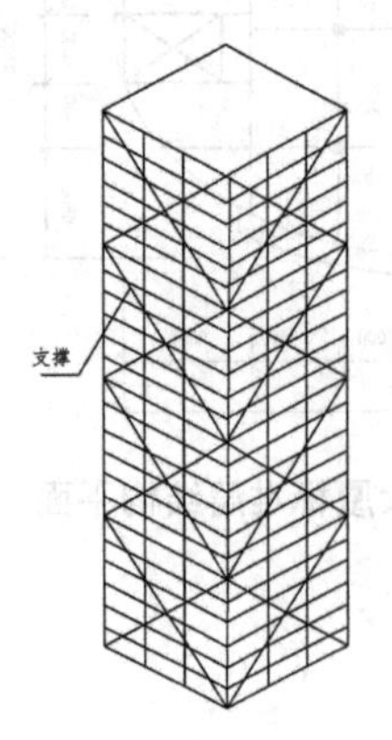

(a) 外框架斜向支撑

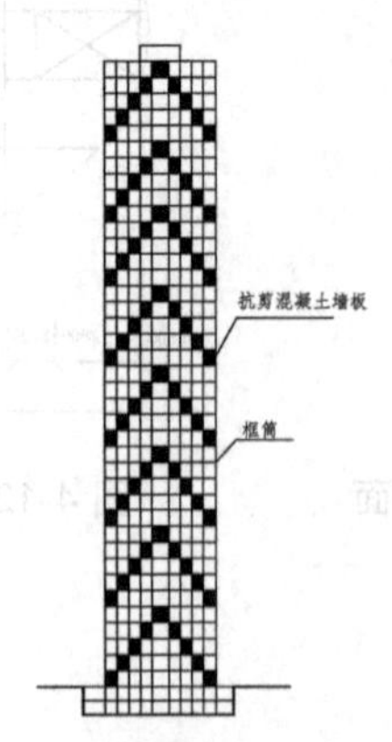

(b) 斜向布置抗剪墙板的框筒体系

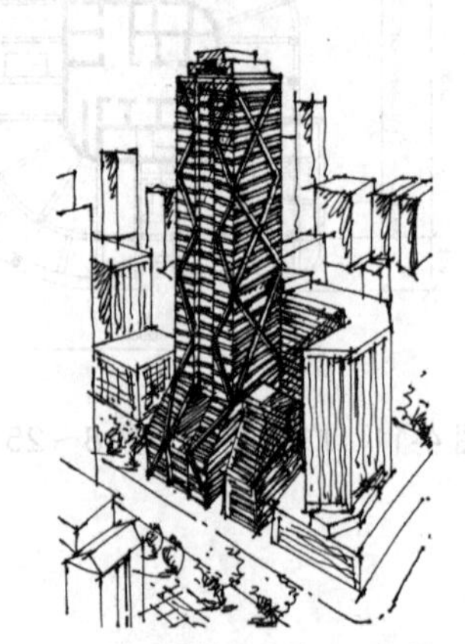

(c) 美国芝加哥翁泰雷中心

图 4-15　斜向支撑及抗剪墙板

过去的高层建筑常将抗侧推构件布置在建筑物中心或分散布置，由于高层建筑层数多、重心高，地震时很容易发生扭转。上述布置方式抗扭能力较差，故将高层建筑抗侧推构件的位置逐渐转向沿建筑周边布置，这样可以大大提高整体抗扭力矩。此外，还出现了另一种趋势，即把抵抗倾覆力矩的构件，向建筑四角集中，在转角处形成一个巨柱，并利用交叉斜杆连成一个立体竖向桁架支撑体系，由于巨大角柱在抵抗任何方向倾覆力矩时都具有最大的力臂，从而更能充分发掘结构和材料的潜力。同时，构件沿周边布置还可以形成空间受力结构，能抵抗更大的倾覆力矩。贝聿铭设计的香港中国银行大厦就是这种趋势的典型反映，如图 4-1(k)所示。

2) 建筑体形的革新变化

早期的高层建筑体形比较规则单一，被人们俗称为方盒子，而现在高层建筑的体形越来越丰富了，这一方面是来自城市规划和建筑造型的需要，另一方面有赖于结构分析水平的提高。归纳起来，高层建筑体形的革新变化有以下几点。

(1) 收分体形。收分体形是指高层建筑形成下大上小的造型，如圆锥体、棱锥体等。收分体形在高层建筑结构上有突出的优点：①具有最小的风荷载体型系数；②上部逐渐缩小，减弱了上部的风荷载和地震荷载作用，从而缓解了超高层建筑的倾覆问题；③倾斜外柱轴向力的水平分力，可以部分抵消水平荷载。收分体形的处理非常适合塔式超高层建筑，如上海金茂大厦[图 4-2(f)]、马来西亚佩重纳斯双塔[图 4-16(d)]等均采用了这种处理方式。

(2) 联体结构。联体结构将各独立部分通过连接体构成一个整体，使高层建筑结构特征由竖向悬臂梁改变为巨型框架，从而刚度得到提高，侧移减小。联体结构对于板式高层建筑会形成较大的空洞造型，有利于减少立面的风荷载，大尺度的虚实变化等效果。如日本大阪梅田蓝天大厦[图 4-16(a)]、中国深圳佳宁娜广场大厦[图 4-16(b)]和中国上海证券大厦[图 4-16(c)]等。对于塔式高层建筑一般是双塔楼连接，形成相互的拉结和支撑，如马来西亚佩重纳斯双塔[图 4-16(d)]。

总的来说，联体高层建筑适合于将体形、平面和刚度相同或相近的独立结构连接成整体，宜采用双轴对称的形式，连接部分与主体之间宜采用刚性连接，并加强连接部分的构造措施。

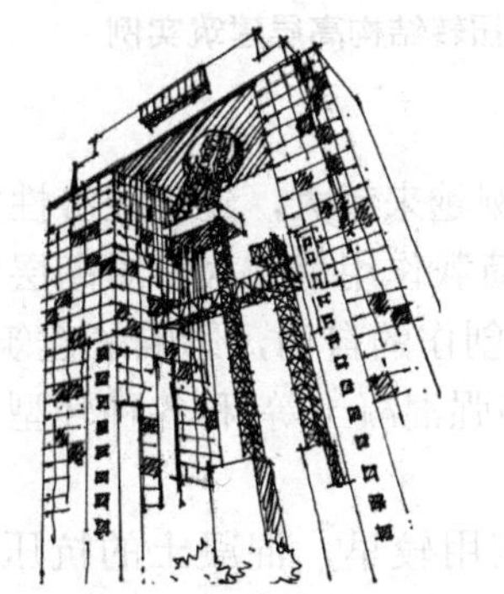

(a) 日本大阪梅田蓝天大厦

(b) 中国深圳佳宁娜广场大厦

图 4-16　联体结构高层建筑实例

(c) 中国上海证券大厦

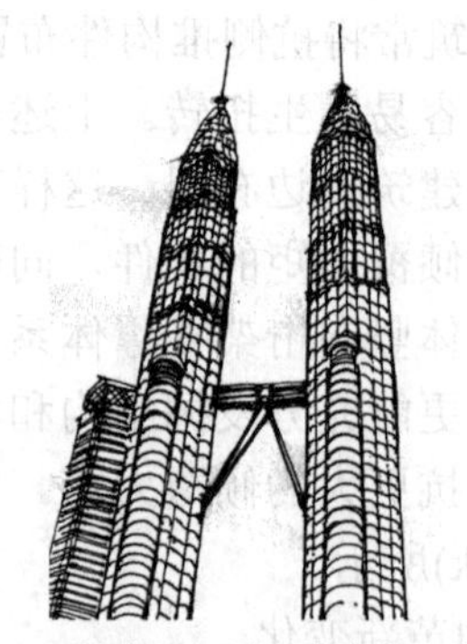

(d) 马来西亚佩重纳斯双塔

图 4-16 联体结构高层建筑实例(续)

(3) 巨构悬挑及空间扭转结构。下部以建筑整体作为巨型柱支撑，顶部水平建筑空间整体形成大距离悬挑结构，如北京中央电视台 CCTV 新总部主楼形成的非对称巨构空间悬挑造型，上海世博会中国国家馆方正对称的构图下，造型上呈现下小上大的斗冠形态[图 4-17(a)]。此外，由上至下各层平面逐渐旋转，形成空间扭转形态，如瑞典马耳摩的旋转高层住宅[图 4-17(b)]。这些做法从某种程度上讲具有特殊性和个体性，但反映了建筑造型与现代结构与建造技术的有机统一，关联程度越来越高。

(a) 上海世博会中国国家馆

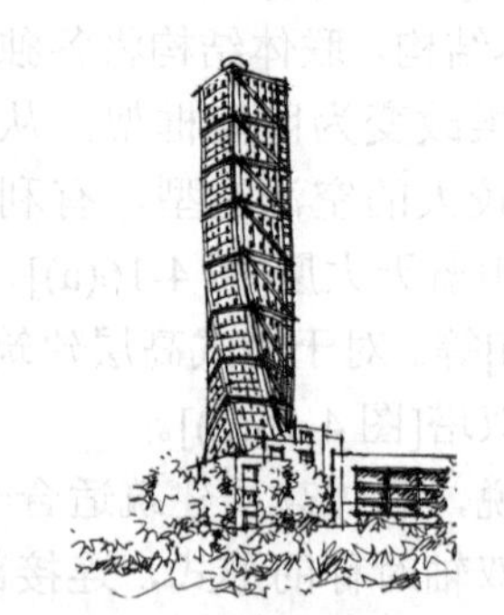

(b) 瑞典马耳摩的旋转高层住宅

图 4-17 巨构悬挑、空间扭转结构高层建筑实例

3) 轻质高强材料的运用

随着建筑高度的增加，结构面积所占的比例越来越大，建筑经济性的问题越来越突出。同时，建筑越高、自重越大，引起的水平地震荷载作用就越大，对高层建筑结构越发不利。而且过于笨重的结构构件也限制了建筑师设计创作的自由，影响了建筑美观。因此，在高层建筑中采用各种高强度材料(如高强钢材、高强混凝土等)和各种轻型材料(如轻骨料混凝土、轻型隔墙、轻质外墙板等)已越来越多。

以高强混凝土为例，国外高强混凝土的应用较早，混凝土的抗压强度等级已经达到 C80~C120。在型钢混凝土结构中，抗压强度可以达到 C135。例如，在美国西雅图市的联合广场 2 号大楼(Two Union Square，1990 年)采用了钢管混凝土柱，直径 3.05m 的空心钢管内就填充了 C135 的高强混凝土。国内高强混凝土的应用较晚，且普遍采用的高强混凝土抗压强度等级为 C60~C80。如深圳的贤成大厦、广州的中天广场和上海的金茂大厦都采用 C60

的高强混凝土。

除高强混凝土外，轻骨料混凝土和高性能混凝土也是结构材料的发展方向。如美国休斯敦贝壳广场 1 号大厦(One Shell Plaza)，高 218m，52 层，1971 年建成，采用的轻质高强混凝土容重仅 18 kN/m^3，折算为面荷载大约是 6 kN/m^2，比我国高层建筑混凝土自重(15~18 kN/m^2)轻一倍以上。

4.1.4　高层建筑特点与设计要点

世界各城市的生产和消费发展到一定程度后，都在积极致力于提高城市建筑的层数与高度，究其原因就是高层建筑可以带来明显的社会经济效益，具体体现在以下几点。

(1) 高层建筑实现人口集中，可利用建筑内部的竖向和横向交通缩短部门之间的联系距离，从而提高效率。

(2) 能使面积规模大的建筑的建设用地极度缩小，这为大型公共建筑与综合体建筑在城市中心地段选址提供了可能。

(3) 可以减少市政建设投资和缩短建筑工期。

当高层建筑的层数和高度增加到一定程度时，它的功能适用性、技术合理性和经济可行性都将发生质的变化。与多层建筑相比，在设计、技术上有许多突出问题需要考虑和解决。

1. 建筑方面

(1) 总平面布局应加大建筑防火间距，妥善处理日照与阴影遮挡的问题，并为大量集中的人流疏散和停车安排合理的通道和足够面积的场地。

(2) 建筑平面布局宜标准化，以满足主体结构、设备管线分区、防火疏散等竖向技术设计的要求。

(3) 合理布置竖向交通空间，确定楼电梯的数量和布置方式，保证使用效率和防火安全。

(4) 建筑造型艺术方面要考虑高大体形在城市空间尺度下的全方位造型效果。

2. 结构方面

(1) 考虑风荷载和水平地震荷载作用时所产生的水平侧向强度和刚度。

(2) 控制体形高宽比，保证结构稳定性。

(3) 使建筑平面、体形、立面的质量和刚度尽量保持对称和匀称。

(4) 妥善处理因温度变化、基础沉降和地震荷载等作用下的变形缝构造。

(5) 重视复杂地质条件下深基础的设计与施工技术。

3. 设备方面

(1) 设计供暖和给排水系统时，保证管道、散热器片等的耐压性能。

(2) 特殊处理消防和排烟问题。

(3) 在供暖、通风设计中考虑因高处风荷载增大而对建筑围护结构增加的空气渗透作用。

(4) 考虑电梯、水箱供水和消防动力用电等对电气设计的配电要求。

(5) 设备系统尤其是给水、电梯等系统宜沿高度方向分段分区设置，设置中间设备层。

4.1.5 代表性实例分析

1. 芝加哥家庭保险公司大厦

芝加哥家庭保险公司大厦(图 4-18)建于 1883—1885 年，威廉·勒巴隆·詹尼设计，共 10 层(1890 年加至 12 层)，高 42m，是世界上第一幢按照现代钢框架结构原理建造的高层建筑。其建造背景是 1871 年美国芝加哥发生的火灾使市内建筑被严重损毁，随后 19 世纪 80 年代的灾后重建工作又遇到了人口日益增多、土地价格上涨等因素的影响，于是建筑师迎合投资人的意愿，采用增加层数的方式设计建造建筑，以大幅增加建筑面积。此外，高层建筑结构形式受“编篮式”木构架的启发，创新出螺栓铆钉连接梁柱构件的装配式钢铁框架结构；加上 1853 年奥蒂斯公司发明了载客升降机，解决了建筑内部的垂直交通问题，这两大技术的突破为现代高层建筑的产生与发展奠定了必要的物质基础。

图 4-18 芝加哥家庭保险公司大厦

2. 纽约伍尔沃斯大厦

伍尔沃斯大厦(Woolworth Building)(图 4-19)是美国纽约早期高层建筑代表作，由建筑师卡斯·吉尔伯特(Cass Gilbert)设计，建成于 1913 年，共 57 层，高 241m，这在当时是一个难以想象的高度。该建筑造型设计属于新哥特式风格，下部为体形较庞大的支撑底座，底座中央高耸出一个塔楼，突出了对建筑高度的表现，立面造型采用了哥特式的建筑基调，陡峭的坡屋顶、尖拱券装饰造型、立面强调竖向线条的向上感，加宽了建筑底座四角的柱墩和主塔墩，使之不受任何水平的建筑构件阻挡，挺拔向上。建筑顶部哥特式的叶尖饰和卷叶饰的尺寸巨大，以至于站在地面街道上都可以看得很清楚。

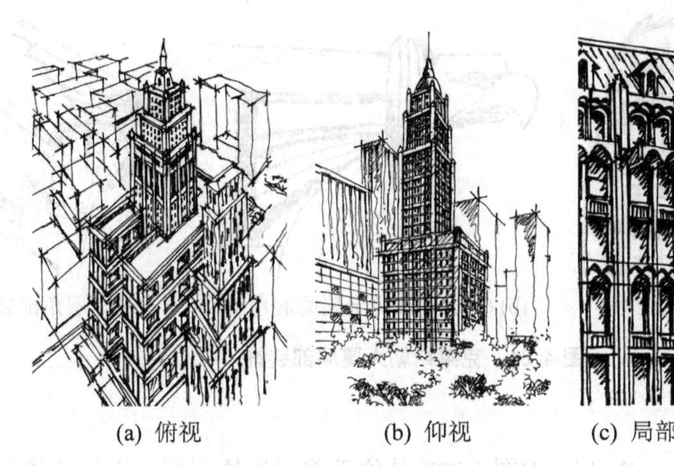

(a) 俯视　　(b) 仰视　　(c) 局部立面细节

图 4-19 伍尔沃斯大厦

3. 纽约克莱斯勒大厦

克莱斯勒大厦是受克莱斯勒汽车制造公司的创建者沃尔特·P. 克莱斯的委托而建造的，由建筑师威廉·范·阿伦(William Van Alen)设计，建于 1928—1931 年，是坐落在美国纽约曼哈顿东部 42 街与莱星顿街交界处的一座著名超高层建筑，共 77 层，高 320m。整体建筑造型体现出新哥特与巴洛克式风格(图 4-20)。

它是全球第一栋将不锈钢建材运用在外部装饰的建筑，大楼顶端酷似太阳光束的造型设计，灵感来源于 1930 年一款克莱斯勒汽车的冷却器盖子和汽车轮胎，五排不锈钢的拱形饰件逐渐向上缩小，每排拱形表面开尖三角形窗洞，并呈锯齿状排列。高耸的顶部尖塔造型成为这栋建筑的视觉焦点，也强化了它的地标特性。这种装饰艺术(Art Deco)风格的金属饰件在大厦的其他部位也有所体现，如 61 层角部的金属鹰滴水嘴饰件，被用于 1929 年克莱斯勒敞篷车上，31 层角部装饰用在了 1929 年克莱斯勒汽车的散热器上(图 4-21)。

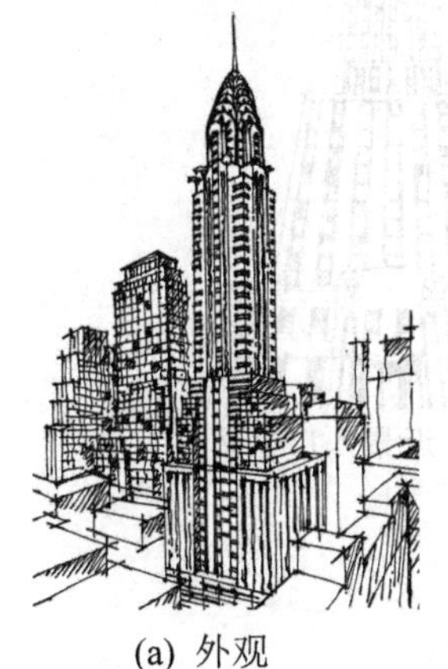

(a) 外观

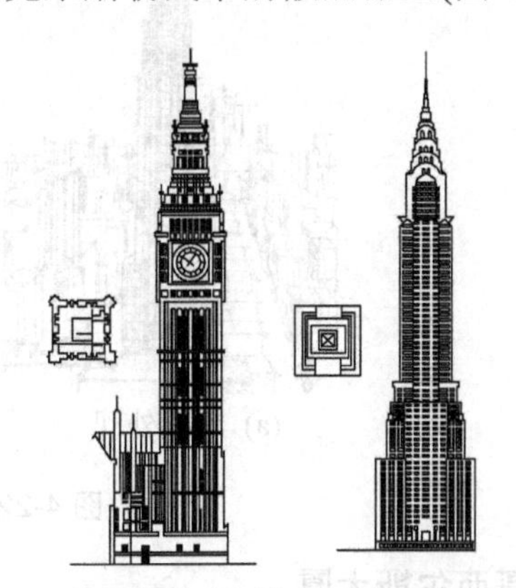

(b) 克莱斯勒大厦与大本钟塔楼的对比

图 4-20 克莱斯勒大厦

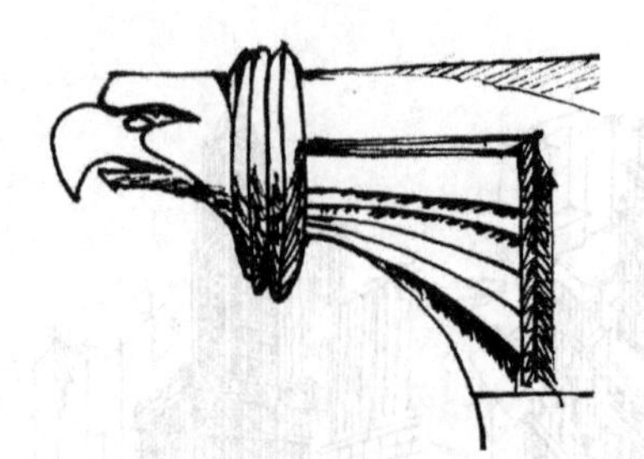
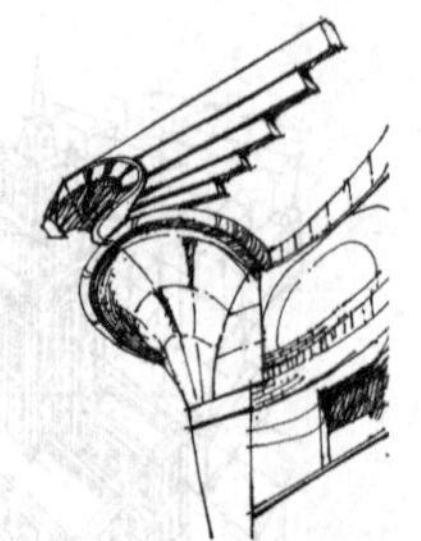
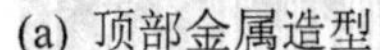

(a) 顶部金属造型　(b) 61 层角部的金属鹰滴水嘴　(c) 31 层角部装饰

图 4-21　克莱斯勒大厦局部装饰

4. 纽约帝国大厦

帝国大厦(Empire State Building)(图 4-22)，是位于美国纽约州纽约市曼哈顿第五大道 350 号、西 33 街与西 34 街之间的一栋著名超高层建筑，名称源于纽约州的昵称——帝国州，故其英文名称原意为纽约州大厦或者帝国州大厦，但帝国大厦的翻译已经约定俗世，沿用至今。帝国大厦是一栋超高层的现代化办公大楼，和自由女神像一起被称为纽约的标志。同时帝国大厦也是美国最著名的地标建筑和旅游景点之一，并保持世界最高建筑地位 40 年(1931—1971 年)，直到 1971 年才被纽约原世贸中心双塔超过。帝国大厦高 381m，共 103 层，于 1951 年增添的天线高 62m，使其总高度达到 443m，共设置 73 部电梯，总建筑面积 20.4 万 m^2；由 Shreeve, Lamb, and Harmon 建筑公司设计，为装饰艺术风格建筑，大厦于 1930 年动工，1931 年建成，建造过程仅耗时 410 天，创世界罕见的建造速度纪录。帝国大厦的顶层一直是文艺界喜爱取景的地方，自大厦建成后，共有 90 多部电影将这里作为取景点，其中包括《金刚》和《西雅图不眠夜》等经典电影。

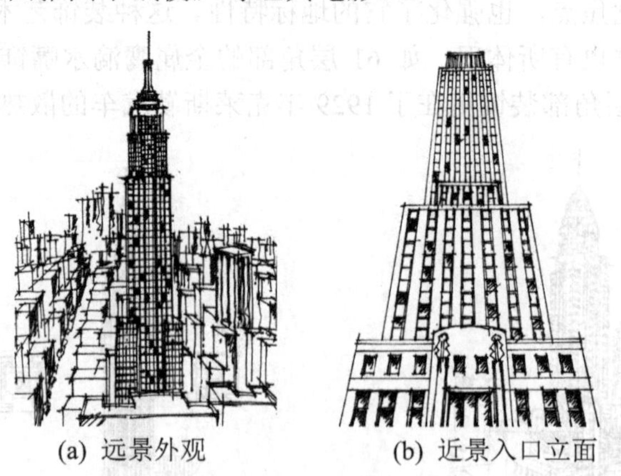

(a) 远景外观　(b) 近景入口立面

图 4-22　帝国大厦

5. 芝加哥西尔斯大厦

西尔斯大厦(Sears Tower，1972—1974 年)(图 4-23)，位于美国伊利诺伊州芝加哥市，是著名的 SOM 建筑设计事务所为当时世界上最大的零售商西尔斯百货公司设计的办公楼。楼高 442.3m，地上共 110 层，地下 3 层，总建筑面积 41.8 万 m^2，底部平面 68.7m×68.7m，由 9 个边长为 22.9m 的正方形组成。

结构工程师是 1929 年出生于达卡的美籍建筑师 F.卡恩，他首次提出了束筒结构体系的概念并付诸实践。大厦采用由钢框架构成的束筒结构体系，外部用铝框和镀膜玻璃组成的幕墙作为围护结构。

其造型特点是逐渐向上收束的，平面变化分为四段，即 1~50 层为 9 个边长为 22.9m 的方形筒体以九宫格方式组成的正方形平面；51~66 层截去一对对角线上的方筒单元；67~90 层再截去另一对对角线上的方筒单元，形成十字形平面；最后 91~110 层再截去三个方筒单元剩下两个方筒单元直升到顶。这样的体形结果，既可减小风压降低结构负担，又取得了外部造型的独特变化效果。

大厦的造型由 9 个高低不一的方形空心筒集束在一起，挺拔干练，简洁稳定。不同视点方向看到的立面与形态各不相同，它突破了一般高层建筑呆板对称的造型手法。这种束筒结构体系是建筑设计与结构创新相结合的成果。

大厦内部设有两个电梯转换厅，分设于第 33 层和第 66 层，有五个机械设备层。大厦采用了当时最先进的消防系统，在房间内和各种管井、管道内装设烟感器、报警器，并设置电子控制的消防中心。楼内的自动喷淋灭火装置在火灾报警装置启动后可将水自动喷洒于任何地点。位于大厦不同高度上的屋顶平台在消防扑救时可用于安全疏散。大厦设计配置了先进的电梯系统以解决垂直交通问题，共安装了 102 部电梯，采取分层分区设置原则。一组电梯分区段停靠，配备的高速电梯从底层分别直达第 33 层和 66 层的两个电梯转换厅，再换乘区段电梯达到各个楼层；另一组电梯从底层至顶层每层都可停靠。

西尔斯大厦的出现标志着现代建筑技术的新成就，也是美国垄断资产阶级先进生产力的反映。

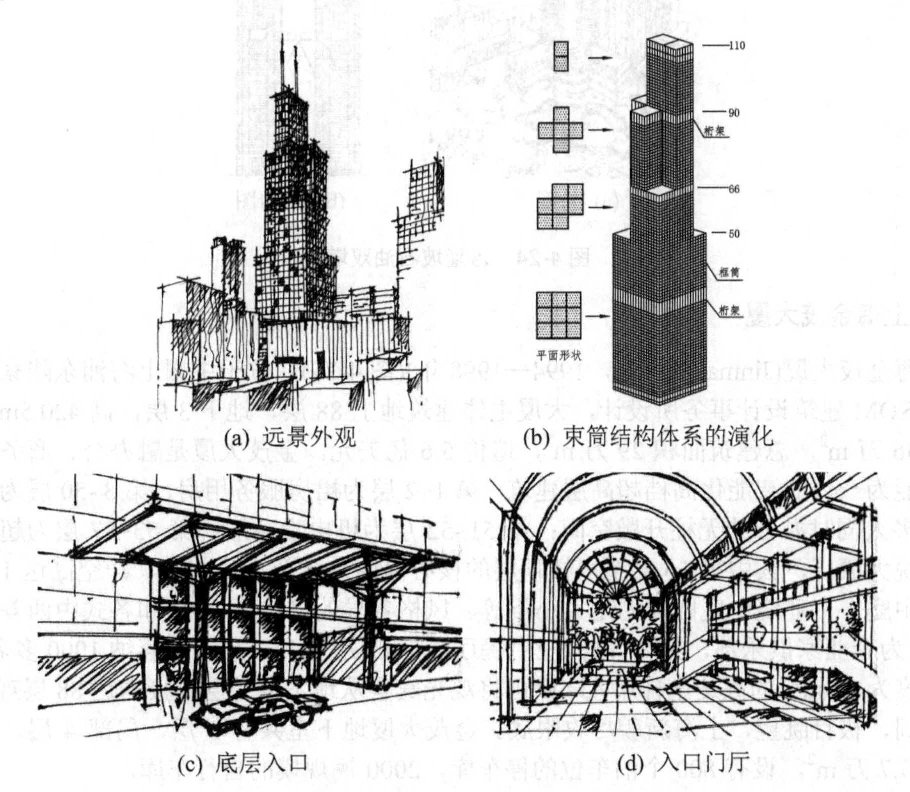

(a) 远景外观　(b) 束筒结构体系的演化

(c) 底层入口　(d) 入口门厅

图 4-23　西尔斯大厦

6. 吉隆坡石油双塔

吉隆坡石油双塔又译为佩重纳斯双塔(The Petronas Twin Towers，1993—1996 年)(图 4-24)，位于马来西亚吉隆坡 KLCC 计划区的西北角，高 452m，地上共 88 层，占地面积 40 万 m^2，总建筑面积 34 万 m^2，造价 16 亿美元，主要功能是办公。由美国建筑设计师西萨·佩里(Cesar Pelli)设计，大楼表面大量使用了不锈钢与玻璃等材质。双峰塔与邻近的吉隆坡塔同为吉隆坡的知名地标及象征。

建筑形体造型是由两个独立的相同超高层塔楼及底部裙房构成，塔楼的 41、42 层位置有一座长 58.4m、距地面 170m 高的空中天桥将两座塔楼连接在一起，形成联体结构。独立塔楼造型以密檐佛塔为构思原型。每个塔楼面平面是两个扭转并重叠的正方形，用较小的圆形填补空缺而成；这种形式元素来源于伊斯兰教建筑，同时平面生成方式又具有现代特点。双塔的外檐为直径 46.4 m 的混凝土外筒，中心部位是直径 23 m 的高强钢筋混凝土内筒，0.46 m 高的轧制钢梁支撑压型钢板与混凝土组合楼板将内外筒体连接在一起形成受力骨架。塔楼由一个筏板基础和深达 100m 的桩基传递上部荷载至地基持力层。

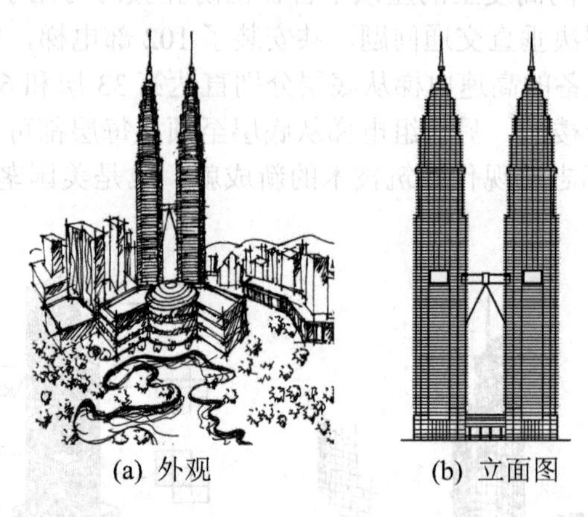

(a) 外观　　(b) 立面图

图 4-24　吉隆坡石油双塔

7. 上海金茂大厦

上海金茂大厦(Jinmao Tower，1994—1998 年)(图 4-25)，位于中国上海浦东陆家嘴金融区，由 SOM 建筑设计事务所设计，大厦主体建筑地上 88 层，地下 3 层，高 420.5m，占地面积 2.36 万 m^2，总建筑面积 29 万 m^2，造价 5.6 亿美元。金茂大厦是融办公、商务、宾馆等多功能为一体的智能化高档超高层建筑，第 1~2 层为裙房服务用房，第 3~50 层为可容纳 10 000 多人同时办公的无柱开敞空间；第 51~52 层为机电设备层；第 53~87 层为超五星级金茂凯悦大酒店，其中第 56 层至塔楼顶层的核心筒内是一个直径 27m、净空高达 142m 的“空中中庭”，环绕中庭四周的是大小不等、风格各异的 555 间客房和各式中西餐厅等，第 86 层为企业家俱乐部，第 87 层为空中餐厅；第 88 层为观光层，可容纳 1000 多名游客，两部速度为 9.1m/s 的高速电梯用 45s 就可将观光宾客从地下室 1 层直接送达 88 层观光层，环顾四周，极目眺望，上海新貌尽收眼底。金茂大厦地下室共有 3 层，局部 4 层，建筑面积达到 5.7 万 m^2，设有 800 个泊车位的停车库，2000 辆规模的自行车库。

金茂大厦建筑主体采用钢筋混凝土筒体结构，采用了 C60 和 C50 的高强度混凝土，浇筑混凝土 18 万 m^3，耗用钢材 7.6 万 t，桩基深 83.5m。在金茂大厦的施工过程中，还应用了

“超大超深基坑支护技术”“高精度测量技术”“大型垂直运输机械应用技术”等一系列当时的高新技术。

设计师以创新的设计思想，巧妙地将世界最新的建筑技术与中国传统佛塔的建筑造型风格相结合，成功设计出极具世界影响力的经典建筑作品，成为海派建筑的里程碑，并已成为上海著名的标志性建筑物，先后荣获伊利诺斯世界建筑结构大奖、新中国 50 周年上海十大经典建筑金奖第一名、第二十届国际建筑师大会艺术创作成就奖等多项国内外大奖。

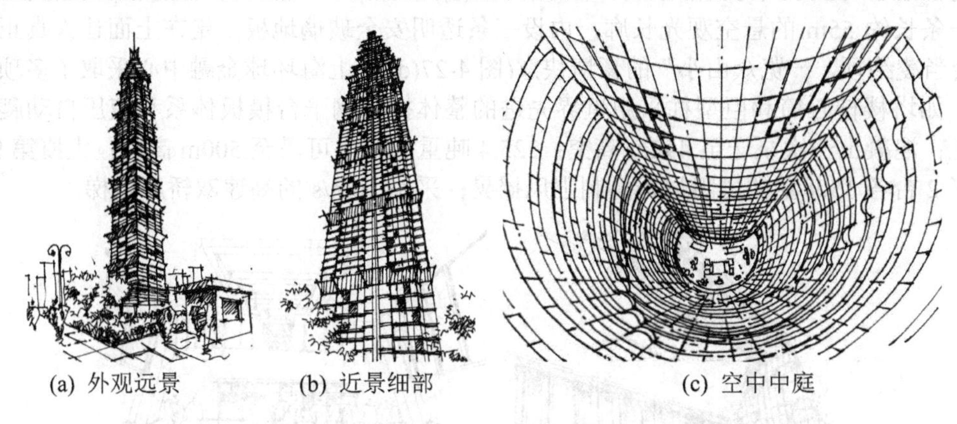

(a) 外观远景　(b) 近景细部　(c) 空中中庭

图 4-25　上海金茂大厦

8. 上海环球金融中心

上海环球金融中心(Shanghai World Financial Center，1997—2008 年)，位于中国上海浦东陆家嘴金融区，毗邻上海金茂大厦，由 KPF 建筑师事务所设计。大厦主体建筑地上 101 层，地下 3 层，高 492m，占地面积 1.44 万 m^2，总建筑面积 38 万 m^2，造价约 10 亿美元，采用钢-钢筋混凝土混合结构。基本功能分布是地下 3 层至地下 1 层为停车场，共约 1100 辆停车位，地下 2 层至地上 3 层为商业设施，3 层至 5 层为会议中心，7 层至 77 层为办公写字楼，79 层至 93 层为超五星级酒店，94 层至 101 层为观光层。上海环球金融中心是以办公为主，集商贸、酒店、观光、会议等设施于一体的综合型塔式超高层建筑，也是世界上最高的平顶式超高层建筑，如图 4-26 和图 4-27 所示。

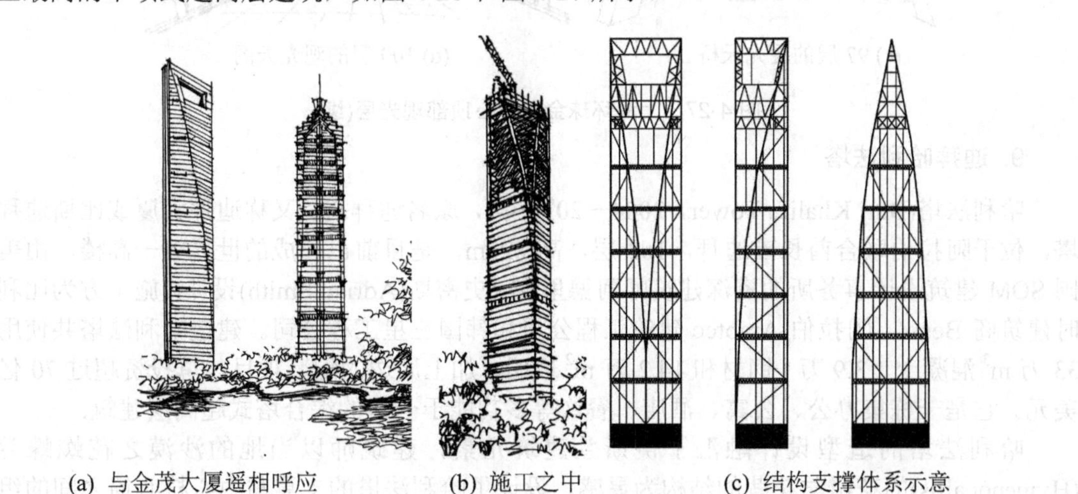

(a) 与金茂大厦遥相呼应　(b) 施工之中　(c) 结构支撑体系示意

图 4-26　上海环球金融中心

上海环球金融中心在建筑设计和建造技术方面创造了很多令人惊叹的成就。例如：位于 94 层的观光大厅距地面高 423m，面积约为 750m^2，高 8m，除了可以一览新旧上海风貌之外，还能以美丽的黄浦江两岸为背景举办各种展会和活动，给人带来新奇的视听感受和强烈的身心震撼(图 4-27(b))。位于 97 层的观光天桥距地面高 439m，犹如一道浮在空中的天桥，身处其中，仿佛漫步天际，开放式的玻璃顶棚设计令人在仰望天际的时候感觉蓝天白云仿佛触手可及，人与自然融为一体(图 4-27(c))。位于 100 层的观光天阁距地面高 474m，它是一条长约 55m 的悬空观光长廊，内设三条透明安全玻璃地板，走在上面让人真正体验到“会当凌绝顶，一览众山小”的豪情快意(图 4-27(d))。上海环球金融中心采取了多项先进技术，如塔楼核心筒和巨型柱采用世界先进的整体提升钢平台模板体系和液压自动爬模体系施工；混凝土一次泵送至 492m 高空；225.4 吨重的塔吊可吊至 500m 高空；大厦第 90 层安装了 2 台各 150t 重的风阻尼器抑制强风摇晃；采用 10m/s 的高速双轿厢电梯。

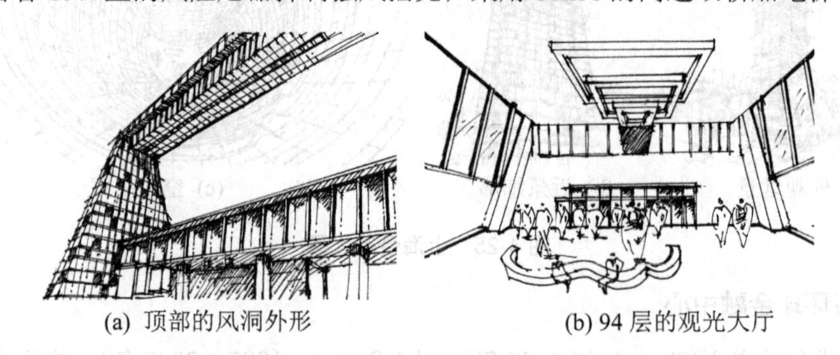

(a) 顶部的风洞外形　　(b) 94 层的观光大厅

图 4-27　上海环球金融中心顶部观光层

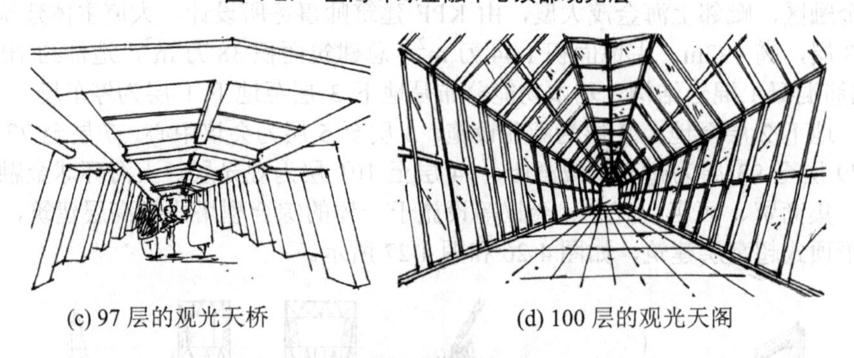

(c) 97 层的观光天桥　　(d) 100 层的观光天阁

图 4-27　上海环球金融中心顶部观光层(续)

9. 迪拜哈利法塔

哈利法塔(Burj Khalifa Tower，2004—2010 年)，原名迪拜塔，又称迪拜大厦或比斯迪拜塔，位于阿拉伯联合酋长国迪拜，162 层，高 828m，是目前已建成的世界第一高楼。由美国 SOM 建筑设计事务所的资深建筑师阿德里安•史密斯(Adrian Smith)设计，施工方为比利时建筑商 Besix、阿拉伯 Arabtec 建筑工程公司和韩国三星工程公司。建造哈利法塔共使用 33 万 m^3 混凝土、3.9 万 t 钢材和 14.2 万 m^2 玻璃，加上周边的配套项目，总投资超过 70 亿美元。它是一栋集办公、公寓、酒店、餐饮等多功能于一体的综合塔式超高层建筑。

哈利法塔的造型设计融汇了伊斯兰建筑元素，建筑师以当地的沙漠之花蜘蛛兰(Hymenocallis)的花瓣与花茎的结构为灵感，设计了哈利法塔的支翼与中心核心筒之间的组合方式。整座塔楼的钢筋混凝土结构在平面上被塑造成了 Y 形，大厦的三个支翼是由花瓣演化而成，每个支翼自身均拥有钢筋混凝土核心筒和环绕核心筒的支撑。大厦中央六边形的中央核心筒由花茎演化而来，这一设计使得三个支翼互相联结支撑——这四组结构体自立而又互相支持，最大限度地提高了结构的整体性，增强了建筑的抗扭抗侧性能，同时又拥有严谨的几何形态，保持了结构的简洁。建筑形体由连为一体的管状多筒组成，具有太空时代风格的外形与质感，整个形体以收分上升的方式直刺天穹，大大减小了风荷载和自重，到顶部，中央核心筒逐渐转化成尖塔。Y 字形的楼面也为哈利法塔提供了多向而宽广的视野 (图 4-28)。

10. 北京中国大饭店

北京中国大饭店是由日本日建设计株式会社设计的一座五星级酒店建筑，1990 年建成投入使用，位于北京东四环 CBD 中央商务区，矗立于北京外交及商务活动的中心地带——中国国际贸易中心商圈，与中国国际贸易展览大厅和国贸商场相连，俯瞰北京市最著名的长安街(图 4-29)。

中国大饭店为典型的板式高层建筑，总建筑面积约 9.5 万 m^2，地上 21 层，地下 2 层，高 76m。建筑平面为东西长 117m，南北宽 21m 的弧形建筑，底层层高为 6m，标准层层高为 2.95m。该大楼按 8 度抗震设防。主体结构采用框支剪力墙体系，4 层以上为钢筋混凝土横向剪力墙体系，3 层以下为框架-剪力墙体系，第 4 层楼板为转换层楼盖，并在房屋的两端各设置两道加厚的钢筋混凝土落地墙(图 4-30)。

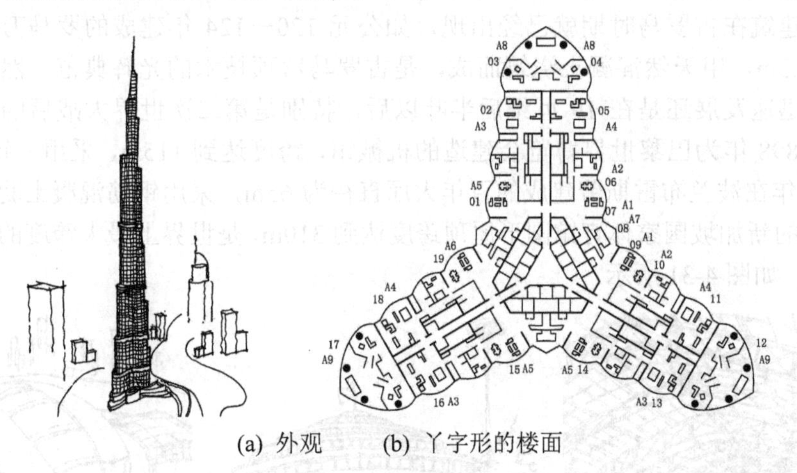

(a) 外观　(b) 丫字形的楼面

图 4-28　迪拜哈利法塔

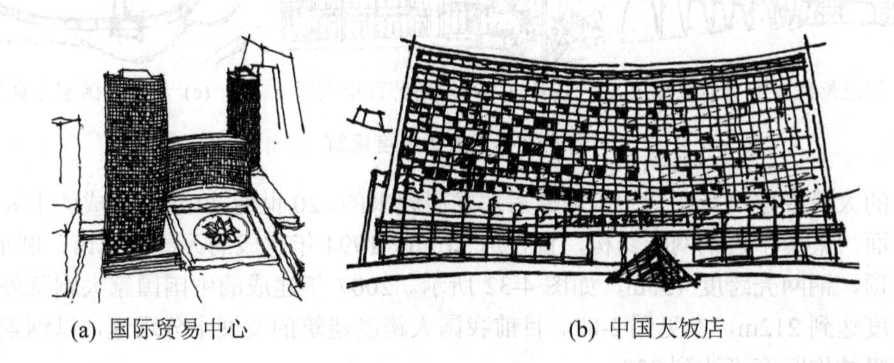

(a) 国际贸易中心　(b) 中国大饭店

图 4-29　北京中国大饭店

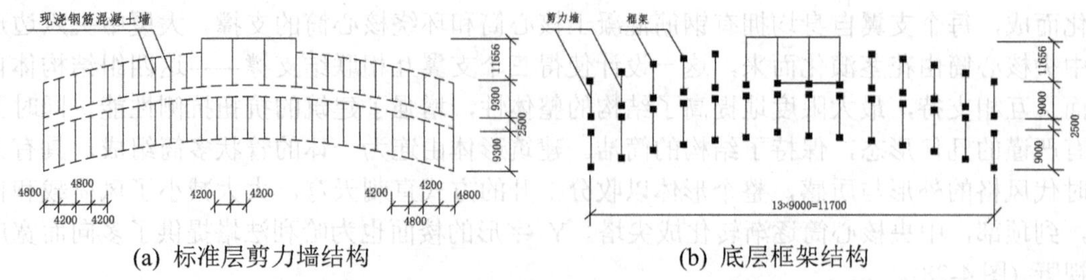

(a) 标准层剪力墙结构　　(b) 底层框架结构

图 4-30　北京中国大饭店框支剪力墙结构体系

4.2　现代大跨度建筑

4.2.1　基本概念和发展过程

现代大跨度建筑通常是指跨度在 30m 以上的建筑，我国现行钢结构规范则规定跨度 60m 以上结构为大跨度结构。主要用于民用建筑的影剧院、体育场馆、展览馆、大会堂、航空港等大型公共建筑，以及工业建筑的飞机装配车间、飞机库和各种大跨度工业厂房。

大跨度建筑在古罗马时期就已经出现，如公元 120—124 年建成的罗马万神庙，穹顶跨度达到 43.3m，用天然混凝土浇筑而成，是古罗马穹顶技术的光辉典范。然而大跨度建筑真正得到迅速发展还是在 19 世纪后半叶以后，特别是第二次世界大战后的最近几十年中。例如，1898 年为巴黎世界博览会建造的机械馆，跨度达到 115m，采用三铰拱钢结构；1912—1913 年在波兰布雷斯劳建成的百年大厅直径为 65m，采用钢筋混凝土肋穹顶结构。2014 年建成的新加坡国家体育馆圆形屋顶跨度达到 310m，是世界上最大跨度的开放式钢网壳结构建筑，如图 4-31 所示。

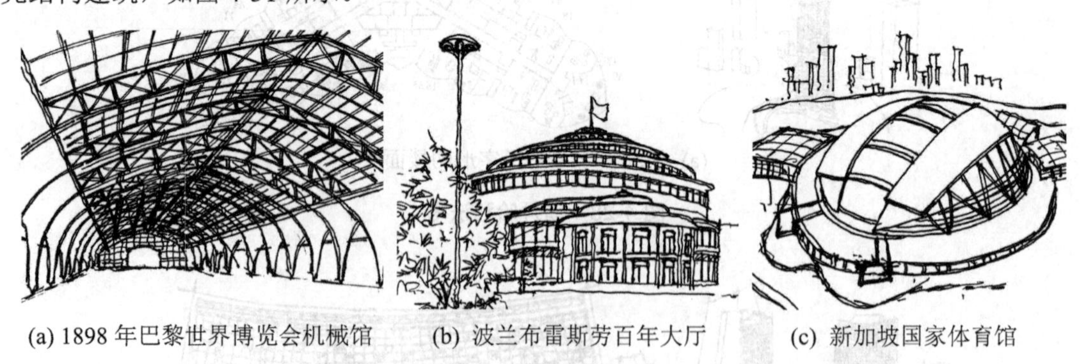

(a) 1898 年巴黎世界博览会机械馆　　(b) 波兰布雷斯劳百年大厅　　(c) 新加坡国家体育馆

图 4-31　世界大跨度建筑

我国的大跨度建筑是在新中国成立后才发展起来的。20 世纪 70 年代建成的上海体育馆为圆形平面，采用平板钢网架结构，直径达 110m；1994 年建成的天津体育馆，圆形平面，飞碟形屋顶，钢网壳跨度 135m，如图 4-32 所示。2007 年建成的中国国家大剧院外层钢网壳长轴跨度达到 212m，参见图 2-87。目前我国大跨度建筑的发展十分迅速，以钢索及膜材做成的索膜结构跨度可达到 320m。

现代大跨度建筑迅速发展的原因主要有两方面：一是需求扩大，即社会发展促使建筑功能愈发复杂，需要建造高大的内部无柱的建筑空间来满足民众集会、举行大型文艺体育表演、举办各种大型博览会等公共活动；二是技术突破，新材料、新结构、新技术的不断出现，奠定了大跨度建筑发展的物质技术基础。两者相辅相成，相互促进，缺一不可。例如，在古希腊古罗马时代就出现了规模宏大的容纳几万人的大剧场和大角斗场，但当时的材料和结构技术条件却无法建造能覆盖上百米跨度的屋顶结构，结果只能建成露天的大剧场和露天的大角斗场。19 世纪后半叶以来，钢结构和钢筋混凝土结构在建筑上的广泛应用，使大跨度建筑有了很快的发展，特别是近几十年来新品种的钢材和水泥在强度方面有了很大的提高，各种轻质高强材料、新型化学材料、高效能防水材料和绝热材料的出现，为建造各种新型的大跨度建筑创造了更有利的物质技术条件。

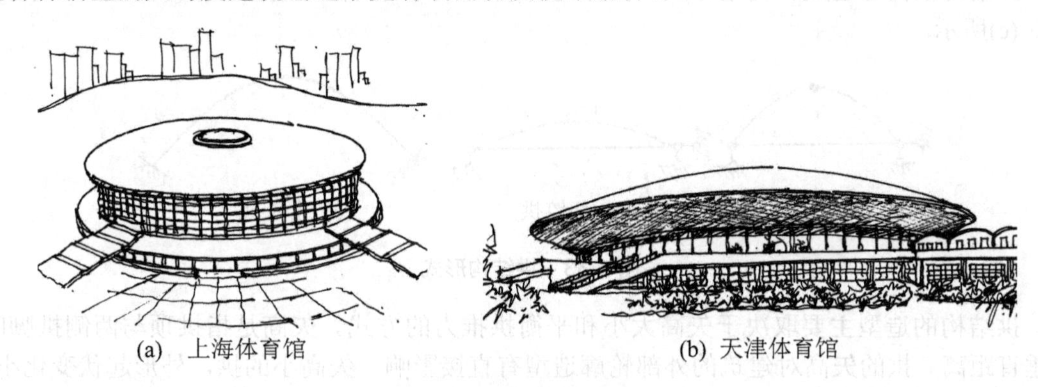

(a)　上海体育馆　　　(b) 天津体育馆

图 4-32　我国大跨度建筑

现代大跨度建筑发展的历史相比传统建筑是非常短暂的，它们大多为公共建筑，人流集中，占地面积广，结构跨度大，从总体规划、单体设计到构造技术各个层面都提出了许多新的研究课题，需要建筑工作者去探究。

4.2.2　结构类型、设计要点与建筑造型

结构是建筑的骨架，是形成建筑内部空间和外部形式的物质基础，结构是在特定的材料和施工技术条件下运用力学原理创造出来的。历史发展已经证明某种新的结构一旦产生并在工程实践中反复出现，便会逐渐形成一种崭新的建筑形式。可见结构是影响建筑空间形式及造型的重要因素，在大跨度建筑中尤其如此。

大跨度建筑设计中，结构选型是建筑师必须要做的工作，现代大跨度建筑的特点是建筑艺术与建筑技术的高度统一。建筑师只有对各种大跨度建筑结构形式的基本力学特征和适用范围有深入的了解才能自由地创作，把结构形式与建筑造型融为一体。以下就大跨度建筑常见的结构形式及其建筑造型逐一进行介绍。

1. 拱结构及其建筑造型

1) 受力特点、优缺点和适用范围

拱结构是一种主要承受轴向压力并由两端水平推力维持平衡的曲线或折线形构件。拱是古代大跨度建筑的主要结构形式。由于拱呈曲线形状，在外力作用下，拱内的弯矩值可以降低到最小限度，主要内力变为轴向压力，且应力分布均匀，能够充分发挥材料的强度，

比同样材料、同样跨度的梁结构断面小，因此拱能跨越较大的距离。古代建筑中拱主要采用砖石材料，近现代建筑中多采用钢筋混凝土和钢，跨度可达百米。

但是拱结构在承受荷载后将产生横向水平推力，为了保持结构的稳定性，必须设置宽厚坚固的拱脚支座来抵抗横向水平推力。常见的方式是在拱的两侧建两道厚墙来支承拱，墙的厚度随着拱跨度的增大而加厚，这种方法已经在西方古典建筑中屡见不鲜。厚墙的存在使建筑的平面空间组合受到极大限制。为此现代拱结构建筑中常采取拱脚设置拉杆、拱两端设置框架结构、拱脚设置刚性基础的技术手段来承受水平推力。

拱结构所覆盖的巨大空间适合于建造商场、展览馆、体育馆、散装货仓等类型的建筑。

2) 结构形式与建筑造型

拱结构按构造组成和支座方式不同分为三铰拱、两铰拱和无铰拱三种，如图 4-33(a)、(b)、(c)所示。

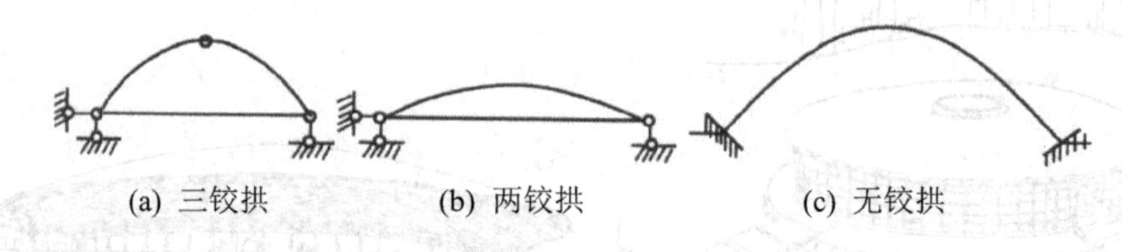

图 4-33 拱结构形式

拱结构的造型主要取决于矢高大小和平衡拱推力的方式。矢高是指拱顶与两侧拱脚间的垂直距离。拱的矢高对建筑的外部轮廓造型有直接影响。矢高小的拱，外形起伏变化小，呈扁平状，与墙柱垂直构件的连接过渡视觉形象较生硬，结构占用的空间小，拱脚水平推力和拱内轴向压力都较大；而矢高大的拱，外形起伏变化强烈，曲线形态饱满，产生的水平推力和轴向力都较小，但拱身材料耗费量多，拱下部形成的内部空间大，拱曲面坡度陡，有利于立面形体的视看。因此矢高大小应综合考虑建筑造型要求、结构受力的合理性、材料消耗量、屋面防水构造等多种因素。通常拱顶的矢高为拱跨度的 1/7～1/5，不低于 1/10。采用卷材防水屋面时矢高应小些，混凝土自防水屋面的矢高宜偏大。

如前所述，解决拱结构水平推力的方式不同，建筑外形与空间构成也不一样，通常有以下三种处理方式。

(1) 由拱脚拉杆承受水平推力的建筑造型。在拱脚支座处设水平拉杆来抵消拱推力是最常见的方法，其优点是支承拱的侧墙(或柱)不承受拱推力，大大减少了支座的受力，可使墙身厚度或柱子截面尺寸减小。根据建筑的使用功能和造型要求，拱结构可以处理成单跨、多跨、高低跨组合，平面布局灵活，外形轻巧，形式多样。武汉体育馆即是用钢拉杆平衡钢筋混凝土拱推力的一个实例，如图 4-34 所示。

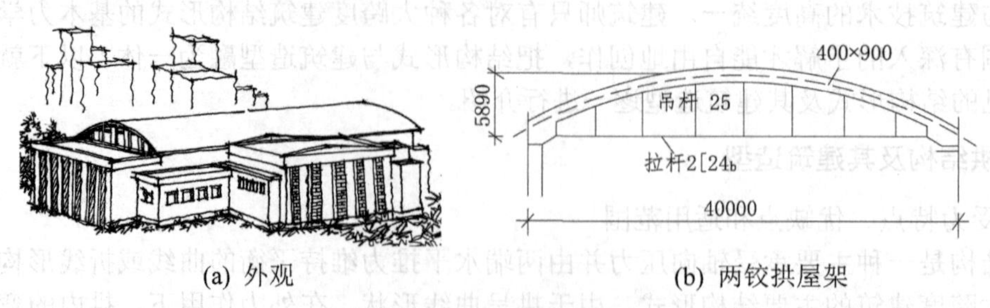

图 4-34 武汉体育馆

(2) 由侧面框架结构承受水平推力的建筑造型。在拱的两侧设置辅助框架来抵抗拱顶的水平推力是另一种常见的处理方式，这种方式必须与建筑空间功能划分相互协调。两侧的框架应具有足够的刚度，拱脚与框架连接要防止发生水平位移或倾斜。根据建筑功能和造型要求，在两组框架之间可以布置单跨或多跨拱结构。北京崇文门菜市场售货大厅就是这种处理方式的实例，中部 32m 跨度的钢筋混凝土两铰拱，拱脚支撑在两侧的三层钢筋混凝土框架结构上，两侧框架结构对应的使用空间是小营业厅，如图 4-35 所示。

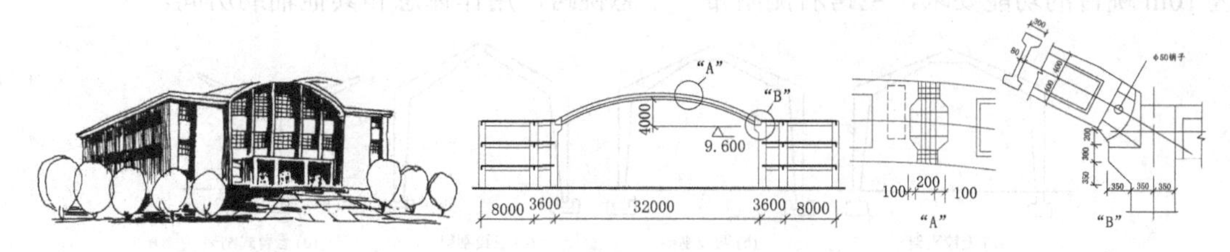

图 4-35　北京崇文门菜市场售货大厅

(3) 由刚性基础直接承受水平推力的建筑造型。当水平推力不太大，或建设场地地质条件较好时，落地拱的推力可由刚性基础承受。这种处理方式的实例如北京体育学院田径房，如图 4-36 所示。

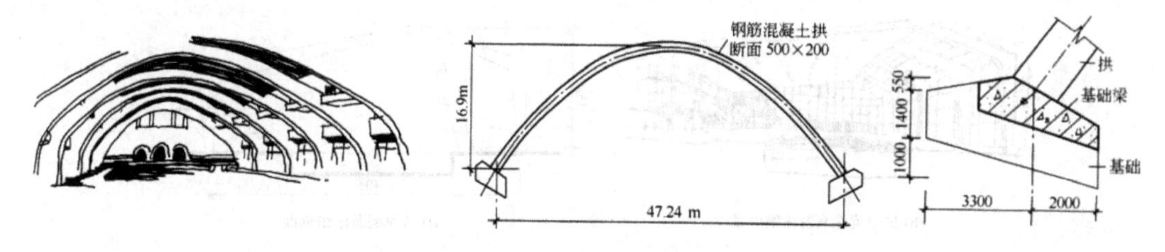

图 4-36　北京体育学院田径房

2. 刚架结构及其建筑造型

1) 受力特点、优缺点和适用范围

刚架是横梁和竖柱以整体刚性连接方式构成的一种门形结构。由于梁和柱是刚性节点，在竖向荷载作用下柱对梁有约束作用，因而能减少梁的跨中弯矩。同时，在水平荷载的作用下，梁对柱也有约束作用，能减少柱内的弯矩。这样使得梁柱受力更加均匀，相比简支梁结构材料的力学性能可以得到更充分的发挥。由于大多数刚架的横梁是向上倾斜的，不但受力合理，且结构下部的空间增大，对某些需要高大空间的建筑类型十分有利。同时，倾斜的横梁使建筑形成坡屋顶，建筑外轮廓富于变化。

刚架结构受力合理，轻巧美观，跨度较大，制作方便，因而适用范围广泛，如体育馆、礼堂、食堂、菜市场等需要大空间的民用建筑，也可用于轻工业厂房类建筑。

2) 结构形式与建筑造型

与拱结构类似，刚架结构按构造组成和支座方式的不同，也可分为无铰刚架、两铰刚架、三铰刚架三种，如图 4-37(a)、(b)、(c)所示。无铰刚架和两铰刚架是超静定结构，即有多余稳定约束，故结构刚度大，但当地基条件较差，发生不均匀沉降时，结构将产生附加内力。三铰刚架属于静定结构，在地基产生不均匀沉降时，结构不会引起附加内力，但其刚度不如前两种好。一般来说，三铰刚架多用于跨度较小的建筑，两铰和无铰刚架常用于跨度较大的建筑。

刚架结构常用材料有钢筋混凝土和钢，为了节约材料和减轻结构自重，通常将刚架做成变截面形式，柱梁相交处弯矩最大，截面增大，铰接点处弯矩为零，截面最小，所以刚架的立柱断面上大下小，横梁断面节点处大跨中小。根据建筑造型的需要，立柱可做成内直外斜，或外直内斜，形成独特的韵律感。刚架多采用预制装配，构件呈“Y”形和“Γ”形，用这些构件可以灵活地组成单跨、多跨、高低跨、悬挑跨等多样的建筑外形。屋脊一般在跨度正中，形成对称式刚架，也可偏于一边，构成不对称式刚架，如图4-37(d)(e)(f)(g)所示。图4-37(h)(i)是杭州黄龙洞游泳馆，采用钢筋混凝土刚架结构，主跨不对称，屋脊偏于左侧，以满足跳水区10m跳台的功能要求，主跨右侧附带一个悬挑跨，用作休息和其他辅助房间。

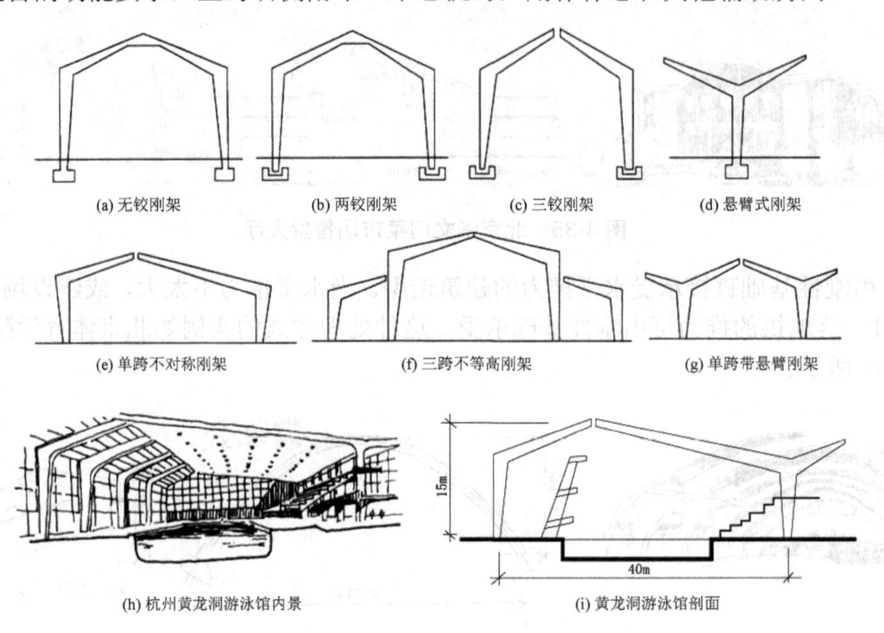

图4-37　刚架结构及其建筑造型

3. 桁架结构及其建筑造型

1) 受力特点和适用范围

桁架是一种由多根杆件通过节点组成的平面格构式结构体系。杆件之间的连接近似铰结，在外力作用下的杆件内力只有轴向拉力或压力，且分布均匀，而简支梁的内力主要是弯矩，且分布不均匀，梁的截面大小常以最大弯矩处的截面尺寸作为整个梁的截面大小，因此梁的材料强度利用不充分。故桁架结构比梁结构受力合理、节省材料、材料强度利用充分、杆件截面小、跨度更大。桁架结构是一种技术经济性优良的大跨度建筑结构形式，适用于体育馆、影剧院、展览馆、食堂、商场等公共建筑。

2) 结构形式与建筑造型

制作桁架构件的材料种类一般有木材、钢筋混凝土和钢材。桁架形式分为三角形、梯形、拱形、无斜腹杆式，或与其他结构类型组合形成桁架式拱、桁架式刚架和桁架式框架等各种形式，如图4-38(a)～图4-38(f)所示。

三角形桁架可用木、钢筋混凝土或钢制作。仅适用于跨度不大于18m的建筑，杆件内力较小，比较经济，桁架矢高与跨度之比一般为1/5~1/2。

梯形桁架和拱形桁架常用钢筋混凝土或钢制作。常见跨度为18~36m，矢高与跨度比一般为1/8~1/6。梯形桁架的端部增大，降低了结构的稳定性，增加了材料用量。拱形桁架的外形呈抛物线，与上弦的压力线重合，杆件内力均匀，比梯形桁架节省材料。去除斜腹杆的拱形桁架形成无斜腹杆桁架，竖杆和下弦杆受拉力，结构用料经济，造型简洁，节点杆

件少，便于制作，在桁架之间铺设管道和检修通道很方便，特别适合于在桁架下弦有较多吊重的建筑，常见跨度为 15~30m。

桁架选型考虑的因素主要有建筑的功能要求、跨度和荷载大小、材料供应和施工条件等。当建筑跨度在 36m 以上时，为了减轻结构自重，宜选用钢制桁架；跨度在 36m 以下时，一般可选用钢筋混凝土桁架，尤其是预应力钢筋混凝土桁架；当桁架所处的环境相对湿度大于 75%或有腐蚀性介质时，不宜选用木桁架和钢桁架，而应选用预应力钢筋混凝土桁架。

桁架结构在大跨度建筑中多用作屋顶的承重结构，根据建筑的功能要求、材料供应和经济的合理性，可设计成单坡、双坡、单跨、多跨等不同的形式，如图 4-38(g)～图 4-38(l)所示。图 4-38 (m)为采用三铰拱钢桁架的北京体育馆的剖面，图 4-38 (n)为采用拱形钢桁架的重庆体育馆的剖面，建筑造型的特征见图下文字说明。实际应用中，桁架结构也可用于竖向结构，如前面一节高层建筑中周边支撑化的处理，香港中银大厦和纽约汉考克大厦就是这方面的实例(图 4-1(k)(l))。

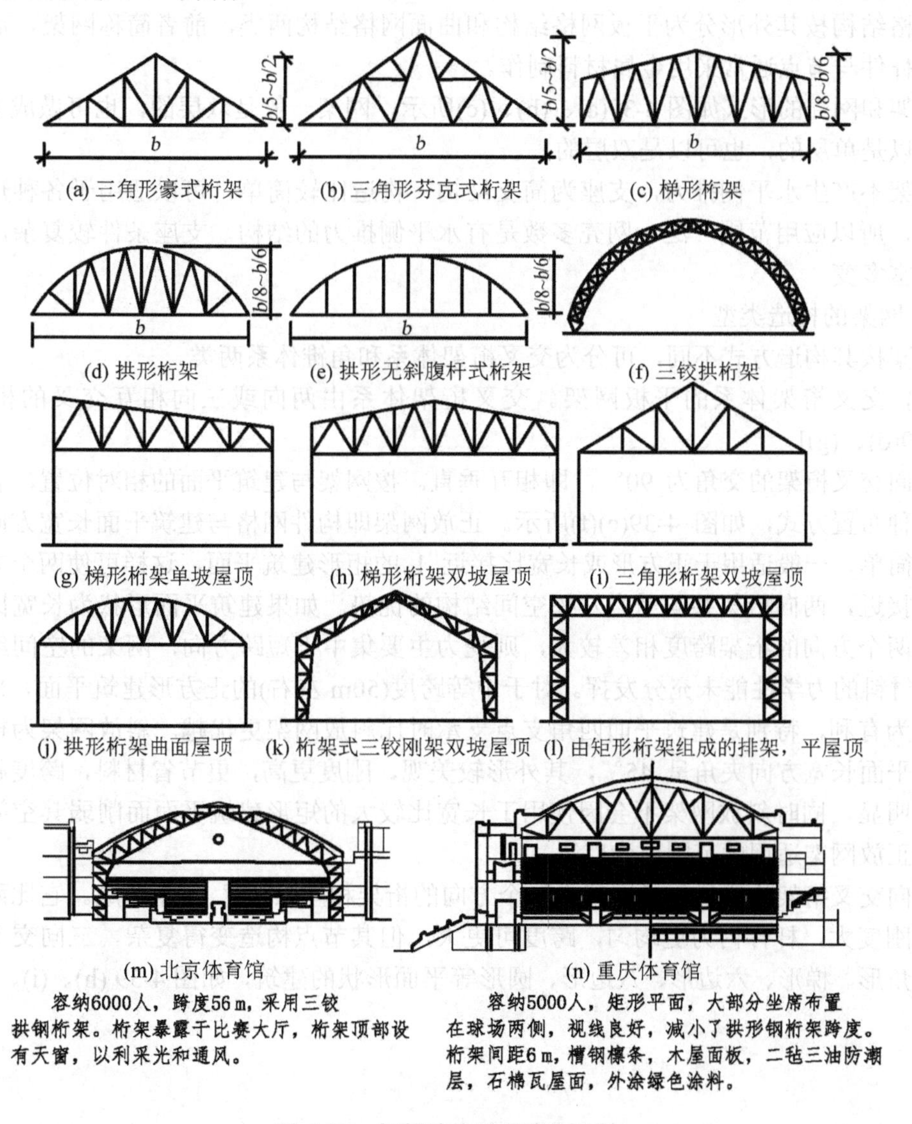

图 4-38　桁架结构及其建筑造型

4. 网格结构及其建筑造型

1) 受力特点和适用范围

网格结构是一种由多根杆件以一定规律通过节点组成的空间格构式结构体系。它具有下列优点：杆件之间互相起支撑作用，形成空间多向受力状态，整体性强、稳定性好、空间刚度大，有利于抗震；当荷载作用于各杆件汇聚的节点上时，杆件内力只有轴向力，能充分发挥材料的强度，节省材料；结构高度小，可以有效地利用空间；结构的杆件规格统一，便于工业化生产；形式多样，可创造丰富多彩的建筑形式。

网格结构主要用来建造大跨度公共建筑的屋顶，适用于多种平面和曲面形状，如圆形、方形、三角形、多边形、球面、拱曲面等屋顶形状的建筑。

2) 网格结构的形式

网格结构按其外形分为平板网格结构和曲面网格结构两类，前者简称网架，后者简称网壳，杆件与节点通常采用金属材料制作。

网架和网壳的形式如图 4-39(a)、(b)、(c)所示，网架一般是双层的，也可做成多层的；网壳可以是单层的，也可以是双层的。

网架不产生水平侧推力，支座为简支结构，构造比较简单，可以适用于各种形状的建筑平面，所以应用范围广泛。网壳多数是有水平侧推力的结构，支座条件较复杂，但建筑造型丰富多变。

3) 网架的构造类型

网架按其构造方式不同，可分为交叉桁架体系和角锥体系两类。

(1) 交叉桁架体系的平板网架。交叉桁架体系由两向或三向相互交叉的桁架构成[图 4-39(d)、(g)]。

两向交叉桁架的交角为 90°，即相互垂直。按网架与建筑平面的相对位置，有正放和斜放两种布置方式，如图 4-39(e)(f)所示。正放网架即构件网格与建筑平面长宽方向一致，构造较简单，一般适用于正方形或长宽比接近 1 的矩形建筑平面，这样可使两个方向的桁架跨度接近，两向桁架共同受力发挥空间结构的优势。如果建筑平面形状为长宽比较大的矩形，两个方向的桁架跨度相差较大，则受力主要集中于短跨方向，网架的空间结构作用减弱，材料的力学性能未充分发挥。对于中等跨度(50m 左右)的正方形建筑平面，采用正放网架较为有利，特别是建筑平面四角支点支承时比斜放网架更优越。斜放网架为构件网格与建筑平面长宽方向夹角呈 45°，其外形较美观，刚度更高，更节省材料，跨度越大其优越性越明显。同时斜放网架不会因使用于长宽比较大的矩形建筑平面而削弱其空间受力状态，比正放网架适用的范围更为广泛。

三向交叉桁架构成的平板网架由三个方向的桁架相互以 60° 夹角组成。它比两向交叉桁架的刚度大，杆件内力更均匀，跨度可更大，但其节点构造变得复杂。三向交叉桁架适用于三角形、梯形、六边形、八边形、圆形等平面形状的建筑，如图 4-39 (h)、(i)、(j)、(k)、(l)所示。

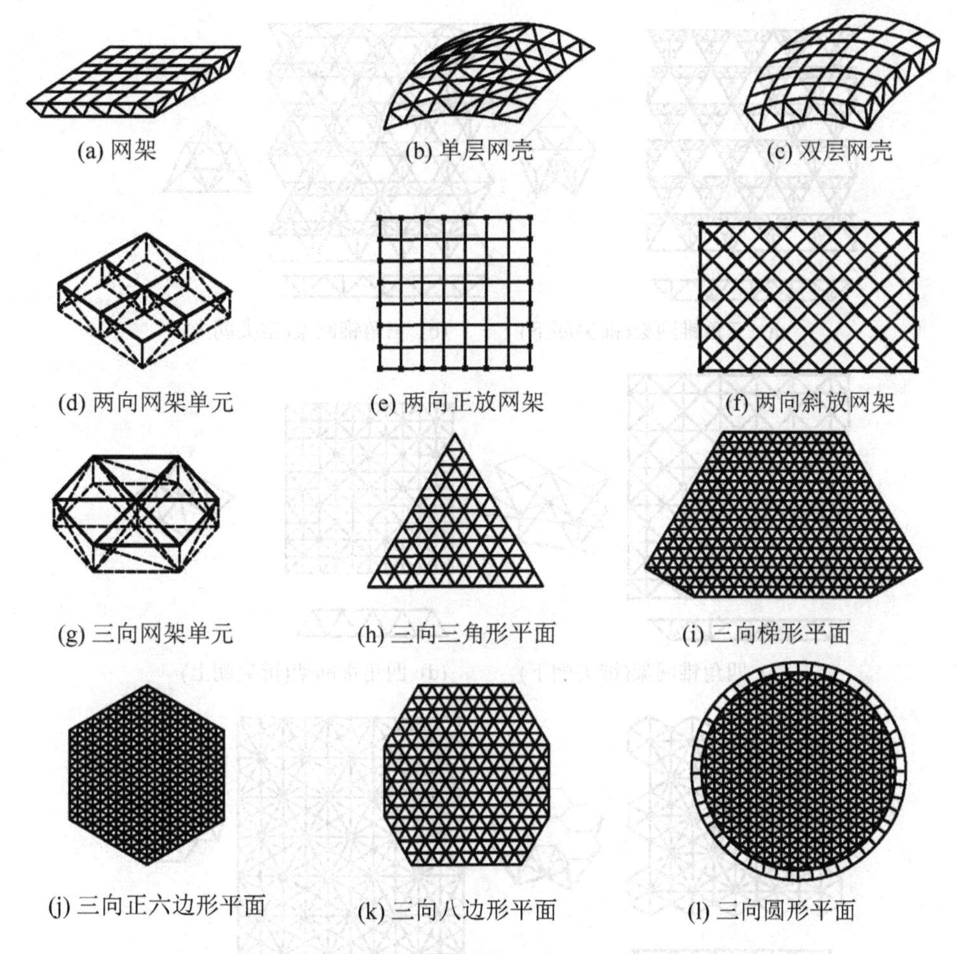

图 4-39　网架形式与交叉桁架体系的平板网架

(2) 角锥体系平板网架。角锥体系平板网架分别由三角锥、四角锥、六角锥等锥体单元组成。这类网架比交叉桁架体系平板网架的刚度大，受力情况好，可采用预制装配方式施工，运输和安装均很方便。

三角锥体平板网架由呈三角锥体的杆件组成，锥尖可朝下或朝上布置。这种网架比四角锥网架和六角锥网架受力更均匀，是大跨度建筑中应用最广的一种网架形式。它适合于矩形、方形、三角形、梯形、多边形、圆形等各种建筑平面形状，如图 4-40(a)(b)所示。

四角锥体平板网架由呈四角锥体的杆件组成，锥尖可朝下或朝上布置，可正放或斜放，受力情况不及三角锥体网架，如图 4-40(c)(d)所示。这种网架多用于中小型大跨度建筑，正放四角锥体网架适用于正方形或近似正方形的平面，而斜放四角锥体网架无论方形或长条矩形平面都适用。斜放网架的上弦杆较短，对受压有利，下弦杆较长，为受拉杆件，可充分发挥材料的强度，且节点汇集杆的数目少，构造较简单，故应用广泛。

六角锥体平板网架由呈六角锥体的杆件组成，锥尖可朝下或朝上布置，如图 4-40(e)(f)所示。这种网架节点处聚集的杆件数目最多，屋面板呈六角形(锥尖朝下布置时)或呈三角形(锥尖朝上布置时)，故构造复杂，施工麻烦，用钢量较大，一般宜用于 60m 以上跨度。

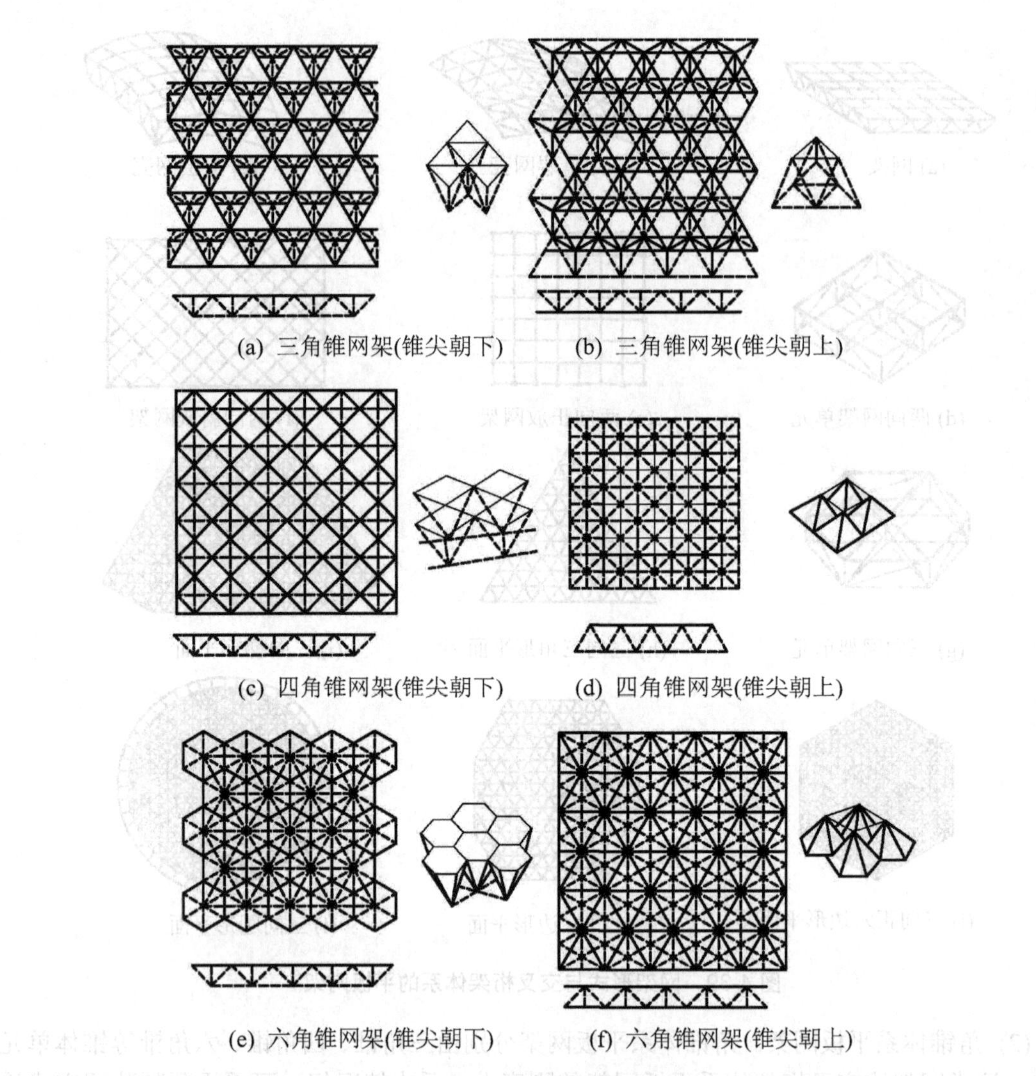

图 4-40 角锥体系平板网架

4) 网格结构的建筑造型

网格结构的建筑造型主要受结构的形式和结构的支承方式两大因素的影响。平板网架的屋顶一般是平屋顶，但建筑的平面形式可多样化。网壳的外形多变，如拱形网架的建筑外形呈拱曲面，但平面形式往往比较单一，多为矩形平面，穹形网壳的外形呈半球形或抛物面形等，平面则为圆形或其他形状。

网架及网壳的支承方式对建筑造型是一个重要的影响因素。网架或网壳的下部支承或为墙，或为柱，或悬挑，或封闭，或开敞。应根据建筑的功能要求、跨度大小、受力情况、艺术构思等因素确定。当跨度不大时，网架可支承在四周圈梁上，圈梁则由墙或柱支承，见图 4-41(a)(b)。这种支承方式对网架尺寸的划分比较自由，网架受力均匀，门窗开设位置不受限制，建筑立面处理灵活。当跨度较大时，网架宜直接支承于四周的立柱上，如图 4-41(c)所示。这种支承方式传力直接，受力均匀，但柱网尺寸要与网架的网格尺寸相一致，使网架节点正好处于柱顶位置。

建筑不允许出现较多的柱子时，网架可以支承在少数几根柱子上，如图 4-41(d)(e)所示。这种支承方式网架的四周最好向外悬挑，利用悬臂来减少网架的内力和挠度变形，从而降低网架的造价。两向正交正放的平板网架采用四支点支承最有利。

当建筑的一边需要敞开或开宽大的门洞时，网架可以支承在三边的列柱上，如图 4-41(f)所示。敞开的一面不设柱子，为了保证网架空间刚度和均匀受力，敞开的一面应设置边梁或边桁架。

拱形网壳的支承需要考虑水平侧推力，可以参照拱结构的支承方式进行处理。穹形网壳常支承在环梁上，环梁置于柱或墙上。图 4-41(g)(h)为拱形网壳和穹形网壳支承方式和造型示意。

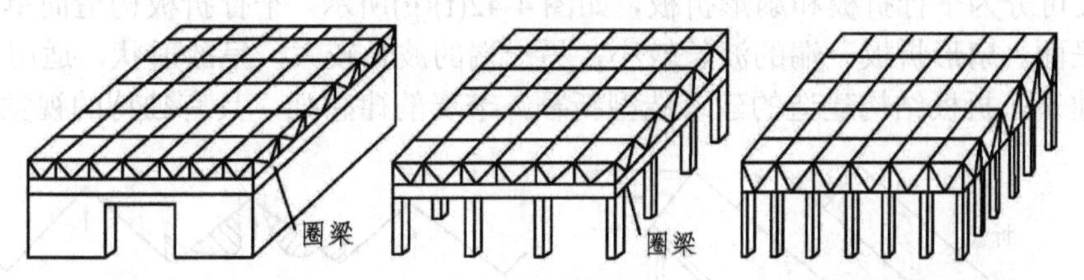

(a) 网架支承在圈梁上 (b) 网架支承在圈梁上 (c) 网架支承在四周列柱上

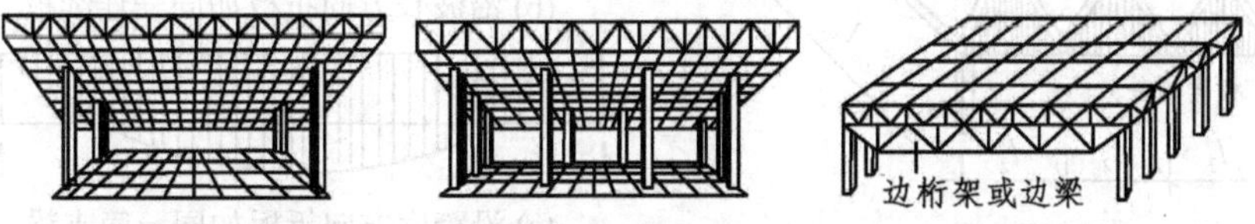

(d) 网架悬挑支承在四根柱上(e) 网架悬挑支承在四周列柱上(f) 网架支承在三边列柱上

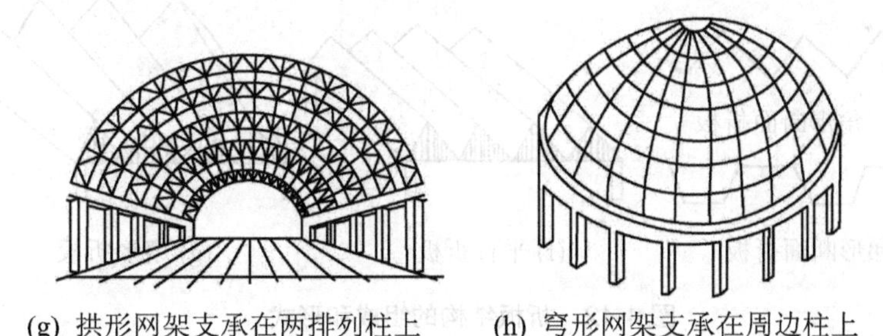

(g) 拱形网架支承在两排列柱上　　(h) 穹形网架支承在周边柱上

图 4-41　网架支承方式与建筑造型

5. 折板结构及其建筑造型

1) 受力特点及适用范围

折板结构是以一定倾斜角度整体相连如折扇的一种薄板体系，通常用钢筋混凝土或钢丝网水泥建造。

折板结构由折板和横隔构件组成，如图 4-42(a)所示。在波长 l_2 方向，折板犹如一块折叠起伏的钢筋混凝土连续板，折板的波峰和波谷处刚度大，可视为连续板的各支点，且 l_2 不宜超过 12m，否则板太厚，不经济，如图 4-42(b)所示。在跨度 l_1 方向，折板如同一钢筋混凝土梁，如图 4-42(c)所示，其强度随折板的矢高 f 而增加。横隔构件的作用是将折板在支座处牢固地结合在一起，如果没有它，折板会坍塌而破坏。横隔构件可根据建筑造型需要设计成板、梁等形式。

跨度 l_1 与波长 l_2 之比大于等于 1 时称为长折板，小于 1 时称为短折板。为了获得良好的力学性能，长折板的矢高 f 不宜小于跨度 l_1 的 1/15~1/10，短折板的矢高 f 则不宜小于波长 l_2 的 1/8。

折板结构呈空间受力状态，具有良好的力学性能，板厚薄，省材料，可预制装配，构造简单。折板结构既可水平放置用来建造大跨度屋顶，也可垂直放置用作外墙，广泛应用于工业与民用建筑。

2) 折板结构形式与建筑造型

折板结构按波长数目的多少分为单波折板和多波折板；按结构跨度的数目有单跨与多跨之分；若按结构断面形式分为三角形折板和梯形折板，如图 4-42(d)(e)所示；若依折板的构成情况，又可分为平行折板和扇形折板，如图 4-42(f)(g)所示。平行折板构造简单，适用于方形、矩形平面。扇形折板一端的波长较小，另一端的波长较大，呈放射状，适用于梯形、弧形平面的建筑。折板结构建造的建筑造型新颖，节奏韵律感强，具有独特的视觉效果。

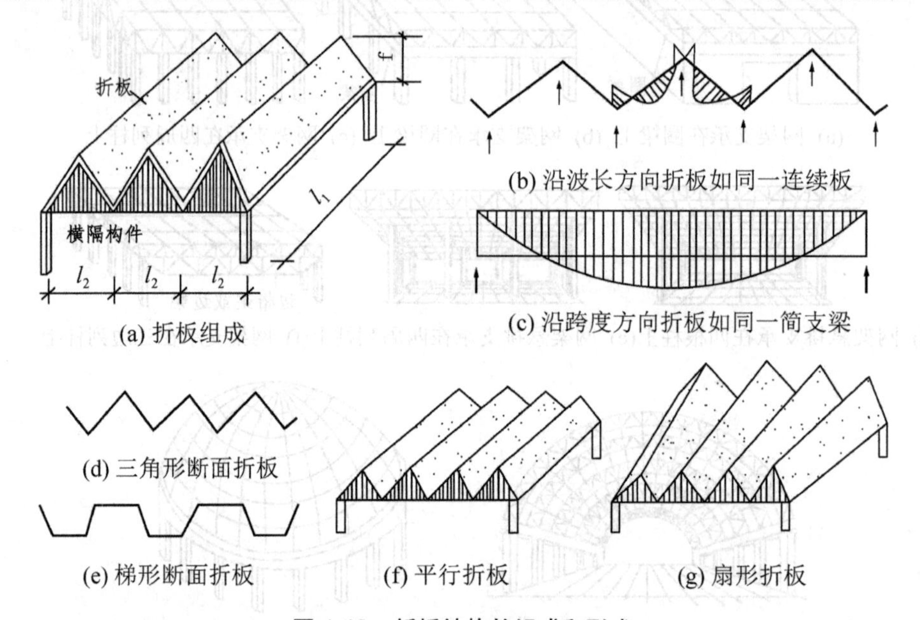

图 4-42　折板结构的组成和形式

6. 薄壳结构及其建筑造型

自然界某些动植物的种子外壳、蛋壳、贝壳就是天然的薄壳结构，它们的外形符合力学原理，以最少的材料获得坚硬的外壳，以抵御外界的侵袭。人们从这些天然壳体中受到启发，利用混凝土的可塑性，创造出各种形式的薄壳结构。

1) 受力特点和适用范围

薄壳结构是用混凝土等刚性材料以各种曲面形式构成的空间受力薄板结构，主要承受曲面内的轴向力，而弯矩和扭矩很小，所以混凝土强度能得到充分利用。其强度和刚度非常好，壳体薄板厚度可做到跨度的几百分之一。而一般的平板结构板厚是跨度的几十分之一。所以薄壳结构具有自重轻、省材料、跨度大、外形多样的优点，可用来覆盖各种平面形状的建筑物屋顶。但大多数薄壳结构的曲面形式较复杂，多采取现浇施工工艺，费工、费时、费模板，且结构计算较复杂，不宜承受集中荷载，这些缺点在一定程度上影响了它的推广使用。因此薄壳结构一般适用于需要特殊曲面造型的大型公共建筑。

2) 薄壳结构的形式

薄壳结构的形式很多，常用的有筒壳、圆顶壳、双曲扁壳和双曲抛物面壳四种。

(1) 筒壳。筒壳由壳面、边梁、横隔构件三部分组成，如图4-43(a)所示。两横隔构件之间的距离(l_1)称为跨度，两边梁之间的距离为波长(l_2)。跨度与波长的比值不同时受力状态也不同。当l_1/l_2大于等于1时称为长壳，l_1/l_2小于1时为短壳。短壳比长壳的受力性能更好。横隔构件承受壳板和边梁传递的荷载，如果没有横隔构件，筒壳就不能形成空间结构。横隔构件可做成拱形梁、拱形桁架、拱形刚架等多种结构形式。为了保证筒壳的强度和刚度，壳体的矢高f与跨度比应不小于1/15~1/10。筒壳为单曲面薄壳，形状简单，便于施工，是最常用的薄壳形式。

(2) 圆顶壳。圆顶壳由壳面和支承环两部分组成，如图4-43(b)所示。支承环对壳面起到箍的作用，环内主要内力为拉力。壳面径向受压，环向上部受压，下部为受拉或受压。由于支承环对壳面的约束作用，壳面边缘会产生局部弯矩，因此壳面在支承环附近应适当增厚。圆顶壳可以支承在承重墙、柱子、斜拱或斜柱上。由于圆顶壳具有很好的空间受力特性，很薄的圆顶可以覆盖很大的空间，可用于大型公共建筑，如天文馆、展览馆、体育馆、会堂等各种类型建筑的集中式穹顶空间。

(3) 双曲扁壳。这种薄壳由双向弯曲的壳面和四边的横隔构件组成，如图4-43(c)所示，壳顶矢高与边长之比通常小于1/5，壳体呈扁平状。壳体中间区域为轴向受压，边缘产生弯矩，四角处出现较大的拉力。双曲扁壳受力合理，厚度薄，可覆盖较大的空间，较经济，适用于民用与工业建筑的各种大厅或车间。

(4) 双曲抛物面壳。双曲抛物面壳由壳面和边缘构件组成，外形犹如一组下垂的抛物线与另一组拱起的抛物线交织在一起，形如马鞍，故又称鞍形壳，如图4-43(d)所示。下垂方向的曲面如同受拉的索网，向上拱起的曲面如同拱结构受压，拉压相互作用，提高了整个壳体的稳定性和刚度，使壳面可以做得很薄。如果从双曲抛物面壳上切取一部分，可以做成各种形式的扭壳，如图4-43(e)(f)所示。

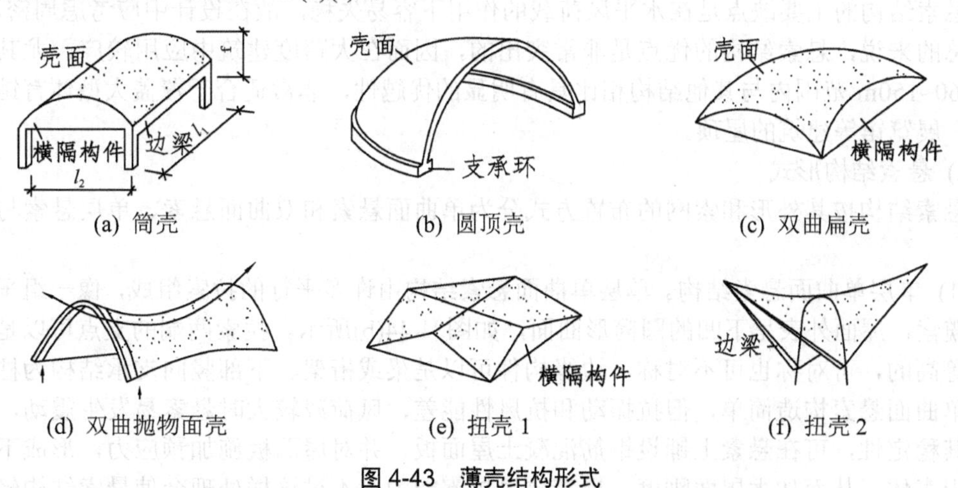

图4-43　薄壳结构形式

7. 薄壳结构的建筑造型

薄壳结构的建筑造型是以各种几何曲面图形为基本原形，与传统的梁、板、架等一类直线平面型结构相比，更容易给人以动态感和新奇感，从而突出建筑物的个性。世界著名建筑中有不少采用薄壳结构的，究其成功的奥秘，往往不是简单地重复那些基本原形，而是巧妙地运用体形相交、贯通、咬合、切割等立体构成方法，对一种或一种以上的薄壳形式重新组合，进行再创造，从而在建筑造型上获得突破和创新。

8. 悬索结构及其建筑造型

1) 受力特点和适用范围

悬索结构用于大跨度建筑是受悬索桥梁的启示。我国在公元 5 世纪就已建造了这种桥梁，跨度达 104m 的大渡河泸定桥就是著名的铁索桥实例。20 世纪 50 年代以后，由于高强度钢丝的出现，国外开始用悬索结构来建造大跨度建筑的屋顶。

悬索结构由索网、边缘构件和下部支承结构三部分组成，如图 4-44(a)所示。索网非常柔软，只承受轴向拉力，而无其他内力形式。索网的边缘构件是索网的支座，索网通过锚固件固定在边缘构件上。根据不同的建筑形式要求，边缘构件可以采用梁、桁架、拱等结构形式，它们必须具有足够的刚度，以承受索网的拉力。悬索的下部竖向支承结构一般是受压构件，常采用柱结构。

悬索结构的主要优点有：能够充分发挥材料的力学性能，利用钢索来受拉、钢筋混凝土边缘构件来受压、受弯，能节省大量材料，比普通钢结构建筑节省钢材约 50%；钢索自重轻，便于大型施工设备安装，施工速度快，建造周期短；受力合理，自重轻，能跨越巨大的空间而不需要在中间加竖向支撑构件，为建筑空间的灵活处理提供了非常有利的条件；外形与一般建筑迥异，建筑造型具有较强烈的视觉效果，且形式多样，适合于方形、矩形、圆形、椭圆形等多种不同的平面形式。

悬索结构的主要缺点是在水平风荷载的作用下容易失稳，故在设计中应考虑周密。

总的来说，悬索结构的优点是非常突出的，因而在大跨度建筑中应用较广，尤其是跨度在 60~150m 范围内与其他结构相比具有明显的优越性，非常适合于覆盖大型体育馆、大会堂、展览馆等建筑的屋顶。

2) 悬索结构形式

悬索结构按其外形和索网的布置方式分为单曲面悬索和双曲面悬索、单层悬索与双层悬索。

(1) 单层单曲面悬索结构。单层单曲面悬索结构由许多平行的拉索组成，像一组平行悬吊的缆索，屋面外表呈下凹的圆筒形曲面，如图 4-44(b)所示。拉索两端的支点可以是等高或不等高的，可对称也可不对称，边缘构件可以是梁或桁架、下部竖向支承结构为柱子。单层单曲面悬索构造简单，但抗振动和抗风性能差，风荷载较大时悬索易发生震动，为了提高其稳定性，可在悬索上铺设钢筋混凝土屋面板，并对屋面板施加预应力，形成下凹的混凝土壳体，从而加大屋面刚度，提高抗风抗震能力。不过这样处理会使悬索结构轻巧的形象有所削弱。

悬索的垂度(即悬垂线最低点与支座端部之间的垂直距离)大小直接影响索的拉力大小，垂度越小拉力越大。垂度一般控制在跨度的 1/50~1/20 范围内。

(2) 双层单曲面悬索结构。与单层单曲面悬索结构只有悬垂下凹的一道承重索不同，双

层单曲面悬索结构中平行的每一组拉索均由上下分布的曲率相反的承重索和稳定索两道索构成，悬垂线下凹的为承重索，悬垂线向上拱起的为稳定索，如图 4-44(c)所示。承重索的垂度为跨度的 1/20~1/7，稳定索的拱度为跨度的 1/25~1/20。承重索与稳定索之间用拉索拉紧，也就是对上下索施加预应力，增大了屋顶的刚度，因而不必采用厚重的钢筋混凝土屋面板，而改用轻质材料覆盖屋面，使屋面自重减轻，造价降低，保证了轻巧的形象，比单层单曲面悬索的抗风抗震性能好。

以上两种悬索结构形式适用于矩形建筑平面，而且多布置成单跨。

(3) 双曲面轮辐式悬索结构。双曲面轮辐式悬索结构适用于圆形建筑平面，设有上下两层放射状布置的索网，下层索网承受屋面荷载，称为承重索，上层索网起稳定作用，称为稳定索，两层索网均固定在内外刚性环上，外环受压力，内环受拉力，形似一个自行车轮水平搁置于建筑物的顶部，如图 4-44(d)所示。

将上述轮辐式悬索变换一下上下索的位置和内外环的形式，可以构成外形完全不同的轮辐式悬索结构，如图 4-44(e)、(f)所示，它们有两道受压外环，上下索之间均用拉索拉紧。

轮辐式悬索比单层单曲面悬索增加了稳定索，屋面刚度变大，抗风抗震性好，屋面轻巧，施工方便。

(4) 双曲面鞍形悬索结构。这种悬索结构由两组曲率相反的拉索交叉组成索网，形成双曲抛物面，外形像马鞍，故称为鞍形悬索结构，如图 4-44(g)、(h)、(i)、(j)所示。向下弯曲的索为承重索，向上弯曲的为稳定索。为了支承索网，马鞍形悬索结构的边缘构件可以根据建筑平面形状和建筑造型需要，采用双曲环梁、斜向边梁、斜向拱等结构形式。

3) 悬索结构的建筑造型

悬索结构的造型与薄壳结构一样是以几何曲面图形为基本原形的，但也有自身的特点。主要表现在两个方面：一是悬索只能受拉不能受压，外形大多呈凹曲面，而薄壳结构是用刚性材料建造的，外形以拱曲面、抛物线曲面和球曲面等凸曲面为主；二是悬索结构是由两种不同材料的构件组成的，即钢索网和钢筋混凝土边缘构件，索网的曲面形式多样，边缘构件的形式各异，变动其中一种或两种都变，将创造出与基本形式截然不同的造型。并且还可运用“交叉”“并联”等手法改变基本形式的造型，所以悬索结构的建筑造型是丰富多彩。

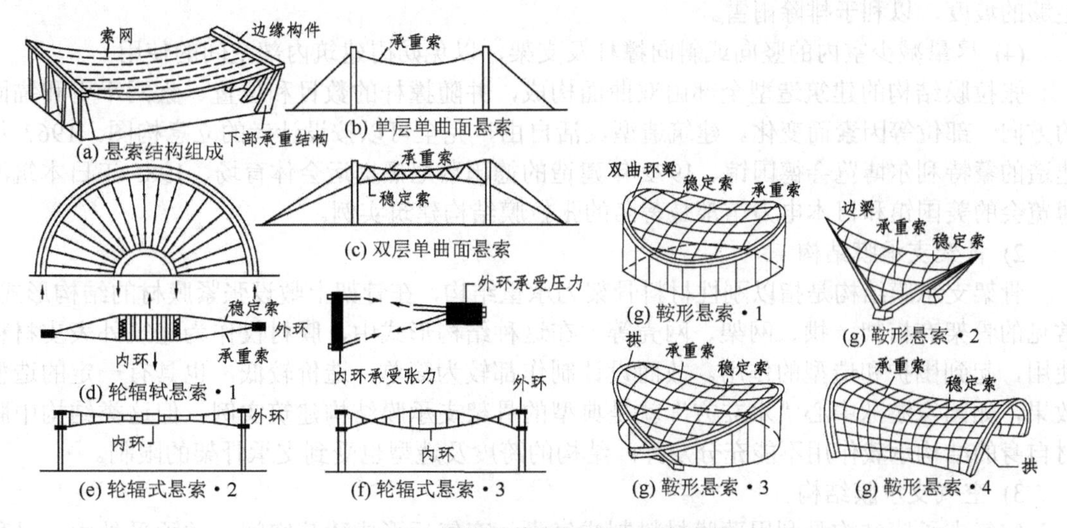

图 4-44　悬索结构的组成与结构形式

9. 膜结构及其建筑造型

膜结构是以性能优良的柔软薄膜作为膜面材料，由空气压力支承膜面，或用柔性钢索或刚性骨架将膜材绷紧形成建筑空间的一种结构。具有现代意义的大跨度膜结构出现于 20 世纪 70 年代，距今不过 40 多年，但目前已广泛应用于国内外的各种大跨度建筑中。

膜结构的优点是重量极轻，跨度特大，施工方便，透光性和自洁性较好，建筑造型自由丰富等；其缺点是隔声效果较差，耐久性不够好(膜材的使用寿命一般为 15~20 年)，膜面抵抗局部荷载能力较弱等。逐渐发展应用的薄膜材料有 PVC 聚氯乙烯薄膜、PE 聚乙烯薄膜、PTFE 聚四氟乙烯薄膜、ETFE 乙烯-四氟乙烯薄膜等。

膜结构按其支承方式通常可以分为张拉式膜结构、骨架支承式膜结构、空气支承式膜结构三类。

1) 张拉膜结构

张拉膜结构是由膜衬、拉索和支柱共同作用构成的。柔软的薄膜自身不能承受荷载，只有将它绷紧后才能受力，所以这种结构只能承受拉力，而且在任何情况下都必须保持受拉状态，否则就会失去稳定性。

张拉膜的主要优点是轻巧柔软，透明度高，省材料，构造简单，安装快速，便于拆迁，形态多样。这种结构的缺点是抗风能力差，易失去稳定性，应用时必须合理设计拉索的支点、曲率和预应力值。

这种结构适用于各种建筑平面，主要用于临时性或半永久性的建筑，如供短期使用的博览会建筑、体育建筑、文娱演出建筑和进行其他活动的临时性场所。

张拉膜结构的设计有以下要点。

(1) 薄膜材料应选择轻质，高强，耐高温和低温，防火性好，具有一定透明度的材料。

(2) 为了提高帐篷薄膜的抗风能力和保持其形状，拉索的布置应使薄膜表面呈反方向的双曲面，而且对拉索施加适当的预应力，以保证在来自任何方向的风荷载作用下都不会出现松弛现象。

(3) 应布置足够数量的拉索，使薄膜表面形成连续的曲面而不是多棱曲面，并使表面有足够的坡度，以利于排除雨雪。

(4) 尽量减少室内的竖向或斜向撑杆及支架，以免妨碍建筑内部空间的使用。

张拉膜结构的建筑造型全部由双曲面构成，并随撑杆的数目和位置、索网牵引和锚固的方向、部位等因素而变化。建筑造型灵活自由，完全可以按设计者的立意构图。1967 年建造的蒙特利尔博览会德国馆、1972 年建造的德国慕尼黑奥运会体育场、1985 年日本筑波博览会的美国馆和日本电力馆都是著名的张拉膜结构建筑实例。

2) 骨架支承膜结构

骨架支承膜结构是指以刚性材料骨架为承重结构，在骨架上敷设张紧膜材的结构形式。常见的骨架有桁架、拱、网架、网壳等。在这种结构形式中，膜材仅作为建筑外表皮材料使用，起到围护和造型的作用。故而设计制作都较为简单，造价较低，也具有一定的造型效果，如国家游泳中心“水立方”就是典型的骨架支承膜结构建筑实例。但这类结构中膜材自身的结构承载作用不能充分发挥，结构的跨度及造型也受到支承骨架的限制。

3) 空气支承膜结构

空气支承膜结构是利用薄膜材料制成气囊，充气后形成建筑空间，并承受外力，又称为充气薄膜结构。这种结构必须处于紧绷受拉状态才能保持结构的稳定，所以其外形都是

饱满外凸的曲线和曲面形态。

空气支承膜结构有承重和围护双重功能，构造简单。薄膜充气后均匀受拉，能充分发挥薄膜材料的力学性能，加上自重极轻、透明度高，因而可以覆盖跨度很大的空间并具有良好的采光，外形美观，适用于各种平面形状的体育馆、展览馆、餐厅、医院等多种类型的建筑，而且由于安装拆除方便特别适合于防震救灾等临时性建筑。

空气支承膜分为气承式和气肋式两种结构形式。前一种形式依靠鼓风机不断向气囊内送气，只要略保持正压就可维持其体形。若遇大风时，可打开备用鼓风机补充送气量，升高气囊内气压使之与外部风压平衡。为了维持气压，气承式空气支承膜结构建筑内部需要保持密闭。后一种形式以密闭的充气薄膜做成肋，气压较高以达到足够的刚度便于承重，然后在各气肋的外面再敷设薄膜作围护，形成一定的建筑空间；气肋独立密闭，故建筑内部空间无须保持密闭，使用更加灵活方便。

空气支承膜结构是将空气注入气囊中将薄膜鼓胀成型，使薄膜在绷紧受拉的状态下保持结构稳定。故而其建筑造型主要由向外凸出的双曲面构成，并且建筑造型随平面形状和固定薄膜的边缘构件形式等因素而变化。

4.2.3　大跨度建筑实例分析

1. 杜勒斯国际航空港

杜勒斯国际航空港(图 4-45)(Washington Dulles International Airport，1958—1962 年)得名于美国当时的国务卿约翰·福斯特·杜勒斯。位于华盛顿市区以西约 43km 处，是美国联合航空公司的主要枢纽。由芬兰裔美籍建筑师埃罗·沙里宁设计。候机楼为矩形平面，跨度 45.6m，长度为 182.5m。在两列巨型钢筋混凝土外倾柱墩上张挂着 40 多米长的钢索，其上铺设屋面板，形成自然的凹曲线形屋顶。候机楼屋顶为典型的单层单曲面悬索结构，结构形式与建筑功能结合的协调统一，轻巧的悬索屋顶象征飞翔，与结构本身的特点相吻合，显得十分自然。

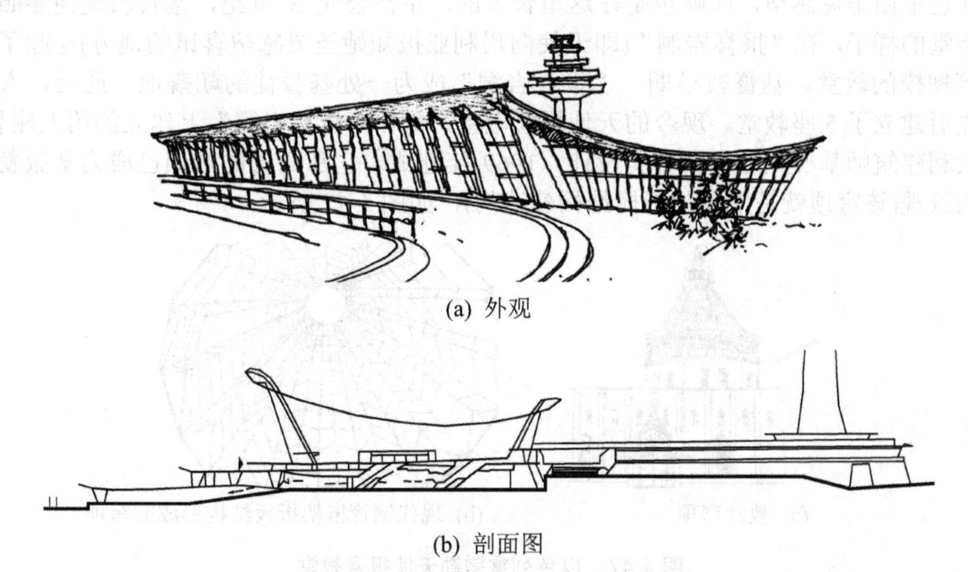

(a) 外观

(b) 剖面图

图 4-45　美国华盛顿杜勒斯国际航空港

2. 悉尼歌剧院

悉尼歌剧院(图 4-46)(Sydney Opera House，1959—1973 年)位于澳大利亚新南威尔士州的首府悉尼市悉尼港的贝尼朗(Bennelong Point)，由丹麦建筑师约恩·伍重设计的，是世界著名的表演艺术中心悉尼市的标志性建筑，也是 20 世纪最具特色的建筑之一。2007 年悉尼歌剧院被联合国教科文组织列入《世界文化遗产名录》。

悉尼歌剧院坐落在悉尼港湾，三面临水，环境开阔。歌剧院分为三个部分：歌剧厅、音乐厅和餐厅，建在巨大的钢筋混凝土结构的基座上。歌剧厅、音乐厅并排而立，各由四对巍峨的壳片组成，四对壳片成串排列，三对朝北，一对朝南，地段西侧的一组壳片是音乐厅，地段东侧的一组壳片是歌剧厅。在它们的西南方的是餐厅，由两对小壳片组成。这三组由白色瓷片贴面的排列有序的尖顶壳，有人说像竖立着的贝壳，有人说像扬起的白帆，总之在蓝天碧海的衬映下，轻盈皎洁，形态优美，给人以美的享受。据伍重晚年说，他当年的创意其实是来源于剥去了一半皮的橙子。2003 年 4 月，约恩·伍重先生获得 2003 年普利策建筑学奖，这也体现了普利策奖对约恩·伍重先生杰作的最终认可。

(a) 悉尼歌剧院与港湾大桥整体景观　　(b) 外观

图 4-46　悉尼歌剧院

3. 以色列拿撒勒天使报喜教堂

以色列北部的加利利的群山之中有个地方叫拿撒勒，是耶稣父母居住的地方，圣母玛利亚在这里由圣灵感孕，耶稣也是在这里长大的。早在公元 3 世纪，基督教徒便参照当时犹太会堂的样子，在“报喜岩洞”(即天使向玛利亚报知她圣灵感孕喜讯的地方)建起了第一座中等规模的教堂。基督教早期，“报喜岩洞”成为一处基督徒的朝觐地。此后，人们在这里先后建立了 5 座教堂。现今的天使报喜教堂，是在“报喜岩洞”上建立的第五座教堂，由意大利建筑师基奥瓦尼·穆齐奥设计，1969 年建成。它那高耸的穹顶已成为拿撒勒最具特色的景观(该穹顶就是用现代折板结构建造的)，如图 4-47 所示。

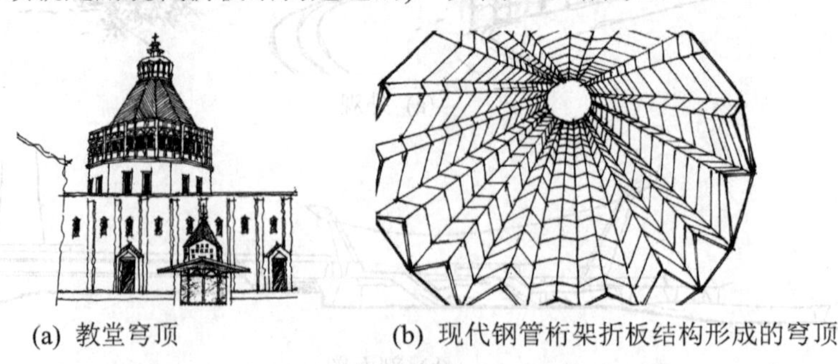

(a) 教堂穹顶　　(b) 现代钢管桁架折板结构形成的穹顶

图 4-47　以色列拿撒勒天使报喜教堂

4. 慕尼黑奥运会体育场

慕尼黑奥林匹克体育场(图 4-48)，位于德国慕尼黑奥林匹克公园的中心，是 1972 年德国慕尼黑夏季奥运会的主体育场，可容纳 8 万名观众，体育场由甘特·拜尼施等人设计。为了使建筑与周边自然风景融为一体，体育场看台的 2/3 建在地面以下，1/3 建在地面以上，体育场仅半边设有膜结构屋顶，由一组 9 个呈伞锥形的半透明张拉式薄膜结构组成，轻巧新颖，造型独特，顶棚覆盖的下部空间光线充足而柔和。屋顶膜材采用灰棕色丙烯塑料片，用氯丁橡胶卡件将丙烯塑料片卡在网索铝框中，每一单元网格为 75cm×75cm。屋顶由 50 根钢柱支撑起整个钢缆网索，钢柱最高达 80 多米，薄膜结构屋顶总面积达 7.5 万 m^2。

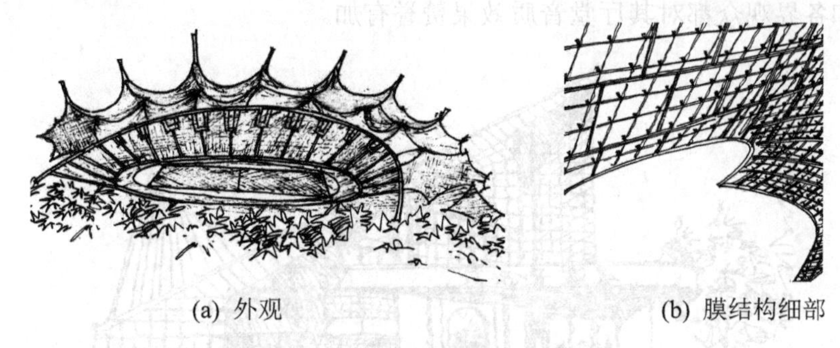

(a) 外观　　(b) 膜结构细部

图 4-48　德国慕尼黑奥运会体育场

5. 东京圆顶运动场

1988 年建成的东京圆顶运动场“TOKYO DOME”，位于日本东京文京区，采用气承式空气支承膜结构。其主要空间用作棒球场，也可进行其他体育比赛和各种演出活动，可容纳 5 万名观众。空气支承膜结构的屋顶近似于带圆角的正方形，边长 180m，对角线为 201m×201m。采用双层乳白色 PTFE 聚四氟乙烯聚合物薄膜制成，外层薄膜厚度 0.8mm，内层薄膜厚度 0.35mm。薄膜用 28 根直径为 80mm 的钢索双向正交分隔，每个方向各 14 根，间距 8.5m。屋顶总面积 2.8 万 m^2，屋顶平均垂直荷载仅为 125 N/m^2。室内容积 124 万 m^3，使用时通过三台送风机向薄膜内充压缩空气，使得内压维持在 4~12 kPa，最大送风量达 360 m^3/h，以确保薄膜屋顶在任何情况下都不变形。室内采光条件良好，白天进行体育比赛时，可不用人工照明，如图 4-49 所示。

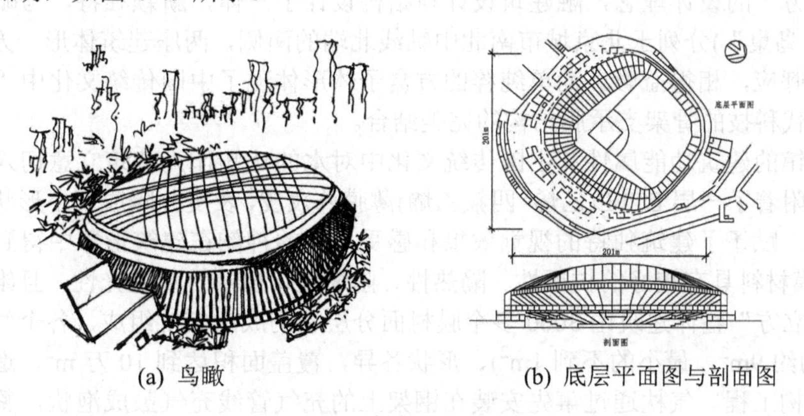

(a) 鸟瞰　　(b) 底层平面图与剖面图

图 4-49　东京圆顶运动场

6. 星海音乐厅

星海音乐厅位于中国广州二沙岛，1998 年建成。这座以人民音乐家冼星海的名字命名的音乐厅，占地 1.4 万 m^2，建筑面积 1.8 万 m^2，设有 1500 座的交响乐演奏大厅和 460 座的室内乐演奏厅，室外有 4800m^2 的音乐文化广场。

星海音乐厅位置临近珠江，整体建筑为双曲抛物面钢筋混凝土壳体结构，充满动感和现代气息。从不同的方位望去，音乐厅或像一只展翅欲飞的天鹅，或似一架撑起盖面的大钢琴，与周围景色和建筑功能融为一体，如图 4-50 所示。交响乐大厅顶棚布置了一组球切面声扩散体，造型独特，做到了建筑空间与声学效果的良好融合。音乐厅自建成以来，国内外音乐界和各界观众都对其厅堂音质效果赞誉有加。

图 4-50 星海音乐厅

7. 中国国家游泳中心

中国国家游泳中心(图 4-51)又被称为“水立方”(Water Cube)，作为北京 2008 年夏季奥运会的主游泳馆，建于 2003—2008 年，是一座集建筑学、结构力学、材料科学与计算机自动控制技术等为一体的现代智能化大型体育馆建筑，位于北京朝阳区奥林匹克公园内。它的设计方案是经全球设计竞赛脱颖而出的“水立方”方案。国家游泳中心规划建设用地 6.3 万 m^2，总建筑面积近 8 万 m^2，简洁的立方体造型，长宽高分别为 177m×177m×30m。该方案由中国建筑工程总公司、澳大利亚 PTW 建筑师事务所、ARUP 奥雅纳工程顾问有限公司联合设计。

“水立方”的设计理念，融建筑设计与结构设计于一体，新颖独特，与毗邻的国家体育场(俗称“鸟巢”)分列于北京城市南北中轴线北端的两侧，两座建筑体形一方一圆，造型协调，相互呼应，相得益彰。简单纯粹的方盒子体形体现了中国传统文化中“天圆地方”的思想和现代科技的骨架支承膜结构的完美结合。

将游泳馆的建筑功能属性和中国传统文化中对水的认知作为建筑立意切入点，方盒子的骨架外面附着了一层 ETFE(乙烯-四氟乙烯)薄膜外表皮，表皮分隔成大小形状各异的多边形“水泡”，赋予了建筑独特的视觉效果和感受，水的神韵在建筑形象中得到了完美的体现。ETFE 膜材料具有较好的抗压性、隔热性、阻燃性、自洁性和透光性，且维修更换方便快捷。“水立方”整体建筑由 3000 多个膜材面分层状构成的气枕组成，各个气枕面积大小不一(最大的约 9m^2，最小的不到 1m^2)、形状各异，覆盖面积达到 10 万 m^2，造就了世界上最大的膜结构工程。气枕通过事先安装在钢架上的充气管线充气鼓成泡状，整个充气过程由计算机智能监控，可根据气压、采光等条件使气枕始终处于最佳状态。

“水立方”的墙体和屋顶是由 1.2 万个节点将钢管杆件连接起来的不规则网架结构作为受力骨架，该结构支撑着气枕各层表面的 ETFE 薄膜。“水立方”的地下部分是钢筋混凝土结构，在浇筑混凝土的时候，在每根钢柱的位置上都设置了预埋铁件，钢网架结构的钢柱与这些预埋铁件牢固地焊接在一起，这样地上部分的钢结构骨架与地下部分的钢筋混凝土结构就形成一个牢固的整体。凭借优越的结构形式和良好的整体性，“水立方”可达到 8 度抗震设防烈度的标准。

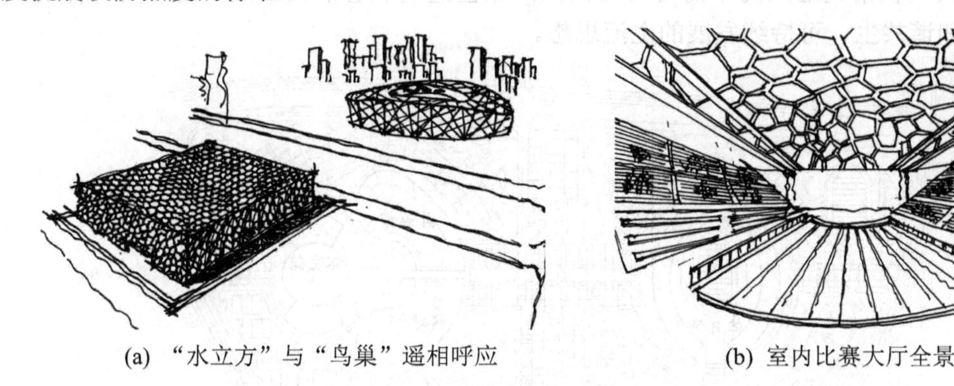

(a) “水立方”与“鸟巢”遥相呼应　　(b) 室内比赛大厅全景

图 4-51　中国国家游泳中心

8. 济南奥林匹克体育中心

济南奥林匹克体育中心(图 4-52)位于济南市东部新城经十东路以南的龙洞片区，占地面积约 80 万 m^2，是一组满足全国运动会和世界单项体育赛事的功能要求，并具有浓郁地方文化特色的大型标志性体育建筑群，2009 年建成。济南奥林匹克体育中心项目总建筑面积约 35 万 m^2，主要包括：①体育场(6 万座规模)，建筑面积 15 万 m^2，以及配套的田径训练场和足球训练场；②体育馆(1 万座规模)，建筑面积 5.9 万 m^2，以及配套的训练馆，20 块室外篮球训练场；③游泳馆(4 千座规模)，建筑面积 4.7 万 m^2；④网球馆(4000 座规模)，建筑面积 4.1 万 m^2，以及配套的两块 1 千座的网球半决赛场、14 块网球预赛场。

总体设计呈“东荷西柳”“三足鼎立”布局，项目充分结合地形地势，在西场区布置体育场，形似柳叶；东场区布置体育馆、游泳馆、网球馆，形似莲花与莲叶，三栋单体建筑呈三足鼎立之势，总体呈双轴对称的布局。

西区体育场外墙与屋顶连为一体，采用钢结构空间折板管桁架悬挑体系，下部为钢筋混凝土看台及附属功能用房，建筑平面近似椭圆形，长轴约 360m，短轴约 310m。屋盖覆盖面积 3.8 万 m^2，单位面积用钢量约 135kg /m^2。

东区的场馆布局以圆形体育馆为中心，莲花造型，游泳馆、网球馆以对称的体形环抱体育馆，莲叶造型，三者与西场区的体育场实现了空间及体量上的均衡关系。体育馆钢结构屋盖采用弦支穹顶结构，由上部单层球面网壳和下部弦支索杆体系构成。圆穹顶跨度 122m，矢高 12.2m，在弦支穹顶顶部设置直径 27.8m、高 2.5m 的圆柱形风帽，下部索杆体系为肋环型布置方式。整个屋盖覆盖面积约 1.2 万 m^2。该体系相比单层网壳结构稳定性得到大幅度提高，构件受力更小且内力分布比较均匀。网球馆、游泳馆外部骨架均采用钢结构空间管桁架体系。

各场馆外墙大都为玻璃幕墙和金属幕墙，局部为外墙涂料和干挂石材，屋面为金属面层，各场馆在外观风格上相互呼应，保持整体协调统一；室内装修材料材质基本一致，色调各不相同，以不同色彩质感展示出各场馆不同的功能主题。

这一组体育建筑造型设计新颖、结构独特，形体曲线优美，韵律感极强。以柳叶、荷花为造型立意，将柳叶柔美飘逸的形态与荷花的层叠向上的肌理固化为建筑语言，展示了泉城济南的地方文化与自然环境特色；双轴对称的整体庄重布局，线条柔美细腻的结构造型，突出了大气和精美之间的平衡与对比关系；绿色建筑理念的投入及措施运用，体现了人文与自然和谐共生、可持续发展的主流思想。

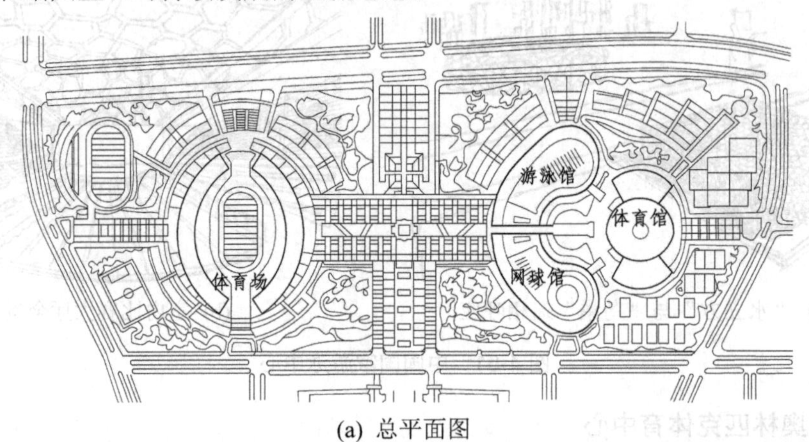

(a) 总平面图

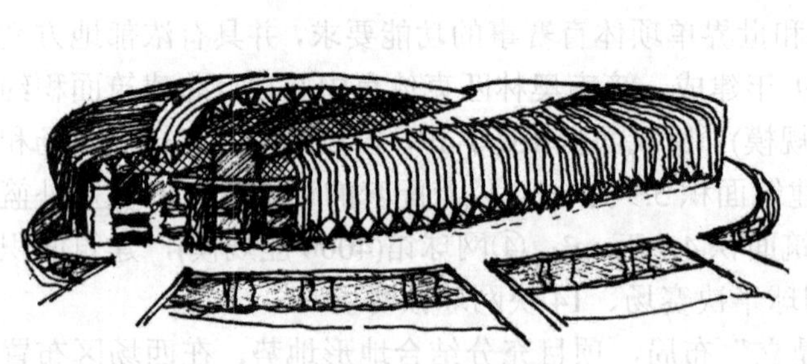

(b) 主体育场

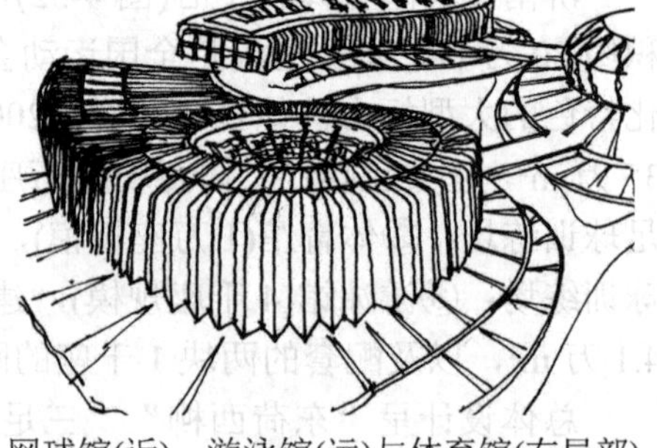

(c) 网球馆(近)、游泳馆(远)与体育馆(右局部)

图 4-52　济南奥林匹克体育中心

思　考　题

1. 现代高层和大跨建筑能够迅速发展的主要原因是什么？

2. 现代高层建筑都有哪些结构体系，各自的特征和适用范围是什么？

3. 框架-剪力墙结构、框架-筒体结构等现代高层建筑混合结构体系有哪些优点？

4. 现代大跨建筑都有哪些主要结构体系，各自的特征和适用范围是什么？

5. 桁架结构和网架结构的区别在哪里？

6. 大跨度建筑的基本结构体系衍生的混合结构体系在实践设计中日益广泛，你能举出一些例子吗？

第 5 章　绿色生态建筑简介

【内容提要】

本章概括地介绍了由于世界能源危机大时代背景下而引发的“绿色、生态”革命波及建筑领域而产生的新的建筑形态——绿色生态建筑。首先叙述了绿色生态建筑的概念发展和理论衍生的过程，进而对绿色生态建筑的主要策略和技术类型进行归纳总结，最后综合分析典型绿色生态建筑作品实例。

【学习目的】

- 认知绿色生态建筑的基本概念和理论体系。
- 认知绿色生态建筑的主要设计策略和技术特征。

5.1　相关概念的发展

5.1.1　可持续发展与绿色建筑

“可持续发展观”的提出，是人类社会发展理论的重大变革，也是绿色建筑衍生发展的理论渊源。

1987 年联合国世界环境与发展委员会(WCED)公布了里程碑式的报告——《我们共同的未来》，报告中指出：可持续发展是“既满足当代人的需要，又不损害后代人满足需要的能力的发展”。

1992 年，巴西里约热内卢召开的“联合国环境与发展大会”有 102 位国家元首和政府首脑参加，会议通过了《里约热内卢环境与发展宣言》和《21 世纪议程》两个纲领性文件以及《关于森林问题的原则声明》，签署了《气候变化框架公约》和《生物多样性公约》。这次大会的召开及其所通过的一系列文件，标志着“可持续发展”这一重要思想已经从少数学者的理论探讨开始转变为人类的共同行动纲领。

1993 年国际建筑师协会第 18 次大会在可持续发展理论的推动下，以“处于十字路口的建筑——建设可持续发展的未来”为主题发表了《芝加哥宣言》，宣言中指出“建筑及其建成环境在人类对自然环境的影响方面扮演着重要角色；符合可持续发展原理的设计需要对资源和能源的使用效率、对健康的影响、对材料的选择方面进行综合思考”“我们今天的社会正在严重地破坏环境，这样是不能持久的；因此需要改变思想，以探求自然生态作为设计的重要依据”。此次大会在“绿色建筑”发展史上具有里程碑的意义，是国际建筑界对国际潮流的积极而及时的回应。

1996 年，在土耳其伊斯坦布尔召开联合国人居环境学与建筑学大会，与会的各国首脑签署了《人居环境议程：目标和原则、承诺和全球行动计划》，至此人类终于有了一个共同的面向未来的建筑行动纲领。

从上述主要事件的简要回顾中可以看出，可持续发展理论与绿色建筑是一种互动关系，可持续发展理论推动了绿色建筑的创造；绿色建筑的创造又是国际建筑界为实现人类可持续发展战略所采取的重大举措，绿色建筑的发展必将为人类实现可持续发展做出重要贡献。

5.1.2　绿色建筑、生态建筑

“绿色”作为一种文化，是指人类效仿绿色植物，取之自然又回报自然，而创造的有利于大自然平衡，实现经济、环境和生活质量之间相互促进与协调发展的文化。简言之，绿色文化就是人与自然协调发展的文化，是人类可持续发展的文化，它包括绿色思想以及在绿色思想指导下的绿色产业、绿色工程、绿色产品、绿色消费等。绿色建筑是绿色文化的重要组成部分。

“生态”一词来源于希腊文“Oilos”一词，意思是“家”或“住处”。任何生物都是生活在一定自然空间中的，有其必然的处所。生态学即研究生物与环境之间的关系和相互作用的一门学科。生态学自 19 世纪中叶诞生至今已发展衍生出许多分支学科，如植物生态学、动物和微生物生态学、工业生态学、资源生态学等。

20 世纪 60 年代，美籍意大利建筑师保罗·索勒端(Paola Soleri)把生态学(Ecology)和建筑学(Architecture)两词相结合，首次提出“绿色建筑”(Arcology)或“生态建筑”的概念。“绿色建筑”又称为“生态建筑”，二者从内涵和外延上具有相似的意义。保罗·索勒端提出的“绿色建筑”概念和 1969 年由建筑师麦克哈格(Ian L. McHarg)撰写的《设计结合自然》一书的出版共同标志着“生态建筑学”这一新兴边缘学科的诞生。

综合国内外专家学者的研究，中国建筑科学研究院 2005 年 10 月主编发行的《绿色建筑技术导则》中提出了较为全面的“绿色建筑”定义：“绿色建筑是指在建筑的全寿命周期内，最大限度地节约资源(节能、节地、节水、节材)、保护环境和减少污染，为人们提供健康、适用和高效的使用空间，与自然和谐共生的建筑”。

“绿色建筑”或“生态建筑学”的任务就是要阐明“建筑物—人居环境—人及人类社会”这个生态系统的可持续发展机理和措施。

在绿色建筑设计理念的指导下，结合能源利用科学、材料科学、计算机自动控制与网络通信科学、环境资源科学等与建筑科学的交叉作用，必将推动“绿色建筑”运动向更加完善的方向发展。

5.2 绿色建筑技术与实践

5.2.1 节约建筑能耗——低能耗健康建筑(节能建筑)

城市化的发展使建筑能耗越来越大。工业发达国家的建筑能耗占社会总能耗的 30%～50%，我国的建筑能耗也达到总能耗的 20%以上。

低能耗健康建筑是节能建筑的一种具体形式，即从降低建筑使用能耗角度出发，通过建筑设计、室内环境控制等手段创造满足人们居住或生产等活动要求的适宜的室内物理环境。低能耗健康建筑的实现涉及城市能源规划、节能建筑设计、城市微气候改善和建筑自动化等领域的科学技术。

从建筑物全寿命周期过程看，建筑能耗分为建设能耗和使用能耗。建设能耗是建筑物生产过程中消耗的能耗，如建筑材料生产能耗、施工能耗等；使用能耗是建筑物竣工后在使用运营过程中产生的能耗。低能耗健康建筑主要是指通过降低使用能耗实现节能的目的。

为实现建筑的低能耗健康性，主要有以下三个关键技术要考虑：建筑物围护结构节能技术、建筑采暖空调节能技术和建筑采光与照明节能技术。

1. 建筑物围护结构节能技术

建筑物实体中与外界大气环境直接相邻的部分即围护结构，如外墙、屋顶、外门窗等。建筑物耗热量主要由通过围护结构的传热耗热量构成，其数值约占建筑物总耗热量的 3/4。改善建筑物围护结构节能性能可起到建筑物冬季保温和夏季隔热的双重作用，通过降低围护结构传热系数(或者说增大热阻)的传热原理实现。

1) 外墙

发展高效保温节能的复合墙体是墙体节能的根本途径。

复合保温外墙按其保温层相对于结构层的位置分为三种类型：内保温外墙、外保温外墙和夹芯保温外墙(图 5-1)。

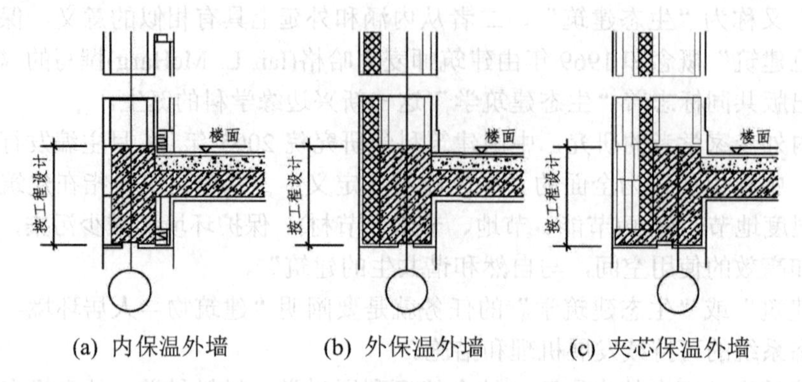

(a) 内保温外墙　(b) 外保温外墙　(c) 夹芯保温外墙

图 5-1　复合保温外墙保温类型示意图

(1) 内保温外墙。内保温外墙是指保温层位于外墙结构层内侧，外墙结构层一般为砖石砌体、钢筋混凝土等承重墙体，也可以是非承重的空心砌块或加气混凝土墙体。保温层由空气层和保温板组成，空气层的作用一是防止保温材料受潮，二是提高外墙的保温能力(封闭空气间层是优良的热绝缘层，静止空气的导热系数仅为 0.026 W/m·K 左右，比其他固体建筑材料低 1~2 个数量级)。对于复合材料保温板来说，则有保温材料层和面层之分，而单一材料保温板则兼有保温和面层的功能。目前较先进的外墙内保温板有：玻璃纤维增强水泥聚苯乙烯复合保温板(GRC 内保温板)、玻璃纤维增强聚合物水泥聚苯乙烯复合保温板(P-GRC 内保温板)、玻璃纤维增强石膏聚苯复合板，这三种保温板均以自熄型聚苯乙烯泡沫塑料板做芯材，用玻璃纤维网格布做面层增强材料，分别以玻纤增强水泥砂浆、玻纤增强聚合物乳液水泥砂浆、玻纤增强石膏为面层的夹芯式复合内保温板。另外常见的几种外墙内保温板有：充气石膏板、水泥聚苯板、纸面石膏聚苯复合板、纸面石膏玻璃棉复合板和无纸石膏聚苯复合板等。

(2) 外保温外墙。外保温外墙是指在建筑物外墙结构层的外表面上设置保温层，外墙结构层多用砖石或钢筋混凝土建造。这种外保温做法不但可以用于新建建筑，更方便用于原有建筑外墙的保温改造，改造过程不影响室内使用。外保温体系构造层次一般有：保温层、保温层固定件(层)、面层。保温层主要采用导热系数小于 0.05 W/m·K 的高效轻质保温材料，目前常见的保温材料有：膨胀型聚苯乙烯板(EPS)、挤塑型聚苯乙烯板(XPS)、聚氨酯板、岩棉板、玻璃棉毡和超轻保温浆料等。保温层固定件(层)根据不同的外保温做法体系分为钉固和黏结两种方式，钉固一般采用膨胀螺栓或预埋钢筋之类的锚固件，黏结是使用专业胶黏剂将保温层固定于结构层上，有时上述两种方式可结合使用。面层起保护和装饰作用，做法各不相同，薄面层一般为聚合物水泥胶浆抹面，厚面层则采用普通水泥砂浆抹面，还有在龙骨上吊挂板材或瓷砖覆面的做法。

(3) 夹芯保温外墙。外墙为双层墙体结构层，中间设保温层。这种构造做法多见于单一材料外墙中，即结构层与保温层不单独分立设置。这种保温构造常见的有以下几种：黏土空心砖外墙(框架结构常用的非承重填充墙)、混凝土空心砌块外墙、多孔炉渣混凝土聚苯复合保温砌块。

2) 屋面

屋面保温做法绝大多数为外保温构造，即保温层处于结构层外侧。为了降低屋面传热耗热量，提高屋面的保温性能，屋面的保温节能设计主要以采用轻质高效吸水率低或不吸水的可长期使用、性能稳定的保温材料作为保温隔热层，以及改进屋面构造，使之有利于排除湿气等措施为主。目前较先进的屋顶保温做法是采用挤塑型聚苯板作为保温隔热层的倒置型屋面(保温层置于防水层外侧，如图 5-2 所示)。此外还有几种常见的节能隔热屋面做法，如架空型隔热屋面(图 5-3)、蓄水屋面(图 5-4)、种植屋面(图 5-5)。

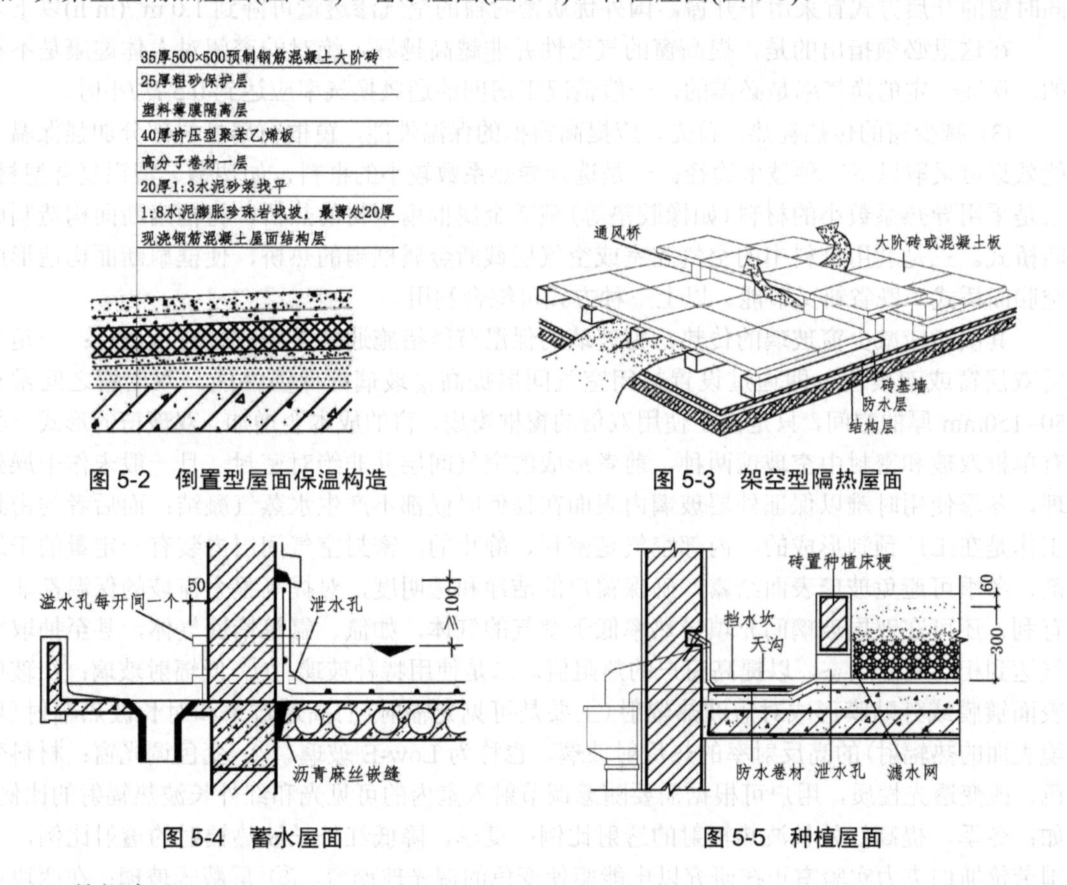

图 5-2　倒置型屋面保温构造

图 5-3　架空型隔热屋面

图 5-4　蓄水屋面

图 5-5　种植屋面

3) 外门窗

外门、外窗是建筑外围护结构中传热耗热的最薄弱环节，从系统论的角度看具有“短板”效应，因此外门窗的保温节能技术与措施对于整个建筑外围护结构的节能效果具有至关重要的作用。

首先我们来看窗，窗的保温节能主要集中在以下三方面。

(1) 控制各朝向墙面的开窗面积。设计上以窗墙面积比作为控制指标，窗墙面积比是窗洞面积与房间立面单元面积(即房间层高与开间定位轴线围成的面积)的比值。我国采暖居住建筑中窗墙面积比的限值见表 5-1。

表 5-1 建筑节能标准中对采暖居住建筑窗墙面积比的规定

朝向	北	东、西	南
窗墙面积比限值	0.20	0.25(单层窗)、0.30(双层窗)	0.35

(2) 提高窗的气密性、减少冷风渗透。完善的密封措施是保证窗的气密性、水密性以及隔声性能和保温隔热性能达到一定水平的关键。为此，窗框与窗洞口、窗框与窗扇、窗扇与窗玻璃三个部位的间隙均作密封处理。窗框与窗洞口墙体之间的密封应采用保温砂浆或泡沫塑料等填充密封；窗框与窗扇、窗扇与窗玻璃之间的密封多采用橡胶密封条或减压槽，同时窗的开启方式宜采用平开窗。国外优质密封窗的空气渗透量可降到 1.0 $m^3/(m·h)$以下。

在这里必须指出的是，提高窗的气密性并非越高越好，绝对的密闭对人体健康是不利的，保证一定的换气率是必需的，一般情况下房间的通风换气率应达到 0.5 次/小时。

(3) 减少窗的传热耗热。首先，应提高窗框的保温性能，窗框窗扇型材部分加强保温节能效果可采取以下三种技术途径。一是选择导热系数较小的框料，如塑钢、塑铝复合型材。二是采用导热系数小的材料(如橡胶垫等)截断金属框扇型材的热桥，将框扇断面构造制成断桥式。三是利用框料中的空气腔室或空气层截断金属框扇的热桥，使框扇断面构造形成空腹断桥式，既省料又节能。以上三种方式可综合利用。

其次，应减少窗玻璃的传热，窗玻璃的保温节能措施通常采用三种技术途径：一是利用双层窗或双玻窗，即通过设置封闭空气间层提高窗玻璃的保温性能。双层窗之间常有 50~150mm 厚的空间，只是由于使用双倍的窗框窗扇，窗的成本会增加。双玻窗的形式一般有单框双玻和密封中空玻璃两种。前者形成的空气间层并非绝对密封，且一般未作干燥处理，冬季使用时难以保证外层玻璃内表面在任何时候都不产生水蒸气凝结；而后者的密封工作是在工厂预制形成的，内部空气是密封、静止的，密封空气间层内装有一定量的干燥剂，冬季可避免玻璃表面结露，确保窗户的洁净和透明度，对提高整个窗玻的保温都非常有利，还可在双层玻璃间充填导热率低于空气的气体，如氙、氩等惰性气体，甚至抽取空气达到相对真空状态，以提高窗户的热阻值。二是使用特种玻璃。① 低辐射玻璃：在玻璃表面镀膜或外贴膜形成对短波热辐射(主要是可见光辐射)的高透过率和对长波热辐射(环境表面的热辐射)的高反射率的热反射玻璃，也称为 Low-E 玻璃。② 变色调光窗：材料变色，改变透光性质，用户可根据需要随意调节射入室内的可见光和红外长波热辐射的比例，如：冬季，提高红外长波热辐射的透射比例；夏季，降低红外长波热辐射的透射比例，美国劳伦斯伯克力实验室正在研究以电能驱使变色的调光玻璃窗。③ 屏蔽式玻璃：在两块玻璃中间插入透明的低发射率薄片(向外辐射传热很低的材料)，可形成具有高热阻值，但不影响采光的热屏蔽窗。三是利用上述两种方法的复合形式。

图 5-6 为采取了上述措施的节能保温窗示例。

窗的节能方法除了以上几个方面外，设计上还可使用具有保温隔热特性的窗帘、窗盖板等构件增加窗的节能效果。国内外在窗的节能方面都在做积极的研究和实验。窗的终极节能研究目标是使其由耗能构件转变为获能构件。

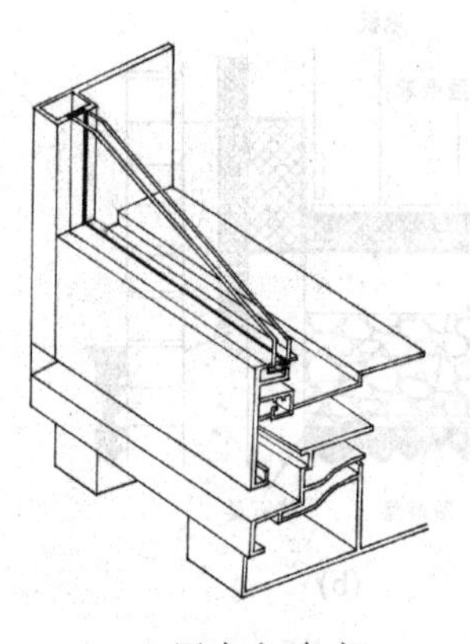

(a) 双层中空玻璃

(b) 空腹断桥式窗框

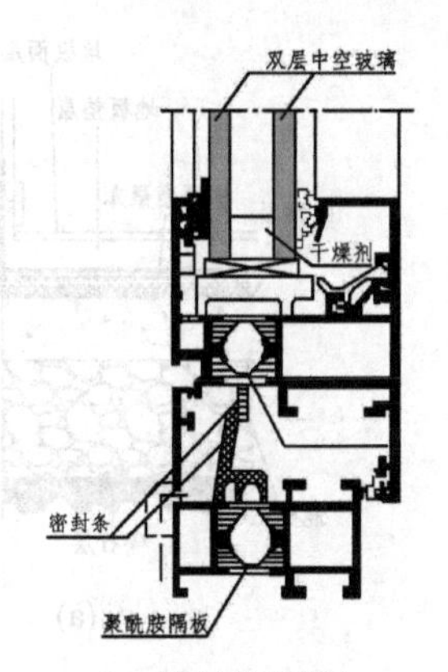

(c) 构造断面图

图 5-6　节能保温窗

再来看门，门相对于窗来说，在建筑物外围护结构中所占比例很低，主要控制以下几种类型。

(1) 建筑物入口外门。可采取设置保温门斗、加强门框的气密性、选择转门或弹簧门等开启方式等措施。

(2) 居住建筑分户门。一般采用金属门板，内置 15mm 厚玻璃棉板或 18mm 厚岩棉板作为保温、隔声材料。

(3) 阳台门。目前阳台门有两种类型，一是落地玻璃阳台门，可按外窗做节能处理；二是有门芯板的及部分玻璃的阳台门，这种门玻璃扇部分按外窗处理，下部门芯板可采用聚苯板加芯型菱镁复合板。

4) 地面

仅就减少冬季的热损失来考虑，只要对地面四周部分进行保温处理就够了，即从外墙内侧算起 2.0m 范围内的地面。但当考虑到南方湿热的气候因素，则应对地面进行全面绝热处理，因为高温高湿的天气容易引起夏季地面结露。图 5-7 是满足节能标准的地面保温构造做法，图 5-8 是国外几种典型的地面保温构造。

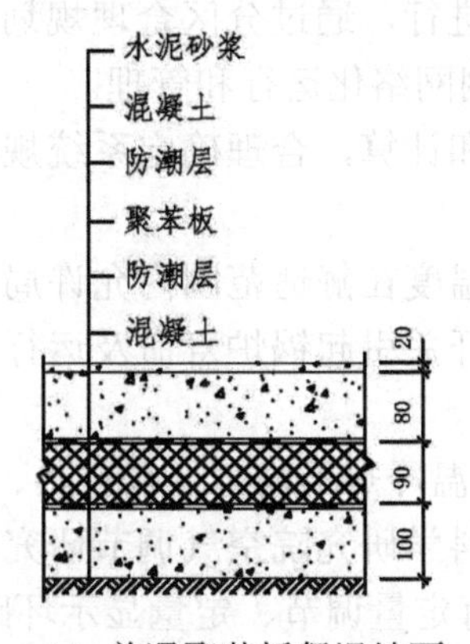

(a) 普通聚苯板保温地面

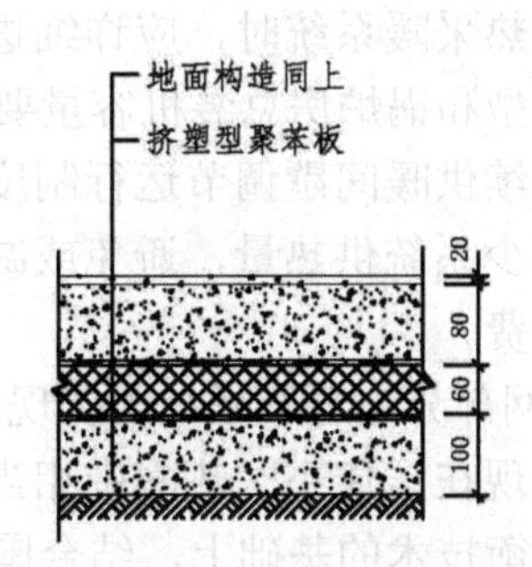

(b) 挤塑型聚苯板保温地面

图 5-7　地面保温构造

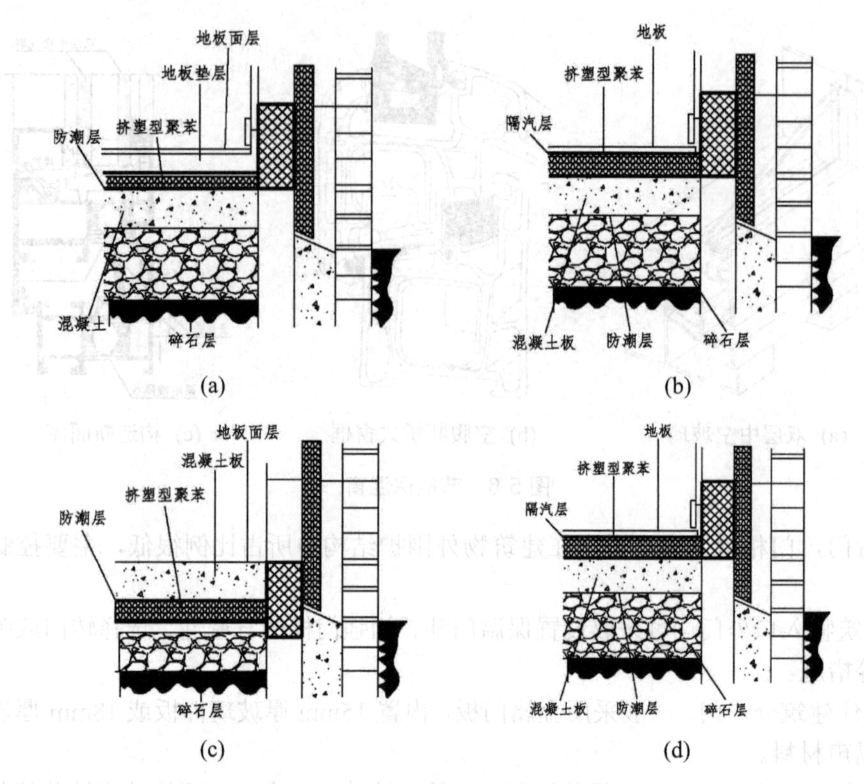

图 5-8 国外几种典型的地面保温构造

2. 建筑采暖空调节能技术

1) 冬季供热采暖

供热采暖系统分为热源、管网、用户三部分，整个系统的节能也就要从这三方面着手。

(1) 热源部分。使用天然气、太阳能等洁净型、可持续型能源代替煤炭，改变热源使用结构是达到供热采暖生态可持续化目标的根本途径。

目前居住建筑的采暖供热应以热电厂和区域锅炉房为主要热源，并充分利用工业余热和废热。锅炉供暖规划应与城市建设的总体规划同步进行，通过分区合理规划，减少分散的小型供暖锅炉房，逐步实现联片供暖，城市供热管网网络化运行和管理。

设计供热采暖系统时，应详细进行热负荷的调查和计算，合理确定系统规模和供热半径，锅炉选型和锅炉房总装机容量要适当。

推行连续供暖间歇调节运行制度，保证全天室内温度在舒适范围内允许局部时段室温适当下降减少系统供热量，避免或减少供暖锅炉频繁开关引起锅炉寿命及运行效率的降低和燃煤的浪费。

(2) 管网部分。管网系统要实现水力平衡，避免室温冷热不均，近端过热、末端过冷，这种现象在现在居住小区热网中相当普遍。中国建筑科学研究院空气调节研究所在吸收、消化国外平衡技术的基础上，结合国内现状开发出具有定量调节、定量显示环路流量(或压降)的平衡阀及其专用智能仪表(图 5-9)，配合调试方法，使得原则上只需对每一环路上的平衡阀做一次性的调整，既可使全系统达到水力平衡。这种技术尤其适用于逐年扩建热网的系统平衡，只要在逐年管网运行前对全部或部分平衡阀重做一次调整即可使管网系统重新实现水力平衡。

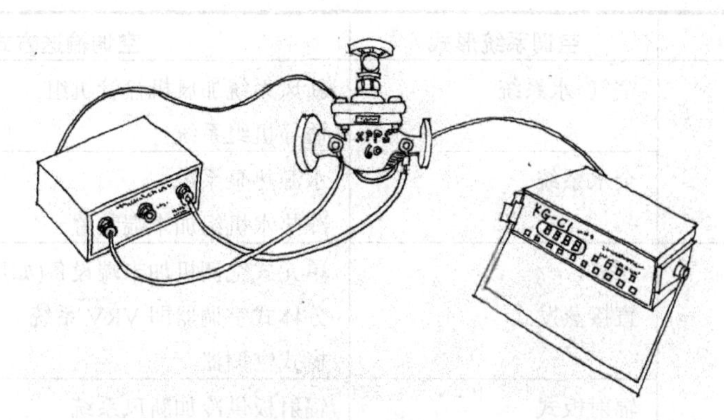

图 5-9　平衡阀与专用智能仪表示意图

此外，室外供热管网的铺设与保温是供热采暖系统节能的重要环节。对于一次热水管网，可根据管径大小经过经济比较确定采用直埋或地沟敷设；对于二次管网和庭院管网，管径一般较小，采用直埋管敷设。采暖供热管道所用保温材料，推荐采用岩棉或矿棉管壳、玻璃棉壳及聚氨酯硬质泡沫保温管(直埋管)三种保温管壳，它们都有较好的保温性能。我国保温材料工业发展迅速，岩棉和玻璃棉保温材料生产已有较大规模。聚氨酯硬质泡沫保温管(直埋管)近几年发展很快，其保温性能优良、环保性能突出，目前虽价格较高，但随着技术进步和产量增加，必将在工程实践中得到广泛应用。

(3) 用户末端。目前还少有用户端自行调节室温的手段，特别是在冬季晴天及入冬和冬末相对暖和的气候条件下，从用户到供热网络都难以实现及时调节用热量，并将信息回馈到热源。当室温很高时，有些用户只能开启门窗降低室温，造成能源极大的浪费；另外，采暖用热量按面积取费，不能激发居民的自觉节能意识，节能对住户没有经济效益这也是造成能源浪费的一大因素。因此，要从用户末端实现节能，必须实行温控和按热计费措施。

目前我国具有控温能力的试点系统方案主要有以下三种：垂直单管加旁通管系统(新单管系统)、垂直双管系统、单户供暖系统。三种方案均可在用户端散热器一侧安装散热器恒温控制阀和热流量分配表，实现分户按需计量计费。

2) 夏季制冷空调

空气调节是将经过各种空气处理设备(空调设备)处理后的空气送入要求的建筑物内，并达到室内气候环境控制要求的空气参数，即温度、湿度、洁净度以及噪声控制等。据有关国家对公共建筑和居住建筑能耗的统计表明，空调能耗约占 1/4，因此空调节能十分重要。

空调系统可概括为两大类：集中式和分散式(包括局部方式)，见表 5-2。

表 5-2　主要空调方式

朝　向	空调系统形式	空调输送方式
集中空调方式	全空调系统	定风量方式 变风量方式(VAV 系统) 分区、分层空调方式 冰蓄冷低温送风方式

续表

朝　向	空调系统形式	空调输送方式
集中空调方式	空气-水系统	新风系统加风机盘管机组 诱导机组系统
	全水系统	水源热泵系统 冷热水机组加末端装置
分散空调方式	直接蒸发式	单元式空调机加末端设备(如风口) 分体式空调器即 VRV 系统 窗式空调器
	辐射板式	辐射板供冷加新风系统 辐射板供冷或供暖

(1) 集中式空调节能途径。第一，利用空调设备节能。空调机组风压风量应匹配，机组整机漏风要少，同时空气热回收设备的利用至关重要，它主要用于回收空调系统中排风的能量，并将其回收的能量直接传递给新风，可节省新风负荷量 70%左右。此外，应尽量利用可再生能源如太阳能、地热、空气自身的供冷能力等。第二，选择适当的室内送风方式。对于体育馆、影剧院、大会堂、博物馆、商场等空间大、人员多的公共建筑，常用的室内送风方式有高速喷口诱导送风方式、分层空调技术方式、下送风方式或座椅送风方式。对于现代化办公、商业服务、宾馆等类型的建筑，常用的室内送风方式有新风机组加末端风机盘管机组方式、变风量空调方式。

(2) 分散式空调节能途径。正确选择空调器的容量大小，正确安装，合理使用。合理使用一是设定适宜的温度，夏季环境温度 22~28℃，相对湿度 40%～70%并略有微风的环境人体感到很舒适，冬季环境温度 16~22℃，相对湿度高于 30%的环境人体感到很舒适；二是加强通风，保持室内健康的空气质量，可在夏季早晚比较凉爽的时候开窗通风。

此外，地板辐射采暖技术、地源热泵蓄冷空调系统技术(图 5-10)等逐渐发展成为采暖空调节能的重要技术手段。

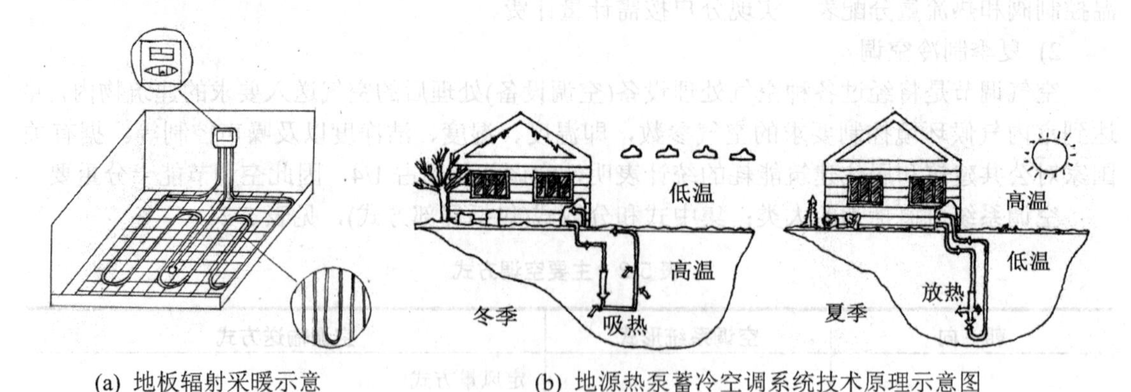

(a) 地板辐射采暖示意　　(b) 地源热泵蓄冷空调系统技术原理示意图

图 5-10　采暖空调节能的重要技术手段

3. 建筑采光与照明节能技术

1) 天然光采光

人类进化发展史表明，天然光环境是人类视觉工作中最舒适、最亲切、最健康的光环境，是其他任何光源都无法比拟的，同时天然光还是一种清洁、廉价的光源。因此在建筑光环境节能中必须注重天然光的使用，增强天然光节能环保意识。

传统的侧窗采光手段已无法满足新的发展需要，新的采光技术主要是解决以下三方面的问题：解决大进深建筑空间内部的采光问题、提高采光质量、提高天然光的稳定性。

新的采光技术不断出现，它们多是利用光的发射、折射或衍射等特性，将天然光引入并传输到需要的地方。下面介绍四种先进的采光系统。

(1) 导光管。最初的导光管主要传输人工光，20 世纪 80 年代开始向天然光导光发展。用于采光的导光管系统主要由三部分组成：收集日光的集光器、传输光的刚性管体部分和控制光在室内分布的出光部分。集光器有主动式和被动式两种：主动式集光器通过传感器的控制来跟踪太阳，以便最大限度地采集日光，被动式集光器则是固定不动的。有时会将管体和出光部分合二为一，一边传输，一边向外分配光线。垂直方向的导光管可穿过结构复杂的屋顶和楼板，把天然光引入每一层直至地下层的任何位置。为了输送足够大的光通量，这种导光管直径一般都大于 100mm。由于天然光的不稳定性，往往还会给导光管加装人工光源作为后备光源，以便在日光不足的时候作为补充。导光管采光适用于天然光丰富、阴天少的地区使用(图 5-11)。

德国柏林波茨坦广场上使用的导光管，直径约为 500mm，顶部装有可随日光方向自动调整角度的反光镜，管体采用传输效率较高的棱镜薄膜制作，可将天然光高效地传输到地下空间，同时成为地上广场景观的一部分(图 5-12)。

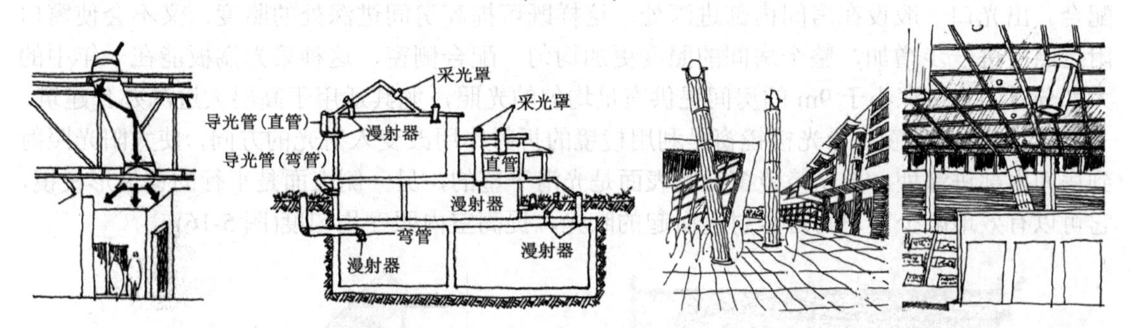

图 5-11　导光管采光示意图　　　　图 5-12　德国柏林波茨坦广场上使用的导光管

(2) 光导纤维。光导纤维是 20 世纪 70 年代开始应用的高新技术，最初应用于通信领域，20 世纪 80 年代开始应用于照明领域，目前光纤照明技术已基本成熟。

光导纤维导光系统由聚光部分、传输部分和出光部分三者组成。聚光部分把太阳光聚焦在聚光器上，对准光纤束；用于传输的光纤束一般用塑料制成，直径在 10mm 左右，光纤束的传光原理主要是光的全反射原理，光线进入光纤后经过不断的全反射传输到另一端；在室内的输出端装有散光器，可根据不同的照明需要使光按一定规律分布于室内空间。

对于一栋建筑物来说，光纤可采用集中布线的方式进行采光。把聚光装置(主动式或被动式)放在楼顶无遮挡处，同一聚光器下可引出数根光纤，通过总管垂直引下，分别弯入每一楼层的吊顶内，按照场所照明需要布置出光口，以满足各层采光的需要(图 5-13、图 5-14)。

光纤截面尺寸小，传输的光通量比导光管小很多，但其最大的优点是在一定的范围内可灵活地弯折，且光的传输效率高，因此同样具有良好的应用前景。

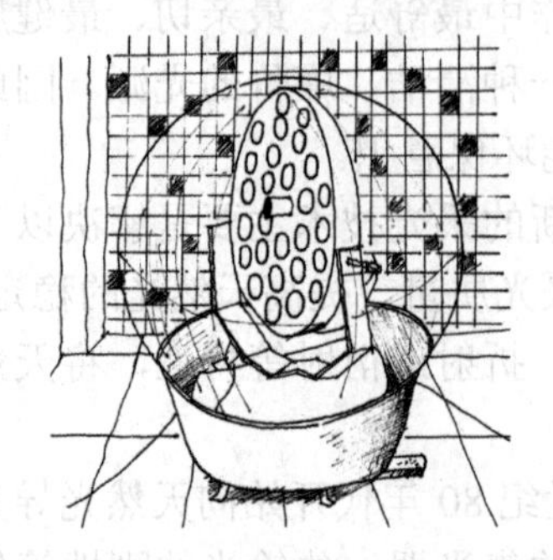

图 5-13 光纤采光系统聚光器

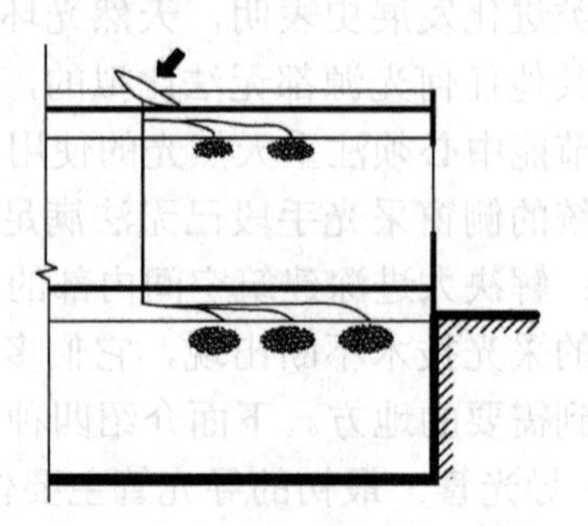

图 5-14 光导纤维采光示意图

(3) 采光搁板。采光搁板是在侧窗上部安装一个或一组反射装置，使窗口附近的直射阳光经过一次或多次反射进入室内转化为漫射光，以提高房间内部进深较大处的照度和整个房间照度均匀度的采光系统。

房间进深不大时，采光搁板构造较简单，可在侧窗上部安装一个或一组反射面，使窗口附近的直射阳光经反射到达房间内部的天花板，利用天花板的漫反射作用，使整个房间的照度和照度均匀度都有所提高(图 5-15)。

当房间进深较大时，采光搁板构造较复杂，通常会在侧窗上部增加由反射板或棱镜组成的光收集装置，反射装置做成内表面具有高反射比反射膜的传输通道，以提高光的收集和传输利用效率。这一部分常设在房间吊顶内部，尺寸大小可与建筑结构、设备管线等相配合。出光口一般设在房间内部进深处，这样既可提高房间进深处的照度，又不会使窗口附近照度进一步增加，整个房间的照度更加均匀。配合侧窗，这种采光搁板能在一年中的大部分时间为进深小于 9m 的房间提供充足均匀的光照，尤其适用于高层大进深办公建筑。

(4) 导光棱镜窗。导光棱镜窗是利用棱镜的折射作用改变入射光的方向，使太阳光照射到房间内部进深处。导光棱镜窗一侧表面是光滑平整的，另一侧表面是平行的锯齿形棱镜，它可以有效地减少窗户附近直射光引起的眩光，提高室内照度均匀度(图 5-16)。

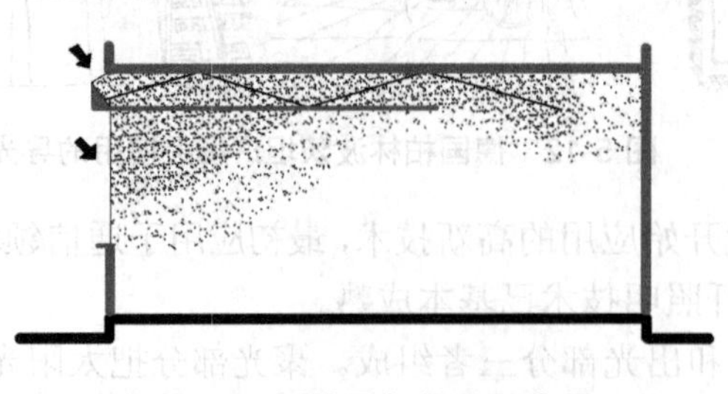

图 5-15 采光搁板设计示意图

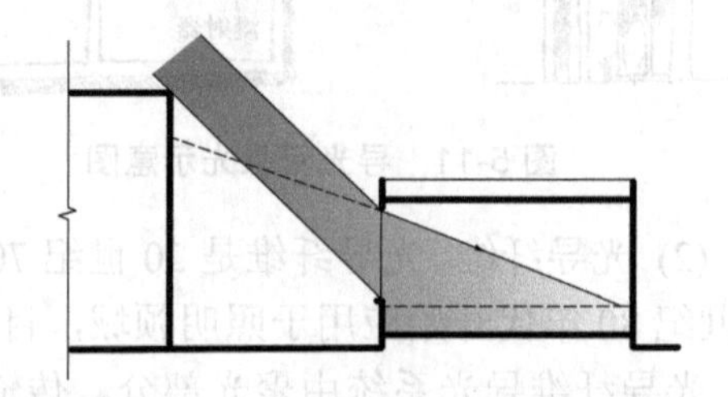

图 5-16 导光棱镜采光应用示意图

产品化的导光棱镜窗通常是用透明材料将棱镜封装起来的，棱镜一般采用有机玻璃制作。导光棱镜窗如果作为侧窗使用，人透过窗户看室外景观时影响是模糊变形的，因此导光棱镜窗通常是安装在站立时人眼视线高度以上的位置或作为天窗使用。

2) 绿色照明

照明节能遵循的原则是：必须在保证有足够的照明数量和照明质量的前提下，尽可能地节约照明用电。宗旨是要用最佳的方法满足人们的视觉要求，又能最有效地提高照明系统的效率。照明节能主要是通过采用高能效照明产品、提高照明质量、优化照明设计等手段来实现。

国际照明委员会(CIE)根据一些发达国家在照明节能中的特点，提出了以下 9 项照明节能原则：①根据视觉工作需要，决定照度水平；②制定满足照度要求的节能照明设计；③在考虑显色性的基础上采用高光效光源；④采用不产生眩光的高效率灯具；⑤室内表面采用高反射比的材料；⑥照明和空调系统的热结合；⑦设置不需要时能关灯的可变控制装置；⑧将不产生眩光和差异的人工照明同天然光综合利用；⑨定期清洁照明器具和室内表面，建立更换和维修制度。

照明节能的主要技术措施体现在以下四个方面。

(1) 使用高光效光源。尽量减少白炽灯的使用，在室内照明场所中重点推广细管径 T8 型(管径 26mm)、T5 型(管径 16mm)荧光灯和各种形状的紧凑型荧光灯以替代粗管径 T12 型(管径 38mm)荧光灯和白炽灯；在大型公共建筑照明、工业厂房照明、道路照明以及室外景观照明中，推广使用金属卤化物灯和高压钠灯，逐步淘汰高压汞灯。典型人工照明光源的主要性能见表 5-3。

推广应用新型“绿色”光源——LED 固态光源。LED 半导体照明是 21 世纪最具有发展前景的新型照明技术，它具有安全、高效、节能、长寿命和易维护等优于传统电光源的显著特点。白光 LED 正逐渐应用于高级建筑照明领域，以替代白炽灯、普通荧光灯和气体放电灯。

表 5-3　典型人工光源的性能

	光效 (lm/W)	寿命 (h)	显色指数 (Ra)
白炽灯	9~34	1000	99
荧光灯	45~103	5000~10 000	50~90
高压汞灯	39~55	10 000	40~45
高压钠灯	55~136	10 000	<30
金属卤化物灯	65~106	5000~10 000	60~95

(2) 灯具与器件节能。灯具的效率会直接影响照明质量和能耗。在满足眩光限制要求下，照明设计应多选择直接型灯具，其中室内灯具效率不宜低于 70%，室外灯具效率不宜低于 55%，要根据使用环境的不同，采用控光合理的灯具，如多平面反光镜定向射灯、蝙蝠翼配光灯具、块板式高效灯具等。同时灯具上应使用光通量维持率高的材料与工艺，如涂二氧化硅保护膜、防尘密封式灯具，反射器采用真空镀铝工艺、反射板蒸镀银反射材料和光学多层膜反射材料。

器件使用上应多选用电子镇流器，逐步替代电感镇流器。电子镇流器自身功耗比电感镇流器降低 50%～75%，同时具有启动电压低、噪声小、温升低、重量轻、无频闪等优点，节能效果显著。

(3) 照明设计节能。在室内照明设计中首先要正确选择确定照度标准的高、中、低三档设计照度值，依不同的工作区域确定不同的照度。避免“越亮越好”的设计思想。在照明方式上，对照度要求较高的场所应多采用混合照明方式，少采用一般照明方式，适当采用分区一般照明方式；在一些重要场所可采用一般照明和重点照明相结合的方式。总之，原则就是在设计环节中避免用灯浪费现象。

(4) 照明控制系统节能。适宜的照明控制方式和控制开关可达到节能的效果。控制方式上，应根据场所照明要求使用分区控制灯光的方式。灯具开启方式上，在加强人为开关灯节能意识的同时，还可使用智能化自动控制开关，利用光度传感器判断天然光的照度变化，以确定照明点亮的时间和空间范围。室内照明可使用定时开关、调光开关、光电自动控制开关等；公共场所照明、室外照明可采用集中控制、遥控管理方式、自动控光装置等。

此外，特殊环境场所的照明中，前面提到的天然采光新技术——导光管和光导纤维系统中的集光聚光部分采集的可见光辐射都可采用高光效人工光源提供，其优点是可实现光电分离(电光源与出光口部件分离)，安全性高，尤其适用于水体景观、木结构古建筑等照明场所。

5.2.2 新型能源利用——太阳能建筑

可再生性能源包括太阳能、风能、水能、生物能、地热能和海洋能等多种形式。可再生性能源利用已成为世界能源可持续发展战略的重要组成部分。其中，太阳能又是一次能源，资源丰富，是对环境无污染的清洁能源，在建筑中得到了最为广泛的应用。通过利用太阳能的光热转换和光电转换等技术可以减少采暖、空调、照明以及提供生活热水所使用的常规能源。

太阳能建筑是指利用太阳能代替部分常规能源使室内达到一定温度的建筑。广义的太阳能建筑是指直接利用太阳辐射热进行供热、供热水和制冷空调的建筑。

20 世纪 70 年代世界性能源危机促进了太阳能建筑的快速发展，目前世界上约有几十万座太阳能建筑，但多数为采暖太阳能建筑。根据所采用热系统的不同，太阳能建筑可分为被动式太阳能建筑和主动式太阳能建筑。近十多年来，随着太阳能光电利用技术的民用化，太阳能发电在公共建筑和居住建筑上的应用也越来越多。

1. 被动式太阳能建筑

被动式太阳能建筑是不用任何其他机械动力，太阳辐射热能只依靠建筑物自身构件系统的合理设置而控制热的流向以实现采暖或制冷的建筑。

被动式太阳能建筑的类型很多，按照利用太阳能方式的不同，可分为直接得热式和间接得热式，其中间接得热式的基本形式主要有特朗伯集热蓄热墙和附加阳光间。

1) 直接得热式

直接得热式实际上就是利用建筑物南向外墙面开设大面积玻璃窗，让太阳辐射透过窗户进入室内。进入室内的太阳短波辐射被重质材料构成的楼地面、屋顶、墙体等蓄热体吸收存储，通过室内各表面长波辐射散热保证室内气温的热稳定性，建筑的外表皮由保温材料覆盖，以减少蓄热体蓄存热量向室外散失。直接得热式太阳能建筑集热原理如图 5-17 所示。

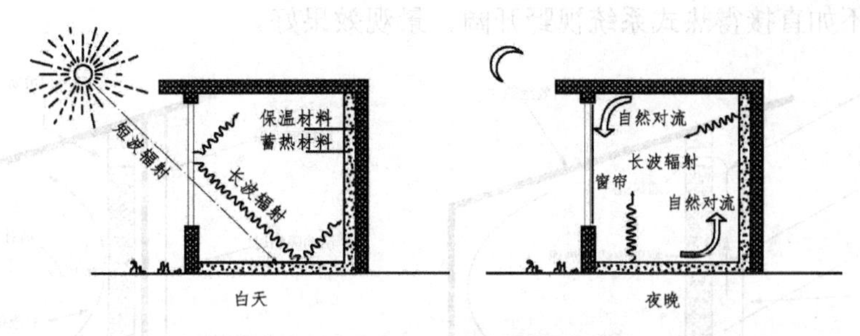

图 5-17　直接得热式太阳能建筑集热原理示意图

减少通过玻璃传递向室外的热损失是提高直接得热式系统效率的重要途径之一。采用中空玻璃、双层窗、双层玻璃幕墙等增加玻璃的层数是最直接的手段，但会减弱白天透过的太阳辐射量；而夜间对窗玻璃采取保温措施正在被广泛采用，如设置保温窗帘、活动式保温隔热板，白天收起，不影响太阳辐射进入室内，夜晚展开，有效减少通过玻璃传递向室外的热损失。

直接得热式太阳能建筑室内升温快，构造简单，建筑外观艺术处理较为灵活，主要适用于北方寒冷地区冬季采暖保温。

2) 特朗伯集热蓄热墙

1956 年法国太阳能实验室主任特朗伯提出了一种在直接得热式窗玻璃后面间隔一个空气夹层设置一道重质墙体的集热系统方案，被后人不断改进推广，这种集热系统被称为特朗伯集热蓄热墙。

特朗伯集热蓄热墙的典型构造是由玻璃盖板、空气夹层和重质墙体组成，重质墙体的上下端设通风口。设有上、下风口的集热墙吸收的太阳辐射热可通过两种途径传入室内：其一是通过墙体热传导，把热量从墙体外表面传往墙体内表面(即面向室内房间一侧的表面)，墙体内表面将热量通过对流及辐射传入室内；其二主要由集热墙外表面将热量通过对流方式传给夹层空气，被加热后的夹层空气通过和房间空气之间的对流(经由重质墙体上、下风口)，把热量传给室内房间。另外，集热墙通过玻璃盖板等处将热量以导热、对流及辐射等方式散失到室外。

特朗伯集热蓄热墙的四种典型工作状态为冬季白天状态、冬季夜晚状态、夏季白天状态和夏季夜晚状态。冬季白天主要靠透过玻璃的太阳辐射加热的夹层空气通过上、下风口向室内对流传热供暖，多余的热量蓄存在重质墙体内。冬季夜晚则主要靠蓄热墙体的储热向室内辐射传热供暖，上、下风口要关闭，空气夹层内设置隔热窗帘、百叶或隔板。夏季白天将隔热窗帘、百叶或隔板等隔热层放置在空气夹层内用于隔热，并且隔热层外表面用浅色或铝箔反射太阳辐射；玻璃窗顶部和底部均开启对流通风，顶部通风口带走空气夹层内被加热的空气所携带的热量，底部通风口吸进温度较低的空气维持隔热层和蓄热墙体的冷却。夏季夜晚状态将隔热层移开，让蓄热墙体向室外辐射散热，进而冷却后再从室内吸收热量，如图 5-18 所示。

特朗伯集热蓄热墙系统蓄热、放热控制较灵活、高效，其改进措施主要有采用更高效的热绝缘玻璃、改良蓄热墙材料构造(如加入相变材料)、蓄热墙上下风口设置助力风扇等。特朗伯集热蓄热墙的缺点是构造较复杂，使用不太灵活，由于需要大面积的重质墙体，视野受到遮挡，不如直接得热式系统视野开阔、景观效果好。

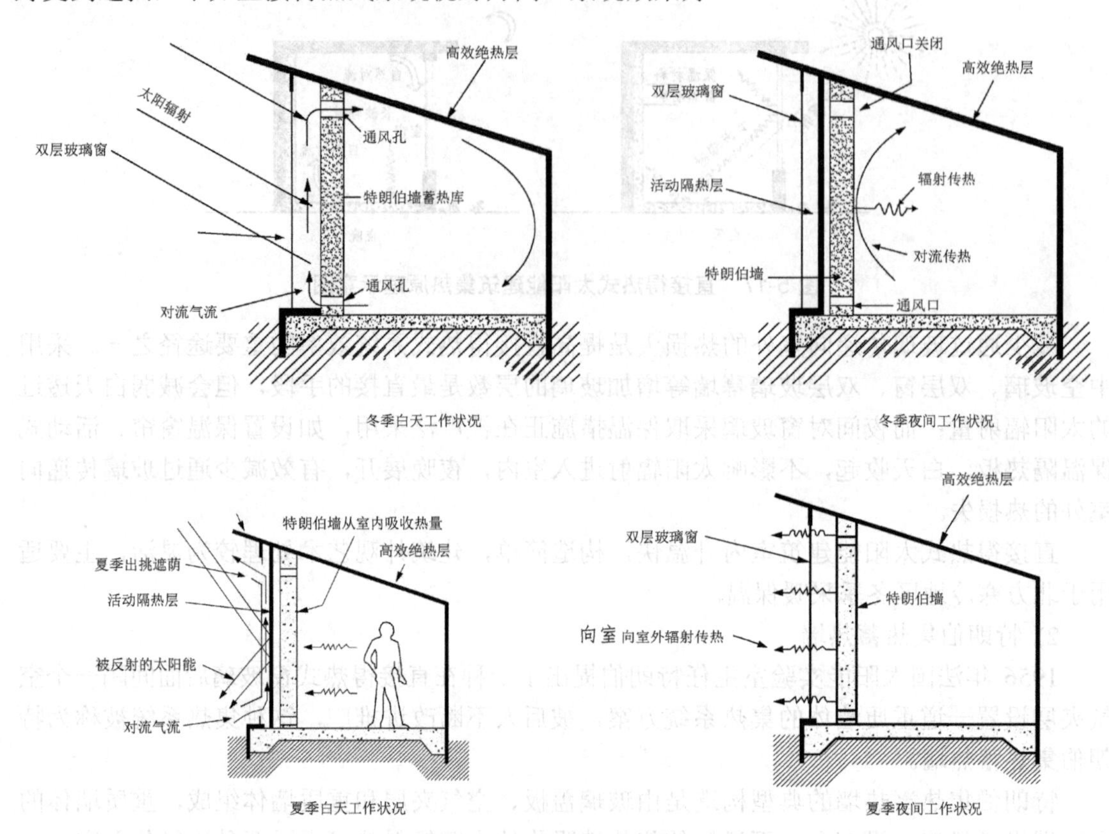

图 5-18　特朗伯集热墙的四种典型工作状态

3) 附加阳光间

附加阳光间可以看作特朗伯集热墙系统中的空气夹层放大到人可以活动的空间尺度，可以说是特朗伯集热墙的一种改进形态。附加阳光间系统的集热原理与特朗伯集热墙相似，除了作为一种集热设施外，其建筑空间方面的意义重大，不但可以作为室内封闭空间和室外开敞空间的过渡空间存在，增加了空间序列的丰富性，而且具有休息、娱乐、种植花草、晾衣等使用功能，维护管理也比特朗伯集热墙简单方便，如图 5-19 所示。

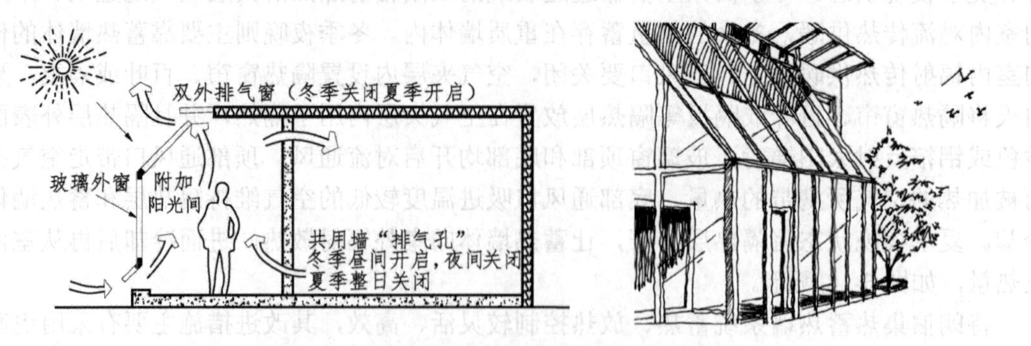

图 5-19　附加阳光间系统示意图与小住宅实例

2. 主动式太阳能建筑

主动式太阳能建筑是需要一定的外部动力进行热循环，以实现采暖、提供热水或制冷的建筑。

主动式太阳能采暖与热水系统主要由集热器、管道、贮热水箱、循环泵、散热器、淋浴器等组成。集热器是系统中的外露装置，它的设置安装直接关系到建筑形体立面的美观性，将集热器作为建筑构件实现建筑一体化设计是建筑师应考虑的关键问题。集热器集热面最佳朝向为正南，允许偏差在±10°以内，北半球向阳的集热面，最佳倾角 θ 为当地地理纬度 $\phi+15°$。集热器安装位置多数在屋顶上，也可以在南向阳台或南墙面上(图 5-20)。

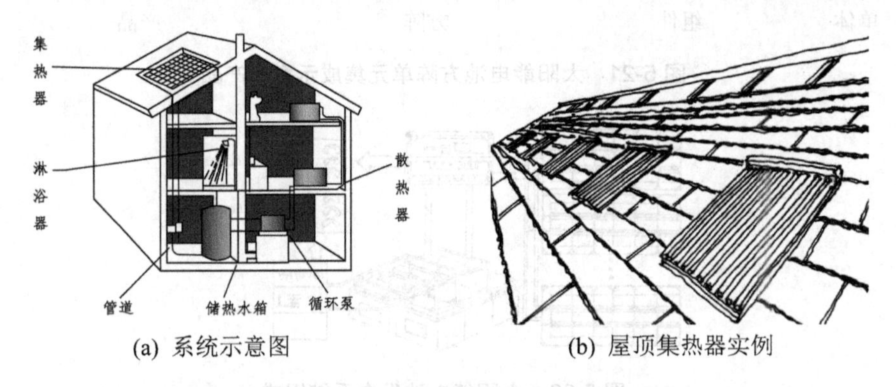

(a) 系统示意图　　(b) 屋顶集热器实例

图 5-20　主动式太阳能建筑采暖与热水系统

3. 太阳能光电技术及其应用

太阳能光电利用技术是利用太阳能电池板发电，为建筑物提供能源。起初这项技术由于造价昂贵主要应用于航天领域，随着世界能源利用向着可持续发展方向的调整和城市化进程的加快，它在建筑上的应用越来越广泛。

太阳能电池发电系统是利用光生伏打效应原理制成的太阳能电池吸收太阳光能转化为电能，独立太阳能电池发电系统主要由太阳能电池方阵(图 5-21)、控制器、蓄电池组、直流/交流逆变器等部分组成(图 5-22)。从太阳能光伏发电系统的运行方式上可分为离网系统和联网系统两种。前者是未与公共电网相连的独立系统，根据用电负荷的特点可分为直流型、交流型和交直流混合型系统；后者是光伏发电系统和公共电网相连，共同承担供电任务，这种系统是当前世界太阳能光伏发电技术发展的主要趋势。

太阳能电池方阵是系统中的大面积外露装置，它与建筑的一体化设计创造出多种太阳能建筑的新形式。为了降低生产成本和符合建筑美学的特征，太阳能电池正在向薄膜化方向发展，太阳能电池组件的封装方式主要有双面玻璃密封式和玻璃合金层叠密封式两种，它那光洁透亮的材料质感体现出强烈的现代建筑的高科技符号特征。实践设计安装中形成了多种形式：①太阳能光电玻璃幕墙，这种材料将光电技术融入玻璃，突破了传统玻璃幕墙单一的围护功能，把到达建筑物表面的太阳能转化为能被利用的电能，使玻璃幕墙或窗从传统的耗能构件转变成为获能构件；②太阳能屋面瓦板，它是太阳能光电池与屋顶瓦板结合形成的产品，其创新之处在于使太阳能利用与建筑一体化，太阳能瓦的形状、尺寸、铺装的构造方法都与平板式的大片屋面瓦相似；③太阳能遮阳板，将太阳能光电池板结合到遮阳构件中制成太阳能光电遮阳板，既遮阳又充分利用太阳能；④太阳能景观与小品，太阳能光电材料除与建筑组合外，还可安装于交通设施、景观小品中，如高速公路护栏的

两侧，停车场、公交车站、加油站的屋顶，道路照明灯具，现代城市雕塑等(图 5-23)。

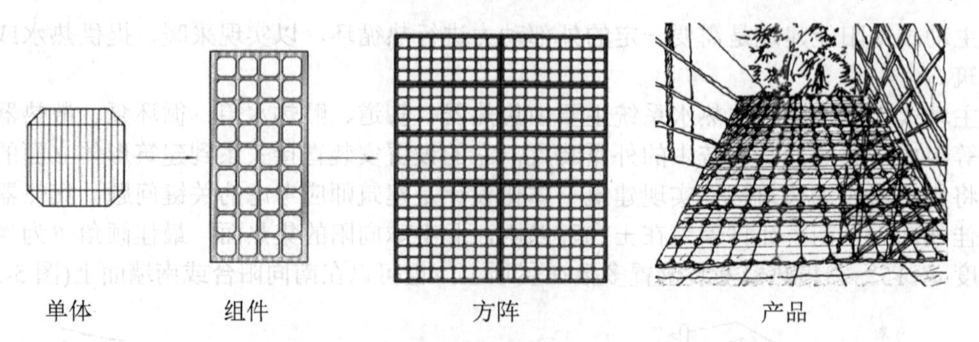

图 5-21 太阳能电池方阵单元集成示意和产品

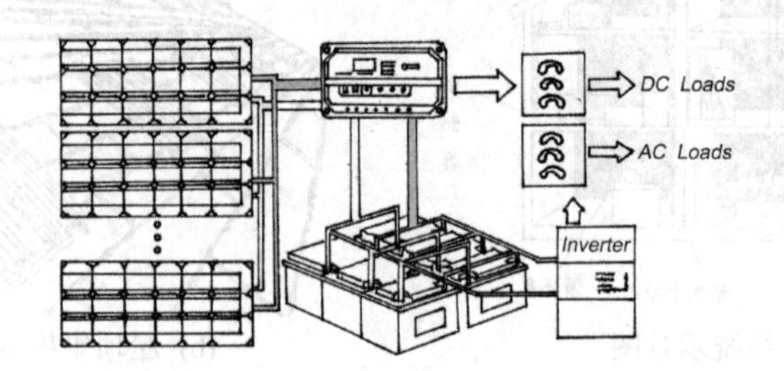

图 5-22 太阳能电池发电系统组成

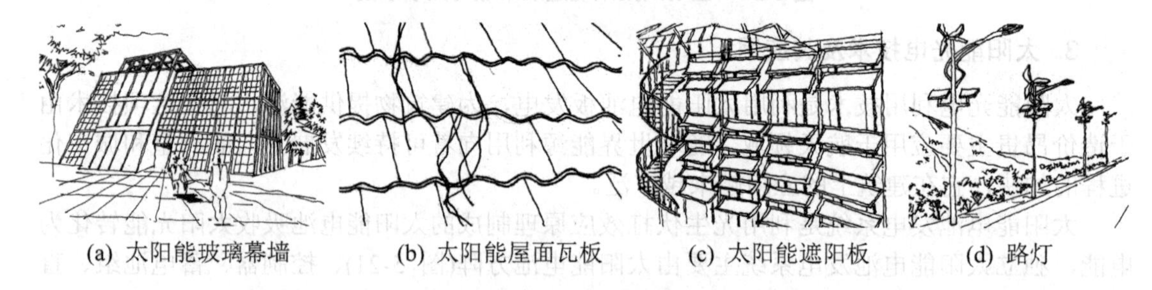

(a) 太阳能玻璃幕墙
(b) 太阳能屋面瓦板
(c) 太阳能遮阳板
(d) 路灯

图 5-23 太阳能光电利用形式

5.2.3 运用生态材料——生土建筑、草砖建筑

1. 生土建筑

生土建筑是指利用生土材料(未烧结的原生态的土)营建主体结构，或在原状土中挖掘形成空间，或利用生土、砂石掩覆的各类建筑物。生土建筑按营建形式分为：土筑建筑、窑洞、掩土建筑。实质上，生土建筑是绿色建筑在建筑材料生态性层面的体现形式。生土是符合生态循环的绿色建材，具有可重复利用性，不对自然环境造成损害。生土建筑具有可就地取材、易于施工、冬暖夏凉、节省能源、节约占地、促进生态平衡、减少污染等优点，同时也有空间布局受限制、日照不足、通风不畅和潮湿等缺点。因为其绿色生态意义突出，所以生土建筑是当今世界建筑学界研究的热门领域，如何改善生土建筑的缺点和局限性是推广应用生土建筑的突破点。我国生土资源丰富，符合生土建筑建造的区域广阔，研究发展新型生土建筑是实现绿色建筑的重要途径之一。

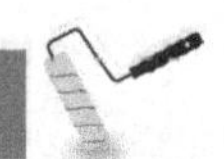

1) 土筑建筑

土筑建筑的承重结构和围护结构、拱顶及干旱地区的屋面，均用生土材料制作。有时也用木构架，其余部分用天然材料，如石灰、砖石水泥等。我国各地区分布着形式极为丰富的土筑民居建筑(图 5-24、图 5-25)。从生态学、社会学和节能节地观点出发，世界各国都在发展土筑建筑。

图 5-24　新疆地区土筑民居

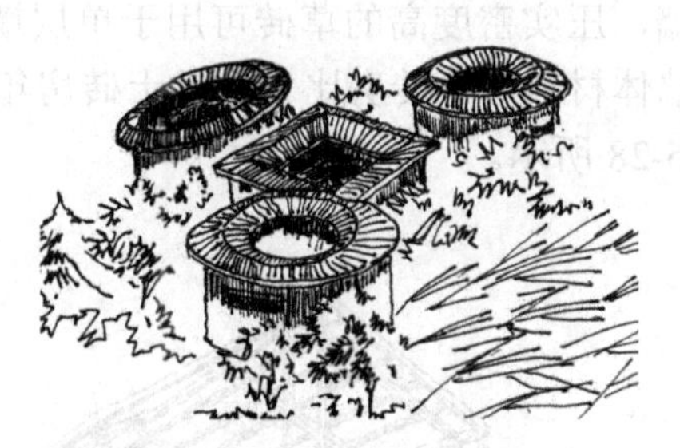
图 5-25　福建地区土筑民居

2) 窑洞

窑洞是挖掘地表浅层生土层形成建筑空间的建筑形式。我国陕西、甘肃、山西、内蒙古等黄土高原地区分布着大量的窑洞民居，如图 5-26 所示。

图 5-26　黄土高原窑洞民居

3) 掩土建筑

掩土建筑又称覆土建筑，是指结构部分为非生土材料，但用生土覆盖或掩埋的建筑，使用土、石、木等天然的材料，与大自然密切联系着的建筑。现代已发展成用钢筋混凝土结构、薄壳做胎模，上边再覆土；甚至用盒子或箱型整体结构，然后掩埋，留出采光天井。如图 5-27 所示。

(a) 示例剖面图

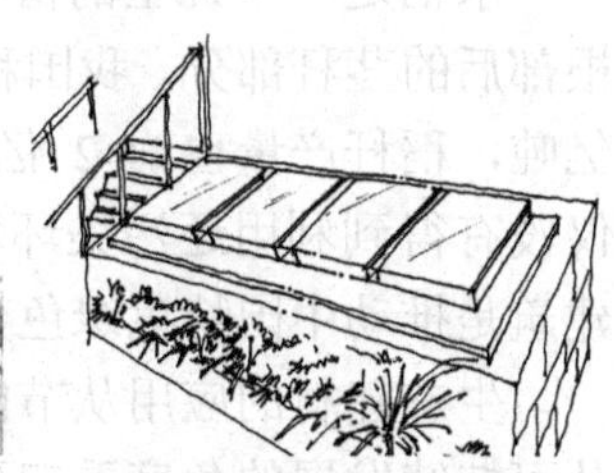
(b) 屋顶采光井

图 5-27　覆土建筑

2. 草砖建筑

草砖建筑是利用稻草砌块作为建筑外围护结构墙体的建筑形式。稻草砌块，俗称草砖，是采用稻秆经过机械整理冲压挤击后用麻绳或铁丝打包成大捆状的一种新型生态墙体材料。草砖的密度一般为 83.2~132.8 kg/m^3，含水率宜低于 15%(稻草在干燥的条件下寿命长、热工性能优异)，承压强度可达到约 2000 kg/m^2。压实密度低的草砖适用于框架结构体系的填充墙，压实密度高的草砖可用于单层墙承重结构体系的承重墙。有研究表明，相同结构不同墙体材料的草砖房比普通黏土砖房年采暖能耗节约 60%以上。草砖建筑建造过程实例如图 5-28 所示。

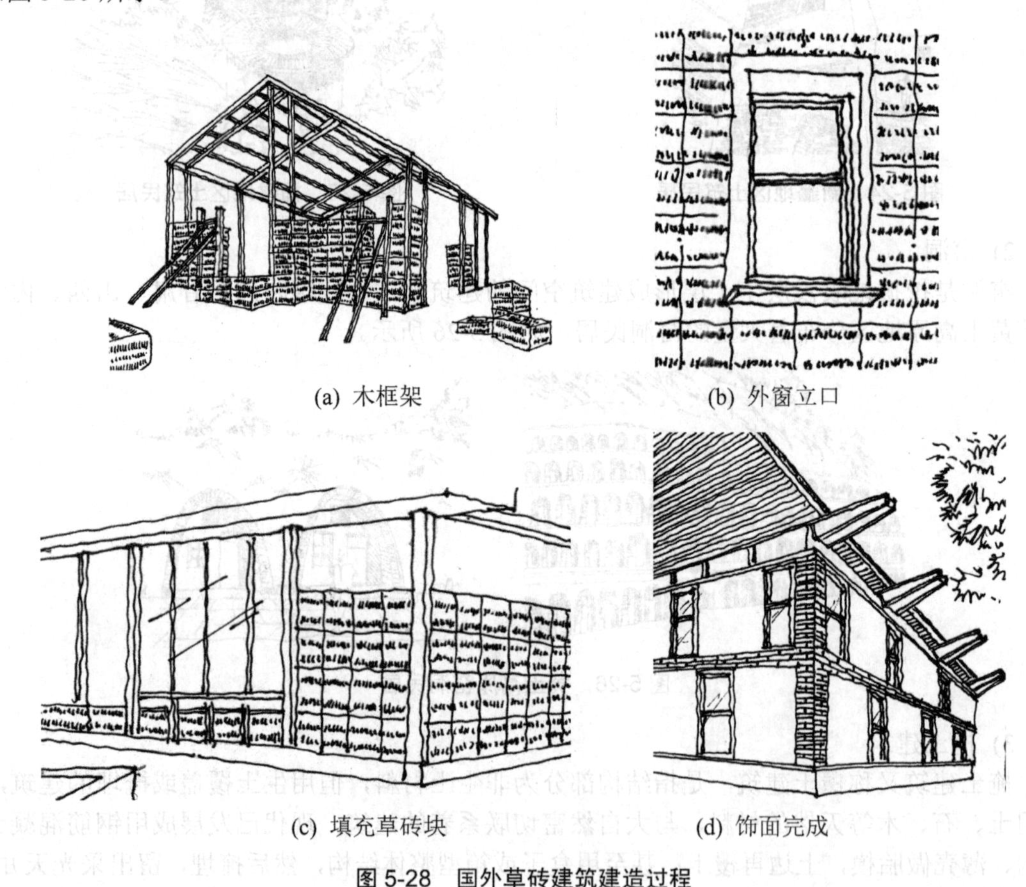

(a) 木框架　(b) 外窗立口

(c) 填充草砖块　(d) 饰面完成

图 5-28　国外草砖建筑建造过程

水稻是一年几生的植物，是一种可持续发展的农村经济作物。稻秆是水稻除去稻穗和根部后的茎秆部分。我国稻谷产量居世界第一位，占世界总产量的 35%以上，年产稻谷约 2 亿吨，稻秆产量也约 2 亿吨。在我国农村稻秆除作燃料外，几乎都作为废弃物浪费了，不仅没有得到利用还污染环境。面对如此巨大的原材料来源和现实国情，不能不说发展草砖建筑是推动中国特色绿色建筑特别是村镇住宅的有效可行之路。

生态建材的应用从节能的角度看是降低了建设能耗(建筑材料生产能耗、施工能耗等)；从可持续发展的角度看起到了保护环境、维持生态平衡的作用。

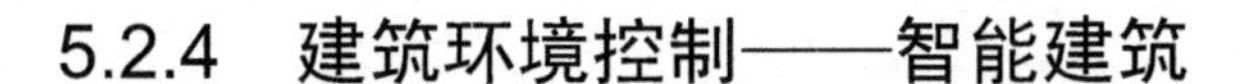

5.2.4　建筑环境控制——智能建筑

1. 数字化城市与智能建筑

近二三十年来，随着 Internet 技术及其应用的发展，信息产业获得了前所未有的发展，信息化、数字化浪潮席卷全球。1998 年美国首次提出“数字地球”的概念，1999 年我国召开了数字化地球国际会议以后，对数字化地球的定义、技术内涵、功能及基本框架达成了共识。数字地球是信息技术、空间技术等现代技术与地球科学交融的前沿工程，具有空间性、数字性和整体性，并将三者融合统一。其数字性包括了信息提取与分析、数据与信息传输、数据处理与存储、数据获取与更新、计算机与网络、应用体系、咨询服务等方面。

1998 年我国提出了“数字中国”的战略构想，上海、深圳、北京等城市相继启动城市信息化、数字化工程的规划和建设，国内也多次召开有关“数字化城市”的研讨会，我国城市数字化建设高潮正在到来。

城市数字化，又可称城市信息化。城市数字化的基本内涵是利用现代信息技术(包括计算机、通信与网络、多媒体、信息应用、GIS/GPS/RS 等技术)实现城市中各行业各领域的信息化，并将城市中的众多信息孤岛连接起来形成一个整体，通过信息网络将城市中的各种信息收集、整理、归纳、处理、分析和优化，进而对城市的资源、环境、生态、人文和社会等方面进行数字化，为社会各层面服务。

智能建筑与数字化城市密切相关，相辅相成。智能建筑支撑数字化城市，数字化城市带动智能建筑的发展。智能建筑是数字化城市的基本单元。

2. 智能建筑的概念与分类

智能建筑是指利用系统集成方法，将计算机技术、通信技术、信息技术、控制技术与建筑技术有机结合，通过对设备的自动监控、对信息资源的管理和对使用者的信息服务及其与建筑的优化组合，所获得的投资合理、适合信息化社会需要并具有安全、高效、舒适、便利和灵活特点的建筑物。

智能建筑的发展起始于单体公共建筑，即“智能大厦”，之后出现了智能住宅小区(智能社区)、智能园区和智能街区。

1) 智能大厦

智能大厦主要是单体公共建筑，如写字楼、综合楼、宾馆、酒店、医院、火车站、候机楼等。其智能化系统主要包括楼宇自控、楼内安防、综合布线等。

2) 智能社区

智能社区以居住小区为主，包括住宅、别墅及一些商业点和会所。其智能化系统主要包括家居智能化、公共安防、信息服务、物业管理等。

3) 智能园区

智能园区是包括众多单体的公共建筑群，有的园区还包括住宅建筑。如果不考虑单体公共建筑，其智能化系统主要包括光纤主干网、公共安防、系统集成等。

4) 智能街区

在城市数字化改造过程中，特别对于旧城改造，提出了实施街区智能化的建议。在智能街区中包括多种智能大厦，还包括了智能社区。如果不考虑单体建筑，其智能化系统纳入城市数字化规划，是数字城市的一部分。

3. 智能建筑模块化系统简介

建筑智能化系统发展经历了从3A(BAS、OAS、SAS)阶段到5A(3A外加SAS、FAS)及多子系统阶段(如加入停车场管理系统 PAS 等)，再到子系统集成阶段，最终将纳入城市数字化体系当中。

1) 楼宇自动化系统

楼宇自动化系统(Building Automation System，缩写BAS)，其中包括暖通空调、给水排水、供配电与照明、电梯等子系统。

2) 办公自动化系统

办公自动化系统(Office Automation System，缩写OAS)，其中包括综合布线、计算机局域网及 LAN 接入、物业管理、内外信息服务、办公与电子政务、GIS、专业应用软件等子系统。

3) 通信自动化系统

通信自动化系统(Structured Automation System，缩写CAS)，其中包括了电话及XDSL接入、LSDN视频会议、电视及HFC接入等子系统。

4) 安防自动化系统

安防自动化系统(Safety Automation System，缩写SAS)，其中包括周界及公共区域防范、出入口管理、视频监视、巡更、家居安防等子系统。

5) 消防自动化系统(Fire Automation System，缩写FAS)

消防自动化系统(Fire Automation System，缩写FAS)，其中包括火灾探测与监控、自动报警、消防设备联动控制、消防通信调度指挥等子系统。

6) 智能建筑的系统集成

“集成”是指“综合”“组合”“结合”，“系统”是指实现某种目标而形成的一组元素。“系统集成”是指为实现某种目标而将这组元素有机组合(或综合、结合)。如计算机应用系统的组建称为计算机系统集成。智能建筑的系统集成即将从属于不同技术领域的智能化子系统所分离的设备、功能、信息借助于计算机网络和综合布线有机结合，形成一个相互关联、统一协调的综合管理系统平台，实现信息、资源、任务共享。

建筑智能化系统实际上就是上述“智能建筑综合管理系统”，最终将纳入城市数字化体系当中。

5.2.5 实例分析

绿色建筑设计策略和技术主要是上述几个方面的综合体现，下面的实例分析更侧重于展现建筑本体的被动式绿色生态技术。

1. 柏林戴姆勒·奔驰办公楼

戴姆勒·奔驰办公楼由英国著名建筑师理查德·罗杰斯设计，2000年竣工，坐落于柏林波茨坦广场上，共由三栋办公楼组成，这三幢办公楼以其低能耗的设计赢得了人们的广泛关注。每幢建筑单体都力图最大限度地利用太阳能、自然通风和自然采光，以营造一种舒适的、低能耗的生态型建筑环境。

东南方向的巨大开口成为这些建筑的重要特征，为了争取最大的采光量，开口宽度由下至上逐渐增加，转角的圆厅尽量通透，以保证阳光到达中庭的深处。南向的坡地式绿色小环境提供了自然的开敞式气氛，并激励社会行为交往的开展。

底层商业用房与上层的办公部分之间有一个通风夹层，它调节了空气流动的规律，加上办公室可灵活开启的窗户和部分开敞的屋顶，使中庭利用热压通风原理形成了有效的自然通风系统，从而改变了建筑环境小气候。该建筑使用过程中的实验统计分析表明，人工照明比普通办公楼降低 35%，耗热量降低 30%，CO_2 排放量降低 35%(图 5-29)。

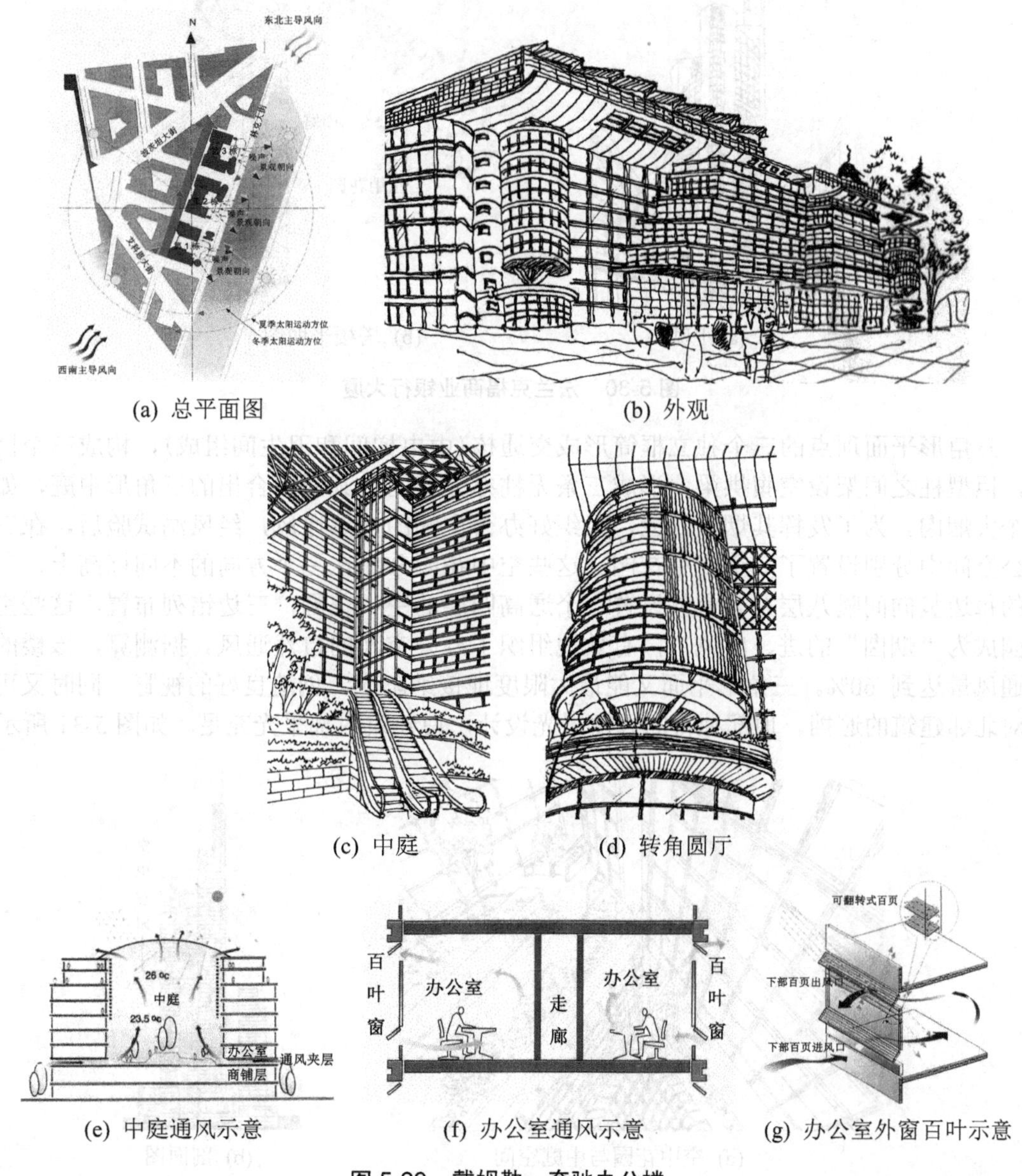

(a) 总平面图　(b) 外观

(c) 中庭　(d) 转角圆厅

(e) 中庭通风示意　(f) 办公室通风示意　(g) 办公室外窗百叶示意

图 5-29　戴姆勒・奔驰办公楼

2. 法兰克福商业银行大厦

德国法兰克福商业银行大厦，由诺曼·福斯特爵士 1994 年设计，1997 年建成。这座 53 层、高 298.74m 的三角形塔式超高层建筑是世界上第一座高层生态建筑，也是全球最高的生态建筑。

该建筑塔楼平面为边长 60m 的等边三角形，其结构体系是以三角形顶点的三个独立框筒为“巨型柱”，通过八层楼高的钢框架作为“巨型梁”连接而围成的巨型筒体结构体系，具有极好的整体结构刚度和水平抗推性能，其中“巨型梁”产生了巨大的“螺旋箍”效应(图 5-30)。

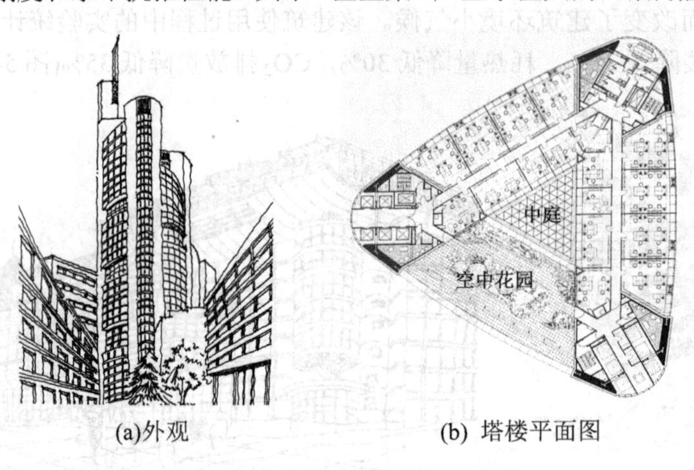

(a)外观　(b) 塔楼平面图

图 5-30　法兰克福商业银行大厦

三角形平面顶点的三个独立框筒形成交通核(由电梯间和卫生间组成)，构成三个巨型柱，巨型柱之间架设空腹拱梁，形成三条无柱办公空间，其间围合出的三角形中庭，如同一个大烟囱。为了发挥其烟囱效应，组织好办公空间的自然通风，经风洞试验后，在三条办公空间中分别设置了多个空中花园。这些空中花园分布在三个方向的不同标高上，三角形的每边竖向间隔八层办公室就设置一个通高四层的空中花园，三边错列布置，这些空中花园成为“烟囱”的进、出风口，有效地组织了办公空间的自然通风。据测算，该楼的自然通风量达到 60%。三角形平面又能最大限度地接纳阳光，创造良好的视野，同时又可减少对北邻建筑的遮挡。顶部独特的天窗采光设计，使建筑内部采光充足。如图 5-31 所示。

(a) 空中花园与中庭空间

空中花园

(b) 剖面图

图 5-31 法兰克福商业银行大厦

福斯特的生态空间设计表现在了法兰克福商业银行开放空间的组织与设计能最大限度地自然通风与采光。良好的建筑形态并未使造型凌驾于空间之上，而是充分考虑到了实用性和舒适性，处理好了空间关系。整个中庭空间温、湿度适宜，阳光充沛、绿色盎然，使得工作环境紧张的写字楼内的气氛顿显轻松活泼，有效地调节着人们的精神状态，如图 5-32 所示。

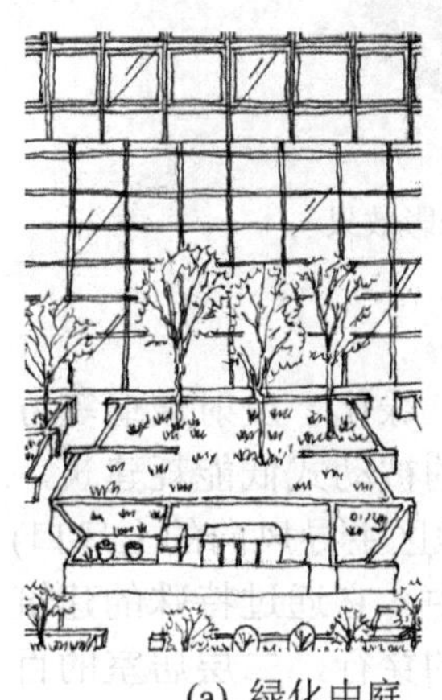
(a) 绿化中庭

(b) 办公室与绿化中庭视线互通

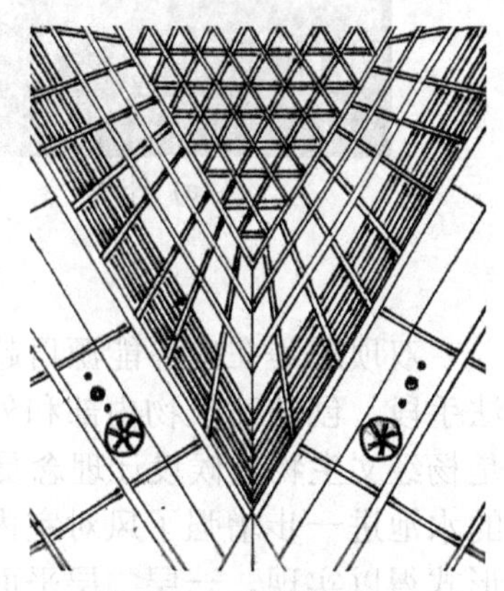
(c)中庭三角形采光顶

图 5-32　银行大厦内部环境

整座大厦除了在极少数的严寒或酷暑天气中，全部采用自然通风和温度调节，将运行能耗降到最低，同时也最大限度地减少了空气调节设备对大气环境的污染。

法兰克福商业银行已成为“高技派”建筑、生态建筑和可持续性建筑的代表。它将绿色生态体系移植到了建筑内部，借助其自然景观价值成功软化了建筑的技术韵味，在视觉上、心理上与周围环境相和谐，达到共生。同时协同机械调控系统，使建筑内部拥有良好的室内气候条件和较强的生物气候调节能力，创造出田园般的舒适环境。

3. 杨经文自用住宅

杨经文自用住宅，又称双顶屋(roof roof house)，由马来西亚著名华裔建筑师杨经文设计，1984 年建成，位于马来西亚吉隆坡橡胶种植园的附近，地处赤道地区，北纬 3.1 度，东经 101 度，海拔 22m。这里全年无明显的季节变化，属于热带雨林气候，室外环境白天通常阳光普照，气候温暖，全年平均温度为 26~32℃，太阳辐射强烈，主导风向为南风和东南风。如图 5-33(a)所示。

双顶屋最有趣的部分是从南到北几乎覆盖了整个建筑的“伞式结构”遮阳板。这一独特的设施构件一方面使下部空间(生活空间、餐饮空间和家庭厅等)免受白天强烈的太阳辐射，一方面创造出下部空间丰富的光影效果，如图 5-33(b)所示。屋顶和周边的百叶窗则使双顶屋整个室内有足够的采光。

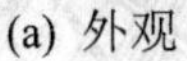
(a) 外观

(b) 遮阳板光影效果

图 5-33　杨经文自用住宅

双顶屋是在世界能源日趋紧张的状况下，采用自然通风、遮阳、绿化、反射玻璃等方法手段，创造建筑物内部和外部的双重气候，并建造适应外部环境的被动式低能耗建筑，是杨经文生物气候设计理念贯彻到建筑的实验品。建筑场地南端(该地区主导风向的上风口)的水池进一步增强了风对室内环境的影响。穿堂风普遍用于双顶屋中。它通过特殊的建筑形式得以实现。一层二层平面布局开敞，室内空间通透，有利于风的穿行，二层居室的百叶门窗可调控进入室内的风，如图 5-34 所示。

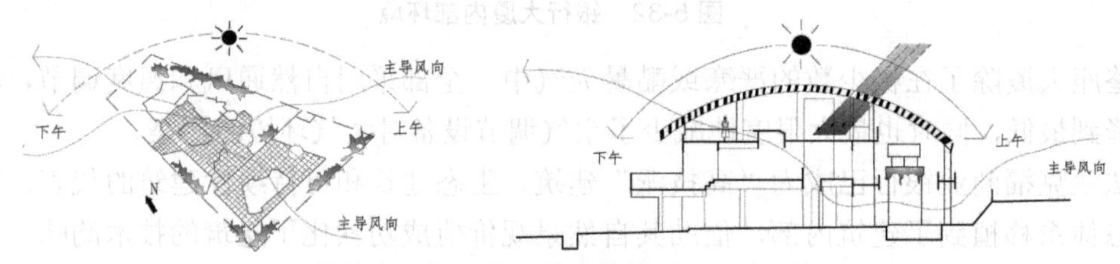

(a) 场地布局与风向、日照的关系 (b) 剖面图

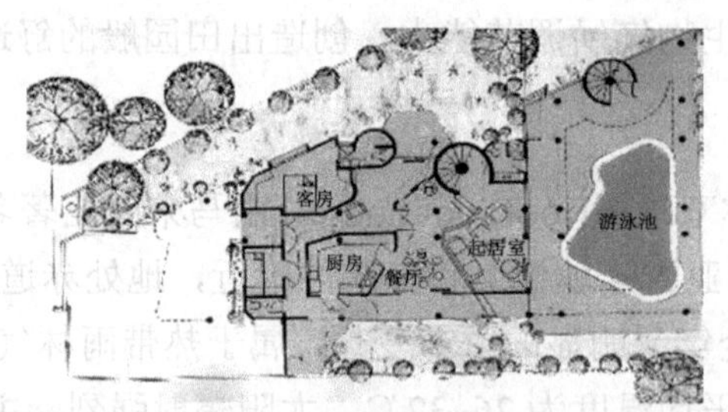

(c) 一层平面图(游泳池、厨房、起居室、餐厅、客房、佣人房、厕所)

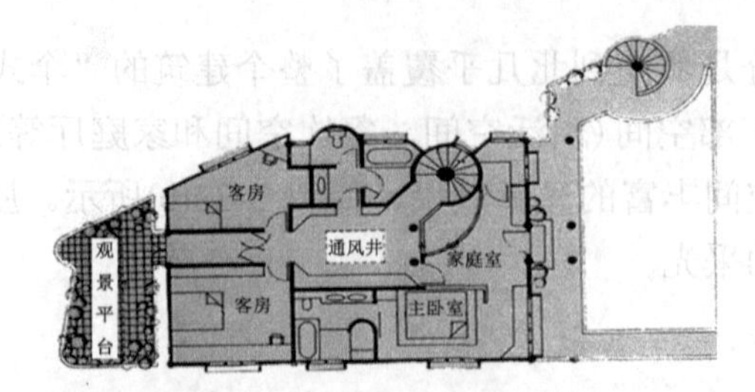

(d) 二层平面图(家庭室、主卧、客房、厕所、观景平台)

图 5-34　杨经文自用住宅

思　考　题

1. 绿色建筑、生态建筑、可持续发展建筑都有哪些共同的内涵和特征？

2. 在实践应用中都有哪些层面的技术手段体现出建筑的绿色性、生态性、可持续发展性？

3. 绿色建筑都涉及哪些科学技术领域，它们与建筑学有怎样的关系？

4. 节能建筑都有哪些主要关键技术？简述各自的主要技术措施。

5. 太阳能建筑有哪几种类型，各自的特征是什么？

6. 生土建筑的基本形式有哪几种？各自的特征是什么？

7. 智能建筑的概念是什么？智能建筑是怎样体现绿色特征的？

第 6 章　建筑平剖面功能设计

【内容提要】

本章从功能主义角度分析归纳了单一建筑空间的设计依据、功能空间类型和各自的设计要点；建筑空间组合设计的分析方法和平面组合形式。

【学习目的】

- 认知单一建筑空间中的主要使用空间和辅助使用空间的特点和设计要点。
- 认知建筑空间组合设计的功能分析方法和平面组合形式。

6.1　单一建筑空间设计

6.1.1　建筑设计依据

建筑物内部的使用部分，主要体现该建筑物的使用功能，因此满足使用功能的需求是确定其平面面积和空间形状的主要依据。这其中主要包括两个方面：一是人在该空间中进行相关活动所需的面积(包括使用活动及进行室内交通的面积)；二是使用设备和家具所需占用的空间。

对于民用建筑而言，建筑设计人员需要认识人体的基本尺寸及与其活动有关的人体工程学方面的基本知识，还需要认识熟悉一些常用的家具和设备的基本尺寸。对于生产性的建筑而言，需要了解不同的生产工艺所需要的不同设备和生产流程，同时也要了解生产过程中人员的活动情况。

1. 人体尺寸及人体活动所占的空间尺寸

建筑物中走廊、楼梯、门洞的宽度和高度，踏步、窗台、栏杆的高度，家具、设备的尺寸，以至各类房间的高度和面积，都和人体尺寸以及人体活动所需的空间尺寸相关。因此人体尺寸和人体活动所需的空间尺寸，是确定建筑空间的最基本依据之一。图 6-1 从人体尺寸及其活动所需的空间大小说明了人体工程学在建筑设计中的作用。

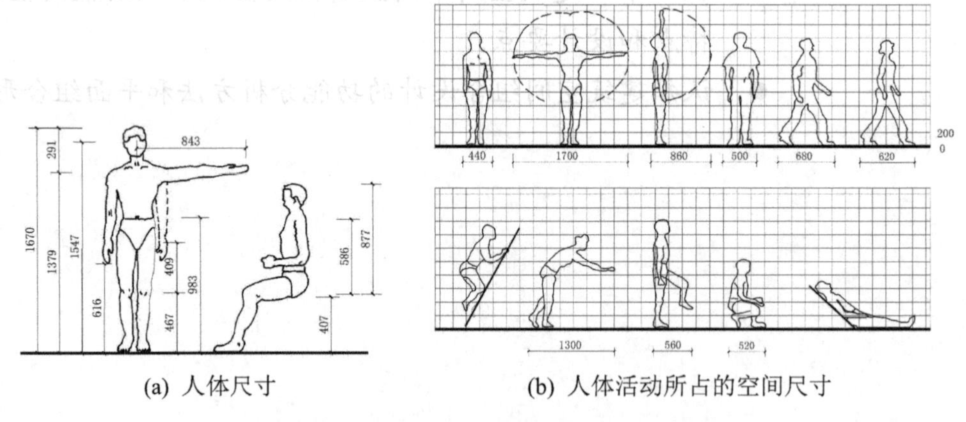

(a) 人体尺寸　　(b) 人体活动所占的空间尺寸

图 6-1　人体尺寸及人体活动所占的空间尺寸

2. 家具、设备尺寸及使用它们的活动空间尺寸

建筑空间中为满足一定功能活动而设置的家具和设备尺寸是建筑单一空间设计的重要依据，也是建立正常尺度感必不可少的参考。在进行房间布置时，应先确定家具、设备的数量，了解每件家具、设备的基本尺寸以及人们在使用它们时占用活动空间的大小。这些都是考虑房间内部使用面积的重要依据。图 6-2 所示为部分民用建筑常用的家具尺寸，可供设计者进行建筑设计时参考。图 6-3 是人体工程学原理在教室及住宅卧室等空间中家具布置与面积使用构成当中的应用实例。

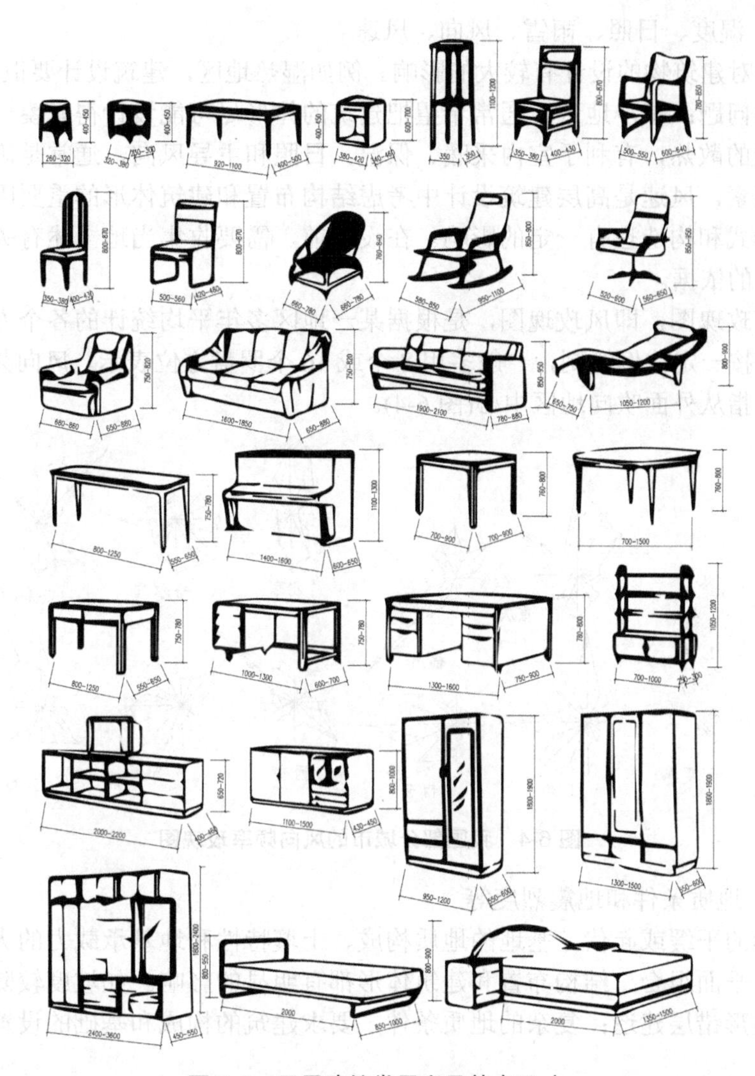

图 6-2　民用建筑常用家具基本尺寸

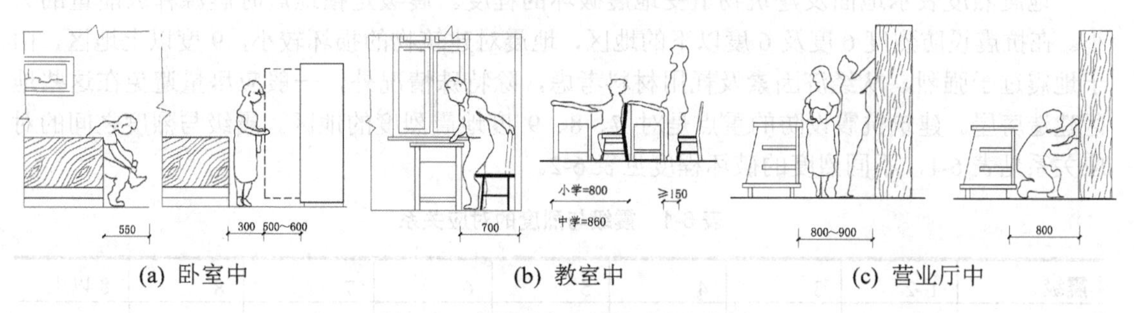

(a) 卧室中　　(b) 教室中　　(c) 营业厅中

图 6-3　家具近旁人体活动必要尺寸

3. 其他建筑设计依据

除了上述两点建筑平剖面功能设计依据外，还有一些外界环境因素和人为规定也是建筑设计过程中要考虑或遵循的重要因素和原则。

1) 温度、湿度、日照、雨雪、风向、风速

气候条件对建筑物的设计有较大的影响。例如湿热地区，建筑设计要很好地考虑隔热、通风和遮阳等问题；干冷地区，通常希望把建筑的体形尽可能设计得紧凑一些，以减少外围护结构表面的散热，有利于室内采暖、保温。日照和主导风向，通常是确定建筑朝向和间距的主要因素，风速是高层建筑设计中考虑结构布置和建筑体形的重要因素，雨雪量的多少对屋顶形式和构造也有一定的影响。在设计前，需要收集当地上述有关的气象资料，将之作为设计的依据。

风向频率玫瑰图，即风玫瑰图，是根据某一地区多年平均统计的各个方向吹风次数的百分数值，并按一定比例绘制，一般多用 8 个或 16 个罗盘方位表示。风向频率玫瑰图上所表示的风向，指从外面吹向地区中心(图 6-4)。

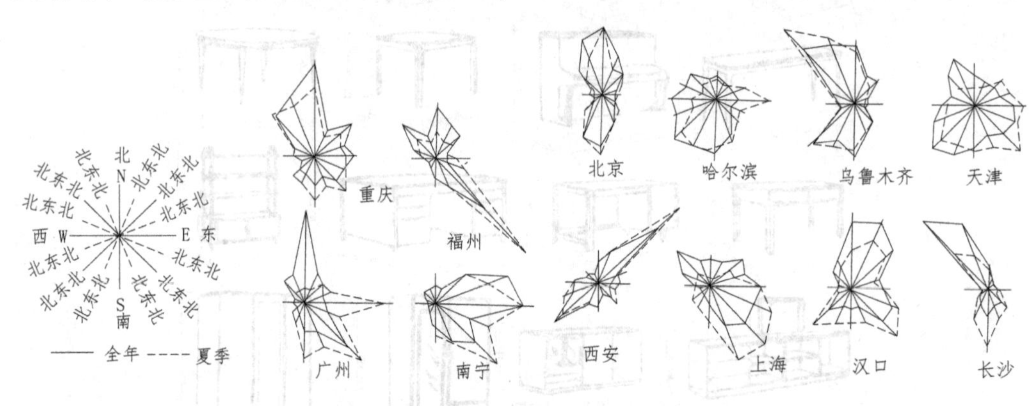

图 6-4　我国部分城市的风向频率玫瑰图

2) 地形、地质条件和地震烈度等

基地地形的平缓或起伏，基地的地质构成、土壤特性和地基承载力的大小，对建筑物的整体布局、平面组合、结构布置和建筑体形都有明显的影响。如坡度较陡的地形，常使建筑物结合地形错层建造；复杂的地质条件，要求建筑的构成和基础的设置采取相应的结构构造措施。

地震烈度表示地面及建筑物遭受地震破坏的程度。震级是指地震时震源释放能量的大小。在抗震设防烈度 6 度及 6 度以下的地区，地震对建筑物的损坏较小，9 度以上地区，由于地震过于强烈，从经济因素及耗用材料考虑，除特殊情况外，一般应尽量避免在这些地区建造房屋。建筑抗震设防的重点是对 7、8、9 度地震烈度的地区。震级与烈度之间的对应关系见表 6-1，不同烈度的破坏程度见表 6-2。

表 6-1　震级与烈度的对应关系

震级	1~2	3	4	5	6	7	8	8 以上
震中烈度	1~2	3	4~5	6~7	7~8	9~10	11	12

表 6-2　不同烈度的破坏程度

烈　度	地面及建筑物受破坏的程度
1~2	一般情况下人感觉不到，地震仪可检测记录到
3	室内少数人能感觉到轻微的震动
4~5	人有不同程度而感觉，室内物品有摆动或尘土掉落现象
6	老旧建筑物多数要受损，个别有倒塌的可能；潮湿松散的地面上可能有细小的裂缝出现，少数山区会发生土石散落
7	家具倾覆破坏，水池中产生波浪，坚固的居住建筑有轻微的损坏，如墙上产生轻微的裂缝，抹灰层大片脱落，瓦从屋顶掉落等；工厂的烟囱上部倒下；老旧和简易建筑物破坏严重，有时有喷砂冒水现象
8	树木枝干强烈摇动，甚至折断；大部分建筑遭到破坏；坚固的建筑物墙上产生很大裂缝而遭到严重破坏；工厂的烟囱和水塔倒塌
9	一般建筑物倒塌或部分倒塌，坚固的建筑物受到严重破坏；地面出现裂缝，山体有滑坡现象
10	建筑物严重破坏；地面裂缝很多，湖泊水库有大浪出现；部分铁轨弯曲变形
11~12	建筑物普遍倒塌；地面变形严重，造成巨大的自然灾害

3) 建筑模数协调统一标准

为了使建筑设计、构件生产以及施工等方面的尺寸相协调，从而提高建筑工业化的水平，降低造价并提高建筑设计和建造的质量和速度，建筑设计应采用国家规定的《建筑统一模数制》。

建筑模数是选定的标准尺寸单位，作为建筑物、建筑构配件、建筑制品以及有关设备的尺寸相互协调的基础。根据国家制定的《建筑统一模数制》，我国采用的基本模数 M=100 mm，同时由于建筑设计中建筑部位、构件尺寸、构造节点以及断面、缝隙等尺寸的不同要求，还分别采用分模数和扩大模数。

分模数 M/2(50mm)、M/5(20mm)、M/10(10mm)适用于建筑材料成品的厚度、直径、缝隙、构造的细小尺寸以及建筑制品的公偏差等。

基本模数 M(100mm)和扩大模数 3M(300mm)等适用于门窗洞口、构配件、建筑制品及建筑物的跨度(进深)、柱距(开间)和层高的尺寸等。

扩大模数 12M(1200mm)、30M(3000mm)、60M(6000mm)等适用于大型建筑物的跨度(进深)、柱距(开间)、层高及构配件的尺寸等。

6.1.2　功能分类

从组成平面各部分空间的使用性质来分析，主要可以归纳为使用和交通联系两部分。

使用部分是指满足主要使用功能和辅助使用功能的那部分空间。例如，住宅中的起居室、卧室等起主要功能作用的空间和卫生间、厨房等起次要作用的空间，工业厂房中的生产车间等起主要作用的空间和仓库、更衣室、办公室等起次要作用的空间，都属于建筑物

中的使用部分。

交通联系部分是指专门用来连通建筑物的各使用部分的空间。例如，许多建筑物的门厅、过厅、走道、楼梯、电梯等，都属于建筑物中的交通联系部分。

建筑物的使用部分、交通联系部分和结构、围护分隔构件本身所占用的面积之和，就构成了总建筑面积。

6.1.3 使用房间部分设计

1. 主要使用房间

1) 房间面积、形状、尺寸的确定

(1) 房间的面积。房间面积的确定依据包括使用或容纳的人数、家具设备的种类和数量，以及建设标准或经济条件三个方面，前两个方面是客观硬条件，后一个方面是主观软条件。如旅馆建筑双人标准间客房的面积，分析两人起居就寝，家具设备包括两张单人床、衣帽柜、电视柜、办公桌、茶几、座椅、卫生间(三大洁具洗脸池、坐便器、浴缸或淋浴间)，如图 6-5 所示，可确定客房的基本面积为 24m^2(矩形平面：开间 3.6m、进深 6.6m)左右，作为普通标准客房这一面积已能满足要求，但对于高级标准客房必须增大面积，以提高舒适性。

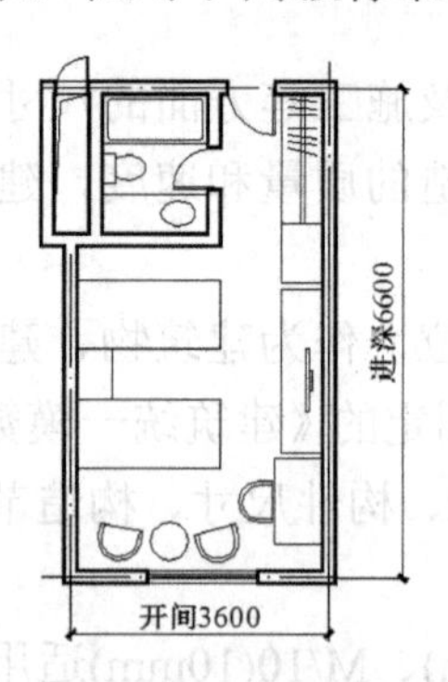

图 6-5 旅馆建筑双人标准间的面积

在通常情况下，为方便起见，有关建筑设计规范会确定不同功能使用房间的人均使用面积作为设计参考。

(2) 房间形状。房间形状的确定依据包括功能使用要求、室内空间观感和周围环境与场地条件三个方面。设计中确定房间形状的一般规律是：对于大量性民用建筑，单一房间面积较小且需重复组合时，为了便于家具、结构布置以及施工，多选择矩形平面以便于各房间进行平面组合；如住宅、宿舍、写字楼、教学楼等。对于大型性民用建筑可根据使用功能和建筑造型需要选用多边形、圆形或更复杂的平面形状。如影剧院的观众厅、体育馆的比赛大厅，由于使用人数多，有视听和疏散要求，常采用复杂几何形状的平面。这种平面多以大厅为主(图 6-6)，附属房间多分布在大厅周围。阶梯教室、观众厅等对视线有特殊要求的建筑空间，在设计时还必须进行视线和声线的分析以此来确定其剖面的形状(图 6-7)。

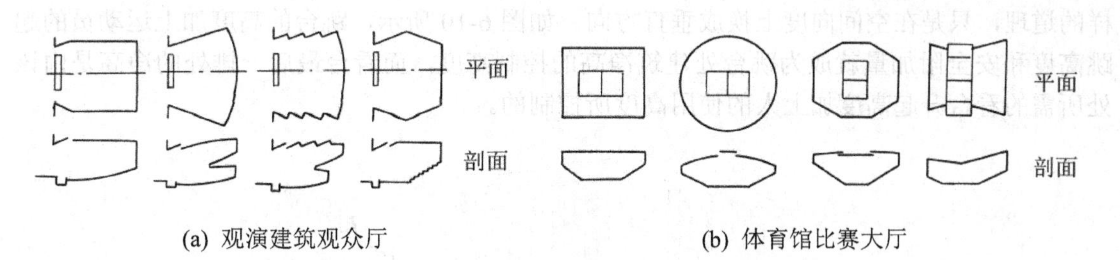

(a) 观演建筑观众厅　　(b) 体育馆比赛大厅

图 6-6　大型性民用建筑的平面与剖面形状示意

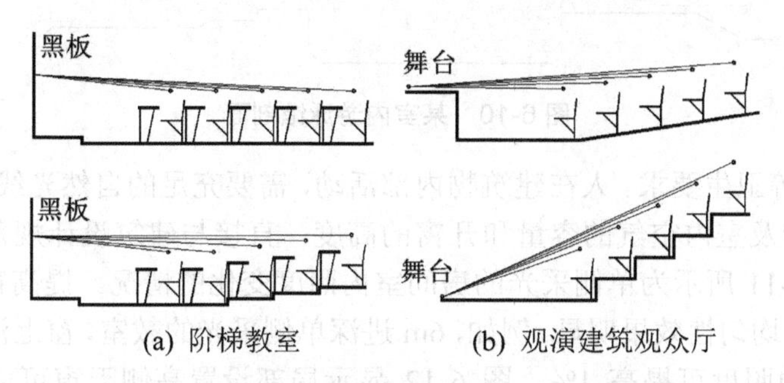

(a) 阶梯教室　　(b) 观演建筑观众厅

图 6-7　视线无遮挡要求和空间剖面形状的关系

(3) 房间尺寸。房间尺寸包括平面尺寸和高度尺寸两方面。平面尺寸的确定要满足家具设备的布置和人体活动的要求，在决定矩形平面的尺寸时，宽度及长度尺寸必须满足使用要求和符合模数的规定。以 50 座中小学普通教室为例，出于视看适宜性考虑，第一排座位距黑板的最小尺寸为 2m，最后一排座位与黑板的距离应不大于 8.5m，前排边座与黑板远端夹角不小于 30°(图 6-8)，且必须注意从左侧采光。此外，教室宽度必须满足家具设备和使用空间的要求，一般常采用 6.0m×9.0m~6.6m×9.9m 等规格(图 6-9)。办公室、住宅卧室等房间，一般采用沿外墙短向布置的矩形平面，这是综合考虑家具布置、房间组合、技术经济条件和节约用地等因素决定的。常用开间进深尺寸为 2.7m×3m，3m×3.9m，3.3m×4.2m，3.6m×4.5m，3.6m×4.8m，3m×5.4m，3.6m×5.4m，3.6m×6.0m 等。

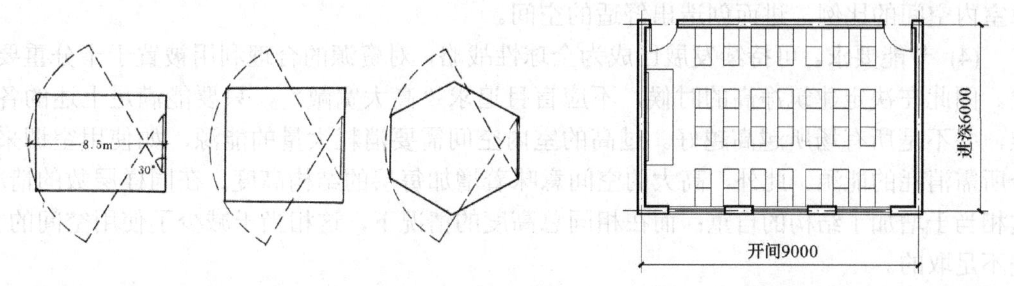

图 6-8　基本满足视听要求的教室平面范围和形状的几种可能性　　图 6-9　50 座矩形平面教室的平面尺寸

相邻两楼地面之间的垂直距离称为层高。房间内楼地面到结构底面或顶棚下表面的垂直距离称为净高。室内空间的使用高度即净高加上楼板结构高度和有关设备所占用的高度就等于层高。层高必须符合模数制的要求。高度尺寸(净高)的确定依据包括人体活动及家具设备的要求、采光通风等卫生要求、空间尺度和比例三方面。

① 人体活动及家具设备的要求。这和建筑平面设计中考虑家具、设备的平面尺寸是同

样的道理，只是在空间向度上换成垂直方向。如图 6-10 所示，跳台的高度加上运动员的起跳高度和安全附加量就成为跳台处建筑净高的控制高度，而看台最后一排处的净高是由该处所需的看台升起高度加上人的使用高度所控制的。

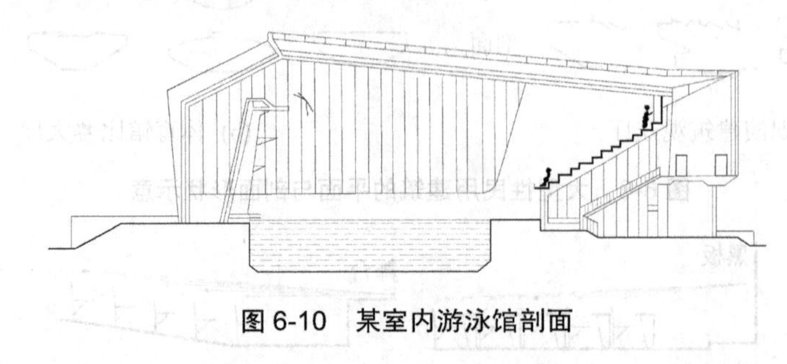

图 6-10　某室内游泳馆剖面

② 采光通风等卫生要求。人在建筑物内部活动，需要充足的自然光线以及合适换气量。建筑空间的净高涉及室内空气的容量和开窗的高度，直接与建筑设计规范所规定的许多卫生标准有关。图 6-11 所示为单侧采光的房间室内照度变化的情况。提高窗上沿的高度，对于改善室内照度的均匀性效果明显。例如，6m 进深单侧采光的教室，窗上沿每提高 100 mm，室内最不利位置的照度可提高 1%。图 6-12 显示局部设置高侧天窗可以产生良好的通风效果。

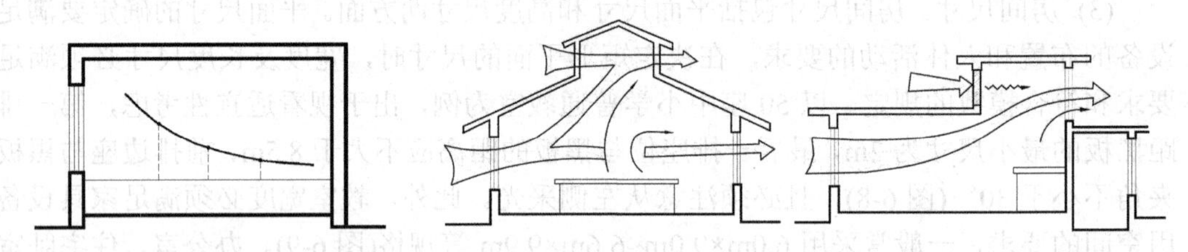

图 6-11　单侧采光房间室内照度随进深的变化　　图 6-12　坡屋顶和平屋顶建筑设置高侧天窗的剖面示意

③ 空间尺度和比例。室内空间宽而低通常会给人以压抑的感觉，狭而高的空间又会增加人的拘谨感。一般应根据房间面积、室内顶棚的处理方式、窗子的比例关系等因素来考虑室内空间的比例，进而创造出舒适的空间。

(4) 节能要求。可持续发展已成为全球性战略，对资源的合理利用被置于十分重要的地位。因此在决定建筑净高的时候，不应盲目追求“高大宽敞”，只要能满足上述的各项标准，并不是所有场所越高越好。过高的室内空间需要消耗大量的能源，如使用空调采暖制冷所需消耗的能源。此外，高大的空间意味着增加每层的结构高度。在同样层数的情况下，这相当于增加了结构的自重；而在相同总高度的情况下，这相当于减少了使用空间的容量，是不足取的。

总之，只有综合考虑以上各项因素，充分权衡利弊，才能正确确定建筑物各部分的合适高度。

2) 房间的门窗设置

房间中门的作用是联系和分隔室内外空间和作为通风的孔道。窗的作用则是采光、通风和分隔空间。门窗设置是使用房间设计中必不可少的内容。

(1) 房间门的设置。建筑中门的设置主要涉及以下四个方面。

① 门的宽度与高度。门的宽度与高度尺寸均指洞口尺寸。门的最小宽度取决于通行人流股数、需要通过门的家具及设备的尺寸等因素(如图 6-13 所示)。根据人体工程学的研究，单股人流的通行宽度为 550~600mm，两股人流相应的为 1100~1200mm，三股人流为 1650~1800mm，依次类推。居住建筑中，人流量小，兼顾家具通过，门的宽度一般按以下尺寸设置：入户门的最小宽度为 1000 mm，卧室、起居室等主要使用房间的门最小宽度为 900mm，厨房、卫生间等辅助房间的门最小宽度为 700 mm。公共建筑中人流量大，门的宽度一般按两股及两股以上人流确定，常用尺寸为 1200 mm、1500 mm、1800 mm、2400 mm。

门的高度取决于通过门的家具及设备的尺寸和房间净高等因素。居住建筑中，家具高度和房间净高较小，门的高度一般为 2100mm，公共建筑中房间净高较大，门的高度一般采取 2400 mm、2700 mm，门扇上方带亮子(门上方的窗)的形式，一是增加间接采光，二是协调空间比例尺度。

② 门的数量。门的数量与房间使用人数及使用要求有关。对于室内面积较大、活动人数较多的房间，必须增加门的宽度或门的数量。当室内人数多于 50 人，房间面积大于 $60m^2$ 时，按防火规范规定，最少应设两个门，并放在房间的两端。对于人流较大的公共房间，考虑到疏散的要求，门的宽度一般按每 100 人取 600mm 计算。门扇的数量与门洞尺寸有关，一般宽度 1000 mm 以下的作单扇门，1200~1800 mm 的作双扇门，2400mm 以上的宜作四扇门。

③ 门的位置。门的位置应以便于人的通行与疏散、便于室内家具的布置为原则。一般宜布置在墙边，墙边门垛尺寸应不小于 240mm，多个门应均衡分布于房间与走道相邻的墙面上。

④ 门的开启方式。门的开启方式应便于人流疏散。具体为：一般房间的门宜内开；影剧场、体育场馆观众厅的疏散门必须外开；会议室、建筑物出入口的门宜做成双向开启的弹簧门。

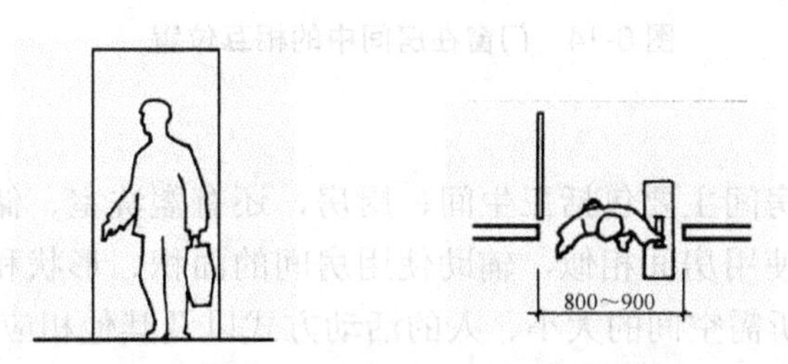

图 6-13　住宅中卧室起居室门的宽度

(2) 房间中窗的设置。建筑中窗的设置主要涉及以下两个方面。

① 窗的面积。窗的面积大小可按采光面积比确定。采光面积比是指窗口透光部分的面积和房间室内地面面积的比值，其数值必须满足表 6-3 的要求。

② 窗的位置。窗的位置应综合考虑采光均匀及光线方向、通风组织、外立面效果等因素。为满足室内通风要求，应尽量做到有自然通风，一般可将窗与窗或窗与门对正布置，如图 6-14 所示。

表 6-3　民用建筑房间的采光分级和采光面积要求

采光等级	视觉工作要求	房间名称	采光面积比
I	极精密	绘图室、画廊、手术室	1/3~1/5
II	精密	阅览室、医务室、专业实验室	1/4~1/6
III	一般	办公室、会议室、营业厅	1/6~1/8
IV	粗糙	观众厅、休息厅、卫生间等	1/8~1/10
V	极粗糙	储藏室、门厅走廊、楼梯间	1/10 以下

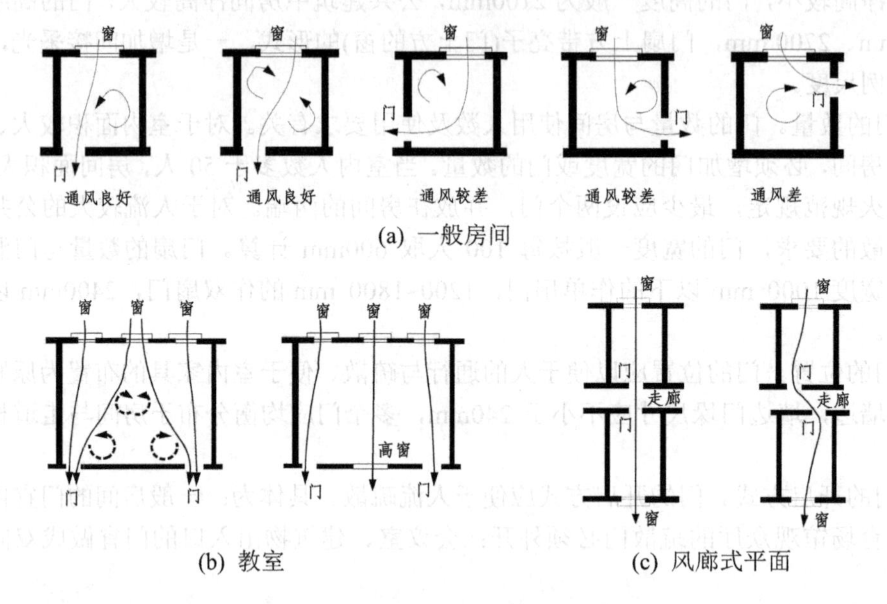

图 6-14　门窗在房间中的相互位置

2. 辅助使用房间

建筑物的辅助使用房间主要包括卫生间、厨房，还有盥洗室、储藏室、更衣室、洗衣房、锅炉房等。与主要使用房间相似，辅助使用房间的面积、形状和尺寸也可以按照其中设备所需空间和人活动所需空间的大小、人的活动方式以及其他相应的综合要求来确定。

1) 卫生间

在建筑设计中，根据各种建筑物的使用特点和使用人数的多少，先确定所需卫生洁具的数量。根据计算所得的卫生洁具数量，考虑在整幢建筑物中卫生间的均衡分布，最后在建筑平面组合中，根据整幢建筑的使用要求适当调整并确定这些卫生间的面积、平面形式和尺寸。

图 6-15 给出了卫生间中常用的单个卫生洁具所需要的平面使用尺寸，还给出了它们组合使用所需的间距。以这样的尺寸为参照，结合通道等尺寸可以确定卫生间的平面布置。

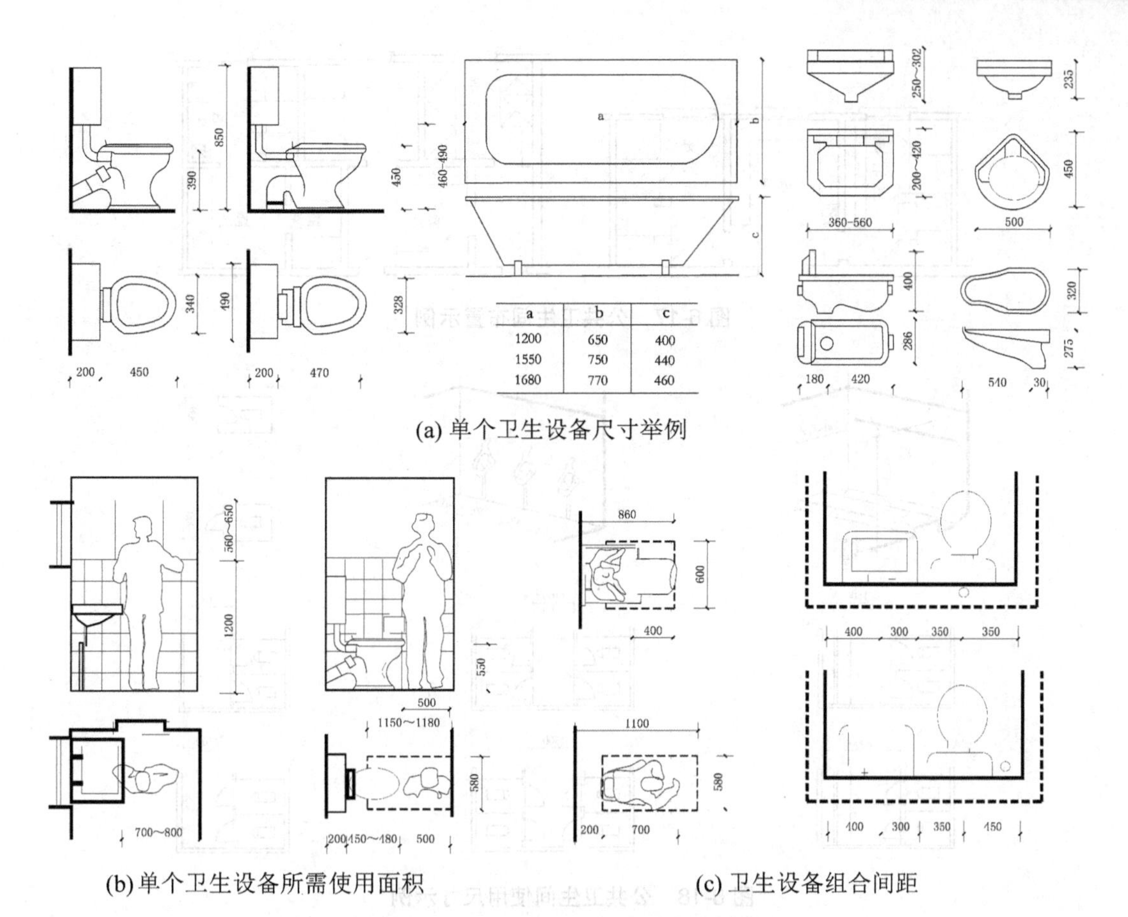

图 6-15　卫生设备所需使用面积举例

一般建筑物的居住空间(如住宅、旅馆客房)中的专用卫生间包括盥洗、厕所、沐浴三大功能，三者共处一室，如图 6-16 中三件合设布置举例。

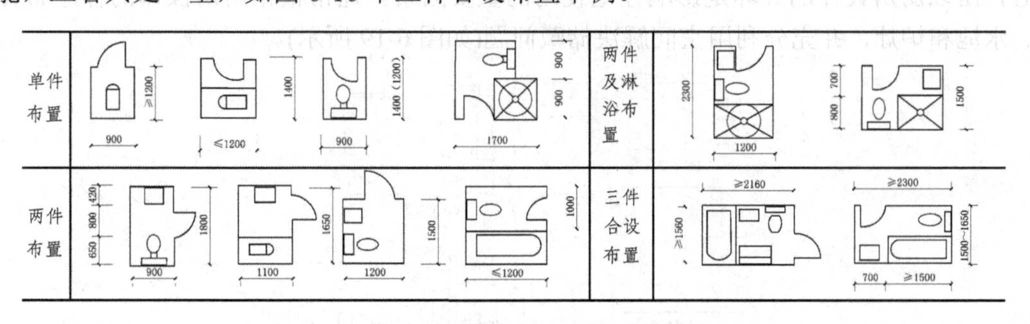

图 6-16　卫生间平面布置及所需使用面积举例

建筑物中为公众服务使用的公共卫生间应在厕所与走道之间设置前室，盥洗功能置于前室，厕所应设外窗采光通风(图 6-17、图 6-18)，这样既使厕所视线隐蔽保证私密性，又有利于改善通向厕所的走廊或过厅处的卫生条件。

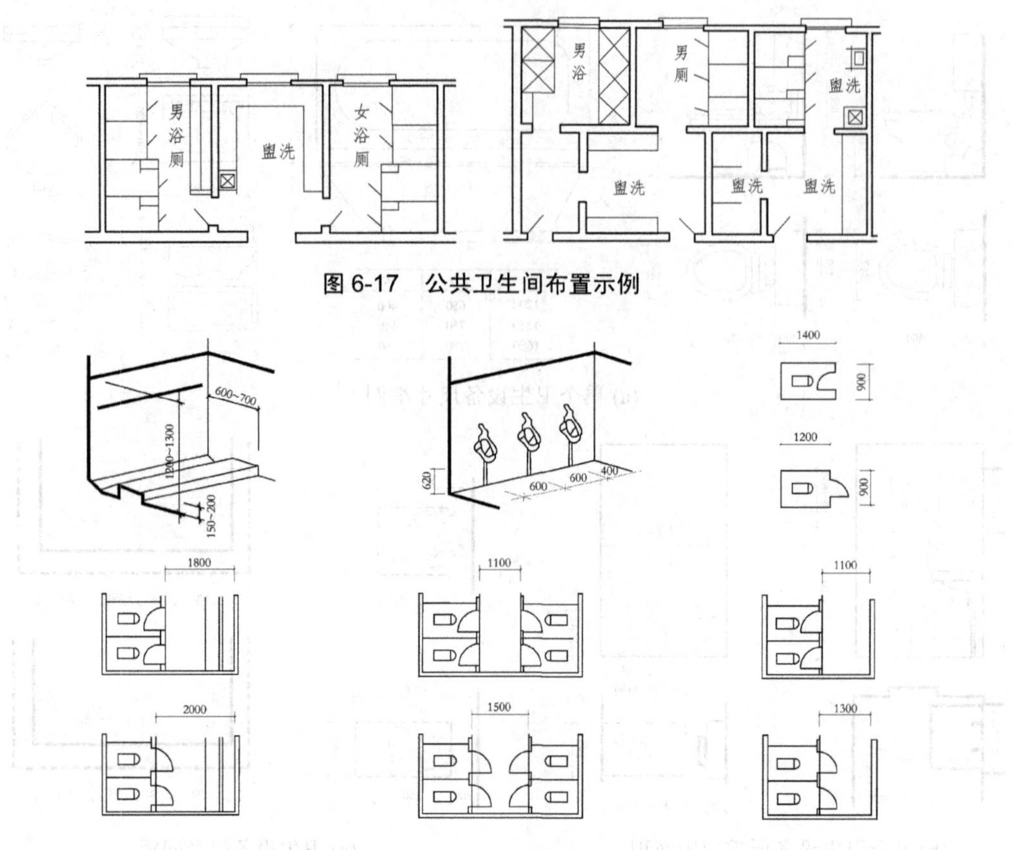

图 6-17 公共卫生间布置示例

图 6-18 公共卫生间使用尺寸示例

2) 厨房

厨房的主要功能是炊事，有时兼有进餐或洗涤功能。住宅建筑中的厨房是家务劳动的中心，所以厨房设计的好坏是影响住宅使用的重要因素。通常根据厨房操作的程序布置台板、水池和炉灶，并充分利用空间解决储藏问题(如图 6-19 所示)。

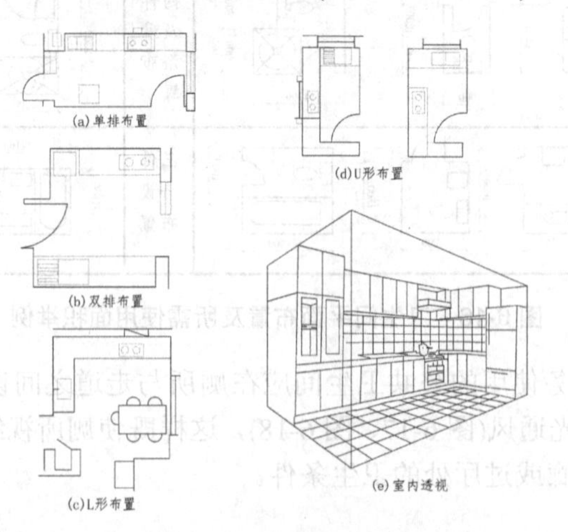

图 6-19 厨房布置示例

6.1.4　交通联系部分设计

一幢建筑物除了有满足使用功能的各种房间外，还需要有交通联系部分把各个房间之间以及室内室外之间联系起来。建筑物内部的交通联系部分包括：水平交通空间——走道(走廊)；垂直交通空间——楼梯、电梯；交通枢纽空间——门厅、过厅。

一般来说，交通联系部分的平面设计尺寸和形状的确定，可以根据设计要求做到。

(1) 交通路线简捷明确，人流通畅，联系通行方便。

(2) 紧急疏散时迅速安全，符合规范要求。

(3) 满足采光、通风等方面的需要。

(4) 力求节省交通面积，同时综合考虑空间造型问题。

下面将对建筑物各交通联系部分的平面设计分别论述。

1. 走道

走道是建筑物中最大量使用的交通联系部分。各使用空间可以分列于走道的一侧、两侧或尽端。走道的宽度应符合人流、货流通畅和消防安全的要求。单股人流的通行宽度为550 ~600 mm，因此考虑两人并列行走或迎面相向而行，较少人流使用的过道净宽度，包括消防楼梯的最小净宽度都不得小于 1100mm。对于有大量人流通过的走道，根据使用情况其宽度在相关设计规范中都作出了下限要求。例如，民用建筑中中小学的设计规范规定，当走道为内廊，两侧均布置使用房间时，其净宽度不得小于 2100mm；当走道为外廊，单侧布置使用房间，并为开敞式明廊时，其净宽度不得小于 1800mm。例如，学校教学楼中的走道兼有学生课间活动的功能时，则除了必需的交通宽度外，还应添加课间活动功能所需的宽度；医院门诊部分的走道，兼有病人候诊的功能(图 6-20)。许多建筑物必须满足无障碍设计的要求，例如住宅、图书馆、医院、影剧院、疗养院、养老院等建筑，必须满足下肢或视力残障人士的使用要求，在进行设计时，相关的无障碍设计规范也是重要的设计依据。图 6-21 可以说明满足轮椅使用者的要求对走道尺寸的影响。

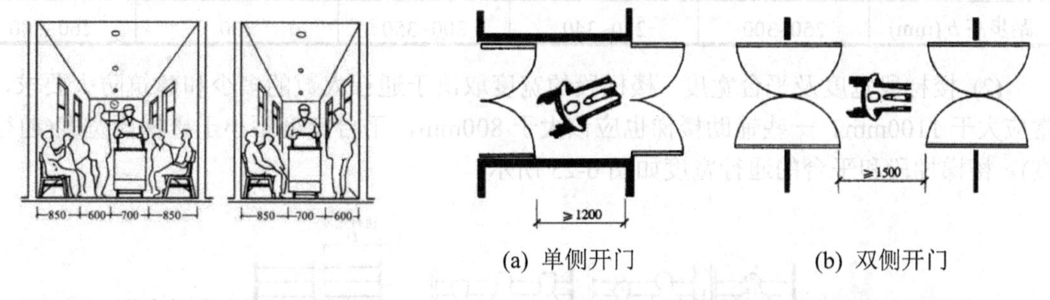

(a) 单侧开门　　(b) 双侧开门

图 6-20　兼有候诊功能的走道宽度　　图 6-21　无障碍设计对走道尺寸的影响

走道的长度对消防疏散的影响最大。这里的长度是指从房间门到达疏散楼梯间或直接对外出口的门之间的距离，又称为疏散距离。这个长度直接影响发生火灾时紧急疏散人员所需要的时间，而这个时间限度又与建筑物的耐火等级有关。另外，走道的平面布置形式也影响疏散时人员的选择，例如，两端有出口的走道和只有一端有出口的“袋形”走道，在疏散人员时可提供的选择可能性不同，因此相关的防火规范要求设计人员根据建筑物的耐火等级、走道的布置方式和建筑物的使用性质来决定其走道的长度。

走道的平面形状，特别是其平面走向，在很大程度上决定了建筑内部的交通组织，从而决定了建筑物的平面形状，有关这方面的内容，将在本章第二节讨论建筑平面的组合设计问题时一并陈述。

2. 楼梯和电梯

1) 楼梯

楼梯是建筑物各层之间的主要垂直交通联系部分，是楼层人流疏散必经的通路。楼梯的基本构造组成为梯段、平台和栏杆扶手三部分。梯段是联系楼层间的倾斜构件，由若干踏步组成，一个梯段踏步数量要求≥3 级且≤18 级。平台起着中间休息及改变梯段方向的作用，分为中间平台及楼层平台。栏杆扶手是楼梯临空面的安全防护及攀扶构件，分为实心栏板和空心栏杆。

楼梯的一般设计要求如下。

(1) 坡度及踏步尺寸。楼梯的坡度范围是20°~45°。踏步高宽比(h/b)决定了楼梯的坡度。踏步尺寸的经验公式：$2h+b$=600~630 mm，踏面宽度 b，踢面高度 h(图 6-22、表 6-4)。楼梯坡度是依据建筑的使用性质和人流行走的舒适度、安全感、楼梯间的尺寸、面积等因素进行确定的。常用的坡度为1∶2 左右。坡度设计的原则为公共建筑人流量大，安全要求高的楼梯坡度应该平缓一些，反之则可略陡一些，以节约楼梯间面积。

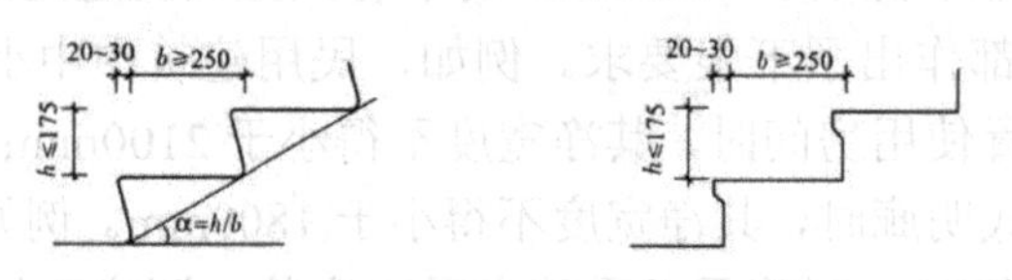

图 6-22　踏步前缘出挑

表 6-4　常用踏步适宜尺寸

名　称	住　宅	学校、办公楼	剧院、会堂	医院(病人用)	幼 儿 园
踏步高 h (mm)	150~175	140~160	120~150	150	120~150
踏步高 b (mm)	250~300	280~340	300~350	300	260~300

(2) 楼梯段宽度及平台宽度。楼梯段的宽度取决于通行人数的多少和建筑防火要求，通常应大于1100mm。一些辅助楼梯也应该大于800mm，平台宽度不小于楼梯段宽度(通行宽度)。楼梯梯段和平台的通行宽度如图 6-23 所示。

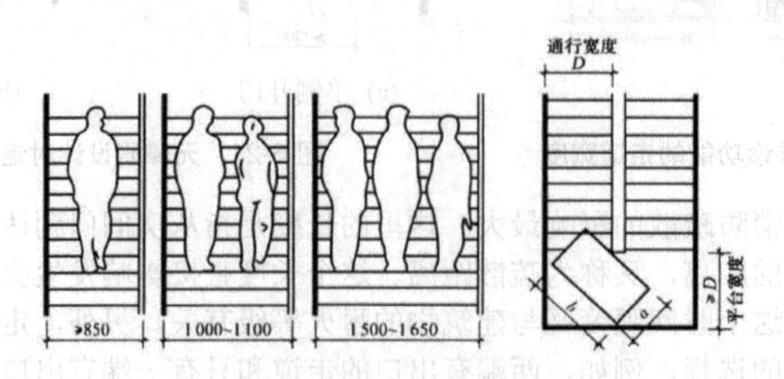

图 6-23　梯段宽度和平台通行宽度的关系

(3) 栏杆扶手尺寸。楼梯栏杆扶手的高度是指从踏步前缘至扶手顶面的垂直距离。一般室内楼梯栏杆扶手的高度不宜小于 900 m。室外楼梯栏杆扶手高度(特别是消防楼梯)应不小于 1100 mm。在幼儿园等建筑中，需要在 500~600mm 高度上再增设一道扶手，以适应儿童的身高，如图 6-24 所示。此外，扶手宽度为 60~80mm。栏杆支柱安装位置：距梯段边缘 50mm 踏面安装或者梯段侧面安装，如图 6-25 所示。栏杆支柱间距：托幼建筑支柱间距不大于 110mm，以防幼儿跌落。

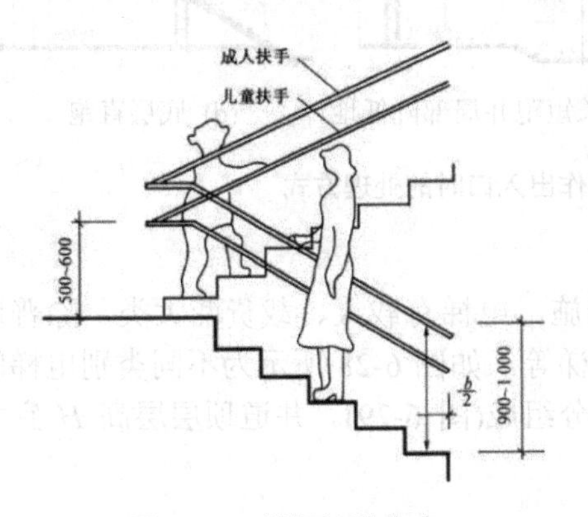

图 6-24　栏杆扶手高度

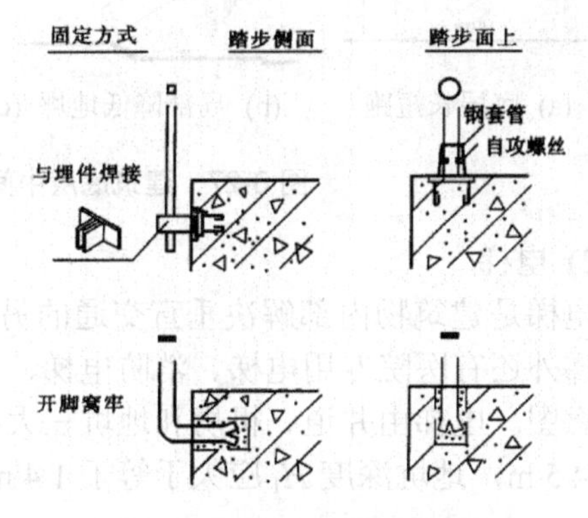

图 6-25　栏杆支柱安装位置

(4) 净空高度。楼梯下部净高的控制不但关系到行走安全，而且在很多情况下涉及楼梯下面空间的利用以及通行的可能性，它是楼梯设计中的重难点。楼梯平台处高度不得小于 2000 mm，楼梯梯段处高度不得小于 2200 mm，均包括楼梯平台梁下 300mm 范围内(图 6-26)。

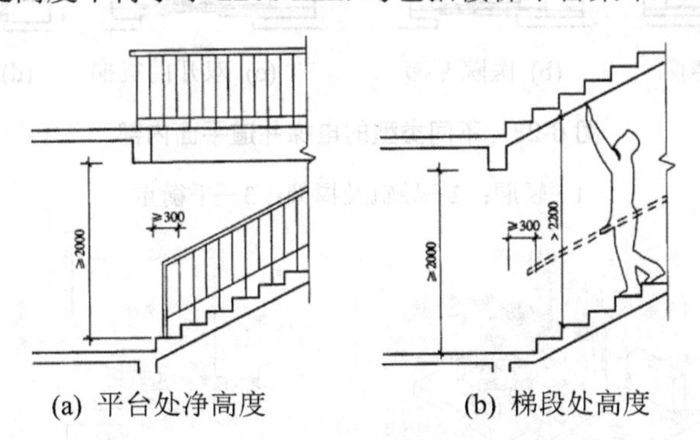

(a) 平台处净高度　　(b) 梯段处高度

图 6-26　楼梯下部净高度控制要求

当建筑底层中间平台下作出入口时，为使平台下净高满足要求，可以采用以下方式解决。

(1) 底层变作长短跑梯段。起步第一跑为长跑，以提高中间平台的标高，如图 6-27(a)所示。这种方式仅在楼梯间进深较大、底层平台宽度富余时适用。

(2) 局部降低底层中间平台下地坪标高，使其低于室内地坪标高(±0.000)，但应高于室外地坪标高，以免雨水内溢，如图 6-27 (b)所示。

(3) 综合以上两种方式，在采取长短跑梯段的同时，又降低底层中间平台下地坪标高，如图 6-27 (c)所示。这种处理方法可兼有前两种方式的优点，并减少其缺点。

(4) 底层用直行楼梯直接从室外上至二层，省去中间平台，如图 6-27 (d)所示。这种方式常用于住宅建筑等层高较低的情况，设计时需注意入口处雨篷底面标高的位置，保证满

足净空高度的要求。

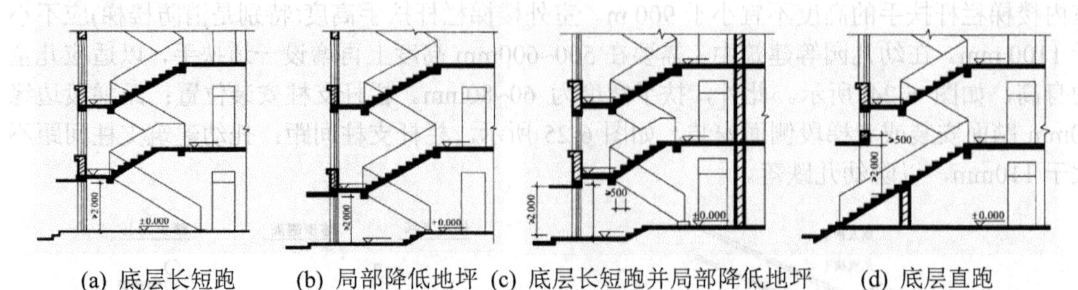

(a) 底层长短跑　(b) 局部降低地坪　(c) 底层长短跑并局部降低地坪　(d) 底层直跑

图 6-27　建筑底层中间平台下作出入口时的处理方式

2) 电梯

电梯是建筑物内部解决垂直交通的另一种措施。电梯有载人、载货两大类，除普通乘客电梯外还有医院专用电梯、消防电梯、观光电梯等。如图 6-28 所示为不同类别电梯的平面示意图。电梯由井道、机房和地坑三大构造部分组成(图 6-29)。井道顶层层高 H 宜大于等于 4.5 m，地坑深度 H_1 应大于等于 1.4 m。

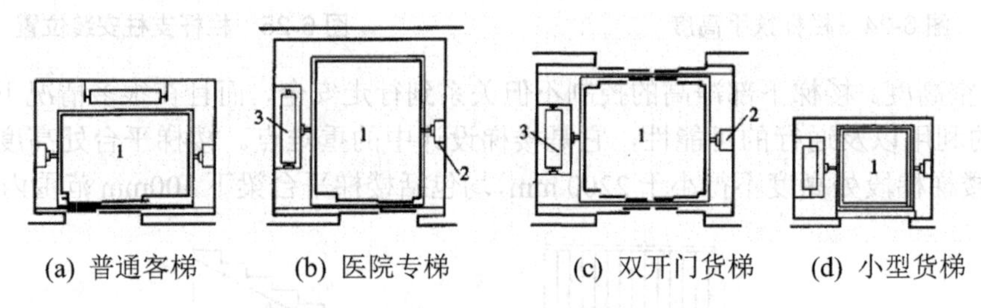

(a) 普通客梯　(b) 医院专梯　(c) 双开门货梯　(d) 小型货梯

图 6-28　不同类型的电梯井道平面内部

1—轿厢；2—导轨及撑架；3—平衡重

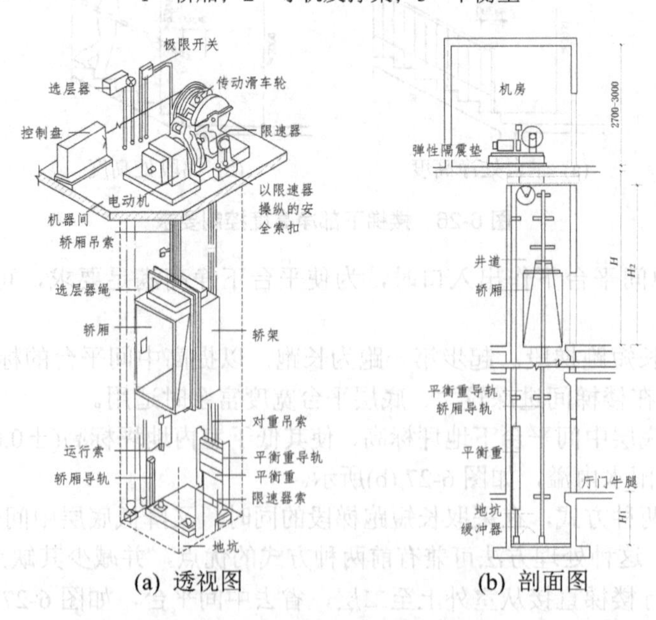

(a) 透视图　(b) 剖面图

图 6-29　电梯构造组成示意

楼梯和电梯是建筑物中起垂直交通枢纽作用的重要部分。在日常使用中，快速、方便地到达各使用楼层是对楼梯、电梯设计的首要要求。因此它们的数量、容量和平面分布是应该首先关注的问题。

在一般情况下，楼梯、电梯应靠近建筑物各层平面人流或货流的主要出入口布置，使其到达各使用部分端点的距离较为均匀，这样使用时较为方便快捷。在垂直运输方面，针对一些高层或超高层建筑物的特殊情况，为了合理控制电梯的运行速度，避免浪费过多的等候时间，可以运用现代的数学方法优选电梯的台数及其停靠的层数和方式，例如，将不同的电梯分层或分段停靠，能够取得使用的高效率。

3. 门厅和过厅

门厅是在建筑物的主要出入口处起内外过渡、集散人流作用的交通枢纽。体形较复杂的建筑物各分段的连接处或建筑物内部某些人流或物流的集中交会处的交通枢纽一般称为过厅，起到人流缓冲的作用。导向性明确是门厅和过厅设计中的重要原则。门厅的面积要根据建筑使用性质、规模和防火疏散要求确定。门厅对外出入口的总宽度，应不小于通向该门厅的过道、楼梯宽度的总和，以防紧急疏散时发生拥堵。人流比较集中的建筑物，门厅对外出入口的宽度，可按每 100 人 0.6m 计算。外门必须向外开启或尽可能采用弹簧门内外开启。门厅布置形式分为对称式和非对称式，平面形状规则对称的建筑如教学楼、办公楼等的主入口门厅一般采用对称式，体形较复杂的建筑转折连接处的门厅或过厅一般采用非对称式(图 6-30)。

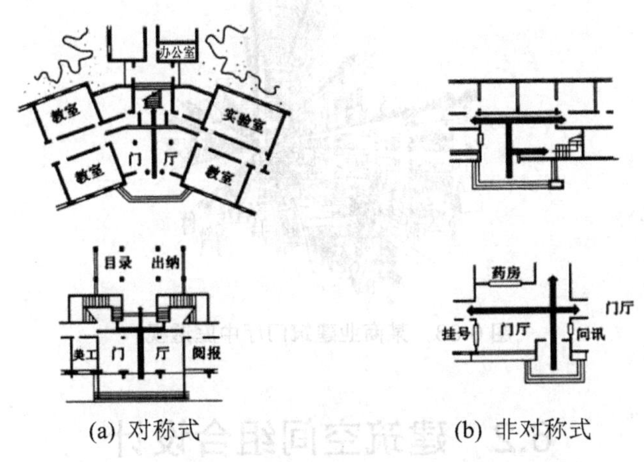

(a) 对称式　　(b) 非对称式

图 6-30　建筑平面中的门厅设置

功能较复杂的公共建筑中，门厅内还会设置接待问讯台、休息座、会客处、小卖部等具有非交通功能的区域。例如图 6-31 所示的旅馆门厅，旅客一进门就能发现总服务台的位置，办理手续后又很容易到达电梯厅，人流往返于其中很少相互干扰，交通路线较为明确。图 6-32 所示的某学校综合楼的门厅，除了交通功能外，还具有图书检索和借阅功能，其中布置的一些休息空间为师生之间的交流提供了便利。像这样兼有其他用途的门厅仍然应当将供交通的部分与其他功能部分明确区分开来，有效组织其交通流线。

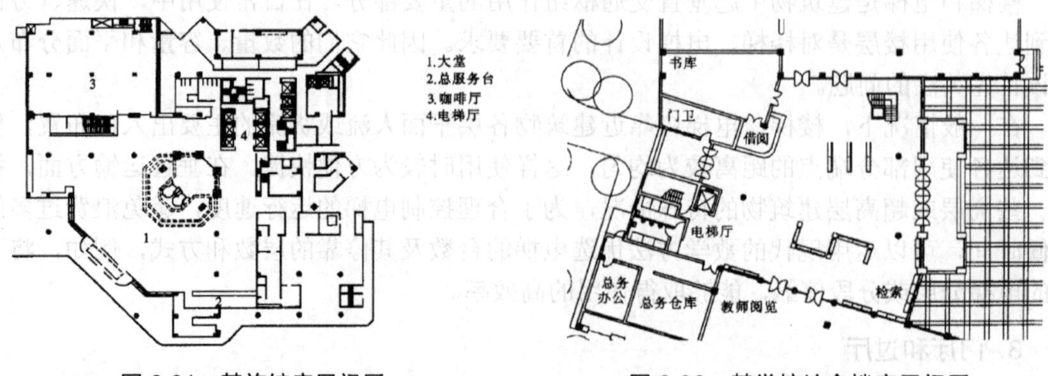

图 6-31 某旅馆底层门厅　　图 6-32 某学校综合楼底层门厅

对于许多公共建筑而言，门厅和过厅的内部空间组织和所形成的体形、体量，往往可以成为建筑设计中的活跃元素，或者是复杂建筑物形态中的关节点。例如，许多大型公共建筑的门厅被处理为通高的中庭，顶部开设采光天窗，四周环绕布置多层空间，使得视觉通透、光线充足，形成良好的内部环境(图 6-33)。当然，像商业建筑中庭这样的通高大空间，会对消防的防火分区造成一定的困难，可以采用烟感系统、自动喷淋、防火卷帘等技术手段来解决，同时还必须加强对人流疏散路线的合理组织和设计。

图 6-33 某商业建筑门厅中庭透视

6.2 建筑空间组合设计

上一节中，我们已经了解到建筑物主要分为使用部分和交通联系部分，建筑物的各个使用部分，需要通过交通联系部分来连通。但是，究竟应该如何将这些部分有机地组合起来，达到预期的功能使用目的，是建筑平面设计中的一项重要任务。本节将针对这一问题，就建筑物的各部分之间在水平方向的组合方法进行简要阐述。

6.2.1 使用功能分析法

对建筑物的使用部分而言，它们相互间往往会因为使用性质的不同或使用要求的不同

而需要根据其关系的疏密进行功能分区。在建筑设计时，一般首先借助功能分析图，或者称为气泡图来归纳、明确使用部分的功能分区。在进行平面的功能组织时，要根据具体设计要求，掌握以下分析方法和原则。

1. 按空间的主次关系进行功能分析

在建筑中由于各类房间使用性质的差别，有的房间处于主要地位，有的则处于次要地位，在进行平面组合时，根据它们的功能特点，通常将主要使用房间放在朝向好、比较安静的位置，以获得较好的日照、采光和通风条件；公共活动的主要房间应放在交通疏散方便，人流导向比较明确的部位。例如，住宅建筑中的起居室、主卧室应是主要的使用房间，次卧室、厨房、卫生间、储藏室等属于次要房间，主要房间应布置在朝向好、交通便捷之处，如图 6-34 所示。

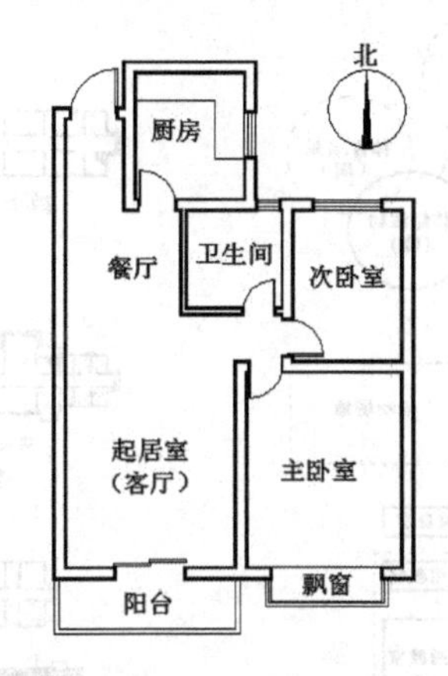

图 6-34 单元式住宅中某户型各房间的功能布置示例

2. 按空间的内外关系进行功能分析

在各种使用空间中，有的部分对外性强，直接为公众使用，有的部分对内性强，主要是内部工作人员使用。按照人流活动的特点，将对外性较强的部分尽量布置在交通枢纽附近，将对内性较强的部分布置在较隐蔽的部位，并使之靠近内部交通区域，二者进行一定的分隔，避免人流交叉干扰。典型的建筑类型如商业建筑，营业厅对外联系紧密，人流量大，应布置在交通方便、位置明显处；而办公管理、库房等用房，供内部人员使用，应将其布置在后部次要入口处，如图 6-35 所示。

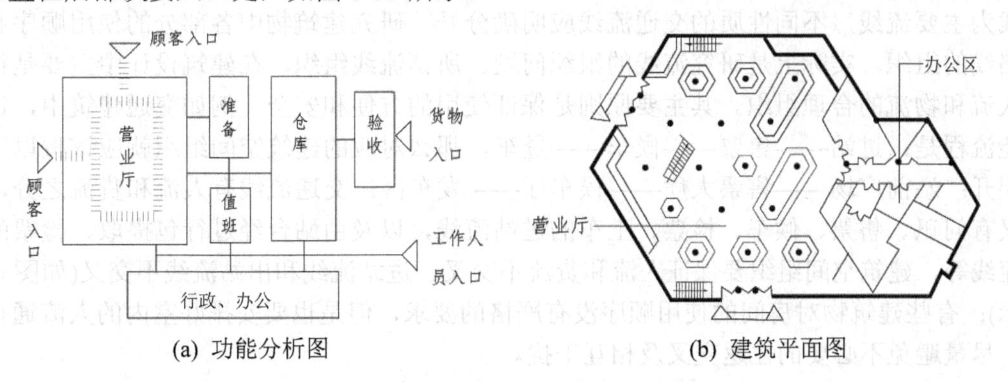

(a) 功能分析图　　(b) 建筑平面图

图 6-35 小型商店平面功能分区示例

3. 按空间之间的联系和分隔程度进行功能分区

在建筑物中那些供学习、工作、休息用的主要使用部分希望获得比较安静的环境，因此应与其他使用部分适当分隔。在进行建筑平面组合时，首先将组成建筑物的各个使用房间进行功能分区，以确定各部分的联系与分隔程度，使平面组合更趋合理。例如学校建筑，可以分为教学活动、行政办公以及生活后勤等部分，教学活动和行政办公部分既要分区明确、避免干扰，又要考虑分属两个部分的教室和教师办公室之间的联系方便，它们的平面位置应适当靠近；对于使用性质同样属于教学活动部分的普通教室和音乐教室，由于音乐教室上课时对普通教室有一定的噪声干扰，它们虽属同一个功能区，但是在平面组合中却又要求有一定的分隔，如图 6-36 所示。

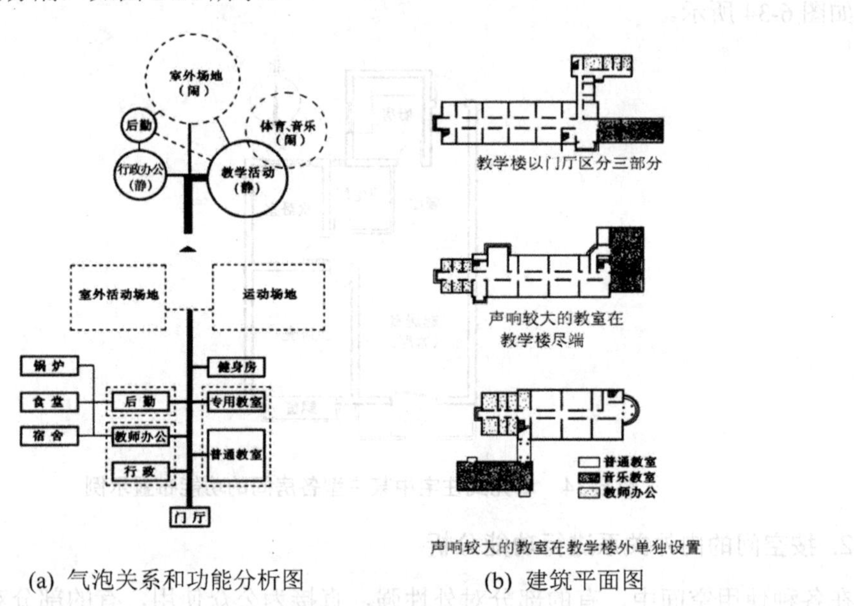

(a) 气泡关系和功能分析图　　(b) 建筑平面图

图 6-36　中学教学楼平面功能分区示例

4. 按空间的使用顺序和交通组织进行功能分区

在建筑物中不同使用性质的空间或部分，在使用过程中通常有一定的先后顺序，这将影响到建筑平面的布局方式，平面组合时要很好地考虑这些前后顺序，应以公共人流交通路线为主要流线，不同性质的交通流线应明确分开。研究建筑物中各部分的使用顺序和交通路线的组织，实际上是研究流线的组织问题。所谓流线组织，在建筑设计中主要是指对于人流和物流的合理组织。其主要原则是保证使用的方便和安全。例如交通建筑中，进站功能流程是：进站——售票——候车——登车，那么对应的建筑空间组织就应该按以下顺序展开：站前广场——售票大厅——候车厅——发车区；交通流线有人流和货流之分，人流又有问讯、售票、候车、检票、上车的进站流线，以及由站台经过行包提取、检票的出站流线等，建筑空间组织要保证人流和货流不交叉、进站流线和出站流线不交叉(如图 6-37 所示)；有些建筑物对房间的使用顺序没有严格的要求，但是也要安排好室内的人流通行面积，尽量避免不必要的往返交叉及相互干扰。

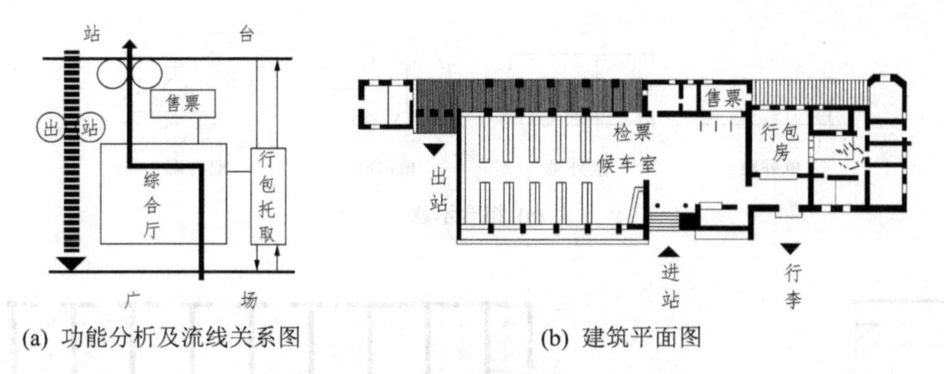

(a) 功能分析及流线关系图　　(b) 建筑平面图

图 6-37　小型火车站平面功能分区示例

6.2.2　建筑平面组合形式

在对建筑物的各使用部分进行功能分区及流线组织的分析后，交通联系的方式及其相应的布置和安排成为实现目标的关键。一般说来，建筑物的平面组合方式有如下几种。

1. 走廊式组合

走廊式组合是通过水平走廊联系并联的各个使用空间的组合方式，其特点是以水平交通空间(走廊)为主要交通空间，把使用空间和交通联系空间明确分开，各使用空间相互独立，以保持各使用空间不受干扰，是使用最多的一种组合方式。适用于有若干使用功能相同或相近的房间组合，如学校教学楼、医院、办公楼、公寓、旅馆等类型的建筑。根据走廊的数量和在建筑平面中与使用空间的位置关系，走廊式组合分为四种形式(图 6-38)。

1) 单内廊式组合

一条走廊两侧均布置使用房间为单内廊式组合。这种组合方式平面紧凑，走廊所占面积较小，建筑进深较大，节省用地，但是有一侧的房间朝向较差，走廊较长时，采光、通风条件较差，需要开设高窗或设置过厅以改善采光和通风条件。

2) 双内廊式组合

两条走廊外侧均布置使用房间，两条走廊之间布置无采光要求的交通空间和辅助房间的形式为双内廊式组合。常用于高层建筑标准层平面组合设计。

3) 单外廊式组合

一条走廊仅一侧布置使用房间，另一侧临室外环境的为单外廊式组合。这种组合方式平面利用率较低，但走廊一侧临室外空间，采光和景观效果好；走廊若设计成非封闭空间，可极大地改善一侧使用房间的通风条件。

4) 双外廊式组合

两条走廊之间布置使用房间，外侧均临室外环境的形式为双外廊式组合。若两条走廊之间的使用房间为一排，则可采用双侧间接采光，有利于增大使用房间的进深；若两条走廊之间为两排背靠背的使用房间，则室内采光和通风都较差，房间进深较小，但平面利用效率较高，适合于商业铺面空间等对采光通风要求不高的建筑。

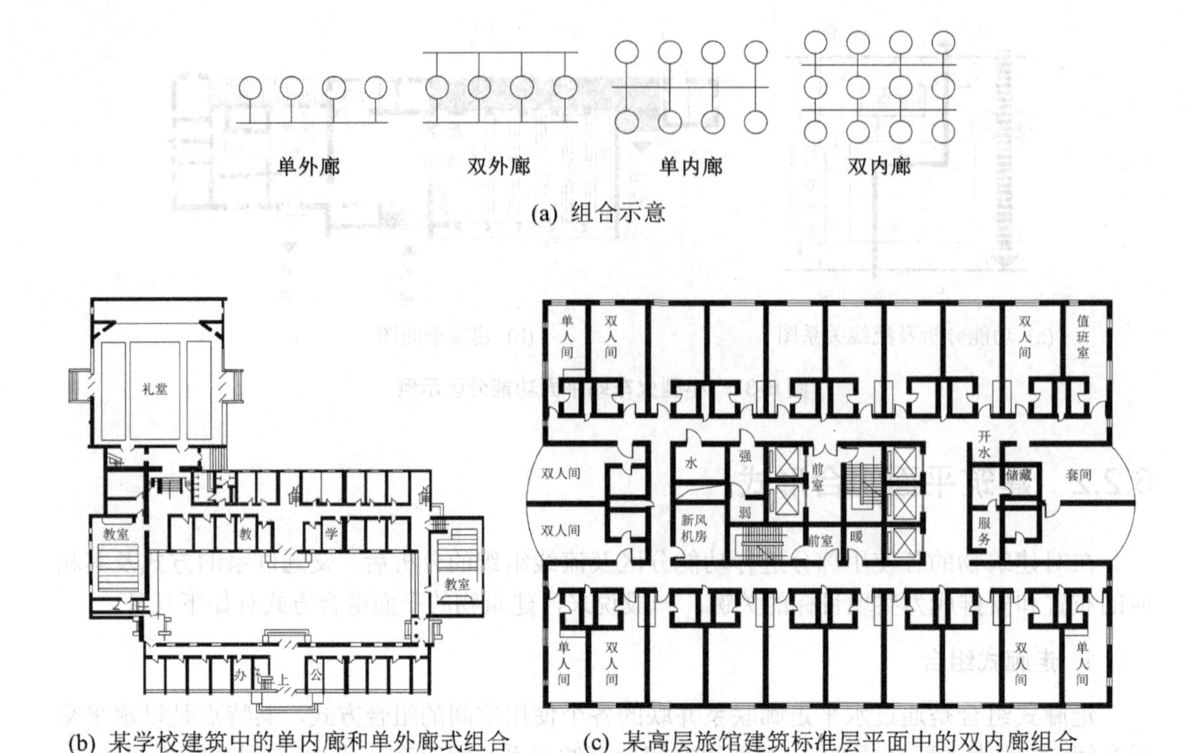

(a) 组合示意

(b) 某学校建筑中的单内廊和单外廊式组合　　(c) 某高层旅馆建筑标准层平面中的双内廊组合

图 6-38　走廊式平面组合

2. 套间式组合

套间式组合是将各使用房间互相穿套贯通的平面组合方式，以保证建筑物中各使用部分的连续性。其特点是使用空间之间直接连接，交通空间与使用空间相融，平面紧凑，面积利用率高，适用于空间的使用顺序和连续性较强，或使用时联系相当紧密，相互间不需要单独分隔的情况，如展览馆、商场、火车站、航站楼等类型的建筑。

套间式组合依穿套方式不同又可分为串联式和放射式两种。串联式是按一定的顺序将房间一个个穿套起来(图 6-39)。放射式是将房间围绕交通枢纽呈放射状穿套起来(图 6-40)。

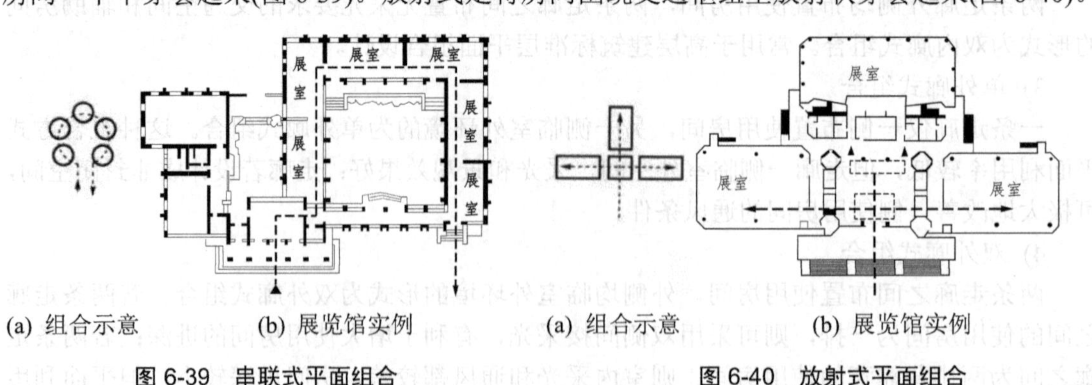

(a) 组合示意　　(b) 展览馆实例　　(a) 组合示意　　(b) 展览馆实例

图 6-39　串联式平面组合　　图 6-40　放射式平面组合

3. 大厅式组合

大厅式组合是在人流集中、厅内具有一定活动特点并需要较大空间时形成的组合方式。其基本特征是常以一个面积较大，活动人数较多，有较高的视、听要求的大厅空间为中心，其他辅助空间围绕其进行布置。在大厅式组合中，交通流线组织问题比较突出，应使人流的通行通畅安全、导向明确。适用于影剧院、会堂、体育馆等建筑物类型的平面组合，如图 6-41 所示。

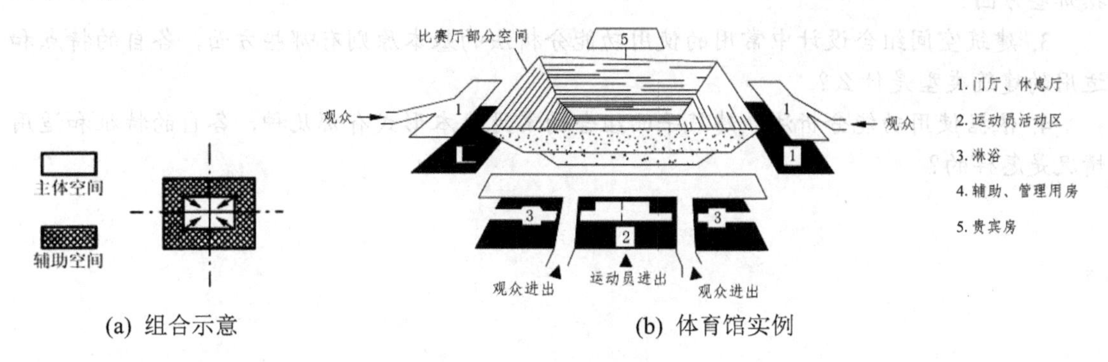

(a) 组合示意　　(b) 体育馆实例

图 6-41　走廊式平面组合

4. 单元式组合

单元式组合是以垂直交通空间(楼梯、电梯)连接各个使用房间，使之成为一个相对独立完整的组合方式，其特点是功能分区明确，各单元使用空间之间相对独立，相互干扰少，组合布局灵活，适应不同的地形，广泛用于住宅、幼儿园、学校等类型建筑中。如图 6-42 所示为单元式住宅的组合方式。

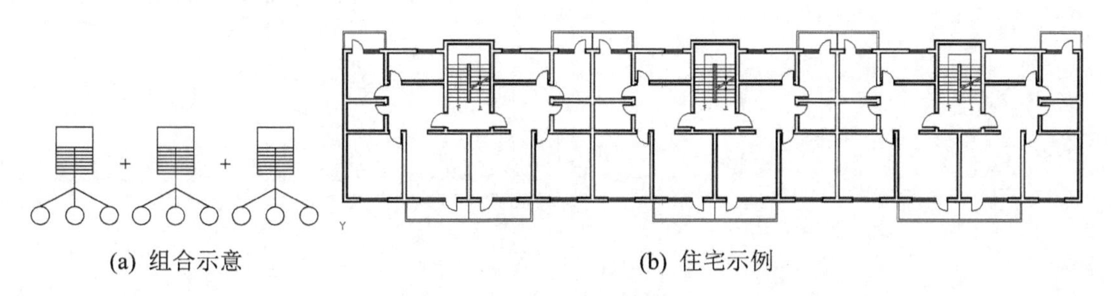

(a) 组合示意　　(b) 住宅示例

图 6-42　单元式平面组合

5. 混合式组合

以上是民用建筑常见的四种基本平面组合方式，在各类建筑物中，结合建筑物各部分功能分区的特点，也经常形成若干种基本平面组合方式共存的布置，即混合式组合，随着建筑使用功能的发展变化和复杂多样，平面组合的方式也会有一定的变化。

应该指出，建筑物的平面组合不只是平面几何图形之间的有序排列，组合后的建筑平面还涉及通风、采光等许多问题，应以各类建筑功能特点为前提，结合通风、采光等实际需要在实践中不断积累经验，灵活运用。

思 考 题

1. 建筑设计的主要依据都包括哪些方面？

2. 从一般意义上讲，单一建筑空间根据功能特性分为哪些部分？各自的设计要素都包括哪些方面？

3. 建筑空间组合设计中常用的使用功能分析法的基本原则有哪些方面，各自的特点和适用的建筑类型是什么？

4. 依据使用功能分析法，建筑平面组合的常见基本形式有哪几种，各自的特征和适用情况是怎样的？

第7章　建筑立面与体形设计

【内容提要】

本章主要阐述了建筑立面体形美观性的制约因素，归纳分析了建筑形式美的法则规律，它们是建筑立面体形设计的基本依据和原则，并以此列举了一般的建筑立面体形设计的处理手法和技巧。

【学习目的】

- 认知建筑外在立面体形所表现结果的内在逻辑联系因素。
- 认知建筑形式美的基本法则规律及设计应用手法。
- 认知建筑的基本体形组合方式与综合空间处理手法。

7.1 建筑的性格

建筑跟人一样要“穿衣打扮”，就是对它的外部体形与立面进行设计，即建筑“体”与“面”的设计，而建筑的“体”与“面”都属于建筑的形式，所以要把握建筑形式美的规律，运用有关的设计手法去美化建筑。

建筑的“体”与“面”体现着建筑的性格，而建筑外在性格的表现并非独立存在的，它受到建筑的使用功能、地域特征、建筑技术和公共性等因素的制约，而绝非不受外界因素制约的纯形式艺术。

7.1.1 建筑具有使用功能

建筑具有使用功能是建筑最基本的性格，是建筑艺术的基础。这是建筑艺术与其他造型艺术的重要区别，脱离了实用功能的建筑艺术只能成为供人欣赏的花瓶。

建筑的个性就是其性格特征的表现，它植根于功能，但又涉及设计者的艺术意图。功能是属于客观方面的因素，是建筑物本身所固有的；艺术意图则是属于主观因素，是由设计者所赋予的。一幢建筑物的性格特征在很大程度上是功能的自然流露，因此，只要实事求是地按照功能要求来赋予它形式，这种形式本身就能够表现出功能的特点，从而区别不同类型的建筑。但是仅有这一点是不够的，于是设计者必须在这个基础上以种种方法来强调这种区别，从而有意识地使其个性更鲜明、更强烈。但是这种强调必须是基于建筑语言的，而不能用贴标牌的方式来向人们表明这是一幢办公楼建筑，那是一幢医院建筑。各种类型的公共建筑，通过体量组合处理往往最能表现建筑物的性格特征。因为不同类型的公共建筑，由于功能要求不同，各自都有其独特的空间组合形式，反映在外部，必然也各有其不同的体量组合特点。例如办公楼、医院、学校等建筑，由于功能特点，通常适合于采用走道式的相似小空间的组合形式，反映在外部体形上必然呈带状的长方体，立面上布置着整齐排列的外窗。再如影剧院建筑，横卧的巨大的观众厅和与之耦合的高耸的舞台就足以使它和别的建筑相区别。紧紧抓住这些由功能而赋予的体量组合上的特征，便可表现出各类公共建筑的个性。居住建筑的体形组合及立面处理也具有极其鲜明的性格特征。居住建筑是直接服务于人们生活、休息的一种建筑类型，为了给人以平易近人的感觉，应当具有小巧的尺度和亲切、宁静、朴素、淡雅的气氛，如图 7-1 所示。

(a) 办公楼

(b) 剧院建筑

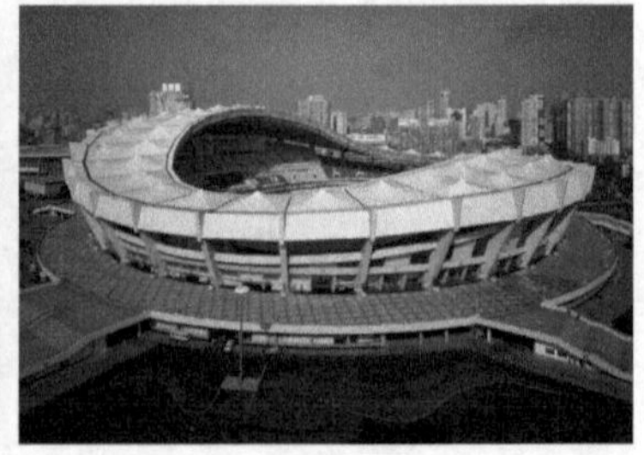

(c) 体育场

图 7-1 不同功能建筑的外形特征

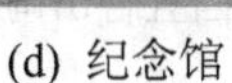
(d) 纪念馆

(e) 多层单元住宅

(f) 高层住宅

图 7-1　不同功能建筑的外形特征(续)

7.1.2　建筑具有地域特征

建筑是地区的产物，其形式来源于本地区的气候特征和历史文脉。

气候特征是影响建筑设计的一个重要因素，在不同的地域自然气候条件下，为了适应不同的气候环境，应有不同的建筑体形与空间布局特点。地域自然气候条件中最重要的就是热气候环境。比如，中国南方地区夏季的湿热气候，日温差小，相对湿度大，降雨量大，夏季通风防热是建筑设计重要的原则，因此造成了南方建筑开敞通透、底层架空、多设外廊、建筑间距较大等设计措施和空间形态；而北方地区夏季的干热气候，日温差大，相对湿度小，降雨量小，夏季遮阳隔热是建筑设计重要的原则，也就形成了北方建筑厚墙小窗、外部封闭内部开敞、建筑间距较小便于相互遮挡等设计措施和空间形态，如图 7-2 所示。

(a) 南方传统民居

(b) 北方传统民居

图 7-2　不同热气候地区的建筑外形特征

历史文脉是一个地区长期社会文化发展所积淀下来的特色和基因，以建筑作为载体加以体现，就形成了地域性建筑风格。比如，同样是宗教性建筑，西方古典基督教堂、伊斯兰清真寺与中国古代佛寺就体现了各自不同文化背景下的建筑特色，形成了鲜明的对比，如图 7-3 所示。

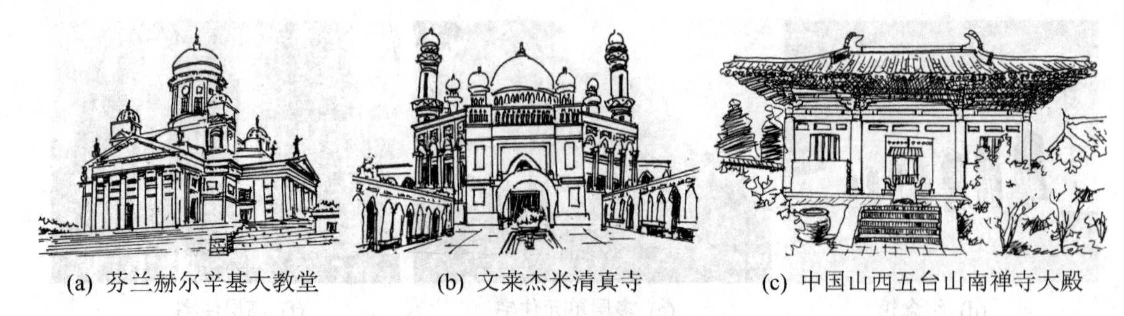
(a) 芬兰赫尔辛基大教堂　(b) 文莱杰米清真寺　(c) 中国山西五台山南禅寺大殿

图 7-3　不同地域文化的宗教性建筑

7.1.3　建筑具有技术性

建筑的结构和形式取决于当时人类社会生产力的发展程度。结构的形式、使用的材料、耗用的人力和物力，这些都反映出当时社会发展的技术水平。例如，西方古典建筑石质梁柱结构形成的柱廊空间，与现代框架结构建筑中钢筋混凝土梁柱形成的柱廊空间，如图 7-4(a)(b)所示；又例如中国古代砖或木结构佛塔，与现代钢筋混凝土、金属、玻璃等材料与结构构建的塔式超高层建筑，如图 7-4(c)(d)所示，都体现出不同技术条件下的“神似形异”的造型结果。

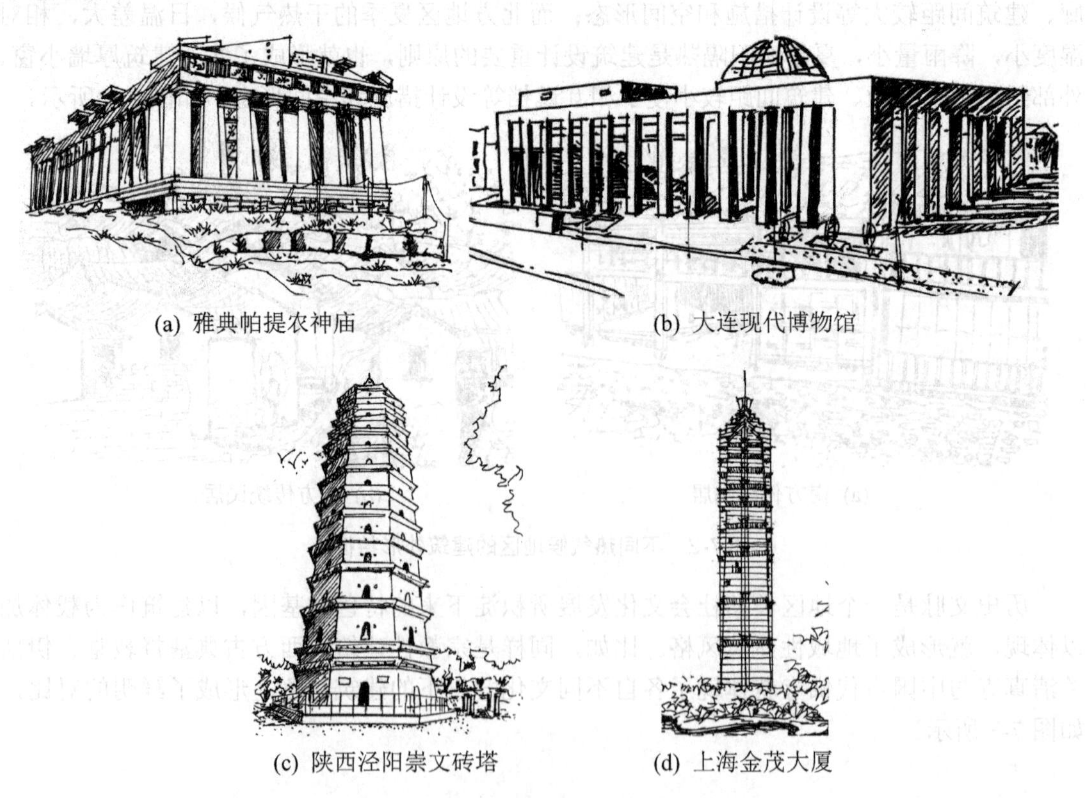
(a) 雅典帕提农神庙　(b) 大连现代博物馆

(c) 陕西泾阳崇文砖塔　(d) 上海金茂大厦

图 7-4　不同技术条件下的建筑外形特征

7.1.4　建筑具有公共性

建筑艺术不能只为表现建筑师的个人情感而存在，它是公共性的艺术，它的发展不会屈从于任何“个体”的愿望。建筑是为使用它的人提供合乎使用要求的使用空间和形体造型的，是服务于大众的。例如，北京天安门广场建筑群，主要单体建筑包括天安门城楼、人民大会堂、中国国家博物馆、毛主席纪念堂、人民英雄纪念碑等。整个广场空间采取开放式围合院落形式，南北主轴线上自南向北依次为正阳门城楼、毛主席纪念堂、人民英雄纪念碑和天安门城楼，东西辅轴线两端相向而立的是人民大会堂和中国国家博物馆。各主要单体建筑均采用柱廊空间，细部特征各不相同，如人民大会堂采用西方古典柱式，中国国家博物馆和毛主席纪念堂采用中国古建筑木柱样式，各单体建筑均采取对称体形，庄严肃穆。天安门广场建筑群的设计从整体到局部都体现着为人民政治文化活动服务的宗旨，其建筑形象鲜明地体现了公共性原则，如图 7-5 所示。

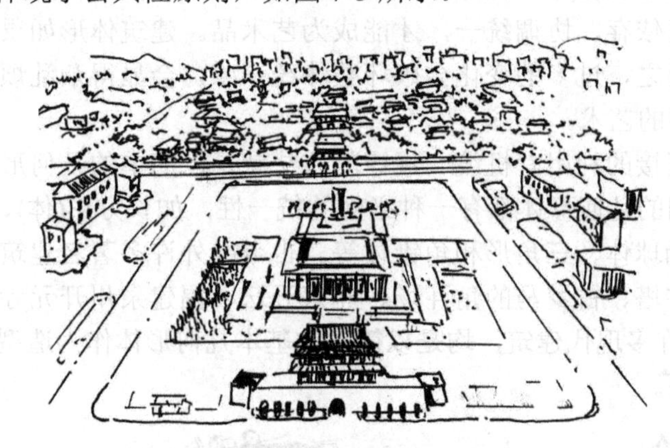

图 7-5　北京天安门广场建筑群

7.2　建筑的形式美规律

建筑作为一种人造空间环境，不仅要满足一定的功能使用要求，还要满足人们精神感受上对美的需求。建筑艺术属于造型艺术，必须遵循造型艺术中形式美的规律。时代的差异、地域环境与文化的差异会造成人们审美观念的差异，但形式美的规律是具有普遍性、必然性和永恒性的法则。建筑的立面体形设计时只有利用好这些规律才能创造出具有视觉美感的建筑形象。

7.2.1　有机统一

有机统一，或称为多样统一，即“统一中求变化”“变化中求统一”，这是形式美的根本法则，在此基础上的主从关系、对比与微差、韵律与节奏、均衡与稳定、比例与尺度都是有机统一在某一方面的体现。

世间万物都存在于有条理的、合乎逻辑的秩序之中，都是有机统一的。自然界处处存在着有机统一，如图 7-6 所示。

(a) 植物与山脉

(b) 动物

图 7-6 自然界中的有机统一

建筑创作中组成建筑整体的各部分之间既有联系，又有区别，在整体统一的基础上，局部寻求变化，相互依存、协调统一，才能成为艺术品。建筑体形如果缺乏有机变化，就会显得单调呆板；反之，过多的变化会破坏整体统一感，会显得杂乱烦琐。所以说建筑造型艺术也是有机排序的艺术。

建筑设计中最直接的利用有机统一规律的方法就是以简单的几何形体求得统一。任何简单的、容易被识别的几何形体都有一种必然的统一性，如长方形(体)、正方形(体)、圆形和球体、椭圆形和椭球体、三角形和角锥体等。古今中外许多著名建筑实例均印证了这一点，如古埃及的金字塔、古罗马的角斗场、北京天坛、福建泉州开元寺双石塔、中国国家大剧院(图 7-7)以及许多现代建筑，均是以简单的基本几何形体作为造型基础，获得了高度完整统一的构图效果。

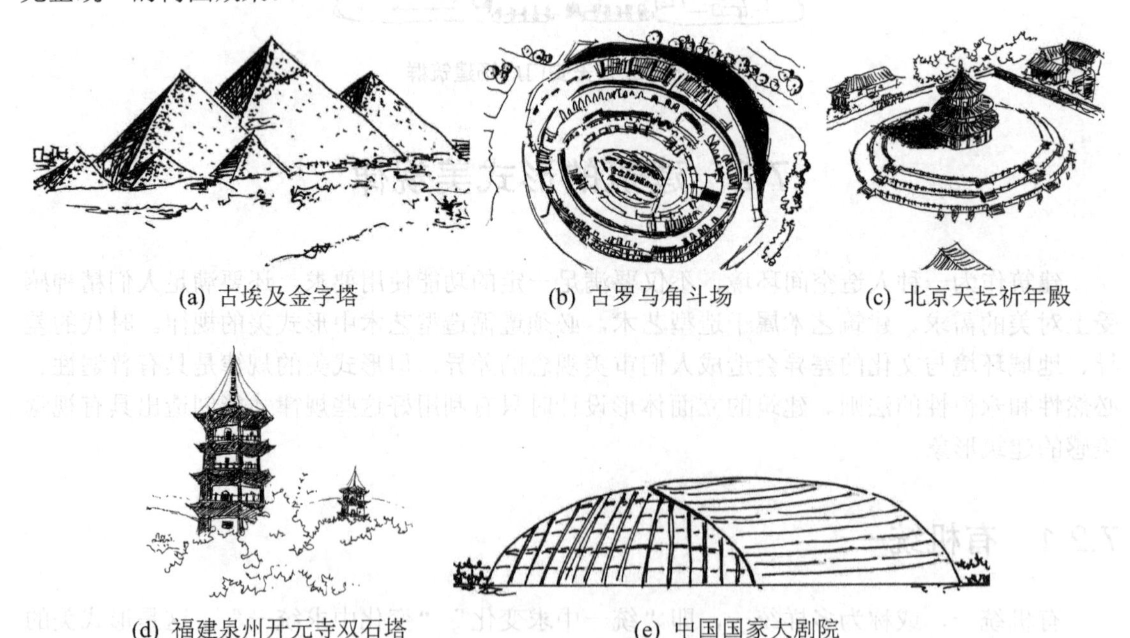

(a) 古埃及金字塔　(b) 古罗马角斗场　(c) 北京天坛祈年殿

(d) 福建泉州开元寺双石塔　(e) 中国国家大剧院

图 7-7 建筑设计中简单的几何形体实例

7.2.2　主从关系

由若干要素组成的整体中，每一要素在整体中所占的比重和所处的地位，都会影响到整体的统一性。若使所有要素都竞相突出自己，或者处于同等重要的地位，不分主次，就会削弱整体的统一性。在自然界中处处存在着主从差异，如植物的花与叶、动物的躯干与四肢，凭借着这种差异的对立，才形成一种协调统一的有机整体(图 7-8)。各种艺术创作形式中的主题与副题、主角与配角、重点与一般等，也表现为一种主与从的关系。上述这些现象给我们一种启示：在一个有机统一的整体中，各组成部分应当有主与从的差别，不能平均对待。否则，即使各要素排列得整整齐齐，很有秩序，也会产生单调乏味之感。

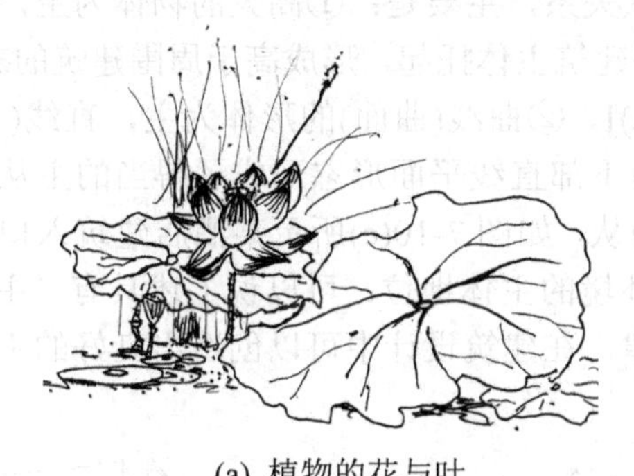

(a) 植物的花与叶

(b) 动物的躯干与四肢

图 7-8　自然界中的主从关系

在建筑设计实践中，从平面组合到立面处理、从内部空间到外部体形、从细部装饰到群体组合，为了达到统一都应当处理好主与从的关系。体现主从关系的主要方式有以下几种。

1. 在位置和体量上体现主从

1) 位置

构图中主次位置要分明。主要形体要处于构图中心或接近中心的位置，使之成为视觉焦点，有利于突出主要地位。次要形体则处于构图中心的周围，起到衬托作用。

2) 体量

主要部分要高大宏伟，从属部位有机附和。一般地讲，在古典建筑形式中，多以均衡对称的形式把体量高大的要素作为主体而置于轴线的中央，把体量较小的从属要素分别置于四周或两侧，从而形成四面对称[图 7-9(a)]或左右对称[图 7-9(b)]的组合形式。近现代建筑由于功能日趋复杂或地形条件的限制，常采用非对称构图形式[图 7-9(c)]，多采用一主一从的形式使次要部分从旁侧依附于主体。

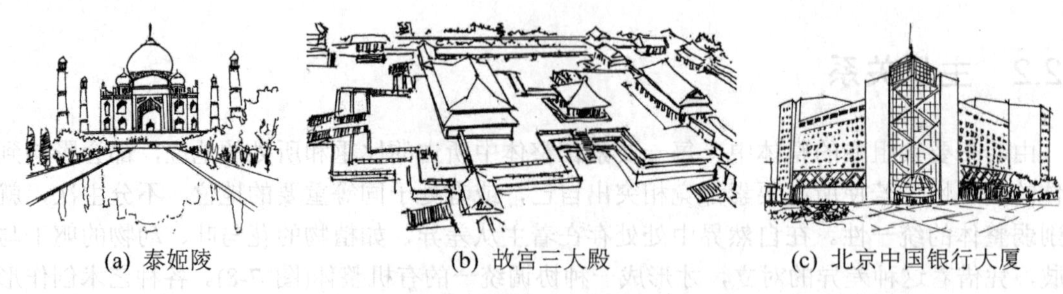

(a) 泰姬陵　　(b) 故宫三大殿　　(c) 北京中国银行大厦

图 7-9　位置和体量上体现主从的建筑实例

2. 在视觉上体现主从

人的视觉特点决定了视场当中的景物的主从关系，主要是：①高大的物体为主，低矮的物体为从，如故宫太和殿前三层汉白玉台阶将建筑主体托起，形成高于周围建筑的态势，使得太和殿统领了整个周边空间环境[图 7-10(a)]。②曲线(曲面)的形体为主，直线(平面)的形体为从，如上海大剧院反曲面大屋顶形态与下部直线平面形态形成了得当的主从关系[图 7-10(b)]。③动态的物体为主，静态的物体为从，如图 7-10(c)所示某酒店建筑入口前的喷泉与旗帜形成视觉焦点，突出建筑入口空间环境的主体地位。可以说上述具有“主”的视觉形态特性能够形成视觉焦点。利用这些规律，在建筑设计中可以创造出良好的主从对比效果。

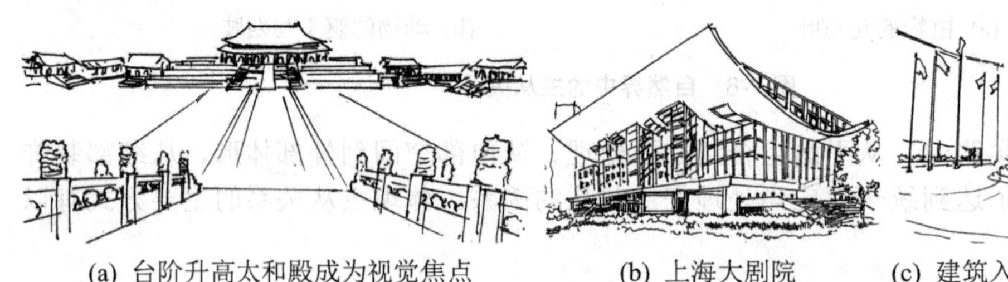

(a) 台阶升高太和殿成为视觉焦点　　(b) 上海大剧院　　(c) 建筑入口前的喷泉与旗帜

图 7-10　视觉上体现主从的建筑实例

3. 在立面的处理要素上体现主从

建筑立面的处理要素主要有色彩、材料和形式符号。在这些方面体现主从关系也可起到鲜明的视觉效果。

1) 色彩

建筑整体立面色彩搭配上区分主色调和从属色调，主色调往往配合主要位置和体量，从属色调有机附和于次要位置和体量。如图 7-11(a)所示，清真寺主穹顶采用的金色为主色调，加强了其主要位置和体量表达，周围立面的白色形成了辅助衬托。

2) 材料

建筑外立面材料以一种或两种材料为主，大面积分布，体现主要质感特性。如图 7-11(b)、(c)所示，前者突出体现了清水混凝土表面粗糙、厚重的雕塑感和实体感，后者则体现了玻璃幕墙的光洁、透明的轻盈通透感。

3) 形式符号

建筑立面上以一两种能代表建筑性质、文化和内涵的形式符号为主要元素进行重复运用和点缀，形成统领作用。如图 7-11(d)、(e)所示，贝聿铭在北京香山饭店的设计中采用了抽象凝练的正方菱形作为代表中国古代文化象征的形式符号，在门窗、檐口女儿墙装饰、中庭景观设施等建筑载体上重复运用，起到了很好的引人入胜、激发情感共鸣的作用。

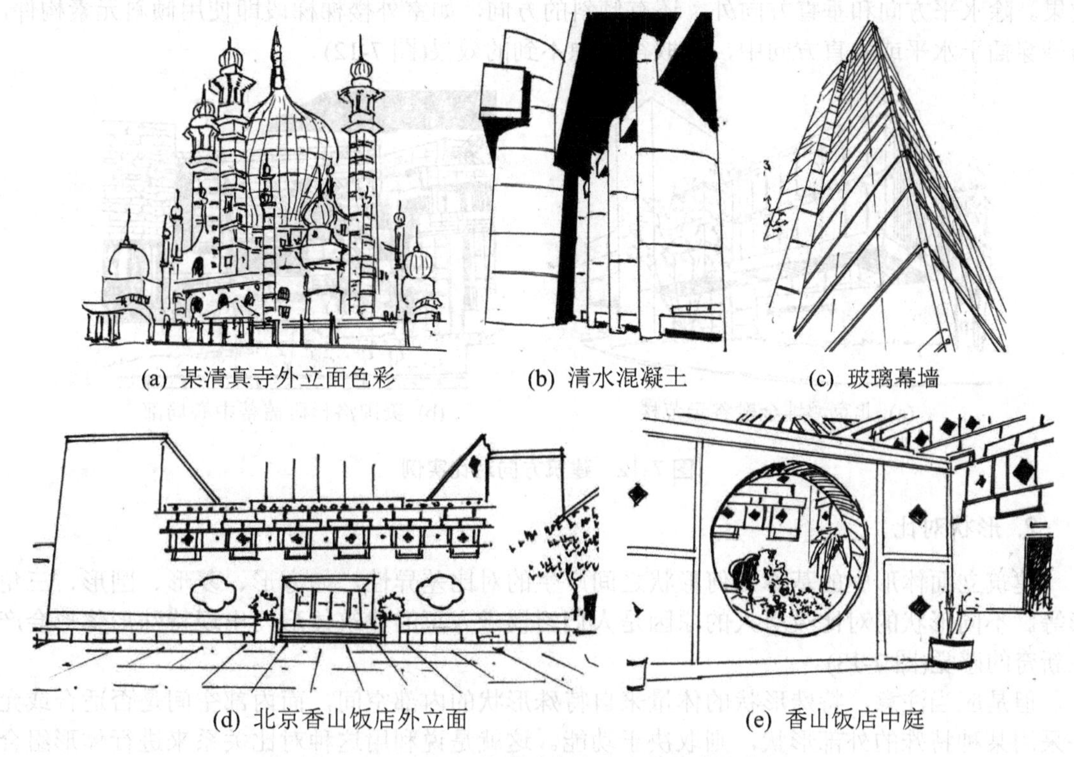

(a) 某清真寺外立面色彩　(b) 清水混凝土　(c) 玻璃幕墙

(d) 北京香山饭店外立面　(e) 香山饭店中庭

图 7-11　立面的处理要素体现主从的建筑实例

7.2.3　对比与微差

一个有机统一的整体，各种要素除按照一定的秩序组合在一起外，必然还存在各种差异，对比与微差就是指这种差异性。就建筑而言，对比与微差所研究的正是如何利用差异性来求得建筑形式的完美统一。对比是指要素之间显著的差异，微差是指不显著的差异，就形式美而言，这两者都是不可缺少的。

对比可以借彼此之间的烘托与陪衬突出各自的特点以求得变化；微差则可以借相互之间的共同性与连续性以求得和谐。没有对比会使人感到单调，过分强调对比以至失去了相互之间的协调一致性，甚至造成混乱。在有机统一的前提条件下，运用适度的对比，可强化视觉效果，增强艺术感染力。

建筑中的对比和微差只限于同一性质要素的差异，常见的要素或者说是对比的手法有以下七种。

1. 方向对比

方向性的对比，是指建筑体形各要素，由于长、宽、高之间的比例关系不同，从而具有一定的方向性，交替改变各要素的方向，即可借对比而求得变化。一般的建筑，方向性的对比通常表现在三个空间向量之间的变换。如用笛卡尔坐标关系来表示，这三个向量分别为：平行于 x 轴，平行于 y 轴，平行于 z 轴；前两者具有水平方向的感觉，后一种则具有垂直方向的感觉，交替穿插地改变体形组成部分的方向，将可以获得良好的相互对比衬托效果。除水平方向和垂直方向外，还有倾斜的方向，如室外楼梯梯段即使用倾斜元素构件，巧妙穿插于水平或垂直方向中，可取得意想不到的效果(图 7-12)。

(a) 北京鸿坤金融谷示范楼

(b) 美国洛杉矶盖蒂中心局部

图 7-12　建筑方向对比实例

2. 形状对比

建筑立面体形中的基本几何形状之间产生的对比差异性，如方形、菱形、圆形、三角形等。不同形状的对比吸引人的原因是人们习惯于方正的建筑体形，出现特殊形体形会产生新奇的感觉(图 7-13)。

但是应当注意，特殊形状的体量来自特殊形状的内部空间，而内部空间是否适合或允许采用某种特殊的外部形状，则取决于功能。这就是说利用这种对比关系来进行体形组合时必须考虑到功能的合理性。此外，由不同体形组合而成的建筑虽然比较引人注目，但如果组织得不好则可能因为互相之间的关系不协调而破坏整体的统一。为此必须更加认真地推敲研究各部分体形之间的连接关系。

图 7-13　苏州博物馆新馆所体现的形状对比

3. 曲直对比

曲直对比，即在建筑立面设计和体形组合中，通过直线与曲线之间的对比求得变化。由平面围成的体形，其面与面相交所形成的棱线为直线；由曲面围成的体形，其面与面相交所形成的棱线为曲线。这两种线型分别具有不同的性格特征：直线的特点是明确、肯定，并能给人以刚劲挺拔的感觉；曲线的特点是柔软、活泼而富有运动感。即所谓直为刚、曲为柔，刚柔相济，相得益彰。建筑立面体形设计中若能巧妙地运用直线(面)与曲线(面)的对

比，将起到丰富建筑体形的效果，如图 7-14 所示。

图 7-14　意大利罗马千禧年教堂体现的曲直对比

4. 虚实对比

建筑立面体形当中的“虚” 指的是窗玻璃、洞口等透视界面以及在日照作用下由于凹凸关系产生的阴影，“实”指的是实体墙、柱等非透视界面。虚与实在构成建筑体形中，既是互相对立的，又是相辅相成的。虚的部分给人以轻巧通透之感，实的部分给人以踏实厚重之感，或者说视觉上具有“力”的象征。在建筑的体形和立面处理中，虚和实相辅相成，缺一不可。没有实的部分整个建筑就会显得脆弱无力；没有虚的部分则会使人感到呆板笨重。只有把两者有机地结合起来相互对比陪衬，才能使建筑物的外观具有美感。

同时，不同功能与结构类型的建筑物中虚和实各自所占的比重不尽相同。从功能方面讲，有些建筑由于不宜大面积开窗，因而虚的部分占的比重就要小一些，如博物馆、展览馆、影剧院等类型的建筑；大多数建筑由于采光要求都必须开外窗，因而虚的部分所占的比重就自然会大一些，它们或者以虚为主，或者虚实相当。从结构方面讲，墙承重结构中实体外墙受限于结构承重作用，门窗开口面积较小，因而应以实为主；框架结构及悬挑结构使得实体外墙从主要结构承重功能中解放出来，可以自由地开洞口以灵活组织虚实比例。

设计处理中，可将虚实两部分相互穿插嵌套，还可采用各自相对集中配置等手段获得良好的虚实对比关系，如图 7-15 所示。

(a) 上海科技博物馆　　(b) 法国巴黎德方斯巨门

图 7-15　建筑虚实对比实例

5. 质感对比

质感是视觉或触觉对不同物态如固态、液态、气态的特质的感觉。建筑立面体形设计中所涉及的质感对比更侧重的是人对固体材料表面的视觉特质感。常用的建筑面层材料的质感，如黏土砖、毛石是粗糙厚重之感，人工打磨的石材、瓷砖是坚硬、光洁之感，玻璃是光洁、透明、轻巧华贵之感，金属是冰冷、坚硬之感，木材竹材是亲切、温和之感，等等。总之，质感的对比和变化则主要体现在粗细之间、坚柔之间以及纹理之间的差异性。将不同质感特点的材料在建筑立面中合理地组织搭配，并结合其他对比方式，就可以取得良好的视觉美感，如图 7-16 所示。

(a) 美国洛杉矶盖蒂中心局部

(b) 美国达拉斯迈尔森音乐厅

图 7-16 建筑立面质感对比实例

6. 色彩对比

色彩感是人眼对外界物体除形象以外的视觉特征。色度学理论中的孟赛尔颜色体系描述颜色的三个属性是色调、明度和彩度。建筑立面设计中色彩的对比和变化主要体现在材料表面的色调之间、明度之间、彩度之间的差异性，以及不同色彩的冷暖倾向、面积多少之间的差异性。色调中的红、橙、黄属于暖色调，绿、蓝、紫属于冷色调；无色调属性的黑、白、灰称为中间色，它们只有明度属性。色彩的冷暖倾向可以对人的视觉产生不同的影响：暖色使人感到靠近、热烈，冷色使人感到后退、宁静。不同明度的色彩，也会使人产生不同的感觉：明度高的色调使人感到明快、清新；明度低的色调使人感到端庄、稳重或压抑、沉闷。

对于建筑颜色的处理，可以把突出调和和强调对比看成是两种相互对立的倾向。色彩调和一般是冷色与中间色、暖色与中间色、中间色之间、冷色之间、暖色之间在中低明度和彩度下的相互依存，属于小的差异，即微差的范畴。色彩对比则是不同色调之间在较高的明度和彩度下的相互作用，属于大的差异，即对比的范畴。成年人一般习惯于色彩的调和，儿童则更喜欢强烈的色彩对比。因此，对于不同功能类型的建筑应根据具体服务对象选择恰当的色彩。如办公、市政服务类建筑更宜采用色彩调和的手段，托幼、商业等类型的建筑则宜采用色彩对比的手段，如图 7-17 所示。

(a) 传统民居的色彩调和

(b) 布达拉宫适度的色彩对比

(c) 现代幼儿园建筑强烈的色彩对比

图 7-17 建筑色彩对比实例

7. 意念对比

意念是人脑自律性调控的亚思维状态。长期固化在人大脑中的意念对比概念如重与轻、

寒与热、美与丑等，在建筑设计中可以通过建筑形式语言的表达使人自然联想到这些意念对比概念。一般在特殊类型的建筑中才采用意念对比手法，如灾害纪念馆等类型的建筑。如图 7-18 所示，德国柏林犹太博物馆的立面体形设计中充满了扭曲、残破、割裂、伤痕累累的形式与符号，让人自然联想到犹太民族受到的伤害而产生的痛苦与抽搐。这些形象与一般建筑形态中的完整、规矩、稳定等常态意念形成了强烈对比，达到了震撼人心的效果。

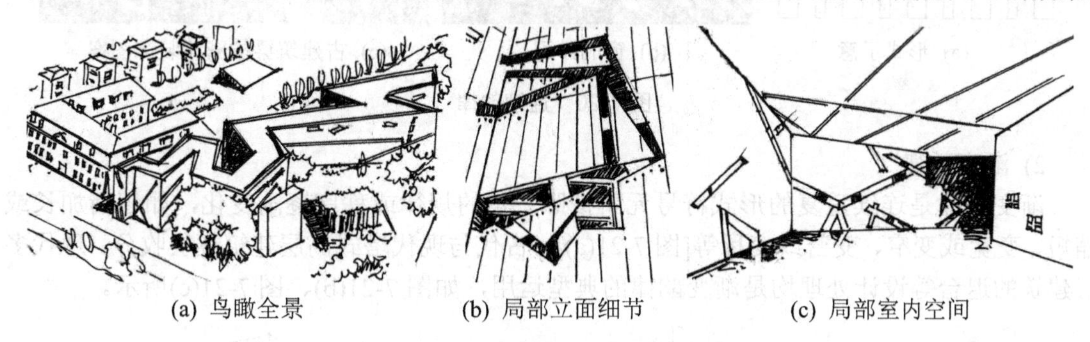

(a) 鸟瞰全景　(b) 局部立面细节　(c) 局部室内空间

图 7-18　德国柏林犹太博物馆

7.2.4　韵律与节奏

韵律本是用来表明音乐和诗歌中音调的起伏和节奏感的，音乐和诗歌艺术的起源与发展也证明了喜好节律和谐的形式是人类生来就有的自然倾向。

物体元素有规律地重复或有秩序地发生，就会形成韵律与节奏。韵律与节奏可以激发人的美感，例如，自然界生长的花朵、天然形成的雪花、人工形成的梯田等，都是富有节律感的现象(图 7-19)。韵律节奏的运用可以使复杂的建筑产生统一性与协调性。

(a) 菊花花瓣　(b) 雪花　(c) 梯田

图 7-19　韵律与节奏举例

从韵律的形成方式看，一般可归纳为以下类型。

1. 韵律按变化规律分类

1) 连续韵律

连续韵律是以一种或几种形式符号元素连续进行重复排列，各元素之间保持恒定的距离和关系，可以无限延续[图 7-20(a)]。建筑立面中窗的排列、装饰图案的排列等都是连续韵律的例子[图 7-20(b)、(c)]。

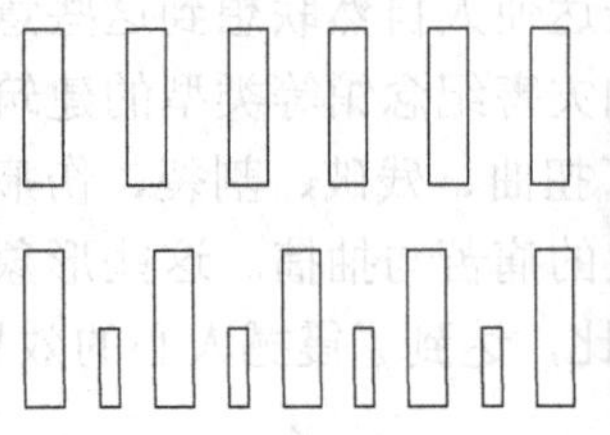
(a) 形式示意

(b) 窗的排列

(c) 古建筑梁枋彩花装饰图案

图 7-20　连续韵律

2) 渐变韵律

渐变韵律是连续重复的形式符号元素按照一定的规律或秩序逐渐变化，如逐渐加长或缩短、变宽或变窄、变密或变稀等[图 7-21(a)]。古代与现代塔式高层建筑逐层收分、现代多层建筑的退台等设计处理均是渐变韵律的典型运用，如图 7-21(b)、图 7-21(c)所示。

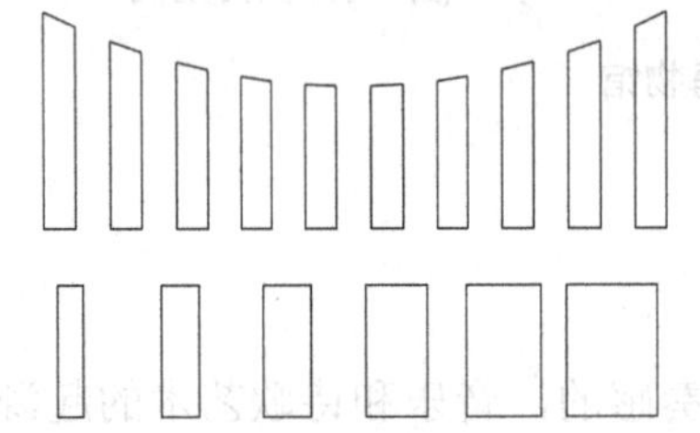
(a) 形式示意

(b) 西安大雁塔

(c) 湖北武汉光谷芯中心建筑

图 7-21　渐变韵律

3) 交错韵律

交错韵律是相似的形式符号元素有组织地进行重复、交错和穿插。各元素互相制约，表现出一种规律性的变化[图 7-22(a)]。立面遮阳构架形成的光影变化所获得的美感就是交错韵律在起作用，这种设计手法也为很多现代建筑师所推崇，如图 7-22(b)、图 7-22(c)所示。

(a) 菊花花瓣

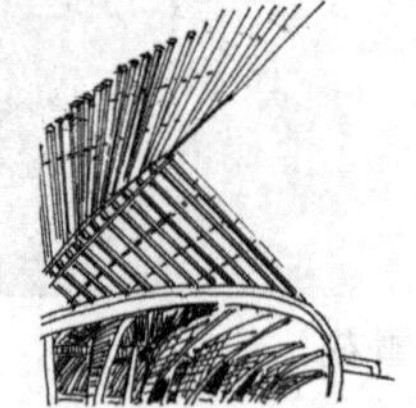
(b) 美国密尔沃基美术馆

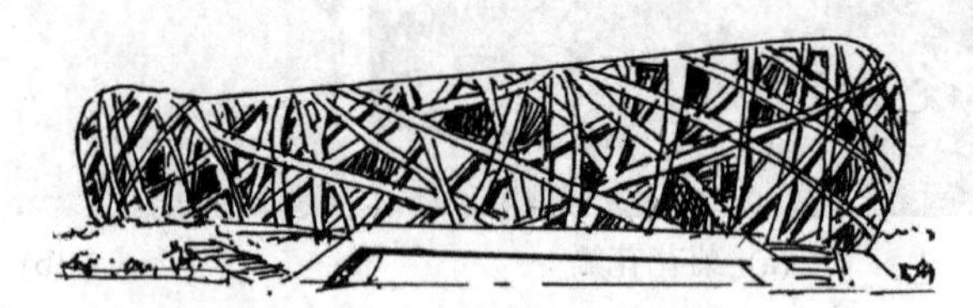
(c) 中国国家体育场“鸟巢”

图 7-22　交错韵律

4) 起伏韵律

起伏韵律变化元素在保持连续的状态下时起时伏，有如波浪起伏形成的节律感[图 7-23(a)]。城市尺度下的天际轮廓线的规划设计是运用起伏韵律的重要实例，如图 7-23(b)所示。

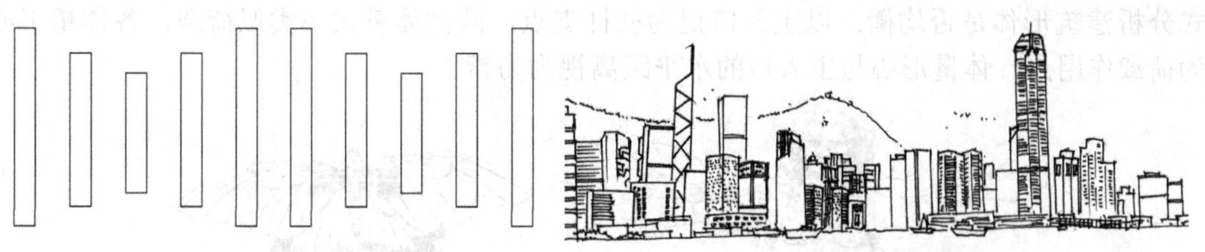

(a) 形式示意　　(b) 香港超高层建筑群

图 7-23　起伏韵律

以上四种形式的韵律虽然各有特点，但都体现出一种共性，即具有极其明显的条理性、重复性和连续性。借助于这一点既可以加强整体的统一性，又可以求得丰富多彩的变化。

2. 韵律按限定条件分类

建筑构件形式美韵律又可根据构件端部是否限定(或者说是否收头处理)分为开放式韵律和封闭式韵律。

1) 封闭式韵律

建筑构件端部封闭，即进行收束处理——具有休止符作用、形式美感稳定。它是古典建筑构件通常采用的处理方式，如图 7-24 所示。

2) 开放式韵律

建筑构件端部不限定，自然结束，不做收束处理——有意犹未尽、余音绕梁之感。它是现代建筑构件通常采用的处理方式，如图 7-25 所示。

图 7-24　封闭式韵律——西方古典柱式柱廊

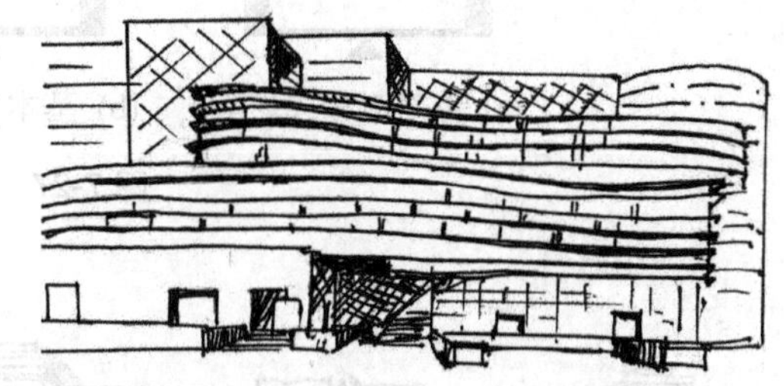

图 7-25　开放式韵律——京都音乐厅

7.2.5 均衡与稳定

建筑体形要想具有安全感，就必须遵循均衡与稳定的原则。

1. 均衡

均衡是指建筑物前后、左右达到视觉平衡的一种美学法则。人类早就从自然界中认识到人具有左右对称的体形、鸟与昆虫具有对称双翼等这些均衡的启示(图 7-26)。均衡分为静态均衡和动态均衡。

1) 静态均衡

审美上的均衡符合科学逻辑思维下力学的杠杆原理。在建筑形体中可以按以下比拟方式分析建筑形体是否均衡：以主入口视为杠杆支点，两侧体量大小类似荷载，各体量形心为荷载作用点，体量形心与主入口的水平距离视为力臂。

(a) 达·芬奇绘画《维特鲁威人》局部

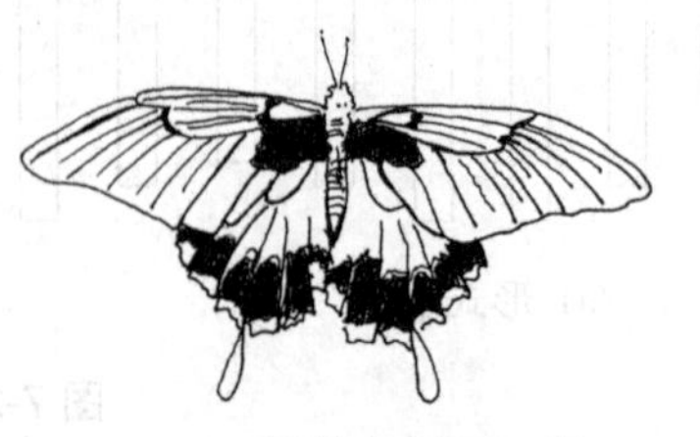

(b) 蝴蝶的对称双翼

图 7-26 均衡的启示

据此，静态均衡分为三种基本形式即绝对对称式均衡、基本对称式均衡和非对称式均衡。绝对对称式均衡因为具有轴线镜像关系，因此天然就具有完整统一性。正是基于这一点，人类很早就开始运用这种形式来建造建筑。古今中外有无数著名建筑都是通过对称的形式而获得明显的完整统一性的，如古埃及金字塔、中国古代木构架建筑、古希腊神庙等。基本对称式均衡是主入口居于构图中心，两侧体量和“力臂”近似相等，两侧体形形态可不同。非对称式均衡是主入口偏离构图中心，一侧体量大、“力臂”短，另一侧体量小、“力臂”长(图 7-27)。对称式均衡给人以庄重之感，古典建筑和行政办公功能的建筑常采用对称式均衡进行立面形体构图；而非对称式均衡显得自由、活泼，近现代的很多公共建筑则更多地采用非对称式均衡，如图 7-28 所示。

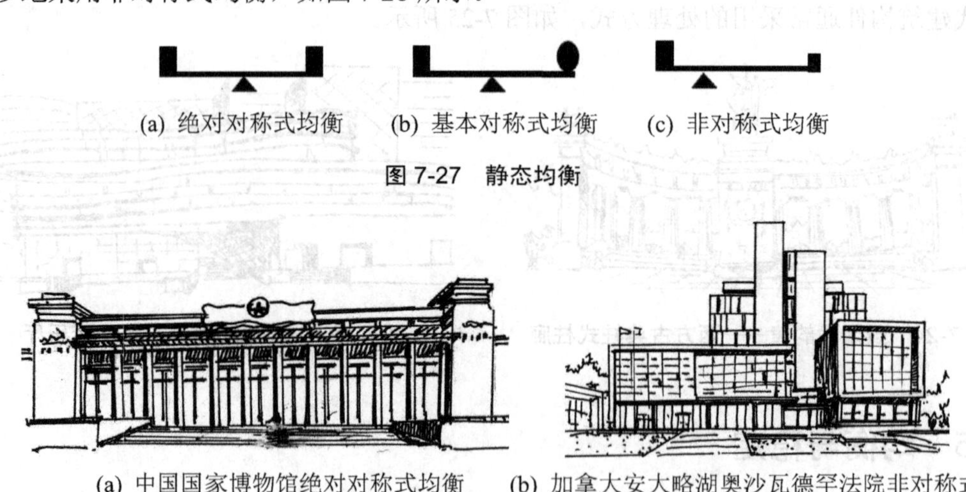

(a) 绝对对称式均衡　(b) 基本对称式均衡　(c) 非对称式均衡

图 7-27 静态均衡

(a) 中国国家博物馆绝对对称式均衡　(b) 加拿大安大略湖奥沙瓦德罕法院非对称式均衡

图 7-28 静态均衡建筑实例

2) 动态均衡

在运动中求得一种平衡，如行驶中的自行车、弯道疾驶倾斜的滑冰运动员、旋转的陀螺等(图 7-29)。采用这种形体组合极易引发人的联想，具有很强的视觉美感，如图 7-30 所示。

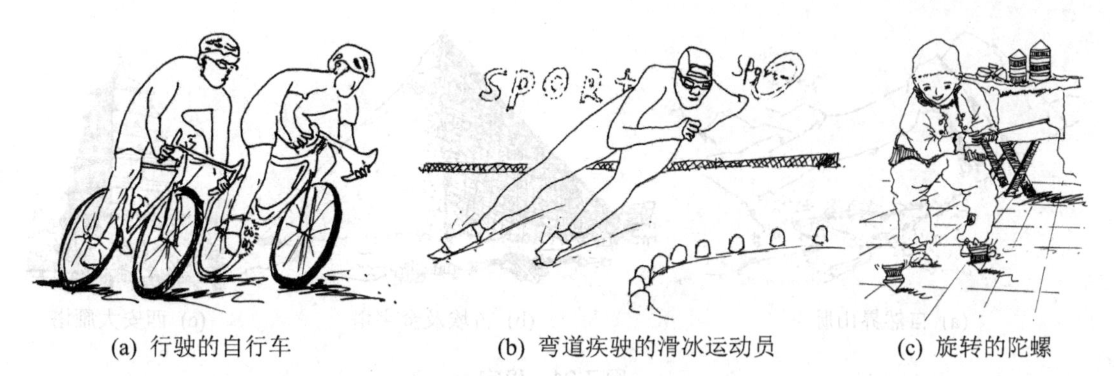

(a) 行驶的自行车　　(b) 弯道疾驶的滑冰运动员　　(c) 旋转的陀螺

图 7-29　生活中的动态均衡

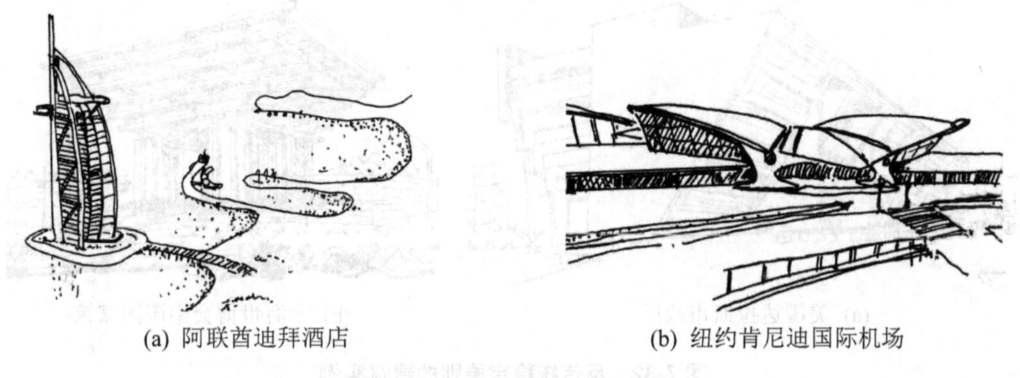

(a) 阿联酋迪拜酒店　　(b) 纽约肯尼迪国际机场

图 7-30　动态均衡的建筑实例

可以说，静态均衡是将建筑视为静态的三维空间艺术，而动态均衡加入了时间维度的考虑，即将建筑视为动态的四维时空艺术。通俗地讲就是说人对于建筑的观赏不是固定于某一个点上去看主立面或主形态(西方古典建筑造型的主要特点)，而是在连续运动的过程中从各个视度观赏建筑的形象，类似中国古典园林中的“移步换景”(证明中国古人很早就意识并应用了动态均衡的美学规律)。建筑物的体形组合采用哪一种形式的均衡，则要综合地看建筑物的功能要求、性格特征以及地形、环境等条件。

2. 稳定

稳定是建筑物外部形体上下之间的轻重、大小的关系。自然界的山脉、树干，均以下大上小、下粗上细给人以稳定感。

中外古代建筑都在遵循自然界中所反映的稳定原则，如古埃及金字塔具有下大上小的方锥体形态、中国西安大雁塔随层数升高逐渐向内收缩形成下大上小的阶梯形(图 7-31)。稳定原则在材料与结构技术局限的时代被奉为金科玉律。但在材料与结构技术不断创新的近现代，深远的悬挑、底层架空等做法实现了上大下小的反传统稳定原则的形式，甚至使某些现代的建筑师把以往确认为不稳定的概念当作一种目标来追求(图 7-32)。这不仅不违反力学的规律性，而且也不会产生不安全或不稳定的感觉。可见，人的审美观念总是和一定的技术条件相联系着。由于技术的发展和进步，没有必要为传统的观念所羁绊。至于有意识地在追求一种不安全的新奇感的少数建筑，除非有特殊理由，否则是不值得提倡的。

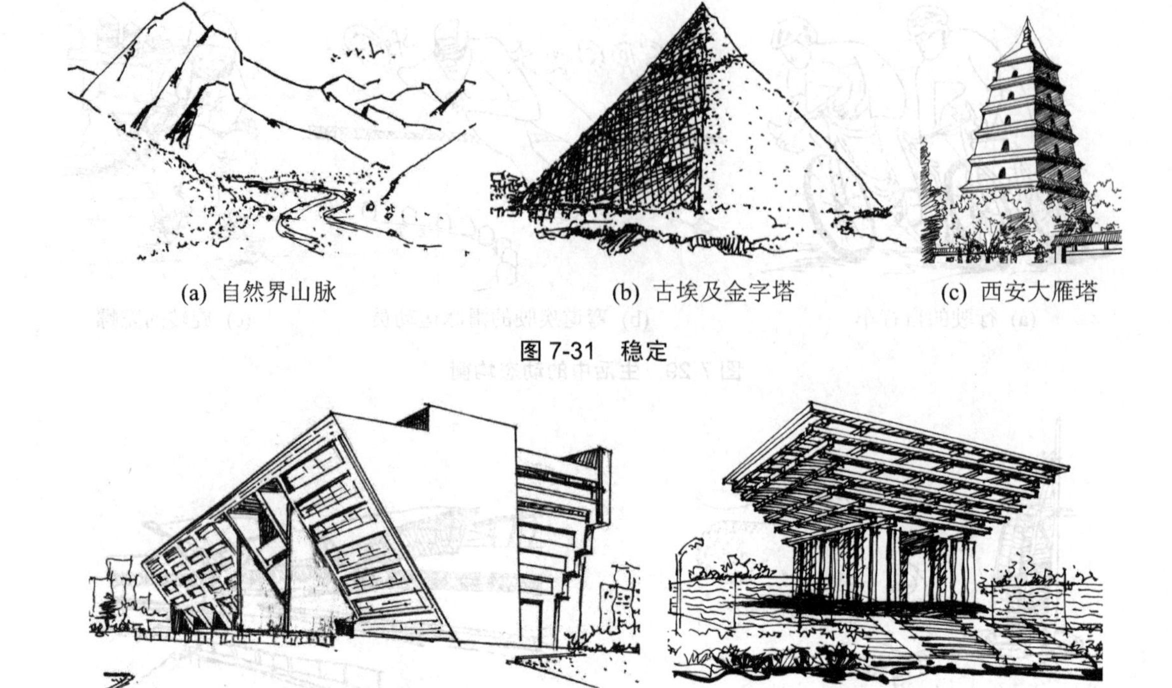

(a) 自然界山脉　(b) 古埃及金字塔　(c) 西安大雁塔

图 7-31　稳定

(a) 美国达拉斯市政厅　(b) 上海世博会中国国家馆

图 7-32　反传统稳定原则的建筑实例

7.2.6　比例与尺度

1. 比例

即研究物体造型的长、宽、高这三个方向尺寸的关系。当这三者之间的比例关系达到一种和谐的程度时，这一物体才能产生美感，建筑造型也不例外。例如，著名的黄金分割比“1∶0.618”或“1∶1.618”就是人们经过长期的研究、探索、比较发现的最和谐的比率。

和谐的比例关系必须符合理性。如西方古典建筑的石柱和我国传统建筑的木柱，应当各有自己合乎材料特性的径高比的比例关系，才能产生美感。若脱离材料的力学性能而追求绝对的、抽象的美的比例，不仅是荒唐的，而且也是永远无法得到的。除了建筑材料与结构特点会影响比例外，建筑的功能、地域自然环境、民族文化传统等的差异，都会对建筑造型的各个部分或整体比例形式产生影响，从而形成各不相同的建筑风格。因此说，构成良好比例的因素是极其复杂的，它既有绝对的一面，又有相对的一面，如图 7-33 所示。

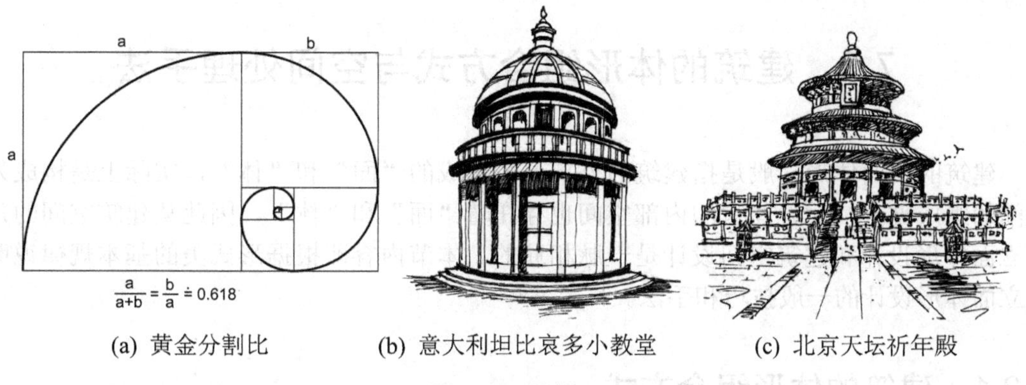

(a) 黄金分割比　　(b) 意大利坦比哀多小教堂　　(c) 北京天坛祈年殿

图 7-33　比例

2. 尺度

尺度是研究建筑物本身整体与局部给人视觉上的大小印象与其实际大小间的关系问题。比例主要表现为各部分数量关系之比，是相对的，可不涉及具体尺寸。尺度则要涉及真实尺寸。

建筑一般要求具有真实的尺度感，即尺度和尺寸相一致。可以通过人和具有较固定尺寸的建筑构件如栏杆扶手、台阶踏步等来建立真实的尺度感。对于某些特殊的建筑才用到夸张的“表现尺度”，一种是夸大尺度，即视觉印象大小超过真实尺寸大小，如纪念碑、教堂中厅等纪念性建筑，为了给人以强烈的震撼力和气氛的营造而采用夸大尺度的设计手法(参见图 1-29(a) 哥特教堂高耸的中厅空间)；另一种是缩小尺度，即视觉印象大小小于真实尺寸，如苏州私家园林、教堂侧厅等，给人一种亲切感或衬托出其他空间的无限大，如图 7-34 所示。

图 7-34　中国南方私家园林的缩小“表现尺度”

本节讲述的就是建筑形式美的基本规律，但不是只要符合形式美的规律，建筑就可以称为成功的艺术品，建筑作为造型艺术，不仅要求形式上的完美，还要借助表象形式向人们表达一种深层次的精神内涵，使它具有象征意义和艺术震撼力，即用物质上的形式美唤起精神上的情感共鸣，共鸣的程度越大，艺术感染力就越强，这样的建筑才能成为成功的艺术品。

7.3　建筑的体形组合方式与空间处理手法

建筑的立面体形一般是指建筑的外部外表形成的“面”和“体”，实际上是构成外部空间的组成部分，此外建筑的内部空间也存在着“面”和“体”，因此从建筑空间的角度说立面体形设计和建筑空间设计是一脉相通的。本节内容即根据形式美的基本规律说明建筑立面体形设计的一般技巧和手法。

7.3.1　建筑的体形组合方式

建筑物内部的功能组合，是形成建筑外部体形的内在因素和主要依据。但是，建筑体形的构成，并不仅仅是这种组合的简单表达，更何况一栋建筑物的内部功能组合，往往并不是只存在一种可能性。例如，对工程项目的设计进行招标，就是要进行多方案的比较。因此通过对建筑体形进行组合方式的研究，可以帮助设计人员反过来进行平面功能组合方面的再探讨，从而不断完善设计构思，以尽量达到建筑内部空间处理和外部体形设计的完美结合。

建筑体形的组合有许多方式，但主要可以归纳为以下几种。

1. 对称式体形组合

这种体形组合方式的建筑有明显的中轴线，主体部分位于中轴线上，主要用于需要庄重、肃穆感觉的建筑，例如政府机关、法院、博物馆、纪念堂等，如图 7-35 所示。

(a) 上海博物馆　　(b) 毛主席纪念堂

图 7-35　对称式体形组合实例

2. 水平方向不对称体形组合

在水平方向通过拉伸、错位、转折等手法，可形成不对称的体形组合。用不对称布局的手法形成的不同体量或形状的体块之间可以互相咬合或用连接体连接，还需要讲究形状、体量的对比或重复以及连接处的处理，同时应该注意形成视觉中心。这种体形组合方式容易适应不同的基地地形，还可以适应多方位的视角。下面通过几个实例做一简单分析。

图 7-36 中所示的建筑实例，各部分体块之间比例关系得当，布局错落有致，转折有序，利用较低的中心部分连接整个群体，产生良好的聚合力。

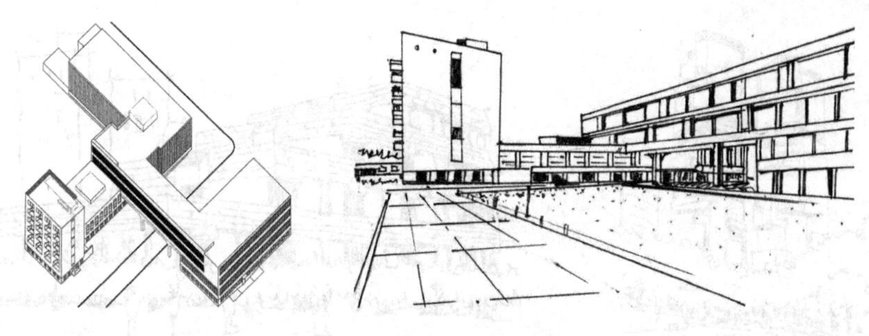

图 7-36　德国包豪斯校舍

图 7-37 所示的建筑实例中都有典型的造型母题，起到活跃或协调群体整体效果的作用。

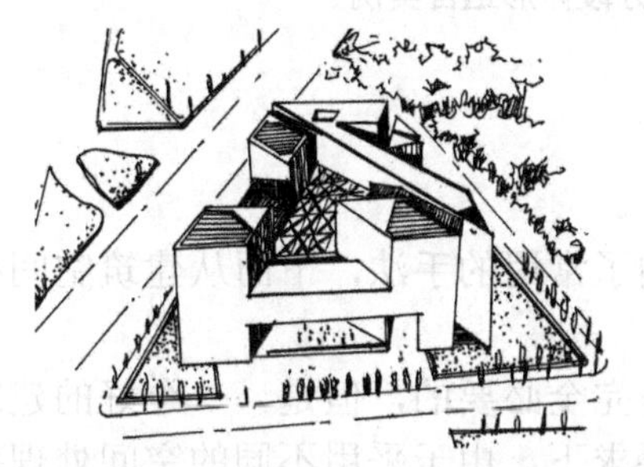

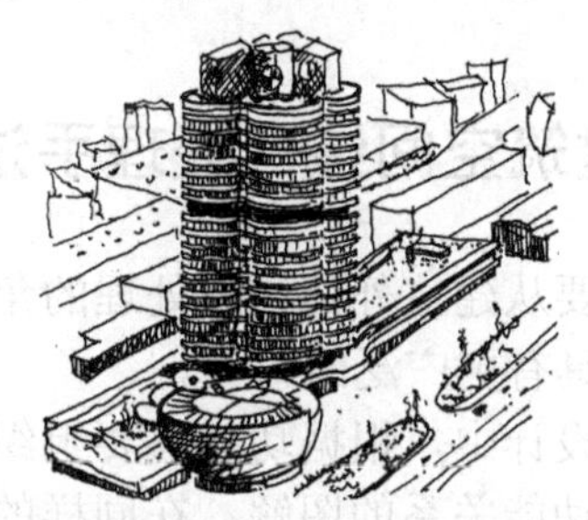

(a) 美国华盛顿国家美术馆东馆的三角形母题　(b) 德国慕尼黑宝马博物馆的圆柱体母题

图 7-37　运用造型母题进行体形组合

图 7-38 中所示的建筑实例以相似的体形多次重复，形成了韵律感，从而富有感染力。图 7-39 中所示的建筑实例有明显的插入体，圆锥台体像楔子一样嵌入矩形建筑基本体块中，统领整合各部分，并形成视觉中心。

图 7-38　湖北武汉光谷芯中心建筑群

图 7-39　德国斯图加特的梅赛德斯-奔驰中心

3. 垂直方向分段体形组合

在垂直方向通过切割、加减等方法来使建筑物获得类似“雕塑”的效果。这种体形组合方式需要按层分段进行平面调整，常用于高层和超高层的建筑以及一些需要在地面以上利用室外空间或者需要顶部采光的建筑，如图 7-40 所示。

(a) 香港奔达大厦　　(b) 兰州敦煌研究院退台处理

图 7-40　垂直方向分段体形组合实例

7.3.2　建筑空间综合处理手法

以上主要从建筑外部体形处理的角度归纳了常用的手法，下面从建筑空间处理的角度加以分析，具有更广泛的意义。

在建筑设计中，根据功能需要组织空间是完全必要的，但是，一个好的建筑设计并不等于是建筑功能关系的图解。在同样的功能要求下，由于采用不同的空间处理手法，仍可表现出不同的结果和不同的性格特点。因为建筑的功能要求与某些科技产品的功能要求不同，它的服务对象是人，而人的活动是多种多样的；人的行为与建筑环境之间并不存在唯一对应的关系。同时，还要看到建筑环境也会反过来对人的行为产生一定的影响。人们对建筑的衡量尺度除了其功能性以外，还有心理行为、艺术审美等方面的要求，一座优秀的建筑，在功能、艺术、技术诸方面应该是融为一体的。因此，在符合功能要求这个大前提下，建筑师对建筑空间艺术的驾驭能力是影响建筑设计质量的一个十分重要的因素。学习前人所积累的关于建筑空间的处理手法，将有助于对建筑的全面认识和设计能力的提高。

1. 空间的限定

空间和实体是互为依存的，空间通过实体的限定而存在。不同的实体形式，会给空间带来不同的艺术特点。为了理解方便，以下按实体在空间限定中所采用的不同方式结合实例进行说明。

1) 垂直要素限定

通过墙、柱、屏风、栏杆等垂直构件的围合形成空间，构件自身的特点以及围合方式的不同可以产生不同的空间效果。例如，住宅起居室以各种不同的墙面材料、固定家具作为垂直界面，具有较强的围合感和私密性[图 7-41(a)]；又如我国传统民居中常用木隔断分割空间，它所显示的轻巧感增加了与邻室的空间联系[图 7-41(b)]；还可以廊柱作为垂直限定，空间界限较模糊，既分又合，融为一体，如图 7-41(c)所示。

2) 水平要素限定

通过不同形状、材质和高度的顶面或地面等对空间进行限定，以取得水平界面的变化和不同的空间效果。如现代居室中的地面局部下沉、地面材质的改变，以及不同顶棚高度的处理，可以形成更加丰富、安定和亲切的起居空间[图 7-42(a)]。法国巴黎德方斯巨门运用张拉膜结构形成的顶面在建筑大平台入口处限定了一个开敞轻松的室外休闲空间[图 7-42(b)]。故宫太和殿以三层凸起的汉白玉台基层层内收，强调其庄重雄伟与强烈的稳定感，同时也扩大了建筑的空间领域[参见图 7-9(b)]。

(a) 流水别墅起居室　(b) 传统民居中木隔断分割空间　(c) 北京颐和园长廊

图 7-41 垂直要素限定空间

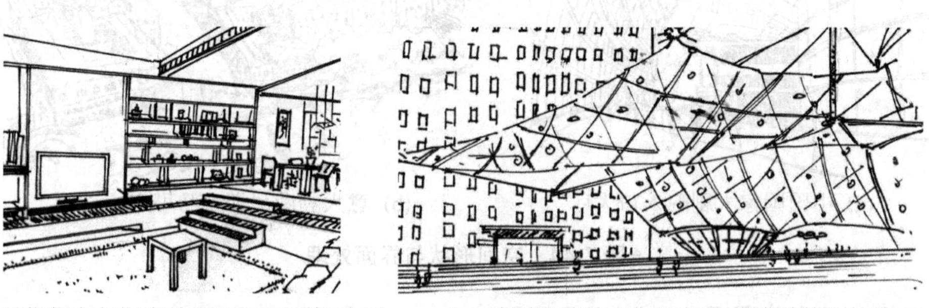

(a) 现代住宅起居室地面下沉及顶棚分层　(b) 法国巴黎德方斯巨门入口膜结构顶棚

图 7-42 水平要素限定空间

3) 综合要素限定

空间是一个整体，在大多数情况下，是通过水平和垂直甚至倾斜、曲线曲面等各种要素的综合运用，相互分配，以取得特定的空间效果，其处理手法是多种多样的。查尔斯·穆尔设计的美国新奥尔良意大利广场中的柱廊、大门和铺地以同心圆呈放射状布置，形成垂直与水平的向心性综合限定，强化了广场的纪念性特征[图 7-43(a)]。英国剑桥大学历史系馆阅览大厅，是依傍于 L 形教学楼夹角处的巨大内庭，折形玻璃屋顶将内庭围合成 1/4 锥台形空间[图 7-43(b)]。现代住宅中通过沙发的围合布置和地面下沉等手段，在起居室内进行“二次空间限定”，营造出一块亲切的休息空间，如图 7-43(c)所示。

2. 空间形状与界面处理

界面在限定空间的过程中，必然涉及两个问题，一是所限定空间的形状，二是对界面本身如何处理。空间的形状和界面的处理是决定空间性格与品质的重要因素。中国国家大剧院入口大厅，除地面为水平面外，其他空间界面均为曲面，金属网架玻璃幕墙、红色木质内饰顶棚、光洁的大理石地面铺装等不同的界面材质形成强烈的对比，整个空间给人以强烈的动态感，让人不由自主地联想到音乐的美妙旋律[图 7-44(a)]。威尼斯圣马可广场周围各建筑的墙面均以拱券为母题，富有很强的韵律感和连续感，有力地突出了广场的 L 形空间；广场 L 形转折处的钟塔以其高耸的体量统领了整个建筑群体，L 形广场短边端部朝向大海的方向呈开放状，两个石柱起到限定空间的作用，如图 7-44(b)所示。

(a) 美国新奥尔良意大利广场　(b) 英国剑桥大学历史系馆阅览大厅　(c) 现代住宅起居室

图 7-43　综合要素限定空间

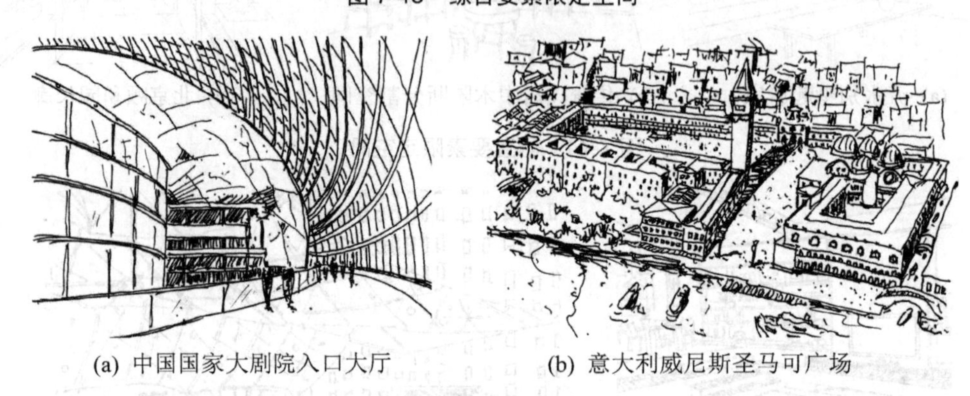

(a) 中国国家大剧院入口大厅　(b) 意大利威尼斯圣马可广场

图 7-44　空间形状与界面处理

3. 空间的围合与通透

围合与通透是处理两个或多个相邻空间关系的常用手法，围与透是相对的，围合程度越强，则通透性越弱；反之亦然。空间关系中围与透的不同程度的处理，为建筑空间艺术的表现提供了广阔天地，如图 7-45 所示。

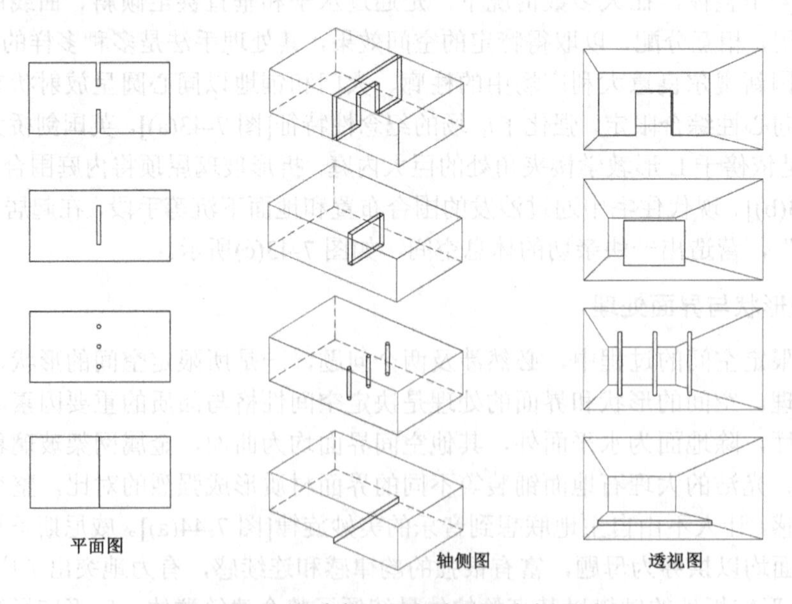

图 7-45　相邻空间不同程度的围合与通透

中国的传统民居四合院，通过房、廊、墙、门等多种元素的运用，以围为主，围中有透，形成一个气氛亲切的半私密空间[图 7-46(a)]。又例如奈维尔设计的加拿大多伦多市政厅(1958 年)，以两幢弧形高层建筑围合中间的圆形会议中心，限定出一个明显的圆柱形空间，围合的开口前大后小，围中有透，使建筑空间与城市空间相沟通，为城市景观增添了魅力，如图 7-46(b)所示。

(a) 中国传统民居四合院

(b) 加拿大多伦多市政厅

图 7-46　空间的围与透

4. 空间的穿插与贯通

界面在水平方向的穿插、延伸，可以为空间的划分带来更多的灵活性，使得被划分的各局部空间具有多种强弱程度不同的联系，并增加空间的层次感和流动感。空间穿插中的交接部分，可因处理手法的不同，产生不同的效果，如图 7-47 所示。

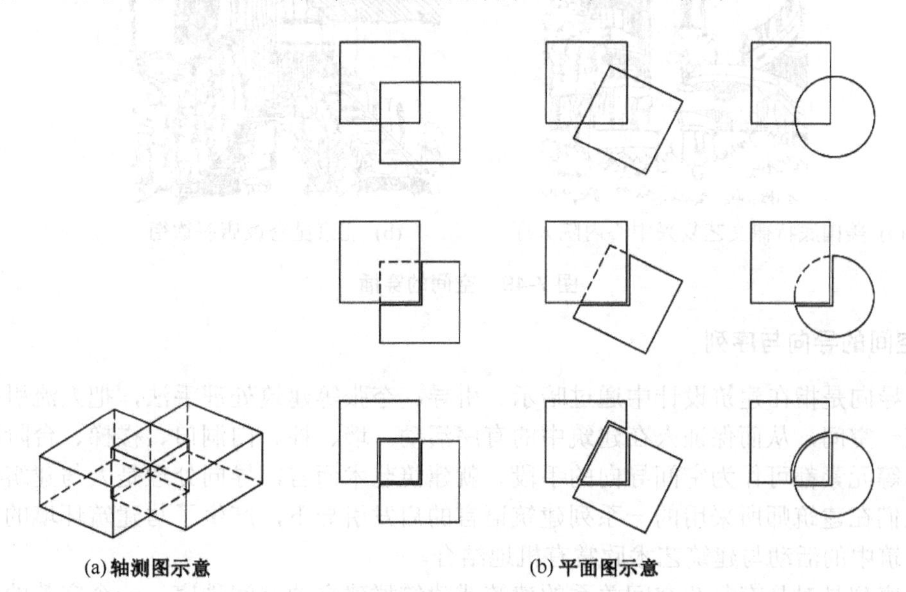

(a) 轴测图示意　　(b) 平面图示意

图 7-47　相邻两个空间的相互穿插

例如，贝聿铭设计的美国华盛顿国家美术馆东馆(1981 年)大厅，在以三角形为母题的巨大空间内，以不同高度的通廊造成强烈的空间穿插，丰富了空间的变化[图 7-48(a)]。再如成都华润万象城中心广场，这是一个极富穿插感的室外空间，曲线的架空廊道和室外楼梯上下错落，与周围建筑互为穿插，是广场立体步行交通体系的合理反映，如图 7-48(b)所示。

(a) 美国华盛顿国家美术馆东馆大厅

(b) 成都华润万象城中心广场

图 7-48　空间的穿插

空间的贯通是指根据建筑功能和审美的需要，对空间在垂直方向所做的处理，现代建筑技术的进步为大型建筑空间在垂直方向的处理提供了充分支持。空间的上与下多层次的融合与贯通已经成为建筑师处理大型空间的一项重要手段。例如，底特律文艺复兴中心内院大厅，利用弧形跑马廊和挑台、通高的柱和纵横交错的桥，使得空间左右穿插，上下贯通[图 7-49(a)]，空间层次异常丰富。又如北京昆仑饭店餐饮街，利用斜坡形玻璃顶和挑台形成了一个上下贯通的流动空间，如图 7-49(b)所示。

(a) 美国底特律文艺复兴中心内院大厅

(b) 北京昆仑饭店餐饮街

图 7-49　空间的穿插

5. 空间的导向与序列

空间导向是指在建筑设计中通过暗示、引导、夸张等建筑处理手法，把人流引向某一方向或某一空间，从而保证人在建筑中的有序活动。墙、柱、门洞口、楼梯、台阶以及花坛、灯具等元素都可作为空间导向的手段。就建筑艺术而言，导向处理是人与建筑的一种对话，人们在建筑师所采用的一系列建筑语言的启发引导下，产生了与建筑环境的共鸣，使人在建筑中的活动与建筑艺术欣赏有机地结合。

空间序列是对具有复杂空间关系的建筑或建筑群建立的空间秩序。一个完整的空间序列就像一首大型乐曲，通过序曲和不同的乐章，逐步达到全曲的高潮，最后进入尾声；各乐章有张有弛，有起有伏，各具特色，但又都统一在主旋律的贯穿之下，构成一个完美和谐的整体。在大型公共建筑乃至建筑群和城市设计中，也存在着类似的情况。空间序列处理是保证建筑空间艺术在丰富变化中取得和谐统一的一种重要手段，这里，时间是序列构成中一个极为重要的因素。当人们在三维空间的建筑环境中活动时，随着时间的推移，获得的是一个连续而又不断变化的视觉和心理体验。正是这种时间上的连续和空间上的变化，构成了建筑艺术区别于其他艺术门类的最大特征，空间的导向和序列就是建筑这一时空艺术的具体体现。例如，北京故宫主轴线上的建筑群所形成的时空序列：①金水桥是这一空间序列的“前奏”；②天安门、端门、午门及其所处的一短一长两进狭窄院落造成了形体和空间上的反复“收”“放”和相似重复；③午门以其三面围合的空间预示着另一“乐章”的开始；④新“乐章”开始，金水桥又一次重复“前奏”，但院落空间变大、变宽；⑤太和门在“收”的同时，通过台阶的上和下，预示高潮的到来；⑥进入形状重复但规模扩大的太和殿主院落；⑦太和殿宏伟的体量、高大的台基、开阔的空间，构成这一空间序列的高潮部分；⑧中和殿、保和殿及其院落，在形体和空间的相似重复中逐渐减弱，接近“尾声”，如图 7-50 所示。

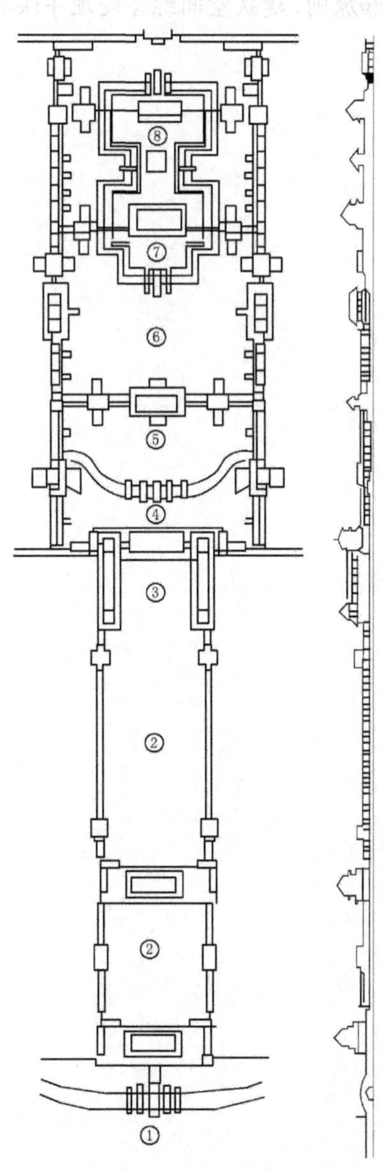

图 7-50　北京故宫主轴线上的建筑群所形成的空间导向与序列

思　考　题

1. 建筑的体形与立面体现的建筑的性格都有哪些制约因素？

2. 形式美的基本规律包括哪些方面？各自的基本概念是什么，在建筑立面与体形设计中是如何表现的？它们之间有着怎样的联系与区别？

3. 根据形式美的基本规律和原则，建筑的基本体形组合方式有哪些，各自有着怎样的特点？

4. 根据形式美的基本规律和原则，建筑空间综合处理手法有哪些，各自有着怎样的特点？

参 考 文 献

[1] 田学哲，郭逊．建筑初步[M]. 3 版. 北京：中国建筑工业出版社，2010.

[2] 潘谷西．中国建筑史[M]. 6 版.北京：中国建筑工业出版社，2009.

[3] 刘敦桢．中国古代建筑史[M]. 2 版 .北京：中国建筑工业出版社，5015.

[4] 陈志华．外国建筑史(19 世纪末叶以前)[M]. 4 版. 北京：中国建筑工业出版社，2015.

[5] 罗小未．外国近现代建筑史[M]. 2 版. 北京：中国建筑工业出版社，2004.

[6] 李必瑜，魏宏杨．建筑构造. 上册[M]. 5 版. 北京：中国建筑工业出版社，2013.

[7] 刘建荣，翁季，孙雁．建筑构造. 下册[M]. 5 版. 北京：中国建筑工业出版社，2013.

[8] 樊振和．建筑构造原理与设计. [M]. 4 版. 天津：天津大学出版社，2011.

[9] 同济大学等四校合编．房屋建筑学. [M]. 5 版. 北京：中国建筑工业出版社，2016.

[10]刘建荣．高层建筑设计与技术[M]. 北京：中国建筑工业出版社，2005.

[11]陈保胜．建筑结构选型[M]. 上海：同济大学出版社，2008.

[12]西安建筑科技大学绿色建筑研究中心．绿色建筑[M]. 北京：中国计划出版社，1999.

[13]王立雄．建筑节能[M]. 3 版. 北京：中国建筑工业出版社，2015.

[14]彭一刚．建筑空间组合论[M]. 3 版. 北京：中国建筑工业出版社，2008.

[15] 2006 年全国一级注册建筑师考试培训辅导用书 2 建筑设计. [M]. 2 版.北京：中国建筑工业出版社，2006.

[16]贾新年，徐飞鹏．建筑设计方法入门[M]. 天津：天津大学出版社，2000.

[17]张文忠．公共建筑设计原理[M]. 4 版. 北京：中国建筑工业出版社，2008.

[18]建筑设计资料集 6[M]. 2 版. 北京：中国建筑工业出版社，2000.

[19]张瑞武．智能建筑[M]. 北京：清华大学出版社，1996.

[20]赵望哒．智能建筑概论[M]. 北京，机械工业出版社，2016.

[21]黎志涛．建筑设计方法入门[M]. 北京：中国建筑工业出版社，2011.